ÉLÉMENTS
D'HISTOIRE NATURELLE
ZOOLOGIE

OUVRAGE

Rédigé conformément au programme officiel du 2 août 1880

PAR

J.-Henri FABRE
Docteur ès-sciences

CLASSE DE CINQUIÈME

PARIS
LIBRAIRIE CH. DELAGRAVE
15 RUE SOUFFLOT, 15

Éléments d'histoire naturelle (*Géologie*), pour la classe de quatrième, par Henri FABRE.

ÉLÉMENTS D'HISTOIRE NATURELLE

ZOOLOGIE

A LA MÊME LIBRAIRIE

OUVRAGES DU MÊME AUTEUR

LA SCIENCE ÉLÉMENTAIRE

LECTURES POUR TOUTES LES ÉCOLES

CHIMIE AGRICOLE. In-12, cartonné, avec fig. 1 25
PHYSIQUE. In-12, cartonné, avec fig. 2 »
LA TERRE. In-12, cartonné, avec fig. 2 »
LE CIEL. In-12, cartonné, avec fig. 2 »
LES RAVAGEURS. In-12, cartonné, avec fig. 1 25
LES AUXILIAIRES. In-12, cartonné, avec fig. 2 »
LES SERVITEURS. In-12, cartonné, avec fig. 1 50
ZOOLOGIQUE. — Lectures scientifiques. In-12, cartonné, avec fig. . . . . 2 »
BOTANIQUE. — Lectures scientifiques. In-12, cartonné, avec fig. . . . . 2 »

COURS COMPLET DE SCIENCES

NOUVELLE ARITHMÉTIQUE. In-12, cartonné. 1 50
SOLUTIONS RAISONNÉES des problèmes d'arithmétique. In-12, cartonné. . . 1 75
GEOMÉTRIE. In-12, cartonné. 2 50
ALGÈBRE ET TRIGONOMÉTRIE. In-12, cartonné. 2 50
PHYSIQUE. In-12, cartonné, avec fig. 3 50
CHIMIE. In-12, cartonné, avec fig. 3 50

ENSEIGNEMENT SPÉCIAL

PHYSIQUE, 1re année. In-12, cartonné, avec fig. 3 50
PHYSIQUE, 2e année. In-12, cartonné, avec fig. 4 »
PHYSIQUE, 3e année. In-12, cartonné, avec fig. »
CHIMIE, 1re année. In-12, cartonné, avec fig. 1 50
CHIMIE, 2e année. In-12, cartonné, avec fig. 3 50
CHIMIE, 3e année. In-12, cartonné, avec fig. 5 »

On vend séparément :

CHIMIE, 3e annee (Metaux) In-12, cartonné, avec fig. 3 50
CHIMIE, 3e année. (Chimie organique). In-12, cartonné, avec fig. . . . . 2 »

ENSEIGNEMENT PRIMAIRE

LE LIVRE D'HISTOIRES. In-12, cartonné, avec fig. 1 50
AURORE. — Cent récits sur des sujets variés. In-12, cartonné, avec fig. . 1 50
LE MÉNAGE. — Causeries d'Aurore sur l'économie domestique. In-12, cartonné, avec fig. 1 55
L'INDUSTRIE. — Simples récits de l'oncle Paul. In-12, cartonné. 1 50
ARITHMÉTIQUE DES ÉCOLES PRIMAIRES. In-12, cartonné. . . . . » 75
ARITHMÉTIQUE AGRICOLE. In-12 cartonné. 1 25
NOUVELLE ARITHMÉTIQUE. In-12, cartonné. 1 50
SOLUTIONS RAISONNÉES des problèmes d'arithmétique. In-18, cartonné. . 1 50

COURS COMPLET D'INSTRUCTION ÉLÉMENTAIRE

ASTRONOMIE. In-18, cartonné, avec fig. 1 50
PHYSIQUE. In-18, cartonné, avec fig. 1 50
CHIMIE. In-18, cartonné, avec fig. 1 50
ARITHMÉTIQUE. In-18, cartonné. 1 50
BOTANIQUE In-18, cartonné, avec fig. 1 50

PARIS. — IMPRIMERIE ÉMILE MARTINET, RUE MIGNON, 2.

ÉLÉMENTS

D'HISTOIRE NATURELLE

ZOOLOGIE

OUVRAGE

Rédigé conformément au programme officiel du 2 août 1880

PAR

J.-Henri FABRE

Docteur ès-sciences

CLASSE DE CINQUIÈME

PARIS

LIBRAIRIE CH. DELAGRAVE

15 RUE SOUFFLOT, 15

—

1882

ZOOLOGIE

CLASSE DE CINQUIÈME

CHAPITRE PREMIER

INTRODUCTION

1. **Variété du règne animal.** — L'ensemble des animaux ou le *Règne animal*, comprend une telle variété de formes ou d'espèces, que l'étude individuelle de ces formes accablerait l'esprit le plus heureusement doué. La terre ferme, les eaux douces, les eaux marines ont leurs populations. Si les espèces de grande taille sont en nombre assez restreint, non au-dessus des efforts de la mémoire, les autres augmentent de variété à mesure que le volume diminue, et les plus petites lassent le dénombrement. Pour la surface entière de la terre, on connaît environ 1400 espèces de mammifères et 8000 espèces d'oiseaux; mais les insectes, à eux seuls, se chiffrent approximativement par 200000 et même 300000. Rien qu'en France, ont été reconnues de 15000 à 20000 espèces d'insectes, et certes le relevé n'est pas complet, car tout observateur patient enrichit les catalogues de quelques nouveautés. Les populations marines de petite taille ne sont pas moins riches; aussi le nombre des espèces animales est-il réellement inconnu, si ce n'est dans les groupes supérieurs.

2. **Espèces animales domestiques. — Espèces sauvages. — Espèces éteintes.** — Les espèces asservies par l'homme, qui les utilise pour sa nourriture, son vêtement, ses travaux, les espèces *domestiques*, vivant auprès de nous, à la maison,

domus, atteignent à peu près la quarantaine, en y comprenant jusqu'aux moindres, pour les services rendus, comme le canari de nos volières et le poisson rouge de nos pièces d'eau. Les plus importants, le chien, le mouton, le bœuf, le cheval, l'âne, le chameau, la poule, ont été domestiqués à une époque très reculée, et tout souvenir s'est perdu concernant l'origine de ces précieux serviteurs. Quelques-uns, et de ce nombre est le dindon, sont, au contraire, des acquisitions asssez récentes. Enfin des essais de domestication nous en réservent peut-être encore un petit nombre pour l'avenir; mais le groupe de nos serviteurs ne sera pourtant jamais, malgré tous nos efforts, qu'une insignifiante fraction de la série animale. Que possédons-nous, en particulier, dans le monde immense des insectes? Deux espèces seulement, l'abeille et le ver à soie. C'est donc l'animal vivant en dehors des soins intéressés de l'homme, c'est l'animal *sauvage* qui constitue l'innombrable foule.

Aux richesses zoologiques actuelles, il faut adjoindre les populations des anciens âges, populations qui ont laissé leurs dépouilles dans les limons convertis en assises de pierre. La Géologie exhume ces restes, ces fossiles, et nous démontre, avec leur aide, que la série animale, loin d'être immuable, a subi à travers les âges des changements profonds. Les animaux des temps antérieurs à l'homme ne sont pas ceux d'aujourd'hui; et ils diffèrent d'autant plus des nôtres, qu'ils sont de date plus ancienne. Ces antiques populations de la terre ferme et des mers n'ont plus de représentants à notre époque; leurs espèces sont *éteintes*. Quant à leur nombre, immense comme celui des espèces vivantes, il échappe à toute appréciation.

3. **Animaux vertébrés.** — Tous les animaux supérieurs ont pour soutien du corps une charpente intérieure dont les pièces se nomment *os* et l'ensemble *squelette*. Les os diffèrent beaucoup de forme, d'agencement, de nombre, dans la série des animaux qui en sont pourvus; mais il en est un remarquable par sa configuration à peu près constante et surtout par sa multiplicité; c'est la *vertèbre*, dont nous aurons à nous occuper plus tard. Dans tout squelette, quel que soit l'animal, se trouve une suite plus ou moins longue de vertèbres; parfois même la charpente osseuse se réduit presque à ce genre d'os abondamment répété. C'est ainsi que le squelette d'un serpent, par exemple, n'est guère qu'un long chapelet de vertèbres.

Pour rappeler cet os primordial, qui domine en nombre dans le squelette et persiste alors que beaucoup d'autres sont absents, on appelle *animaux vertébrés* l'ensemble des animaux pourvus d'une charpente intérieure osseuse.

4. **Animaux invertébrés.** — Tous les autres animaux, dépourvus d'os et par conséquent de vertèbres, prennent le nom d'*animaux invertébrés*. Pour point d'appui de leurs mouvements, ils ont l'enveloppe extérieure, la peau, parfois durcie et composée de pièces articulées l'une à l'autre, ainsi que cela se voit dans une écrevisse, un hanneton.

En tête des animaux sans vertèbres sont les *Articulés*, reconnaissables à leur corps divisé transversalement en une série d'anneaux ou d'articles, plus ou moins semblables entre eux. Ils sont doués de membres, au moins au nombre de trois paires, et formés de diverses pièces articulées bout à bout. Leur peau est en outre durcie en une enveloppe résistante où se fixent les muscles, enveloppe qui peut prendre le nom de squelette externe ou tégumentaire. Exemples : le hanneton, le scorpion, l'écrevisse, le crabe.

D'autres ont, comme les articulés, le corps divisé transversalement en une série d'anneaux; mais leur peau n'est pas durcie en un squelette tégumentaire; de plus, ils sont dépourvus de membres. Ce sont les *Vers*. Exemple : le ver de terre, la sangsue.

Viennent après les *Mollusques*, c'est-à-dire l'ensemble des animaux qui, par les traits généraux de l'organisation, se rapprochent de trois espèces si connues, la limace, le colimaçon, l'huître. Les mollusques tirent leur nom de leur peau molle et visqueuse. Quelques-uns sont privés de tout appareil protecteur; d'autres portent dans l'épaisseur de la peau une plaque calcaire ou cornée; d'autres, plus nombreux, peuvent s'abriter dans une espèce de cuirasse calcaire, transsudée par la peau de l'animal, et appelée coquille.

Les oursins et les étoiles de mer font partie des *Rayonnés*, si curieux par la disposition rayonnante des organes autour d'un axe ou d'un point central.

Plus bas sont les polypes, ressemblant à de petites fleurs épanouies, ce qui leur a fait donner le nom de *Zoophytes*, c'est-à-dire animaux-plantes.

Enfin, terminant la série animale, viennent les animaux microscopiques, les *Infusoires*.

5. **L'homme.** — Par ses facultés intellectuelles et morales,

l'homme est complètement en dehors des cadres zoologiques; rien, dans le règne animal, ne peut lui être comparé, même de très loin. Un abîme immense, infranchissable, sépare la pensée, notre noble attribut, de l'impulsion de l'instinct, mobile de la ête. Mais sous le rapport de sa partie périssable, le corps, l'homme retrouve ailleurs une organisation plus ou moins voisine de la sienne, parfois même supérieure pour certains détails. La philosophie nous parlera de l'âme et de ses immortelles destinées; en son modeste domaine, l'histoire naturelle ne peut nous parler que du corps. Pour nous servir de guide dans la suite de nos études, nous commencerons donc par décrire à grands traits l'organisation humaine, suivant le conseil de l'antique adage : Connais-toi toi-même.

CHAPITRE II

ANATOMIE SOMMAIRE DE L'HOMME. — PRINCIPAUX APPAREILS ET LEURS FONCTIONS

ORGANES DE LA DIGESTION

1. **Nutrition en général.** — Un état permanent de destruction et de rénovation de leur propre substance, est le caractère fondamental commun de tous les êtres vivants, les animaux et les végétaux. D'une manière insensible mais continue, les vieux matériaux, mis hors d'usage et transformés par l'exercice de la vie, sont éliminés de l'organisation et rendus au monde extérieur, en particulier sous forme de gaz carbonique et de vapeur d'eau. Fournis par les aliments, des matériaux nouveaux les remplacent et se distribuent dans les diverses parties du corps, où ils séjournent quelque temps, concourent à l'activité de l'ensemble, s'usent et se transforment pour être rejetés à leur tour. L'entretien de la vie est ainsi un échange continuel de substance entre le corps vivant et le monde extérieur.

2. **Fonctions de nutrition.** — Pour accroître la substance

du corps, la renouveler à mesure qu'elle s'use et maintenir ainsi l'activité animale, il faut un ensemble d'actes qui portent en commun le nom de *fonctions de nutrition*.

Les *aliments*, c'est-à-dire les matériaux qui doivent accroître et renouveler le corps, ont à subir un travail préparatoire qui les divise, les fluidifie et les rend ainsi aptes à pénétrer partout. Ce travail est effectué par la *digestion*.

Les matériaux ainsi préparés sont déversés dans le sang, *liquide nourricier* où tous les organes, jusqu'à la moindre particule du corps, puisent les substances nécessaires à leur accroissement, à leur entretien, et rejettent aussi les produits à éliminer. Le sang doit circuler partout afin d'y apporter les principes nutritifs qu'il charrie ; il doit en revenir afin de ramener des différents organes les matériaux mis hors d'usage et les conduire aux voies qui doivent les rejeter en dehors. Ce va-et-vient continuel se nomme *circulation*.

Le sang charrie aussi de l'oxygène, puisé dans l'air atmosphérique, pour faire du corps entier de l'animal un vrai foyer de combustion, aux dépens des organes eux-mêmes servant de combustible. De cette combustion résultent la chaleur et l'activité vitales, de même que de la combustion de la houille dans le foyer d'une machine résulte l'activité du mécanisme. Le sang doit donc se mettre en rapport avec l'air atmosphérique pour y renouveler sa provision d'oxygène et y rejeter les produits gazeux de la combustion. Ces actes sont le domaine de la *respiration*.

Ces fonctions primordiales, digestion, circulation et respiration, étudiées plus particulièrement chez l'homme, seront le sujet de nos premières notions de *physiologie;* de son côté, la description sommaire des appareils ou organes au moyen desquels elles s'exercent, nous fournira les premiers éléments d'*anatomie*. L'anatomie étudie l'organe dans sa structure, la physiologie l'étudie dans son travail.

3. **Aliments**. — On nomme *aliments* toutes les substances qui, par le travail de la digestion, deviennent aptes à l'accroissement et à l'entretien du corps. Les aliments de l'animal sont toujours de nature organique, c'est-à-dire proviennent soit des animaux, soit des végétaux; seules les plantes ont la faculté de se nourrir avec des substances minérales, qu'elles élaborent en matériaux organiques, dont l'animal doit se nourrir, directement s'il est *herbivore* ou mangeur de végétaux, indirectement s'il est *carnivore* ou mangeur de chair, puisque cette chair

provient, en dernière analyse, d'un herbivore et par conséquent des végétaux. Outre ces aliments proprement dits, quelques substances d'origine minérale concourent à l'alimentation, et sont absorbées sans digestion préalable. On les nomme *aliments accessoires*. Telle est, en particulier, l'eau, de première nécessité pour tout être vivant, car elle imbibe la masse entière du corps.

4. **Actes de la digestion.** — La préparation des aliments en matériaux propres à faire partie du corps, ou bien la digestion, se subdivise en divers actes, qui se succèdent dans l'ordre suivant : *préhension* des aliments, *mastication*, *insalivation*, *déglutition*, *digestion stomacale* ou *chymification*, *digestion intestinale* ou *chylification*, *absorption*, *défécation*.

5. **Préhension des aliments.** — C'est l'acte au moyen duquel les aliments sont amenés à l'entrée des voies digestives. L'homme se sert de ses mains pour porter les aliments à la bouche ou les tenir à la portée des dents. L'animal emploie au même usage tantôt la trompe, qui est le nez allongé en canal flexible (éléphant), tantôt les lèvres (le cheval), tantôt le bec (les oiseaux), tantôt la langue (la grenouille), tantôt les pattes antérieures (l'écureuil).

6. **Mastication. Dents.** — Avant d'être introduits dans les cavités digestives, les aliments solides doivent éprouver une division, une trituration qui les rend plus aptes à être digérés. Cet acte constitue la *mastication*, effectuée par les dents chez l'homme et les animaux supérieurs.

Les premières dents apparues, appelées *dents de lait* ou *dents de première dentition*, sont tôt ou tard remplacées par d'autres, nommées *dents de remplacement* ou de *seconde dentition*. A ces dernières il n'en succède pas d'autres. Les dents de lait sont moins nombreuses et tombent pendant la jeunesse; on en compte vingt chez l'homme. Les dents de remplacement sont au nombre de trente-deux, seize à chaque mâchoire.

Dans une dent, deux parties sont à distinguer : la *couronne* et la *racine*. La racine est la partie enchâssée dans l'*alvéole*, c'est-à-dire enfoncée dans une cavité de la mâchoire à la manière d'un clou implanté dans le bois. Elle se compose d'une substance nommée *ivoire*. La couronne est la partie qui fait saillie au dehors; on peut la comparer à la tête du clou. Elle se compose au dedans d'ivoire, et à la surface d'une couche de matière très dure appelée *émail*.

Les deux dents de devant de chaque demi-mâchoire ont la couronne obliquement amincie de la base au sommet. Leur bord est droit et tranchant, propre à couper la nourriture, à la diviser par petites bouchées. Aussi les nomme-t-on *incisives*, d'un mot latin signifiant couper. Leur racine est un pivot simple. Le nombre total des incisives est de huit, quatre pour chaque mâchoire. La première dentition a le même nombre d'incisives.

La dent suivante se nomme *canine*. Sa racine est un peu plus longue que celle des précédentes et sa couronne est légèrement pointue. Le chien et le chat ont les canines façonnées en crocs puissants qui leur servent à retenir et déchirer la proie. Le total des canines est de quatre. La première dentition en a tout autant.

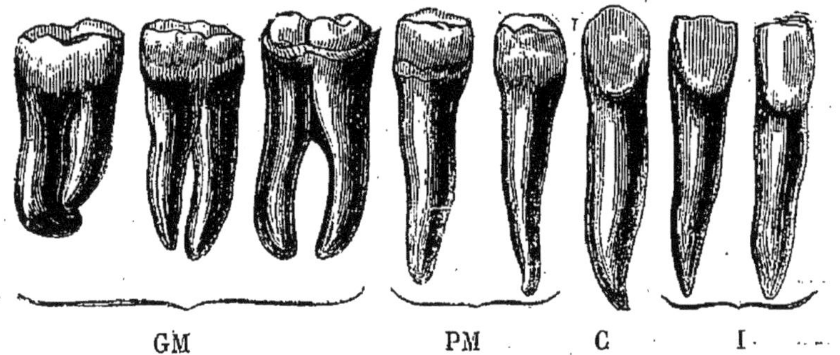

Fig. 1. — Dents de l'homme.
I, incisives; C., canine; PM, petites molaires; GM, grosses molaires.

Les cinq dents suivantes sont les plus utiles de toutes. On les nomme *molaires*, du latin *mola*, meule de moulin, parce qu'elles font office de meule pour broyer les aliments. Leur couronne est large et légèrement tuberculeuse. Les deux premières se nomment *petites molaires*. Elles sont les plus faibles des cinq et n'ont qu'une racine. Les deux petites molaires, la canine et les deux incisives sont les seules qui se renouvellent. Répétées quatre fois pour l'ensemble des deux mâchoires, elles constituent les vingt dents de la première dentition, dents qui commencent à tomber vers l'âge de sept ans et peu à peu sont remplacées par d'autres. Les trois molaires suivantes ne poussent qu'une fois, elles appartiennent exclusivement à la seconde dentition. On les nomme *grosses molaires*. La dernière, tout au fond de la mâchoire, est vulgairement appelée *dent de sagesse*, parce qu'elle vient à un âge où la raison est formée. Comme les grosses molaires ont à supporter, lorsqu'on mange, une pression très forte, leur racine se compose de plusieurs pivots, qui plongent chacun dans une cavité spéciale.

7. **Insalivation.** — En même temps qu'elles sont broyées par les dents, les matières alimentaires sont imprégnées d'un liquide, nommé *salive*, qui les convertit en pâte et en rend ainsi la déglutition plus aisée. La salive suinte des parois de la bouche et provient d'organes spéciaux, nommés *glandes salivaires*, les uns placés sous la langue, les autres logés dans l'angle des mâchoires, d'autres enfin situés en avant des oreilles.

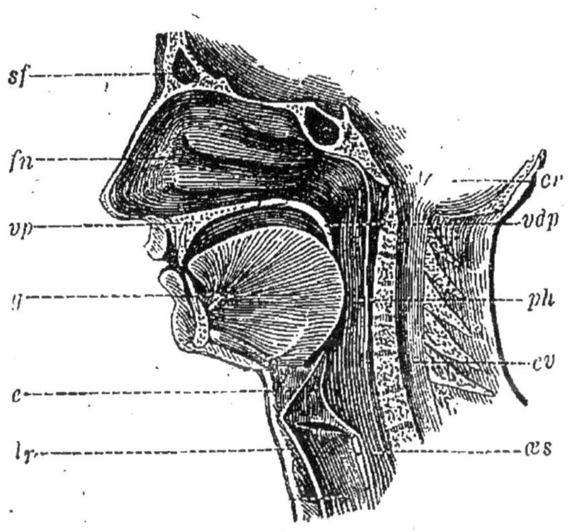

Fig. 2. -- Coupe de la bouche.

s, sinus frontaux; *fn*, fosses nasales; *vp*, voûte du palais; *lg*, langue; *e*, épiglotte; *lr*, larynx; *œs*, œsophage; *cv*, canal vertébral; *ph*, pharynx; *vdp*, voile du palais; *cr*, base du crâne.

La salive remplit en outre un rôle des plus importants : elle rend solubles les matières féculentes, si fréquentes dans notre alimentation, et les transforme en une sorte de sucre nommé *glucose*. Elle prend part ainsi au travail chimique de la digestion.

8. **Déglutition.** — Triturée par les dents, imprégnée de salive et réunie sur le dos de la langue en une seule masse qui prend le nom de *bol alimentaire*, la bouchée est finalement soumise à la déglutition, c'est-à-dire avalée. Ce acte est assez compliqué à cause des voies multiples où les aliments pourraient s'engager.

A la bouche fait suite le *pharynx* ou *arrière-bouche*, espèce de carrefour où convergent quatre voies différentes. En haut, ce sont les *fosses nasales;* en bas, l'orifice de l'*œsophage*, où doivent s'engager les aliments pour être conduits dans l'estomac, et la *glotte*, orifice de la *trachée-artère* par laquelle va et revient l'air nécessaire aux poumons; en avant enfin, c'est la *bouche*.

La bouche est séparée du pharynx par un rideau nommé

voile du palais, qui, pendant la mastication, descend d'aplomb sur le dos de la langue et empêche les aliments de passer outre tant que dure la mastication. Quand elle est mâchée à point, la bouchée vient presser contre cette cloison, qui se relève et laisse la voie libre. Les aliments pénètrent alors dans le pharynx. La voie supérieure, celle des fosses nasales, leur est fermée par le voile du palais relevé; mais deux voies restent en bas, celle des poumons ou trachée-artère en avant, celle de l'estomac ou œsophage en arrière. Il est de haute importance que la moindre parcelle solide ou liquide ne pénètre dans la voie des poumons; la mort par suffocation pourrait en être la conséquence. Il y a donc là, pour les aliments, un pas délicat à franchir.

Trois précautions sont prises à cet effet. D'abord l'orifice de la trachée-artère, la *glotte*, fendue en étroite boutonnière, se resserre au moment de la déglutition; de plus, le *larynx*, c'est-à-dire le haut de la trachée-artère, disposé en renflement cartilagineux, s'élève tout d'une pièce et abrite la glotte sous la langue. Le larynx se traduit au dehors par une protubérance occupant le devant du cou. Il est aisé de suivre du regard et du doigt le mouvement ascensionnel de cette protubérance pendant l'acte de la déglutition. Ce n'est pas tout encore. En remontant sous la langue, le larynx fait abaisser une languette cartilagineuse, nommée *épiglotte*, qui vient s'appliquer sur la fente de la *glotte* à la façon d'une soupape. Il ne reste ainsi pour les aliments que la voie de l'œsophage, où les pousse la contraction des parois du pharynx.

9. **Estomac. Digestion stomacale.** — L'*œsophage* conduit les aliments du pharynx à l'*estomac*. C'est un canal droit qui longe la colonne vertébrale. La cavité du corps de l'homme et des divers animaux dont l'organisation se rapproche le plus de la nôtre, est divisée par une cloison charnue, appelée *diaphragme*, en deux compartiments vulgairement nommés poitrine et ventre. Le premier contient les organes de la circulation et de la respiration, c'est-à-dire le cœur et les poumons; le second contient les organes principaux de la digestion, savoir : l'estomac et l'intestin. L'œsophage traverse cette cloison un peu à gauche, et dès qu'il l'a franchie s'abouche avec l'estomac. Celui-ci est une vaste poche, concave dans le haut, convexe dans le bas. L'orifice d'entrée, où s'abouche l'œsophage, porte le nom de *cardia;* l'orifice de sortie, par lequel l'estomac se continue avec l'intestin, se nomme *pylore*. Les

parois des deux orifices sont doués d'un muscle annulaire, qui, en se contractant, ferme l'issue à la manière des cordons d'une bourse. Pendant que l'on mange, le cardia est ouvert par le relâchement de son muscle annulaire, et le pylore est fermé par la contraction du sien. Le repas fini, les deux muscles se maintiennent contractés, celui du cardia pour empêcher les

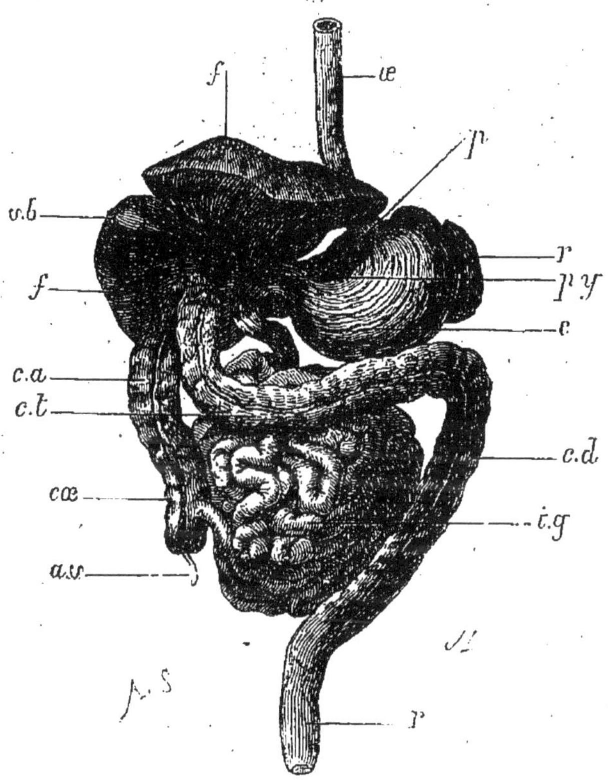

FIG. 3. — Organes digestifs de l'homme.

œ, œsophage; *p*, pancréas; *r*, rate; *f*, foie; *vb*, vésicule biliaire; *e*, estomac; *py*, pylore; *ig*, intestin grêle; *cæ*, cæcum; *av*, appendice du cæcum; *ca*, côlon ascendant; *ct*, côlon transversal; *cd*, côlon descendant; *r*, rectum.

aliments de refluer vers la bouche, celui du pylore pour les empêcher de passer outre tant que n'est pas accompli le travail digestif de l'estomac. Mais il arrive parfois que, surchargé de nourriture ou rebuté par certaines substances, l'estomac rejette son contenu en forçant l'ouverture du cardia. Cet acte anormal est le *vomissement*. Quant au pylore, il ne livre passage qu'aux aliments digérés.

Le travail de la digestion a pour agent un suc particulier,

d'une acidité prononcée, nommé *suc gastrique* et transsudé goutte à goutte par les parois de l'estomac. Le suc gastrique dissout uniquement la chair et les aliments qui s'en rapprochent par leur composition chimique. Si l'on recueille un peu de suc gastrique dans l'estomac d'un animal et que l'on arrose avec ce liquide de la chair crue ou cuite et coupée en menus morceaux, en peu de temps, à une douce température, cette chair est rendue coulante ; elle est devenue fluide, soluble. C'est une véritable digestion artificielle.

Le produit de la digestion stomacale se nomme *chyme*. C'est une bouillie demi-fluide, grisâtre, d'odeur fade, de saveur aigre. Le chyme contient actuellement des matériaux nutritifs liquéfiés et par conséquent aptes à se mélanger désormais avec la masse du sang pour être distribués dans tout le corps et servir à l'accroissement, à la rénovation des organes. Ce sont les substances liquéfiées par le suc gastrique, et les matériaux féculents que la salive a convertis en glucose. A ces produits ajoutons les boissons qui, naturellement liquides, n'ont besoin d'aucune préparation pour passer dans le sang.

Dans l'épaisseur de la paroi de l'estomac rampent de nombreuses veines dans lesquelles s'infiltrent, pour se mélanger avec le sang, les substances liquides du chyme. Cette absorption introduit dans l'organisme de l'eau, les aliments liquéfiés par le suc gastrique, le glucose provenant des matières féculentes digérées par la salive, l'alcool, principe alimentaire du vin.

10. **Digestion intestinale. Chyle.** — A la suite de l'estomac, les voies digestives se continuent par l'intestin, tube membraneux contourné un grand nombre de fois sur lui-même dans la cavité de l'*abdomen* ou ventre. Sa longueur, chez l'homme, est de sept fois celle du corps. Il se divise en deux parties. La première, celle qui fait suite à l'estomac, se nomme *intestin grêle*, à cause de son étroit diamètre ; elle forme près des trois quarts de la longueur totale. La seconde partie est le *gros intestin*. Immédiatement après le pylore, l'intestin grêle débute par une portion qui n'est pas enroulée avec la masse générale et prend le nom de *duodénum*. Là se déversent le *suc pancréatique* et la *bile*.

Le suc pancréatique est fourni par le *pancréas*, volumineuse glande, analogue aux glandes salivaires et placée entre l'estomac et la colonne vertébrale. C'est un liquide clair, incolore, écumeux, semblable à la salive. Comme celle-ci, il transforme en glucose les matières féculentes. Il dissout en outre les substances grasses et en fait un liquide blanc, ayant l'apparence du lait. La masse pâteuse issue de l'estomac s'imprègne donc de suc pancréatique dans le duodénum; les matières féculentes, déjà attaquées par la salive, se dissolvent en devenant glucose, les matières grasses se dissolvent aussi et deviennent un liquide laiteux. Ce travail se nomme *digestion intestinale* ou *chylification*. Le résultat absorbable est un liquide blanc, d'aspect laiteux, très riche en graisse. On le nomme *chyle*. Dans l'intestin, il est mélangé avec les résidus non nutritifs qui doivent être ultérieurement rejetés; la séparation se fait par les vaisseaux *chylifères*, qui absorbent le liquide laiteux, le chyle, et laissent les parties non nutritives poursuivre leur trajet dans le canal digestif. De ces vaisseaux, le chyle est conduit dans le *canal thoracique*, où il remonte pour être finalement mélangé avec le sang dans la veine qui passe sous la clavicule du bras gauche, et porte pour ce motif le nom de *veine sous-clavière gauche*.

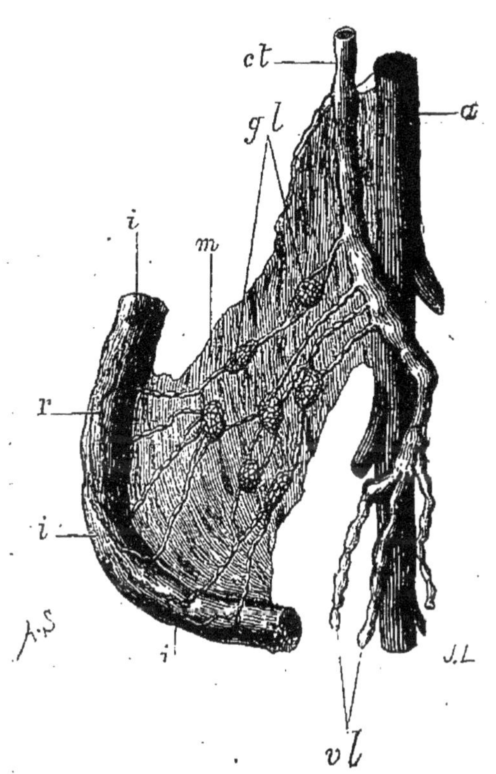

Fig. 4. — Vaisseaux chylifères.

i, i, i, intestin grêle; *r*, racines des vaisseaux chylifères; *vl*, vaisseaux chylifères; *ct*, canal thoracique; *a*, aorte; *m*, mésentère; *gl*, ganglions mésentériques.

Au niveau de l'estomac et à droite est un organe volumineux, d'un rouge brun, traversé de nombreuses veines et appelé le *foie*. Là s'élabore, avec les matériaux du sang, un liquide spécial, nommé *bile* ou vulgairement *fiel*, visqueux, filant, d'un vert sombre, de saveur très amère et d'odeur nauséabonde. La bile s'amasse dans une ampoule ou réservoir nommé *vésicule*, et se déverse peu à peu dans le duodénum en même temps que le suc pancréatique. On attribue à la bile la fonction de neutraliser par son alcali, la soude, l'acidité de la masse alimentaire imprégnée de suc gastrique, on pense encore qu'elle prend part à la dissolution des matières grasses. Enfin il est hors de doute qu'elle constitue, du moins en grande partie, un résidu d'épuration de la masse du sang. Elle conduit hors de l'organisation des matériaux inutiles que le foie extrait du sang, où les principes de la bile préexistent tout formés. Quand à la suite d'un état maladif, cette épuration ne peut se faire, la bile s'accumule dans l'organisation et communique bientôt aux yeux et à la peau une teinte jaune très prononcée, qui a valu à cet état le nom de *jaunisse*.

11. **Résidu de la digestion.** — L'*intestin grêle* est suivi du *gros intestin*, ainsi nommé à cause de l'ampleur de son diamètre. La surface en est boursouflée et froncée. Il débute par un cul-de-sac appelé *cæcum*, où se voit un étroit prolongement nommé *appendice vermiforme*. Au voisinage de la hanche droite, le gros intestin remonte en longeant le flanc droit; puis il traverse de droite à gauche la cavité abdominale, au niveau inférieur de l'estomac; enfin il redescend en longeant le flanc gauche. Sur tout ce trajet, il prend le nom de *côlon*. Enfin il se termine par le *rectum*, à surface unie, dépourvue de boursouflures. Par un lent triage, le cæcum et le côlon retirent du contenu du canal digestif les derniers sucs alimentaires, et ce n'est plus alors qu'une masse sans valeur, un résidu de toutes les matières que la digestion n'a pu attaquer. Coloré par la bile, qui retarde sa décomposition putride et lui communique une odeur nauséabonde, ce résidu s'accumule dans le rectum, d'où la *défécation* l'expulse par l'égout final, l'*anus*.

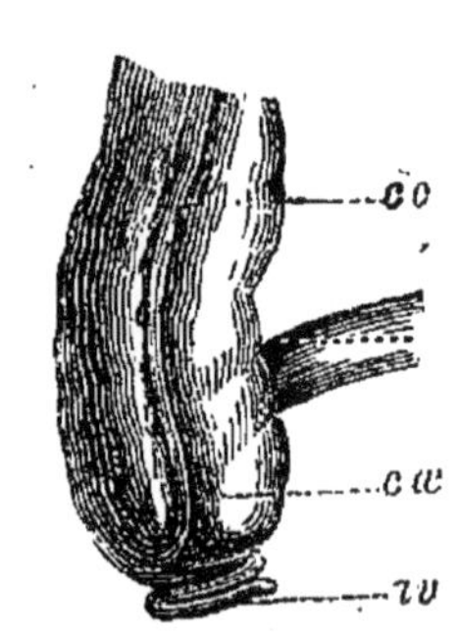

Fig. 5. — Cæcum de l'homme.
co, côlon; *i*, intestin grêle; *cæ*, cæcum; *av*, appendice vermiforme.

CHAPITRE III

ANATOMIE SOMMAIRE DE L'HOMME. — PRINCIPAUX APPAREILS ET LEURS FONCTIONS

ORGANES DE LA CIRCULATION

1. **Notions générales.** — Les matières nutritives préparées par la digestion doivent être distribuées dans toutes les parties du corps, afin que chaque organe y puise pour son accroissement et pour son entretien; il faut aussi que le principe actif de l'air, l'oxygène, pénètre également de partout, afin de produire, en tout point, la combustion qui est la condition première de la vie. Le liquide chargé de cette distribution est le *sang;* son organe moteur est le *cœur;* les canaux ou vaisseaux qui dirigent sa marche sont les *artères* et les *veines :* les artères pour l'aller, les veines pour le retour. Enfin le mouvement du sang, dirigé du cœur vers les extrémités, puis revenant des extrémités au cœur pour recommencer indéfiniment le même trajet, se nomme *circulation.*

2. **Sang veineux et sang artériel.** — Le sang qui, lancé par le cœur, va se distribuant dans l'organisation pour y porter de nouveaux matériaux et entretenir la combustion vitale, n'a ni les mêmes apparences ni les mêmes propriétés que le sang revenant vers le cœur, appauvri en matières nutritives et chargé des résidus du travail qu'il vient d'accomplir. On distingue donc le *sang artériel* et le *sang veineux,* le premier circulant dans les artères et dirigé du cœur vers les autres parties du corps, le second coulant dans les veines et dirigé des diverses parties du corps vers le cœur. Le sang artériel est d'un rouge vif, le sang veineux est d'un rouge noir. Cette différence de coloration est due à la différence des gaz dissous. Le sang artériel renferme en dissolution de l'oxygène, provenant de l'air atmosphérique introduit dans les poumons par l'acte respiratoire;

le sang veineux renferme du gaz carbonique, l'un des produits de la combustion vitale.

3. **Globules du sang.** — Observée au microscope, une goutte de sang, soit artériel, soit veineux, nous montre un liquide transparent, un peu jaunâtre, dans lequel nagent d'innombrables corpuscules rouges, circulaires et aplatis. Le liquide s'appelle *sérum*, les corpuscules rouges se nomment *globules*. Ces derniers ont la forme de disques légèrement concaves sur chaque face. Empilés l'un sur l'autre, comme des pièces de monnaie, il en faudrait près de 600 pour faire la hauteur d'un millimètre; disposés à la file l'un de l'autre, il en faut 120 pour représenter la longueur d'un millimètre. D'après ce dernier nombre, on voit qu'un millimètre cube en pourrait contenir 1 728 000. Ce sont les globules qui donnent au sang sa coloration; le liquide lui-même, le sérum, étant incolore. Au contact de l'oxygène, leur teinte rouge s'avive; au contact du gaz carbonique, elle s'assombrit. Les globules sont, par excellence, la partie active du sang; ils s'imprègnent d'oxygène et le cèdent peu à peu aux organes pour l'entretien de la combustion vitale.

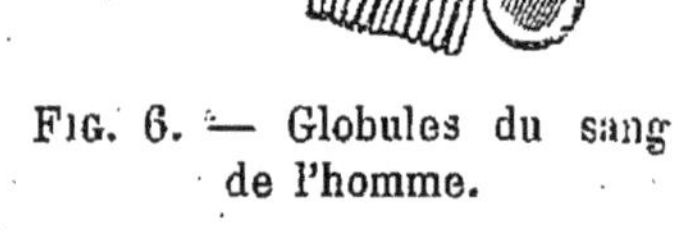

Fig. 6. — Globules du sang de l'homme.
a, vus de profil; *b*, vus de face; *c*, empilés.

4. **Composition du sang.** — Artériel ou veineux, une fois qu'il est extrait du corps et abandonné à lui-même, le sang ne tarde pas à se séparer spontanément en deux parties, l'une liquide, l'autre solide. La partie liquide est jaunâtre et transparente; elle occupe le fond du vase et prend le nom de *sérum*. La partie solide surnage. C'est une masse gélatineuse, opaque, d'un rouge foncé; on la nomme *cruor* ou vulgairement *caillot*.

Le cruor est formé des globules et d'une substance spéciale, la *fibrine*, à laquelle le sang doit sa coagulation spontanée. Si, au lieu d'abandonner le sang au repos, on l'agite vivement en le battant avec un paquet de verges, dès qu'il sort de la veine, la fibrine, à mesure qu'elle se coagule, s'attache aux verges en filaments élastiques, en grumeaux gélatineux que l'on peut recueillir à part. Le sang, ainsi privé de sa fibrine, ne se coagule plus spontanément; néanmoins il conserve la coloration rouge, au lieu de présenter la teinte jaunâtre du sérum du sang coagulé par le repos. En voici la cause. Le sang, comme il vient d'être dit, doit sa coloration rouge aux globules. Lorsque sa coagulation est spontanée, la fibrine entraîne avec elle, enferme dans sa masse les globules sanguins, et le tout forme un caillot rouge, flottant sur un liquide décoloré par cette soustraction des globules; mais si la fibrine se coagule pendant que le sang est vivement agité, les globules ne sont plus emprisonnés par le caillot et restent dans la partie liquide, qu'ils colorent en rouge.

Le sérum chauffé à une soixantaine de degrés se coagule en une masse blanche, absolument comme le ferait, dans les mêmes circonstances, le blanc de l'œuf ou l'*albumine*. La substance principale du sérum est donc de l'albumine dissoute dans de l'eau. En ne tenant compte que des principes fondamentaux, on voit donc que le sang contient des globules, de l'albumine, de la fibrine et une grande quantité d'eau. L'albumine du sang est de tous points identique avec celle de l'œuf. La fibrine n'est autre chose que la substance même de la chair musculaire. Aussi peut-on appeler avec juste raison *chair coulante*, le sang tel qu'il est dans le corps, puisqu'il renferme en dissolution la substance même de la chair.

5. **Rôle du sang.** — Le sang distribue aux divers organes de nouveaux matériaux, pour les maintenir dans une permanente prospérité malgré leurs pertes continuelles, conséquence inévitable de l'exercice de la vie. Un autre rôle lui revient, non moins important que le premier et d'une nécessité de tous les instants. Par son oxygène dissous, il provoque, dans tout son trajet, une combustion lente sans laquelle le maintien de la vie est impossible. Assistons en esprit à une expérience d'un haut intérêt. On ouvre une artère à un animal. A mesure que le sang s'écoule, le patient s'affaiblit. Bientôt il succombe, immobile, insensible, sans respiration, sans aucun signe extérieur de vie. Ce n'est encore qu'un cadavre en apparence, mais dans quelques instants ce serait un cadavre réel. La vie est arrêtée, elle va finir parce que manque dans l'organisme la combustion provoquée par le sang oxygéné. Sans tarder, on injecte dans les vaisseaux de l'animal le sang extrait. Si l'expérience est conduite par des mains habiles, on assiste comme à une résurrection. Le cadavre apparent s'agite; peu à peu il reprend ses forces, il se relève. La vie est revenue parce que la combustion vitale, non totalement éteinte, a repris quand le sang est rentré dans les vaisseaux.

6. **Structure du cœur.** — L'organe qui donne l'impulsion au

sang et le fait circuler dans les vaisseaux est le *cœur*, placé dans la poitrine entre les deux poumons. Sa propriété fondamentale est de se contracter et de se relâcher tour à tour par périodes rapprochées et régulières. Le mouvement de contraction se nomme *systole;* celui de relâchement ou de dilatation, *diastole*. De là résultent les battements de cœur, que sent la main appliquée sur le côté gauche de la poitrine.

Le cœur est creux et sa capacité se divise, par une cloison

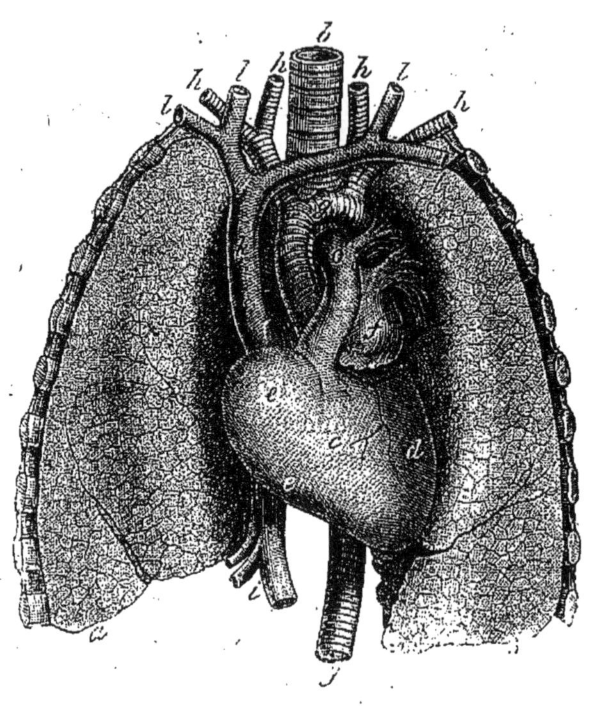

FIG. 7. — Les poumons et le cœur.

a,a, poumons; *b*, trachée-artère; *c*, cœur; *d*, ventricule gauche; *e*, ventricule droit; *f*, oreillette gauche; *e*, oreillette droite; *gg*, aorte; *h, h, h, h*, artères carotides et sous-clavières; *l,l*, veines jugulaires et sous-clavières; *o*, artère pulmonaire; *i*, *k*, veines caves.

longitudinale, en deux moitiés, dont celle de droite ne reçoit que du sang noir ou veineux, et celle de gauche que du sang rouge ou artériel. A son tour chaque moitié se divise en deux cavités par une cloison transversale, percée d'un orifice de communication. Le cœur comprend donc en tout quatre loges. Les deux supérieures sont les *oreillettes*, les deux inférieures sont les *ventricules*. Suivant qu'elles appartiennent à la moitié droite ou à la moitié gauche du cœur, on les nomme *oreillette droite* et *oreillette gauche*, *ventricule droit* et *ventricule gauche*. Chaque oreillette communique avec le ventricule de même côté, mais il n'existe pas de communication entre les deux cavités de droite et les deux cavités de gauche.

7. **Circulation du sang.** — Dans l'oreillette droite arrive le sang veineux, rouge noir, imprégné de gaz carbonique, et en cet état impropre à l'entretien de la vie. Il charrie en outre les substances nutritives que vient d'élaborer la digestion. Deux gros vaisseaux, dits *veines caves*, où aboutissent toutes les veines des diverses régions du corps, déversent le sang veineux dans l'oreillette droite. Celui d'en haut, *veine cave supérieure* (fig. 8), amène le sang de la tête, des bras et de la poitrine. Par la voie de l'un de ces affluents, la *veine sous-clavière gauche*, dont il a été déjà parlé, la veine (*c*) a reçu en route le chyle, provenant de la digestion des matières grasses dans l'intestin au moyen du suc pancréatique. Le vaisseau d'en bas, *veine cave inférieure* (*d*), amène le sang des jambes, de l'abdomen et des divers organes qu'il contient. Il charrie en outre les matériaux nutritifs dissous dans l'estomac au moyen du suc gastrique.

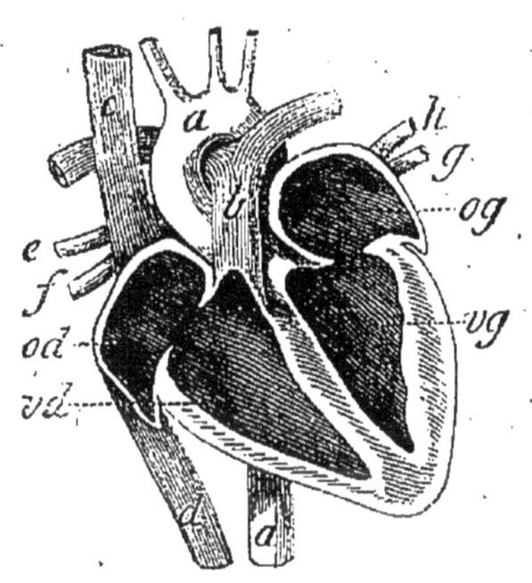

Fig. 8. — Coupe théorique du cœur.

od, oreillette droite ; *vd*, ventricule droit ; *c*, veine cave supérieure ; *d*, veine cave inférieure ; *a*, *a*, aorte ; *og*, oreillette gauche ; *vg*, ventricule gauche ; *b*, artère pulmonaire ; *e*, *f*, veines pulmonaires droites ; *h*, *g*, veines pulmonaires gauches.

En se contractant, l'oreillette droite pousse le sang veineux qu'elle contient et le chasse dans le ventricule droit. Aussitôt rempli, le ventricule droit se contracte à son tour et refoule le sang dans un vaisseau (*b*) nommé *artère pulmonaire*. Celle-ci se divise bientôt en deux branches, dont l'une va se ramifier à l'infini dans le poumon de droite et l'autre dans le poumon de gauche. Au sein des poumons arrive en même temps de l'air, que la respiration amène par la voie de la *trachée-artère*. Sans entrer dans des détails réservés pour le chapitre de la respiration, nous nous bornerons à dire que, dans les poumons, le sang perd son gaz carbonique, exhalé au dehors par le souffle de l'*expiration*, et dissout à sa place de l'oxygène, provenant de l'air atmosphérique qui pénètre à chaque *inspiration*. Par cet échange gazeux, le sang, d'abord d'un rouge sombre, tournant au noir, devient d'un rouge vif, écumeux, plus fluide. Il était entré sang veineux, impropre à la vie, dans les poumons; il en sort sang artériel, imprégné d'oxygène et apte désormais à la combustion et à la nutrition vitales. Des milliers de petits vaisseaux le rassemblent des profondeurs de ce merveilleux laboratoire et le conduisent finalement au cœur dans l'oreillette gauche par deux couples de vaisseaux nommés *veines pulmonaires*. Le couple *h* et *g*, *veines pulmonaires gauches*, ramène le sang du poumon gauche; le couple *e* et *f*, *veines pulmonaires droites*, le ramène du poumon droit.

La contraction de l'oreillette gauche chasse le sang artériel dans le ventricule gauche. Enfin le ventricule gauche donne, par sa contraction, l'élan final, le plus puissant de tous, et chasse le sang dans une grosse artère, l'*aorte* (*a, a*), qui le distribue dans tout le corps au moyen de canaux de plus en plus étroits et nombreux. Dans les dernières subdivisions, comparables à des cheveux pour la finesse et nommés pour ce motif *vaisseaux capillaires*, le sang artériel accomplit ses fonctions : il cède aux organes baignés ses principes nutritifs et son oxygène, qu'il remplace par du gaz carbonique et d'autres résidus du travail vital; enfin il redevient sang veineux. D'autres vaisseaux capillaires, continuation des premiers, le reçoivent alors et le rassemblent dans les veines qui, de proche en proche, le ramènent dans l'oreillette droite du cœur par la voie des deux veines caves. Ainsi recommence, dans un ordre invariable, la circulation dont nous venons de donner une idée.

8. **Artères et veines.** — Les artères sont les vaisseaux dans lesquels le sang circule du cœur vers les autres parties du corps. Toutes contiennent du sang rouge, à l'exception des artères pulmonaires, qui portent aux poumons le sang noir du ventricule droit. Leur paroi se compose de trois tuniques superposées : l'intérieure et l'extérieure fines et membraneuses; la moyenne de couleur jaunâtre, ferme et très élastique. Cette élasticité fait qu'une artère se maintient bâillante lorsqu'elle éprouve une rupture et donne lieu à une hémorrhagie qu'on ne peut arrêter que par la ligature du vaisseau endommagé. A de rares exceptions près, les artères sont toutes profondément situées, loin de la surface, sous une épaisseur de muscles et d'autres organes, qui forment rempart et écartent le péril de rupture.

L'élasticité de la tunique moyenne des artères est la cause du *pouls*. A chaque ondée de sang qu'envoie le cœur, les artères éprouvent des pulsations, c'est-à-dire des alternatives régulières de gonflement puis d'affaissement. Les pulsations ont lieu en tous points des vaisseaux artériels ; mais elles ne sont sensibles au toucher que là où les artères sont assez voisines de la superficie. L'*artère radiale*, située au poignet, se prête très

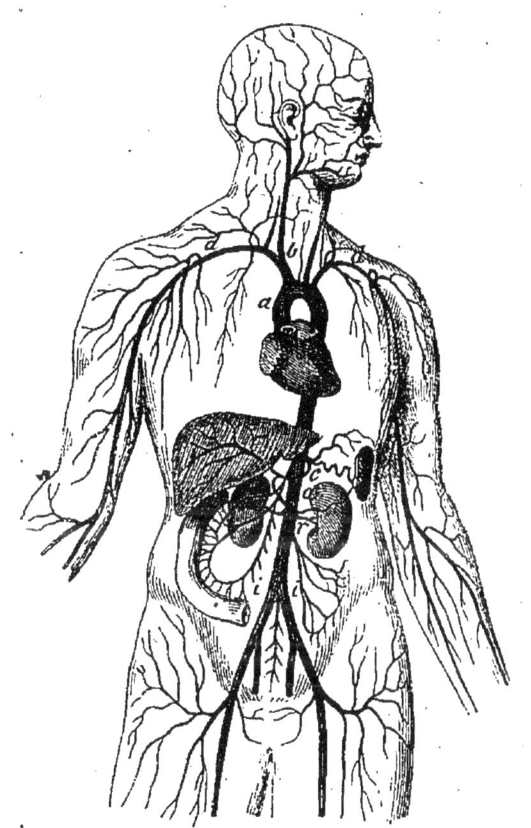

Fig. 9. — Principaux vaisseaux artériels.

a, aorte ; *b*, artère carotide ; *d*, *d*, artères sous-clavières ; *a*, artère abdominale ; *c*, artère splénique ; *r*, artère rénale ; *i*, *i*, artères iliaques.

bien à ce genre d'observation. C'est là que s'appliquent les doigts pour *tâter le pouls*, c'est-à-dire pour reconnaître la fréquence et la force des battements du cœur. Autant l'artère donne de pulsations, autant le cœur fait de battements. Dans l'homme adulte ce nombre varie de 60 à 75 par minute.

Les veines ramènent au cœur, dans l'une et l'autre oreillette, le sang des diverses parties du corps. Toutes contiennent du sang noir, à l'exception des veines pulmonaires, qui conduisent à l'oreillette gauche le sang devenu rouge par son oxygénation dans les poumons. Sous le rapport de la structure, elles diffèrent des artères par l'absence de la tunique moyenne élastique; aussi leurs parois sont-elles flasques, minces, et leur canal, au lieu de rester béant, s'affaisse dès qu'il cesse d'être plein. De là résulte une cicatrisation facile. Les saignées médicales se font toujours sur une veine. Beaucoup de veines occupent la superficie et rampent sous la peau, où elles dessinent par transparence des traits bleuâtres, par exemple sur le dos de la main.

CHAPITRE IV

ANATOMIE SOMMAIRE DE L'HOMME. — PRINCIPAUX APPAREILS ET LEURS FONCTIONS

ORGANES DE LA RESPIRATION

1. **Composition de l'air.** — L'air atmosphérique est un mélange de deux gaz, l'un, l'*azote*, impropre à la combustion, l'autre, l'*oxygène*, dans lequel la combustion se fait avec une extrême ardeur. En nombres ronds, sur 5 litres d'air, il y en a 1 d'oxygène et 4 d'azote. Il est aisé de reconnaître lequel des deux gaz agit dans la respiration. Plongé dans une atmosphère d'azote pur, un animal succombe après quelques inspirations, de même que s'y éteint une bougie allumée. Plongé dans une atmosphère d'oxygène, il continue à vivre; il est vrai que si le séjour dans ce gaz se prolonge trop, l'animal est en danger parce que la vie est surexcitée hors de toute mesure. Pareillement une bougie continue à brûler dans l'oxygène, mais elle s'y consume avec une dévorante activité. C'est donc l'oxygène qui agit dans la respiration. Quant à l'azote, gaz inerte, il a pour effet de tempérer, par sa forte proportion, les énergies violentes du gaz actif. C'est l'oxygène de l'air dissous dans l'eau que respirent les animaux aquatiques.

2. **Produits de la respiration.** — Nous connaissons la com-

position de l'air qui pénètre dans le corps à chaque *inspiration;* examinons maintenant de quoi se compose celui qui en sort, à chaque *expiration.* — La fumée qui accompagne le souffle par un temps froid démontre d'abord que l'air expiré renferme de la vapeur d'eau. Cette vapeur est exhalée en tout temps, car si nous soufflons avec la bouche sur un carreau de vitre froid, bientôt l'haleine y dépose une couche d'humidité. — A l'aide d'un tube de verre, soufflons maintenant avec la bouche dans de l'eau de chaux. Aussitôt le liquide blanchit, et par le repos, laisse déposer d'abondants flocons de craie ou carbonate de chaux. A ce signe se reconnaît la présence du gaz carbonique, et en quantité considérable[1]. L'air du dehors, celui qui ne vient pas des organes respiratoires, ne se comporte pas de la même manière. Si l'on souffle dans de l'eau de chaux, non plus avec la bouche mais avec un soufflet, l'eau ne blanchit pas, ne donne pas de flocons de craie. Il n'y a donc pas du gaz carbonique dans l'air, ou plus exactement il n'y en a que des quantités si faibles, qu'il faudrait faire passer de grandes masses d'air dans de l'eau de chaux pour y amener un léger trouble. Avec l'air expiré, au contraire, le trouble apparaît aussitôt.

Ainsi, avant de pénétrer en nous, l'air ne contient que très peu de vapeur d'eau et très peu de gaz carbonique; quand il revient des organes respiratoires, il en contient beaucoup. L'air exhalé contient en outre presque intégralement l'azote de l'air primitif, mais il contient beaucoup moins d'oxygène, et cet oxygène se trouve remplacé par un volume à peu près égal de gaz carbonique. En somme, la respiration consomme de l'oxygène et produit de l'eau et du gaz carbonique, c'est-à-dire qu'elle reproduit fidèlement tous les faits de l'habituelle combustion. La bougie qui brûle prend à l'air son oxygène, le combine avec sa propre substance et en fait du gaz carbonique et de la vapeur d'eau; l'animal, en respirant, prend aussi l'oxygène à l'air et laisse l'azote intact, il associe cet oxygène avec les matériaux de son corps et du tout fait de l'eau et du gaz carbonique.

1. Cette expérience, si frappante et si facile à faire, ne demande qu'un peu d'eau de chaux et un tube quelconque, au besoin une simple paille. L'eau de chaux s'obtient en délayant de la chaux dans de l'eau et filtrant sur du papier filtre. Le liquide qui passe, tenant un peu de chaux en dissolution, est d'une parfaite limpidité.

3. **Chaleur animale.** — La combustion dégage de la chaleur, la respiration en fait tout autant ; telle est la cause de la température propre au corps de l'animal. Sous un soleil brûlant comme au milieu des frimas de l'hiver, sous le climat torride de l'équateur comme sous le climat glacial des pôles, le corps

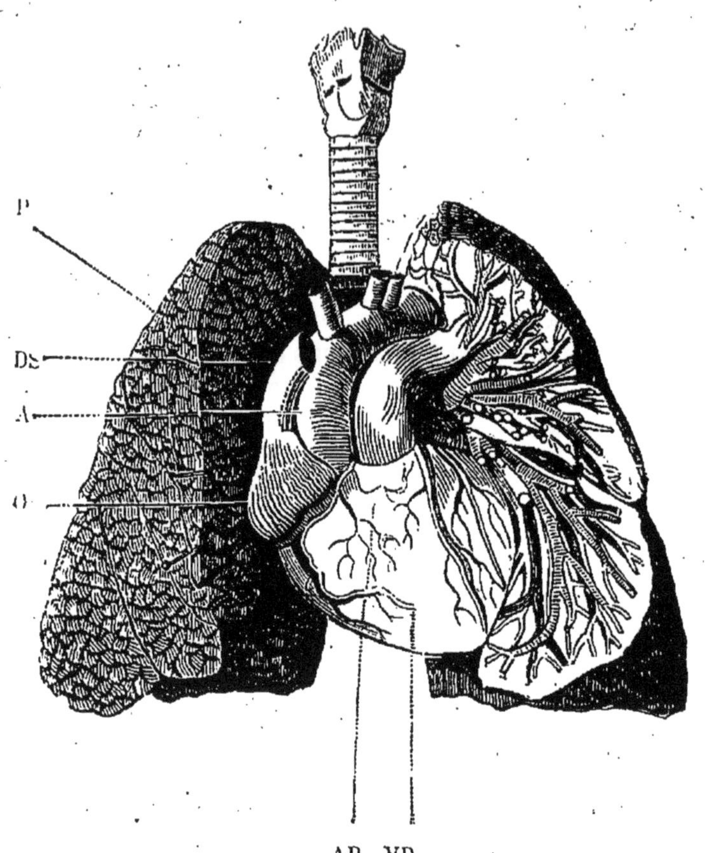

Fig. 10. — Les poumons et le cœur.

Le poumon gauche est ouvert pour montrer ses rameaux bronchiques, ses vaisseaux artériels et veineux. — P, poumon droit; CS, veine cave supérieure; A, aorte; OD, oreillette droite; AP, artère pulmonaire; VD, ventricule droit.

de l'homme conserve une température qui lui est propre, 38° ; et cette température ne varie jamais, parce que le corps est un calorifère permanent, alimenté d'air par la respiration, de combustible par la digestion.

La chaleur que dégage un fourneau est cause du travail mécanique qu'accomplit la machine mise en jeu par ce fourneau ;

la chaleur que dégage la combustion vitale est cause aussi des efforts musculaires de l'animal. D'un homme qui met à son travail une ardeur extrême, on dit qu'*il se brûle le sang*. Cette expression populaire est on ne peut mieux d'accord avec ce que la science connaît de plus certain sur l'exercice de la vie. Pas un mouvement ne se fait en nous, pas une fibre ne remue sans amener une dépense proportionnelle de combustible, fourni

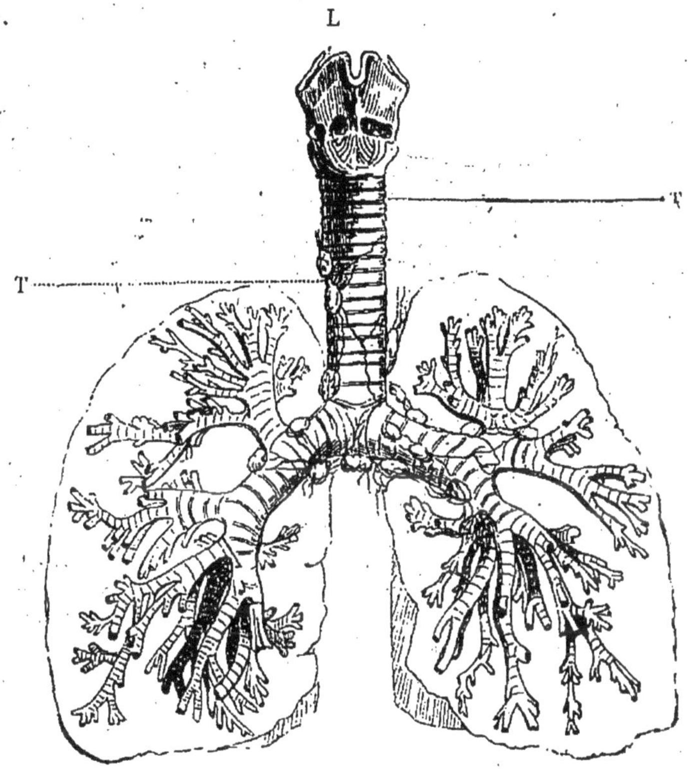

Fig. 11. — Distribution des bronches dans les poumons. L, larynx ; T, T, trachée-artère.

par le sang, renouvelé lui-même par l'alimentation. Marcher, courir, s'agiter, travailler, prendre de la peine, c'est, à la lettre, se brûler le sang. Tel est le motif pour lequel l'activité, le travail pénible, excitent le besoin de manger ; tandis que le repos, l'inoccupation, l'affaiblissent. En un mot, vivre, c'est se consumer ; respirer, c'est brûler.

4. **Poumons**. — Les organes de la respiration sont les *poumons*, placés dans la cavité de la poitrine ou *thorax*, l'un à

droite, l'autre à gauche du cœur. Ils sont criblés d'une infinité de petites cavités ou cellules pulmonaires, communiquant avec l'air extérieur par les dernières ramifications de la *trachée-artère*.

Celle-ci débute dans l'arrière-bouche, où elle s'ouvre par un orifice nommé *glotte*. Elle se compose d'une série d'anneaux cartilagineux, empilés l'un au-dessus de l'autre et maintenus en un canal continu par la membrane qui les relie. Dans sa partie supérieure, immédiatement après la glotte, la trachée-artère présente une dilatation considérable que l'on nomme *larynx*. Cette dilatation est l'organe de la voix. Parvenue entre les deux poumons, la trachée-artère se divise en deux canaux nommés *bronches*, de moindre calibre mais de même structure. Chacun d'eux se rend dans le poumon voisin, en se subdivisant en une multitude de ramifications, dont les dernières, extrêmement fines, débouchent dans les cellules dont est criblée la substance des poumons. Pour arriver aux cellules pulmonaires, l'air pénètre par les narines, ou moins fréquemment par la bouche; il franchit l'orifice de la glotte, suit la trachée-artère, les bronches et finalement les derniers ramuscules de celles-ci.

5. **Hématose.** — Sur la paroi de chaque cellule pulmonaire rampent de délicats vaisseaux sanguins, les uns dernières subdivisions de l'artère pulmonaire, amenant le sang noir du ventricule droit, les autres premières racines des veines pulmonaires, amenant à l'oreillette gauche le sang devenu rouge. Ces divers vaisseaux, artérioles et veinules, sont reliés entre eux par un réseau capillaire. L'air et le sang se trouvent ainsi en présence, l'air à l'intérieur de la cellule pulmonaire, le sang à l'extérieur, et séparés l'un de l'autre par la paroi de la cellule et des capillaires. Mais par sa faible épaisseur et sa fine structure, cette paroi se prête au passage des gaz dans un sens comme dans l'autre, sans laisser transpirer le sang des vaisseaux.

Le sang noir exhale donc son gaz carbonique dans les cellules pulmonaires ainsi que les vapeurs provenant de l'eau en excès; inversement, l'air des cellules pulmonaires cède au sang son oxygène. Les globules s'imprègnent de cet oxygène, l'emmagasinent en quelque sorte en formant avec lui une combinaison facile à détruire, et dès l'instant passent du rouge noir au rouge vif. Cette oxygénation sanguine, cette transformation du sang veineux en sang artériel s'appelle *hématose*.

Cet échange réciproque effectué, l'air est chassé des poumons, appauvri d'oxygène, saturé de vapeur d'eau, qui par un temps froid fait fumer notre haleine, et riche de gaz carbonique, qui trouble et blanchit l'eau de chaux dans laquelle nous faisons passer notre souffle. Une autre inspiration renouvelle cet air et le même échange gazeux se produit. Quant au sang redevenu rouge par son passage dans le réseau capillaire des poumons, il se rend au cœur, dont le ventricule gauche le lance dans toutes les parties du corps, pour y porter son élément comburant et ses principes nutritifs. Dans son trajet, il cède aux organes des matériaux d'accroissement et d'entretien; avec ses globules oxygénés, qui peu à peu abandonnent le gaz dont ils sont imprégnés, il consume soit les matériaux qu'il charrie lui-même, soit les matériaux vieillis de l'organisation. De là résultent, en tout point du corps, la combustion vitale et le renouvellement graduel des organes; de là résulte aussi une incessante formation de résidus, en particulier de gaz carbonique et d'eau, dont le sang, devenu alors veineux, va se dépouiller aux poumons, pour y prendre une nouvelle provision d'oxygène et recommencer indéfiniment son circuit.

6. **Thorax.** — Le thorax, c'est-à-dire la cavité où sont logés les poumons et le cœur, a pour charpente osseuse, en arrière, un pilier formé par les douze vertèbres du dos ou *vertèbres dorsales;* en avant, parallèlement à la colonne des vertèbres, un os mince et plat appelé *sternum*, occupant le creux de la poitrine; de chaque côté, douze os courbés en arc et nommés *côtes*.

Chaque côte s'articule en arrière avec l'une des vertèbres dorsales. Les sept premières rejoignent directement le sternum et portent le nom de *vraies côtes;* les cinq dernières, nommées *fausses côtes*, n'atteignent le sternum qu'en s'unissant l'une à l'autre au moyen d'un prolongement cartilagineux. Les côtes sont reliées entre elles par les *muscles intercostaux*, qui, en se contractant, les rapprochent un peu l'une de l'autre et les font légèrement pivoter autour de leur articulation avec les vertèbres dorsales. Enfin un muscle, le *diaphragme*, comparable à un plancher voûté séparant deux étages, ferme en bas la cavité thoracique et la sépare de la cavité abdominale. Cette voûte charnue tourne sa convexité vers le thorax, sa concavité vers l'abdomen. Des prolongements musculaires, nommés *piliers du diaphragme*, lui donnent attache sur les *vertèbres lombaires*, situées en arrière du ventre. Lorsque ces piliers se contractent, le diaphragme diminue de convexité; il fait ainsi moins saillie à l'intérieur du thorax et celui-ci augmente de capacité. S'ils se relâchent, le diaphragme reprend sa forte courbure; sa voûte remonte dans la poitrine et en diminue d'autant la contenance.

7. **Mécanisme de la respiration.** — Deux mouvements sont à distinguer dans l'acte respiratoire : celui de l'*inspiration*, qui amène aux poumons l'air atmosphérique; celui de l'*expiration*,

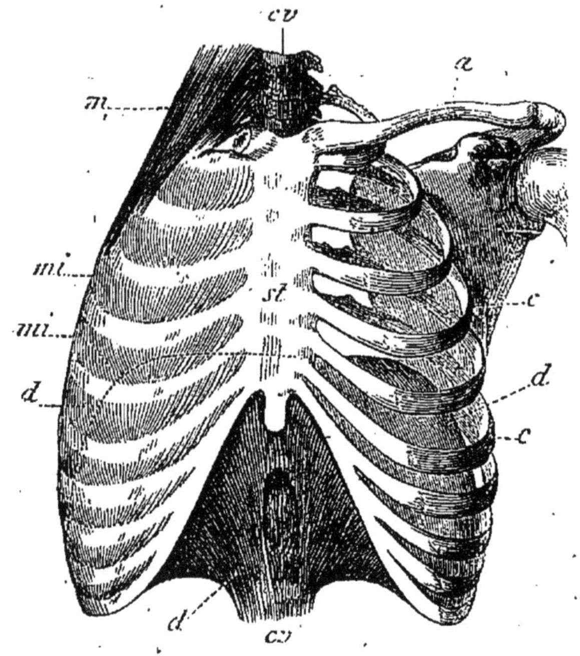

FIG. 12. — Le thorax.

cv, colonne vertébrale; *a*, clavicule; *m*, muscles élévateurs des côtes; *mi*, *mi*, muscles intercostaux; *st*, sternum; *d*, *d*, diaphragme; *c*, côtes.

qui chasse des poumons l'air dont l'action sur le sang est terminée. Dans la respiration habituelle, celle qui s'accomplit d'une manière calme, non précipitée, c'est le diaphragme qui provoque les deux mouvements contraires au moyen de ses alternatives de contraction et de relâchement. Lorsqu'il se contracte, la convexité de sa voûte s'affaisse et la capacité de la poitrine augmente en offrant aux poumons un plus grand espace à occuper.

Par la voie toujours libre de la trachée-artère, l'air extérieur arrive donc aux poumons, de la même façon qu'il pénètre dans un soufflet dont la capacité vient de s'amplifier au moyen de l'éloignement des deux planchettes servant de support à sa poche de cuir. Pour l'expiration, le diaphragme se relâche et laisse sa voûte remonter dans le thorax, dont la contenance se trouve ainsi diminuée. Comprimés dans un moindre espace, les poumons expulsent leur contenu gazeux. Pareillement, un soufflet chasse l'air de sa poche quand celle-ci diminue par le rapprochement des deux planchettes.

Quand la respiration doit être plus active, plus précipitée, enfin quand on respire à pleine poitrine, à l'action du diaphragme s'ajoute celle des muscles intercostaux, qui en relevant un peu les côtes, puis les laissant s'abaisser, augmentent et diminuent tour à tour la capacité du thorax. Respirons à pleine poitrine et appliquons nos mains sur les côtes, nous sentirons celles-ci se relever pendant l'inspiration, s'abaisser pendant l'expiration.

8. **Asphyxie.** — Si la transformation du sang veineux en sang artériel ne se fait pas ou se fait d'une manière incomplète, parce que l'air cesse d'arriver aux poumons ou n'y parvient qu'en volume insuffisant, la combustion vitale se ralentit, s'arrête, ce qui amène un trouble profond, nommé *asphyxie*, dont le résultat inévitable est la mort pour peu que cet état se prolonge.

L'immersion dans l'eau, la strangulation, le séjour dans une atmosphère qui ne se renouvelle pas, donnent la mort par manque d'air. Quelquefois l'asphyxie se complique d'un empoisonnement par une substance gazeuse. Ainsi le charbon allumé dégage de l'oxyde de carbone, qui exerce sur l'organisation une influence des plus délétères, quoiqu'il soit mélangé avec une large proportion d'air. Les soins à donner aux asphyxiés consistent, avant tout, à les apporter au plus vite dans une atmosphère pure, s'ils succombent par intoxication ; et dans tous les cas, à réveiller la respiration, sans se lasser, sans se décourager, car fréquemment la mort n'est qu'apparente.

CHAPITRE V

ANATOMIE SOMMAIRE DE L'HOMME. — PRINCIPAUX APPAREILS ET LEURS FONCTIONS

ORGANES LOCOMOTEURS

1. **Fonctions de relation.** — La nutrition est une propriété commune à tous les êtres vivants, aux végétaux comme aux animaux; aussi la nomme-t-on, envisagée dans sa généralité, *fonction de la vie végétale.* Mais les animaux ont de plus la faculté de se mouvoir volontairement pour satisfaire aux exigences de leur genre de vie, et la faculté d'avoir connaissance, à un degré plus ou moins élevé, soit de ce qui se passe en eux-mêmes, soit de ce qui se passe au dehors. La première faculté se nomme *locomotion;* la seconde, *sensibilité.* L'exercice des deux constitue les *fonctions de relation*, ainsi dénommées parce qu'elles mettent l'animal en relation avec le monde extérieur : on les appelle aussi *fonctions de la vie animale* parce qu'elles sont caractéristiques des animaux.

La sensibilité s'exerce par les organes des *sens;* la locomotion a pour organes les *muscles*, masses charnues qui se contractent ou se relâchent au gré de l'animal. L'une et l'autre sont sous la haute dépendance des *nerfs*, qui transmettent aux muscles l'influence de la volonté pour amener leur contraction ou leur relâchement, et font parvenir au *cerveau* ou autres *centres sensitifs*, l'impression reçue par les sens, afin que l'animal en ait connaissance.

Si les mouvements doivent avoir de l'ampleur et de la précision, les organes moteurs, les muscles, sont soutenus et dirigés dans leur action par une charpente solide à laquelle ils se rattachent.

Cette charpente, composée de diverses pièces mobiles, articulées l'une à l'autre, est, chez divers animaux inférieurs, les insectes et les crustacés par exemple, une simple modification de la peau, et forme l'enveloppe extérieure ; mais tous les animaux supérieurs, les vertébrés, ont, pour soutien et régulateur de leurs mouvements, un appareil intérieur dont les pièces se nomment *os* et l'ensemble *squelette*.

2. **Composition des os.** — Les os sont formés d'une matière organique, destructible par le feu, et d'une matière minérale, inaltérable par la chaleur. Si l'on calcine un os à l'air libre, la matière organique brûle, et la matière minérale reste. L'os est alors blanc et très friable ; il contient un mélange de matières minérales, que la chimie nomme *phosphate de chaux* et *carbonate de chaux*, et dont l'ensemble forme à peu près le tiers du poids primitif. La partie disparue par l'action du

Fig. 13. — Lamproie.

feu se compose presque en entier de *gélatine*, substance qui ne diffère pas du produit employé dans l'industrie sous le nom de *colle-forte*. Celle-ci, en effet, s'extrait des os par l'action prolongée de l'eau à haute température.

Pour obtenir la gélatine seule, il suffit de laisser macérer un os frais dans un liquide corrosif nommé *acide chlorhydrique* : cet acide dissout peu à peu les matières minérales, et la gélatine reste intacte, conservant la forme et les dimensions de l'os primitif, qui devient ainsi flexible en tous sens, mou, élastique. On voit donc qu'un os se compose d'une charpente organique, de nature gélatineuse, sans consistance par elle-même, et d'un dépôt de matières minérales, phosphate et carbonate de chaux, qui pénètrent intimement cette charpente, la durcissent et lui donnent la rigidité.

3. **Structure des os.** — Les os débutent par l'état de *cartilage*, c'est-à-dire qu'ils sont d'abord mous, flexibles et composés uniquement de gélatine, enfin semblables aux os dépouillés de leur encroûtement minéral par l'action de l'acide chlorhydrique. Chez quelques poissons, qualifiés pour ce motif de cartilagineux, tels que la raie et la lamproie, cet état imparfait persiste toute la vie; mais chez les autres vertébrés, le durcissement par incrustation de matières minérales ne tarde pas à venir. Le dépôt pierreux commence à se montrer, non dans toute la masse de l'os à la fois, mais en des points isolés, dits *points d'ossification*, d'où il s'irradie peu à peu en tous sens et finit par rejoindre les dépôts voisins.

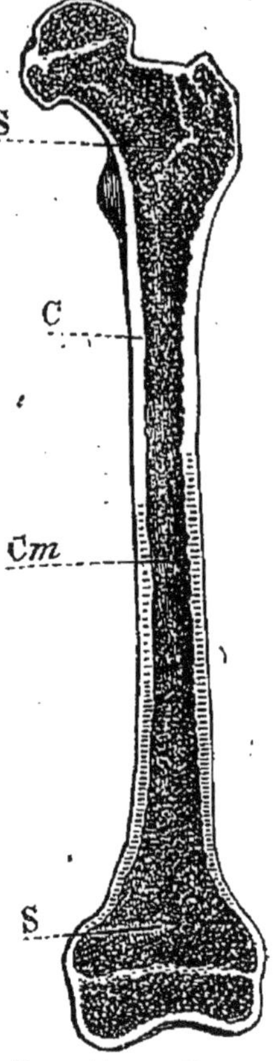

FIG. 14. — Coupe longitudinale d'un os long.

Cm, canal médullaire; *C*, substance compacte; S, S, substance spongieuse.

Cette minéralisation ne se fait pas avec une égale rapidité, elle est ici plus prompte et là plus lente suivant l'os et suivant la partie du même os. Certaines parties du squelette persistent à l'état cartilagineux; il en est de même des surfaces par lesquelles se rejoignent et s'articulent deux os mobiles l'un sur l'autre. Enfin l'incrustation peut se poursuivre jusqu'à souder deux os primitivement distincts; aussi observe-t-on que le nombre des pièces osseuses est plus considérable dans le jeune âge que dans l'âge adulte, ce qui était d'abord séparé se réunissant par la continuation du dépôt minéral.

Les os des membres, qui, pour se prêter à l'ampleur des mouvements, possèdent une longueur considérable, sont appelés *os longs*. Tous sont ronds et creux à l'intérieur. Cette configuration diminue le poids sans nuire à la solidité; c'est effectivement avec la forme ronde et creuse qu'une quantité déterminée de matière résiste le mieux à la rupture. L'intérieur des os longs est rempli d'une substance grasse, la *moelle*, qui imbibe la matière osseuse et en diminue la cassante raideur. Les deux extrémités sont renflées en têtes ou *épiphyses*, qui forment d'abord des pièces distinctes et se soudent plus tard au reste de l'os par les progrès de l'ossification Les épiphyses ont leur surface cartilagineuse pour adoucir le frottement de l'articulation, et l'intérieur formé d'un tissu lâche, spongieux.

Les *os courts*, tels que ceux des poignets et des doigts, ont l'intérieur spongieux et l'extérieur compact. Les *os plats*, tels que ceux de la tête, ont sur chaque face une lame de substance dure, et entre les deux une couche de tissu spongieux. Dans les divers cas, c'est donc toujours au dehors, là où la résistance est le plus nécessaire, que l'os possède le tissu le plus compact, le plus minéralisé, le plus dur.

Les os présentent à leur surface, pour l'attache des *muscles* ou masses charnues organes du mouvement, tantôt de légères saillies, des crêtes rugueuses, tantôt des éminences considérables, qui prennent alors le nom général d'*apophyses*. Quelques-uns sont percés d'orifices pour le passage de nerfs et de vaisseaux sanguins; d'autres sont creusés de cavités pour recevoir l'extrémité d'un os voisin mobile, ou de dépressions où s'abritent des organes mous; tous reçoivent, jusque dans l'épaisseur de leur tissu, les artères, les veines, les nerfs nécessaires à leur état d'organes vivants; tous enfin sont enveloppés d'une fine membrane, le *périoste*, siège du travail d'accroissement.

4. **Os de la tête. Crâne.** — Pour la classification des os, le corps se divise en trois parties : la tête, le tronc et les membres.

La tête comprend le *crâne* et la *face*. Le crâne est la boîte osseuse logeant le cerveau. Il se compose de huit os, dont quatre sont pairs, c'est-à-dire forment des couples symétriques et quatre sont impairs. Aux premiers appartiennent les deux *pariétaux* (5) (fig. 15), qui s'articulent par des dentelures engrenées l'une dans l'autre suivant la ligne médiane du crâne, et formant le haut et les côtés de la voûte crânienne dans la région moyenne; les deux *temporaux* (6), qui constituent les tempes, c'est-à-dire les régions du crâne dont chaque oreille occupe le bas. A la base des temporaux se remarque une grosse apophyse, dite *mastoïde*, servant de point d'attache à des muscles qui descendent obliquement vers la poitrine sur le devant du cou, et font tourner la tête un peu à droite et un peu à gauche sur la colonne vertébrale. En avant de l'apophyse mastoïde est le *trou auditif*, qui donne accès à l'air dans l'intérieur de l'organe de l'ouïe, et est creusé dans une portion du temporal nommée *rocher* à cause de sa grande dureté. Une seconde apophyse s'élève des temporaux et va à la rencontre des os jugaux en formant avec ceux-ci, en travers des joues, une arcade sous laquelle passe le muscle moteur de la mâchoire inférieure.

Aux os impairs appartiennent le *frontal* (1) constituant le front, et l'*occipital* (2) situé à l'arrière de la tête. Celui-ci est

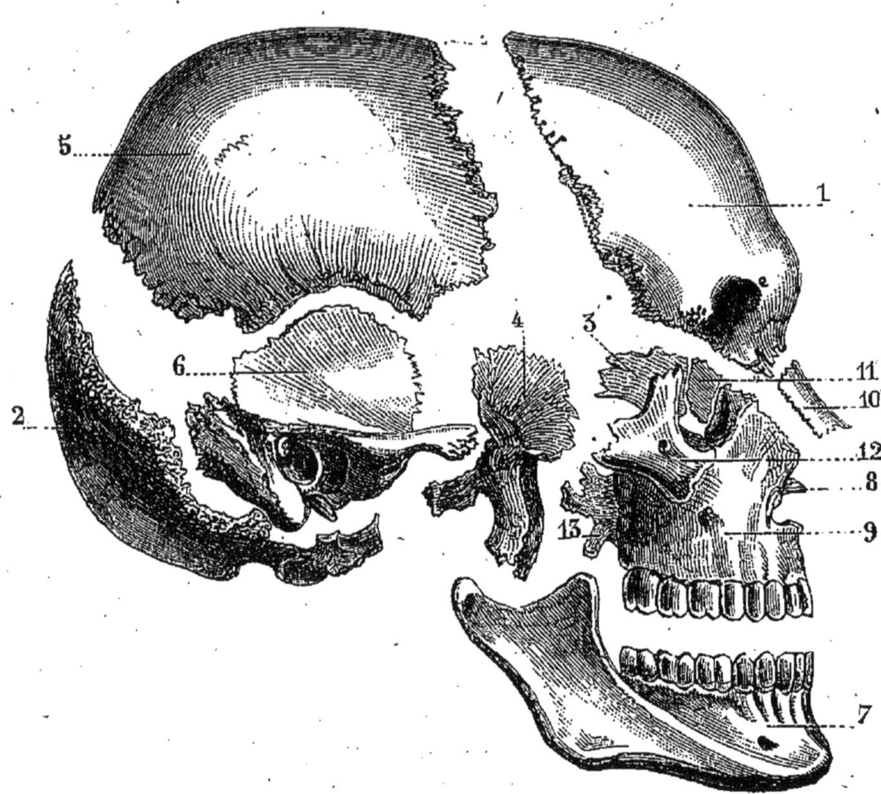

Fig. 15. — Crâne humain désarticulé.

Os du crâne : 1, frontal ; — 2, occipital ; — 3, ethmoïde ; — 4, sphénoïde ; — 5, pariétal ; — 6, temporal. — Os de la face : 7, maxillaire inférieur ; — 8, vomers ; — 9, maxillaire supérieur ; — 10, os nasal ; — 11, os lacrymal ; — 12, os jugal ; — 13, os palatin.

percé à sa base d'un large orifice, dit *trou occipital*, par lequel la cavité crânienne communique avec le canal de la colonne vertébrale. Sur les bords du trou occipital s'élèvent, l'une à droite l'autre à gauche, deux grosses apophyses nommées *condyles*, qui sont les points d'articulation du crâne avec la première vertèbre. Les deux autres os impairs sont le *sphénoïde* (4) et l'*ethmoïde* (3), intercalés, à la face inférieure du crâne, entre diverses pièces. Le sphénoïde est en avant du trou occipital; il se prolonge de chaque côté en une aile qui entre dans la composition de la tempe. Enfin l'ethmoïde, situé en arrière du nez, est criblé de trous pour le passage des nerfs de l'odorat.

5. **Os de la tête. Face.** — Dans la face se comptent quatorze os : douze disposés par couples, et deux impairs. Les os pairs sont : les deux *maxillaires* (9), qui forment la mâchoire supérieure; les deux *palatins* (13), qui prennent part, en arrière des maxillaires, à la formation de la voûte du palais; les deux *jugaux* (12), dont une branche rejoint une apophyse du temporal et forme avec elle ce qu'on nomme l'*arcade zygomatique*, se traduisant au dehors par la pommette des joues; les deux *nasaux* (10), qui forment la voûte du nez; les deux *cornets nasaux*, qui occupent le fond des fosses nasales et sont composés d'une mince lame à nombreux replis; les deux *lacrymaux* (11), très petits os situés à l'angle interne des orbites ou cavités des yeux.

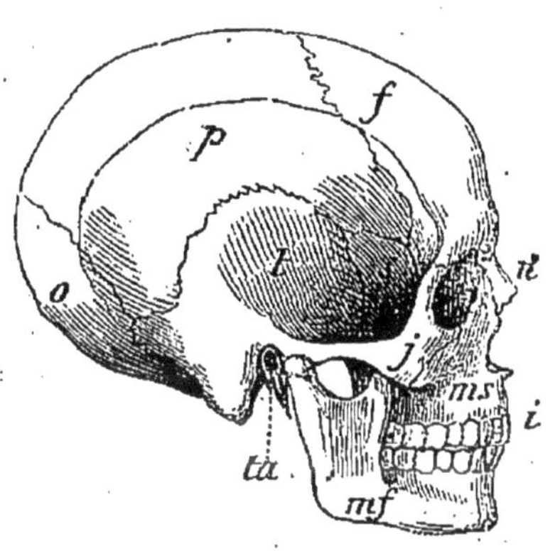

Fig. 16. — Crâne humain.
f, frontal; — *p*, pariétal; — *o*, occipital; — *t*, temporal; — *ta*, trou auditif; — *n*, nasal; — *j*, jugal; — *ms*, maxillaire supérieur; — *mf*, maxillaire inférieur.

Les os impairs sont le *vomer* (8), lame osseuse formant cloison entre les deux narines; enfin le *maxillaire inférieur* (7) ou mâchoire inférieure. Ce dernier os, courbé en forme de fer à cheval, a ses extrémités terminées par une apophyse, nommée *condyle*, qui s'adapte dans une fossette ou *cavité glénoïdale*, creusée dans le temporal. C'est autour de ces deux points d'appui, comparables à de solides gonds, que se meut la mâchoire inférieure. Les muscles qui l'entraînent de bas en haut ont, pour point d'attache, une saillie considérable de la mâchoire située en avant du condyle et nommée apophyse *coronoïde*. Ils passent sous l'arcade zygomatique et vont s'insérer, d'autre part, sur les côtés du crâne.

Les diverses pièces osseuses que nous venons de mentionner pour la tête humaine, se retrouvent chez les divers mammifères, mais variables de forme suivant le genre de vie. Elles présentent en outre certaines particularités qu'il est bon de connaître pour se retrouver aisément dans le cas où l'on aurait pour sujet d'étude le crâne d'un chien ou d'un chat, par exemple. Ainsi, le frontal, au lieu de ne former qu'un seul os, en comprend deux symétriquement disposés et s'articulant sur la ligne médiane; la mâchoire inférieure est pareillement formée de deux os symétriques. Enfin, entre les maxillaires supérieurs sont intercalés deux os nouveaux, les *intermaxillaires*, dans lesquels sont implantées les petites dents de devant ou incisives. On remarquera enfin que les dents, au nombre de 32 pour l'homme, ne sont pas comprises parmi les os. Ce ne sont pas des os, en effet, mais d'autres organes d'une nature toute différente.

6. **Vertèbres.** — La partie la plus importante du squelette est la *colonne vertébrale* ou *colonne épinière*, robuste pilier qui sert de soutien au reste de l'édifice osseux. Elle est formée d'une série d'os, nommés *vertèbres*, empilés l'un sur l'autre. La tête elle-même est son prolongement, car les os du crâne ne sont, à la rigueur, que des vertèbres modifiées. De toutes les pièces osseuses, ce sont les vertèbres qui varient le moins de forme d'une espèce animale à l'autre; ce sont elles aussi qui persistent les dernières dans tout squelette, si simplifié qu'il soit. Une colonne vertébrale et sa dépendance, la tête, tel est au moins l'édifice des os dans sa plus grande simplification. C'est ainsi, avons-nous déjà dit, que la couleuvre et les autres serpents sont dépourvus de membres et par conséquent des os qui entrent dans leur structure; mais ils possèdent une longue file de vertèbres, dont es antérieures se renflent et forment le crâne. La vertèbre est donc l'os caractéristique, l'os général; on le retrouve partout alors même que le reste manque.

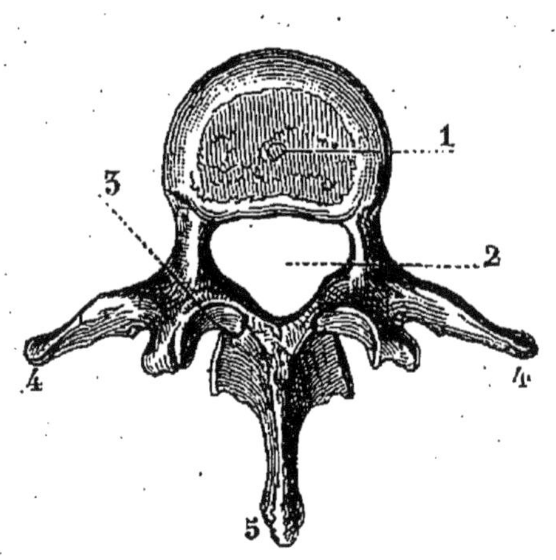

Fig. 17. — Vertèbre.

1, corps de la vertèbre; — 2, trou médullaire; — 3, apophyses articulaires 4, 4, apophyses transverses; — 5, apophyse épineuse.

Une vertèbre se compose, en avant, d'un disque plein nommé le *corps*, 1 (fig. 17), en arrière d'un arc qui se prolonge en sep apophyses. Le prolongement postérieur est, l'*apophyse épineuse* (5); les deux prolongements latéraux sont les *apophyses transverses* (4). Tous les trois servent de points d'attache à des muscles qui résistent à la flexion du corps en avant, sous l'effet de son poids, et le maintiennent dressé. Enfin, tant d'un côté que de l'autre de la vertèbre, se trouvent deux *apophyses articulaires* (3), qui par de larges facettes s'articulent avec les apophyses pareilles de la vertèbre voisine.

Superposées par l'ample disque du corps et prenant, en outre, appui l'une sur l'autre par leurs apophyses articulaires, les vertèbres forment un vigoureux pilier, dont les pièces, reliées entre elles par des ligaments, n'ont chacune que des mouvements très limités, mais laissant néanmoins à l'ensemble une suffisante mobilité. Chaque vertèbre est traversée d'un large orifice dit *trou médullaire* (2). Par la superposition, ces orifices forment un canal qui communique avec la cavité du crâne au moyen de l'ouverture de l'os occipital, et contient un organe de

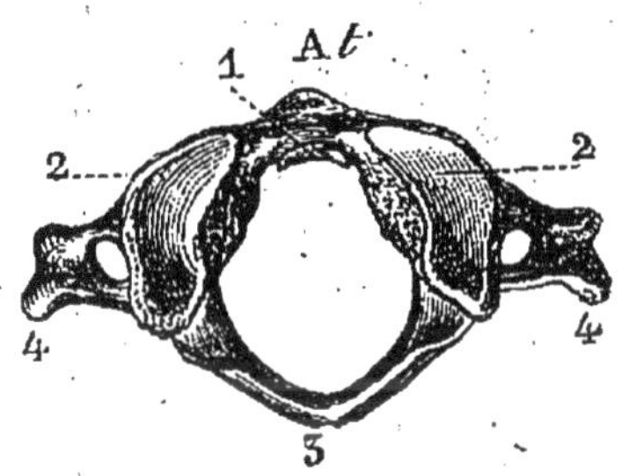

FIG. 18 — Atlas.

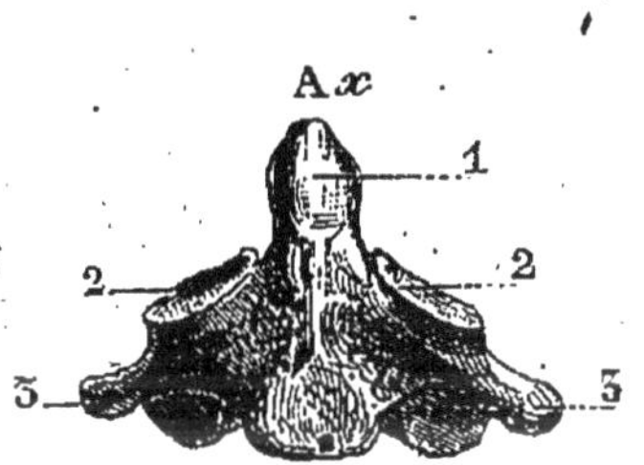

FIG. 19. — Axis.

premier ordre, la *moelle épinière*, prolongement du cerveau. Dans toute sa longueur, la moelle épinière donne naissance à des ramifications ou *nerfs*, qui vont se distribuer çà et là dans le corps. Pour leur livrer passage hors du robuste étui qui renferme la moelle, chaque vertèbre s'échancre un peu sur l'une et l'autre face, à droite et à gauche du trou médullaire. Les vertèbres étant superposées, des deux échancrures correspondantes se forme un orifice, appelé *trou de conjugaison*, par lequel sort le nerf, à droite ainsi qu'à gauche.

7. **Os du tronc.** — Chez l'homme, les vertèbres sont au nombre de trente-trois. Elles se classent en cinq divisions, savoir : 7 vertèbres *cervicales*, 12 vertèbres *dorsales*, 5 vertèbres *lombaires*, 5 vertèbres *sacrées*, 4 vertèbres *coccygiennes*.

Les vertèbres cervicales forment le cou. La première, appelée *atlas*, a une forme très simple, qui rappelle presque celle d'un anneau. Elle s'articule, d'une part, avec le crâne, au moyen des deux condyles de l'occipital; d'autre part, avec la seconde vertèbre ou *axis*, dont le corps s'élève en une sorte de pivot. C'est autour de ce pivot que l'atlas tourne, permettant ainsi le mouvement de rotation de la tête vers la droite et vers la gauche.

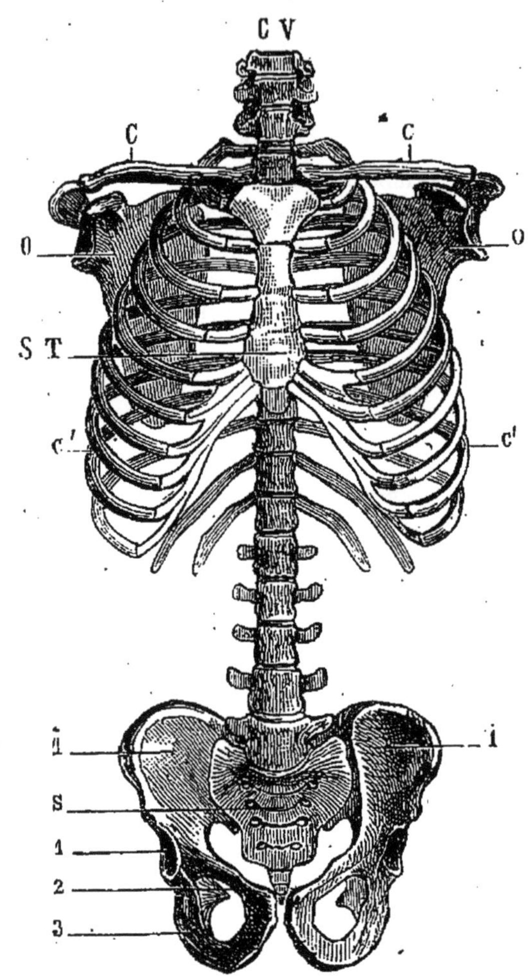

FIG. 20. — Thorax et bassin.

CV, colonne vertébrale; C, clavicules; O, omoplate; ST, sternum; C, côtes I, os iliaque; S, sacrum; 1, cavité cotyloïde; — 2, pubis; — 3, ischion.

Les vertèbres dorsales correspondent au dos. Sur chacune d'elles prend appui une paire de *côtes*, dont le nombre est par conséquent de 12. Les côtes sont des os minces, plats, recourbés en arc, circonscrivant la capacité du *thorax* ou poitrine Leur extrémité postérieure s'articule avec les apophyses transverses de la vertèbre correspondante; leur extrémité antérieure vient, par un prolongement cartilagineux, se rattacher au *sternum*, os impair, large et plat qui occupe la ligne médiane de la poitrine. Les sept premières paires atteignent directement le sternum et portent le nom de *vraies côtes*. Les cinq dernières paires diminuent progressivement de longueur et n atteignent le sternnm qu'en se joignant aux cartilages des précédentes; on les nomme *fausses côtes*.

Les vertèbres lombaires correspondent à la région des reins, vulgairement nommée *râble* quand on parle d'un animal.

Les cinq vertèbres sacrées, distinctes dans le premier âge, ne tardent pas à se souder en un seul os qu'on nomme *sacrum*. Sur le sacrum s'appuient les os des hanches. Dans cette partie de la colonne vertébrale s'arrête la moelle épinière.

Les quatre vertèbres coccygiennes ne sont que des noyaux osseux sans trou médullaire, enfin des vestiges de vertèbres réduites à la partie que nous avons nommée le corps. Leur ensemble s'appelle *coccyx*. Les animaux mammifères ont généralement cette portion de la colonne vertébrale très développée et formée d'un grand nombre d'osselets allongés. Ces vertèbres de la queue s'appellent *caudales*.

8. **Os des membres supérieurs.** — Les membres, au nombre de deux paires, se divisent en membres *supérieurs* et membres *inférieurs*. Dans les uns et les autres, il y a à distinguer les os du membre proprement dit, et les os qui servent à ces derniers de base pour les rattacher au tronc.

La portion basilaire des membres supérieurs se nomme *épaule* et se compose de deux os, l'*omoplate* et la *clavicule*. L'omoplate O (fig. 20) occupe l'arrière de l'épaule. C'est un grand os plat, de forme triangulaire, surmonté sur sa face postérieure d'une longue crête saillante, et creusé dans sa portion rétrécie, à l'angle de l'épaule, d'une fossette peu profonde, la *cavité glénoïde*, dans laquelle se loge l'extrémité supérieure de l'os du bras. La clavicule C (fig. 20) est un os assez mince, cylindrique, légèrement courbe, qui occupe le devant de l'épaule et s'articule d'une part avec l'omoplate et de l'autre avec le sternum. C'est elle que le toucher sent à droite et à gauche de la base du cou. Interposées comme des arcs-boutants, les clavicules maintiennent les épaules en place et les empêchent de se rapprocher dans les efforts des bras vers la poitrine.

Le *bras* s'étend de l'épaule au coude. Il est formé d'un seul os, l'*humérus* (fig. 21), dont l'extrémité supérieure se renfle en une tête arrondie, et s'articule avec la cavité glénoïde de l'omoplate, tandis que son extrémité inférieure, également renflée, se creuse en une rainure semblable à la gorge d'une poulie et servant de charnière à l'articulation de l'avant-bras.

Du coude au poignet est l'*avant-bras*, formé de deux os disposés parallèlement l'un à l'autre, le *cubitus* et le *radius* (fig. 22). Le cubitus occupe la partie extérieure et correspond au petit doigt de la main; le radius occupe la partie intérieure et

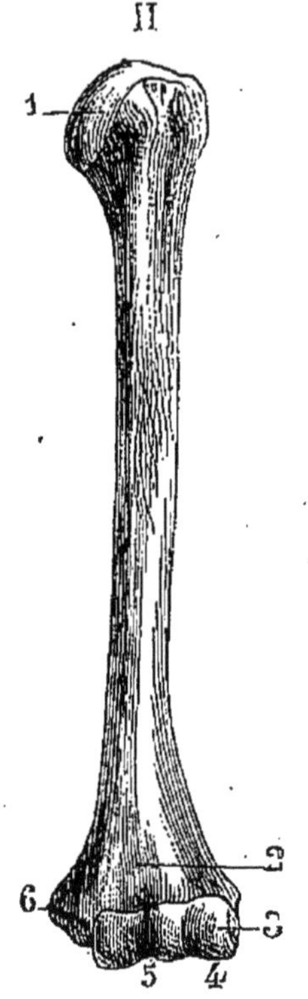

Fig. 21. — Humérus.

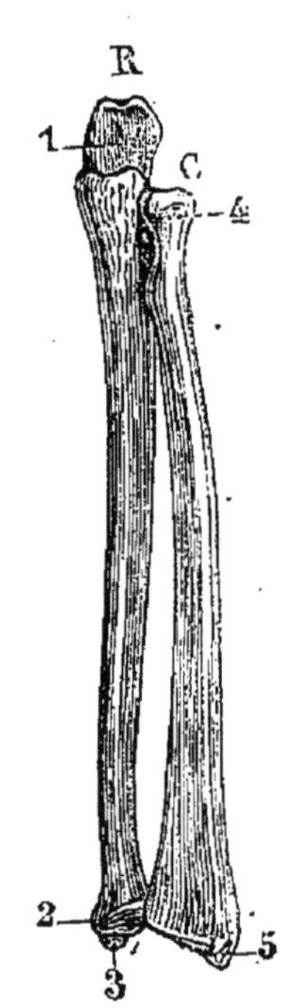

Fig. 22. — Avant-bras, C, cubitus; — R, radius.

correspond au pouce. Le premier se dilate dans sa partie supérieure pour s'articuler solidement avec l'humérus; il s'amincit, au contraire, à son extrémité inférieure. Le second présente une disposition inverse : il est aminci dans le haut et renflé dans le bas, qui fournit à la main la majeure partie de son appui. De cette inversion de structure, il résulte que le radius peut tourner partiellement autour du cubitus, entraînant avec lui la main, qui se présente ainsi à volonté par une face ou par l'autre. Pour rendre cette rotation plus facile, les deux os ne sont en contact que par leurs extrémités.

Le poignet se nomme *carpe* (fig. 23). Il se compose de huit osselets disposés en deux séries. Cette multiplicité de pièces osseuses, légèrement mobiles les unes par rapport aux autres, a pour effet de donner à la main une grande variété de mouvements.

Au carpe fait suite le *métacarpe*, correspondant à ce qu'on nomme vulgairement la *paume* de la main. Il se compose de

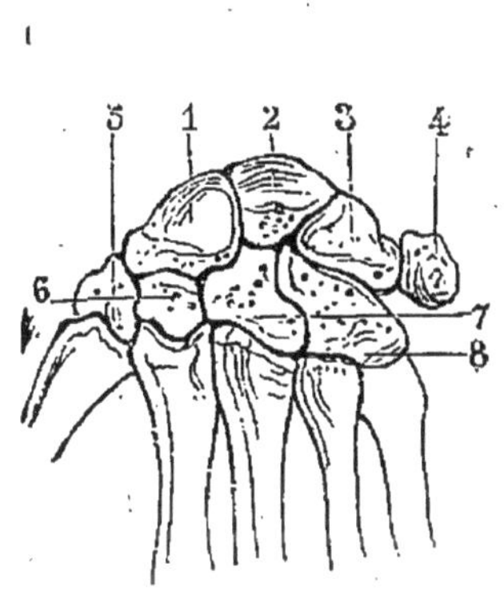

FIG. 23. — Os du carpe,

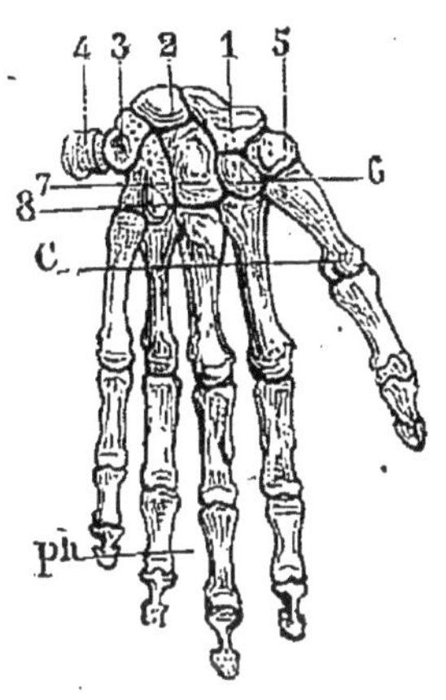

FIG. 24. — Os de la main. 1, 2, 3, 4, 5, 6, 7, 8, os du carpe; — C, métacarpe; — ph, phalanges.

cinq os (fig. 24), servant chacun de base à un doigt. Quatre de ces os sont fixes; le cinquième, celui sur lequel s'appuie le pouce, est mobile.

Enfin les *doigts* sont formés chacun d'une série de trois osselets, appelés *phalanges*, excepté le pouce, qui n'en a que deux. La dernière, supportant l'ongle, est la *phalange unguéale*. Le plus mobile des doigts est le *pouce*, qui peut s'opposer à chacun des quatre autres et remplit ainsi un rôle majeur dans les actes de la main. Le second est l'*indicateur* ou *index*, ainsi nommé parce qu'il sert à indiquer, à montrer. Le troisième est le *médius* ou doigt du milieu; le quatrième doit sa dénomination d'*annulaire* à l'usage où nous sommes d'y porter l'anneau nuptial; le cinquième ou le petit doigt est dit *auriculaire* parce qu'il fait fonction de cure-oreille.

9. **Os des membres inférieurs.** — Les membres inférieurs ont la plus étroite analogie de structure avec les membres supérieurs. Leur partie basilaire, analogue à l'épaule, se nomme *hanche*. Elle se compose d'un os volumineux, plat, irrégulièrement contourné en un demi-cercle et appelé *os iliaque* (fig. 20). En arrière, les deux os iliaques prennent appui sur la portion

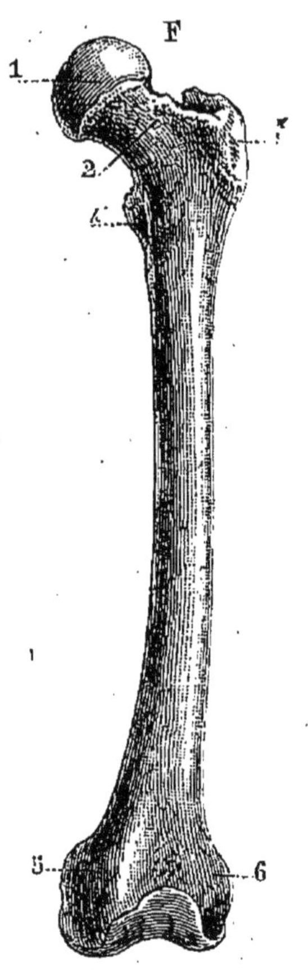

Fig. 25. — Fémur : 1, tête du fémur ; — 2, col.

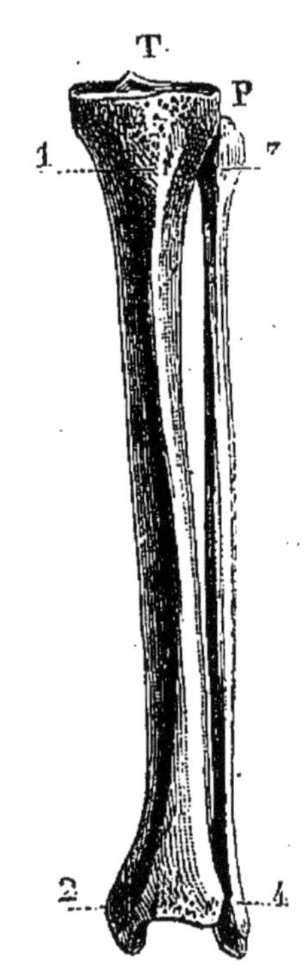

Fig. 26. Os de la jambe : T, tibia ; P, péroné.

de la colonne vertébrale appelée *sacrum* S (fig. 20) ; en avant, ils se rejoignent en formant une arcade appelée *pubis*. De leur ensemble résulte une large ceinture osseuse à laquelle on donne le nom de *bassin*. Par côté et en dehors, chacun d'eux présente une fossette profonde, pareille à une demi-sphère creuse, dite *cavité cotyloïde* (1) (fig. 20), dans laquelle plonge l'extrémité arrondie de l'os de la cuisse, de même que l'extrémité de l'humérus s'engage dans la cavité glénoïde de l'omoplate.

Semblablement à ce que viennent de nous montrer les membres supérieurs, trois parties entrent dans la structure des membres inférieurs : la *cuisse*, analogue du bras, la *jambe*, analogue de l'avant-bras, le *pied*, analogue de la main.

A l'os unique du bras, l'humérus, correspond l'os unique de la cuisse, le fémur (fig. 25), la plus longue et la plus forte des pièces osseuses. Son extrémité supérieure porte obliquement une *tête* arrondie, rattachée à l'os par un prolongement étranglé que l'on désigne par le nom de *col du fémur;* cette tête ronde s'adapte dans la cavité cotyloïde de l'iliaque.

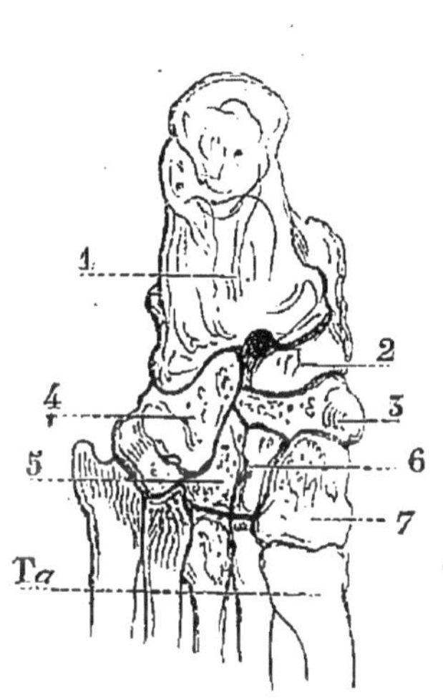

FIG. 27. — Os du tarse.
1, calcaneum ; — 2, astragale.

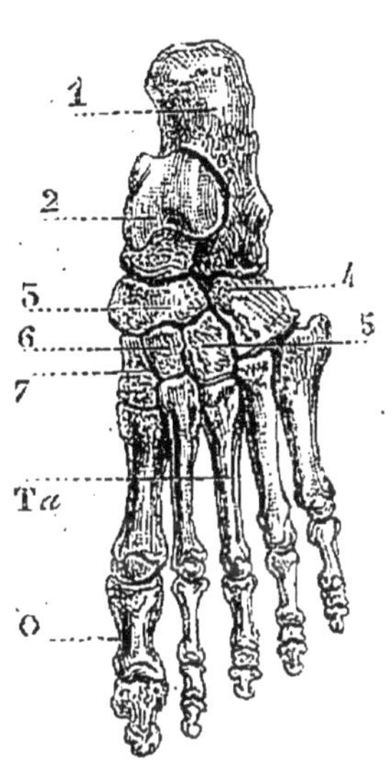

FIG. 28. — Os du pied.
Ta, métatarse ; O, gros orteil.

L'extrémité inférieure du fémur se renfle pour donner attache à la jambe, composée, ainsi que l'avant-bras, de deux os parallèles, le *tibia*, plus gros, T (fig. 26), et le *péroné*, plus faible, P (fig. 26). L'articulation du genou est occupée en avant par la *rotule*, petit os isolé et arrondi.

A l'imitation de la main, le pied comprend trois parties : le *tarse*, vulgairement *cou-de-pied*, le *métatarse*, et les *doigts* ou *orteils*.

Le tarse est formé de sept osselets (1, 2, 3, 4, 5, 6 et 7) (fig. 27), tandis que son analogue, le carpe, en a huit. Parmi ces osselets, on distingue le *calcaneum* 1 (fig. 27), qui se prolonge en arrière et forme le talon ; l'*astragale* 2 (fig. 27), qui

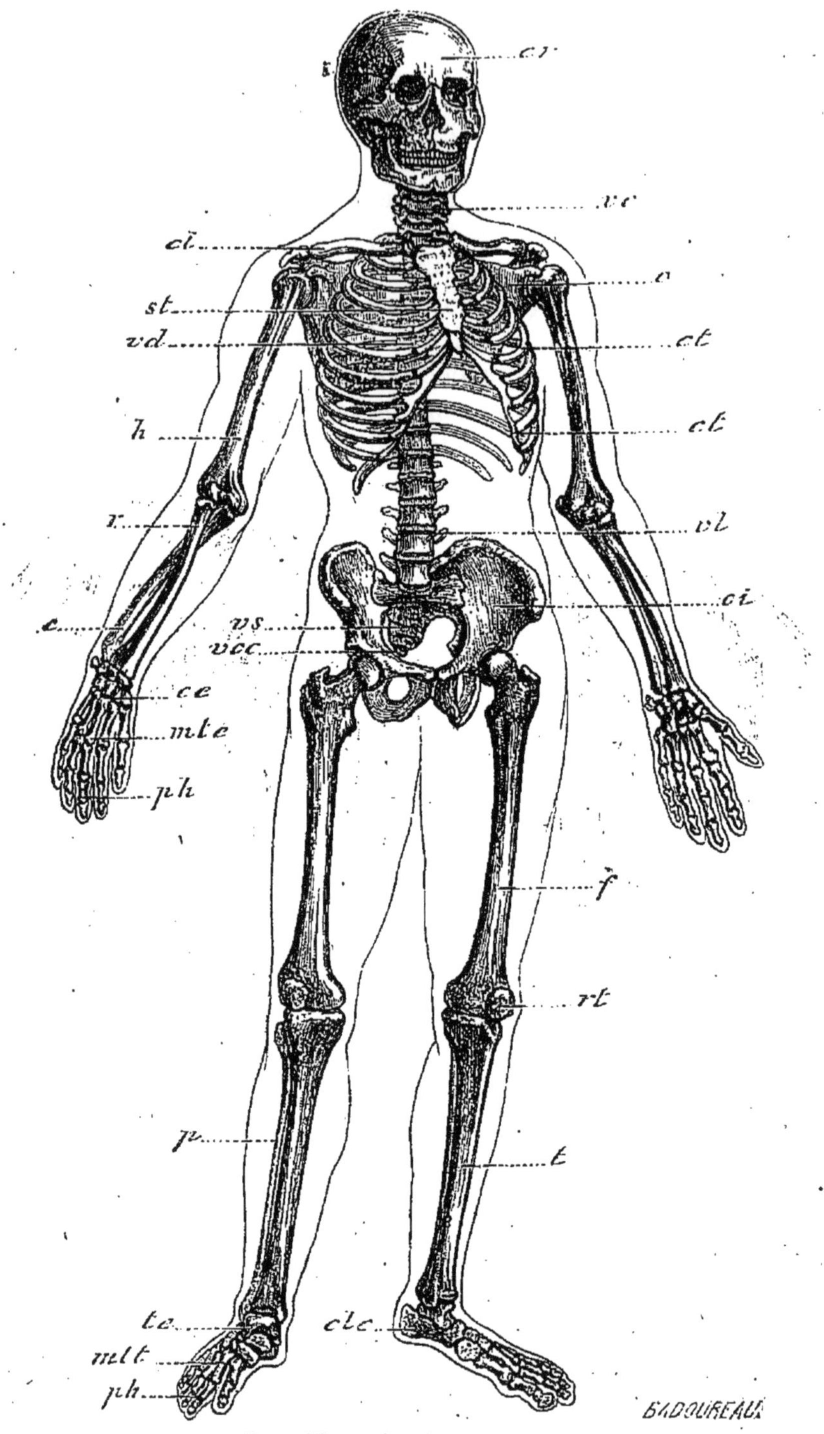

Fig. 29. — Squelette humain.

cr, crâne; vc, vertèbres cervicales; cl clavicules; vc, vertèbres cervicales; st, sternum; vd, vertèbres dorsales; ct, côtes; vl, vertèbres lombaires; oi, os iliaque; vs, vertèbres sacrées; vcc, vertèbres coccygiennes; h, humérus; r, radius; c, cubitus; ce, carpe; mtc, métacarpe; ph, phalanges; f, fémur; rt, rotule; t, tibia; p, péroné; te, tarse; mtt, métatarse; ph, phalanges; clc, calcaneum, s'articule avec le tibia par une face creusée en gorge de poulie.

Le métatarse est formé de cinq os disposés parallèlement l'un à l'autre et servant de base aux doigts ou orteils T*a* (fig. 28). Ceux-ci, de même que les doigts de la main, ont chacun trois phalanges, sauf le *gros orteil*, qui en a seulement deux, ainsi que son analogue le pouce. Ces doigts sont doués de peu de mobilité, et le gros orteil n'est pas opposable aux autres.

10. **Squelette des mammifères.** — La charpente osseuse des animaux les plus élevés en organisation, enfin des mammifères, présente les plus étroites analogies avec celle de l'homme. On y

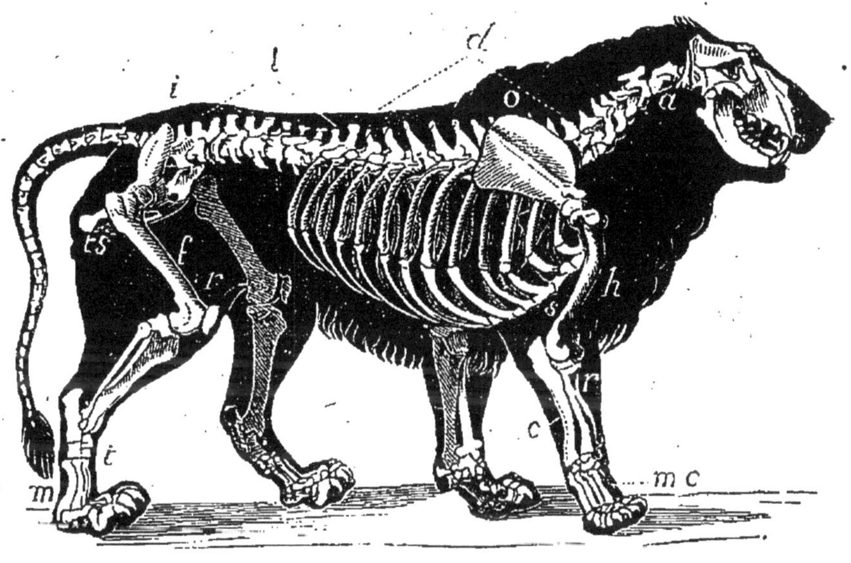

FIG. 30. — Squelette de Lion.
a, atlas; *o*, omoplate; *h*, humérus; *c*, cubitus; *r*, radius; *mc*, métacarpe; *d*, vertèbres dorsales; *l*, vertèbres lombaires; *i*, os iliaque; *f*, fémur; *r*, rotule; *t*, tarse; *m*, métatarse.

reconnaît à très peu près les mêmes os, assemblés dans le même ordre, mais avec des variations de forme et de volume adaptées à la taille et au genre de vie de chaque espèce animale. Il suffit d'examiner la figure 30 pour constater jusqu'à quel point s'étend cette similitude de structure. Mais si le plan général reste le même, le détail ne manque pas de particularités, dont nous aurons occasion de décrire les principales dans la série entière des vertébrés.

11. **Articulations.** — L'union d'un os à un autre s'appelle *articulation*. Tantôt les os unis doivent se maintenir immobiles, et tantôt ils doivent posséder une mobilité plus ou moins grande.

Dans le premier cas, l'articulation est dite *fixe;* dans le second cas, elle est dite *mobile.* — L'articulation fixe la plus remarquable se fait par engrenage, c'est-à-dire que les bords des deux os, entaillés de sinuosités correspondantes, pénètrent l'un dans l'autre et engrènent à la manière de certaines pièces de menuiserie. On en voit un bel exemple dans l'articulation des deux pariétaux, sur la ligne médiane du crâne.

L'articulation mobile est beaucoup plus compliquée. Considérons en particulier celle du genou. Les deux os assemblés, le fémur et le tibia, se présentent l'un à l'autre par un renflement ou tête, qui accroît la solidité en augmentant les surfaces d'appui. Les deux têtes, au lieu d'être en totalité formées d'une rigide matière minéralisée, sont revêtues d'une couche cartilagineuse, qui, par son élasticité et son poli, se prête mieux au jeu des deux pièces l'une contre l'autre. Un sac membraneux sans ouverture, appelé *bourse synoviale*, enveloppe la tête du fémur, et se réfléchit pour envelopper de la même manière la tête du tibia. Comme cette bourse n'a pas de communication avec l'extérieur, l'air est exclu de sa cavité, et de la sorte la pression atmosphérique s'exerce sur les deux renflements articulaires et concourt à les maintenir en place, de la même façon qu'elle maintient appliquées l'une contre l'autre les deux calottes de l'appareil de physique connu sous le nom d'hémisphères de Magdebourg. Là ne se borne pas le rôle de la bourse synoviale: sa paroi interne produit un liquide très onctueux, la *synovie*, qui facilite le glissement des deux os, comme le font l'huile et la graisse pour les pièces de nos mécanismes. Enfin des ligaments d'une grande résistance relient les deux têtes l'une à l'autre. Il est rare que deux os assemblés avec de telles précautions se dérangent de leur place naturelle; lorsque cet accident a lieu, on dit qu'il y a *luxation.*

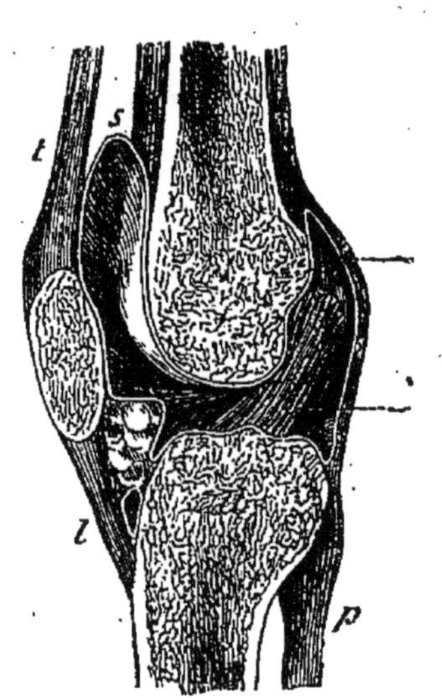

FIG. 31. — Articulation du genou. *tb*, tibia; *p*, péroné; *r*, rotule; *f*, fémur, *l*, ligament; *t*, tendon; *s*, bourse synoviale.

12. **Muscles.** — Par elle-même la charpente des os n'est qu'un assemblage inerte; ses moteurs sont les *muscles*, qui forment à

eux seuls ce que nous appelons communément la chair. Portons notre attention sur un morceau de viande, et de préférence sur un morceau bouilli, ce qui rendra l'observation plus facile : nous le verrons se diviser en filaments d'une extrême finesse, sans ramifications et accolés parallèlement l'un à l'autre. Quand est atteint le dernier degré de division, chacun de ces filaments est ce qu'on nomme une *fibre musculaire*. Un amas de fibres assemblées constitue un *muscle*. Celui-ci se rattache aux deux os qu'il doit faire mouvoir l'un sur l'autre, par ses extrémités terminées en ligaments tendineux.

13. **Mode d'action des muscles.** — La propriété caractéris-

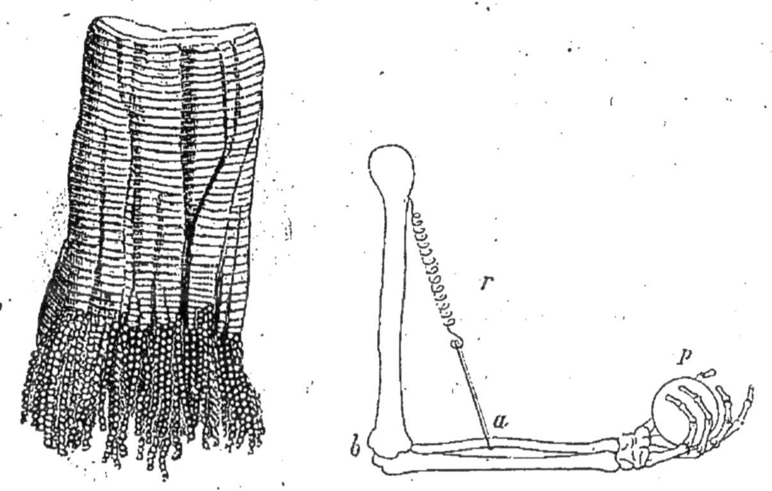

FIG. 32. — Faisceau de fibres musculaires vu au microscope.
Fig. 33. — Théorie de l'action d'un muscle.

tique de toute fibre musculaire est de se raccourcir en grossissant un peu, enfin de se contracter; puis de reprendre sa longueur primitive en se relâchant. Sous l'influence de la volonté, qui se transmet au moyen d'organes spéciaux, les *nerfs*, la fibre musculaire se raccourcit en grossissant; si cette influence cesse, la fibre se relâche, c'est-à-dire, reprend sa longueur et son diamètre primitif. Ce qui se passe dans une simple fibre, se passe, multiplié de puissance, dans un muscle, ensemble d'une multitude de fibres, qui ajoutent leurs actions élémentaires en un commun effort. S'il agit, le muscle se contracte : il se raccourcit, se ramasse sur lui-même, se renfle et devient plus dur. S'il cesse d'agir, il se relâche : il reprend sa longueur et sa grosseur premières. Serrons à pleines mains le milieu du bras et portons en même temps l'avant-bras vers l'épaule : nous sentirons, sous la main, la masse charnue se renfler et durcir. C'est le muscle du bras qui se contracte en entraînant l'avant-bras autour de l'articulation du coude.

Complétons la démonstration par une figure théorique. Imaginons (fig. 33) entre l'os du bras et les os de l'avant-bras, un ressort spiral (*r*), qui représente le muscle, et à la suite un fil d'attache (*a*), figurant le ligament qui fixe le muscle à l'os. Si la spirale se resserre, se contracte, elle entraînera vers le bras, les os de l'avant-bras, la main et le poids (*p*) qu'elle porte. Ainsi agit le muscle dans le mouvement de *flexion*. Par un mouvement inverse ou d'*extension*, le membre reprend la ligne droite ; il est alors mû par un second muscle situé à la face opposée de l'humérus, muscle qui se contracte tandis que le précédent se relâche. C'est par des contractions musculaires analogues que se produisent tous les mouvements du corps.

CHAPITRE VI

ANATOMIE SOMMAIRE DE L'HOMME : — PRINCIPAUX APPAREILS ET LEURS FONCTIONS

SYSTÈME NERVEUX

1. **Fonctions des nerfs. Paralysie.** — Les contractions musculaires, cause des mouvements locomoteurs, ne s'accomplissent qu'excités par la volonté ; en l'absence de cette excitation, les muscles restent inertes. Le point de départ de cette mystérieuse influence qui fait contracter et relâcher les muscles, est le *cerveau* continué par la *moelle épinière ;* ses voies de propagation sont les *nerfs*, filaments *blancs* qui naissent des précédents organes, sont composés de la même substance et vont se ramifiant çà et là dans le corps. Le centre nerveux, le cerveau, lance l'ordre ; le nerf le transmet ; le muscle le reçoit

et obéit. Si la voie de transmission est interrompue, l'excitation du vouloir ne parvient plus au muscle et celui-ci est impropre à remplir ses fonctions. Une expérience bien remarquable met en pleine évidence ce fait fondamental. Sur un animal vivant, le physiologiste tranche le nerf qui se rend à l'une des pattes. Celle-ci est désormais inerte; elle ne se meut plus, ne se contracte plus. L'animal est dans l'impuissance absolue d'en faire usage pour saisir, marcher, s'appuyer même. C'est un membre inutile, que le corps traîne comme un appendice étranger. Cependant, le sang y circule, la nutrition s'y fait, tout s'y passe comme avant; une seule chose y manque : l'excitation du vouloir, qui n'arrive plus aux muscles à cause du nerf interrompu. Cet arrêt de la contraction musculaire par le fait d'un nerf coupé ou ne fontionnant plus pour un motif quelconque se nomme *paralysie*.

2. **Nerfs moteurs et nerfs sensitifs.** — L'animal ne se meut pas simplement, il est encore en communication avec les choses de l'extérieur par les organes des sens; il voit, il flaire, il sent, il entend. Considérons en particulier la vue. L'œil est bien l'instrument disposé pour recevoir la lumière, mais ce n'est qu'un instrument, un appareil optique inconscient de ce qui se passe en lui; il ne voit pas lui-même, il n'a pas connaissance de l'image lumineuse. Ce qui voit réellement, c'est une faculté intérieure, un sens indéfinissable, qui a le cerveau pour instrument de son exercice. A ce centre sensitif doivent parvenir les impressions faites par les organes pour que l'animal ait connaissance de la chose vue, de la chose flairée, entendue. Les voies de transmission sont encore ici des nerfs, distincts de ceux qui portent aux muscles l'excitation motrice. Si le nerf de la vue est coupé ou ne fonctionne plus pour tout autre motif, l'animal ne voit plus, bien que l'œil n'ait souffert aucune altération comme instrument optique; si le nerf de l'ouïe est interrompu, l'animal n'entend plus, quoique le son soit recueilli comme avant par l'appareil acoustique de l'oreille. Tout le corps est le siège d'un sens appelé le toucher, par lequel se perçoit, en particulier, la douleur d'une blessure. Eh bien, si l'on coupe le nerf qui préside à ce sens dans un membre, l'animal devient complètement insensible pour cette partie du corps. On peut pincer le membre, l'entailler, le piquer, le brûler, sans que le patient manifeste un signe de souffrance. La douleur a disparu du moment que le membre n'est plus en rapport avec le cerveau par l'intermédiaire du nerf. Cependant, si le nerf de

l'excitation motrice est respecté, le membre se meut comme d'habitude et prend part comme les autres à la locomotion. Il y a dans ce cas *paralysie* de la sensibilité, mais non de la contraction musculaire.

Ces observations nous amènent à reconnaître deux sortes de nerfs. Les uns, les *nerfs moteurs*, apportent aux fibres musculaires l'excitation qui les fait contracter; les autres, les *nerfs sensitifs*, transmettent au cerveau les impressions produites sur les organes des sens.

3. **Substance nerveuse.** — Une erreur vulgairement répandue consiste à considérer comme nerfs les cordons tendineux, si résistants, qui servent d'attache aux muscles. Les nerfs réels sont fort loin de posséder cette grosseur et surtout cette robusticité de structure. La substance nerveuse, en effet, est une pulpe molle, très délicate, presque sans consistance. Elle forme, non seulement les nerfs, mais aussi la moelle épinière et le cerveau.

4. **Enveloppes du système nerveux.** — La portion centrale du système nerveux comprend le *cerveau*, le *cervelet*, la *moelle allongée* et la *moelle épinière*. Les trois premiers organes sont contenus dans la cavité du crâne et sont désignés dans leur ensemble par le nom d'*encéphale*. La moelle épinière continue l'encéphale et plonge, par le trou occipital, dans le canal de la colonne des vertèbres.

Les enveloppes qui protègent ces organes, si essentiels à la vie et si délicats, sont multiples et formées d'abord de la boîte osseuse du crâne et de l'étui des vertèbres. Immédiatement sous le crâne est la *dure-mère*, membrane fibreuse, épaisse, ferme et très résistante. Sa face interne émet divers replis, qui plongent plus ou moins dans les sinuosités de la masse cérébrale, maintiennent immobiles les diverses portions du cerveau et les empêchent de peser les unes sur les autres, quelle que soit la position du corps. Le plus important de ces replis, appelé *faux cérébrale* à cause de sa forme, occupe la ligne médiane et divise, d'avant en arrière, le cerveau en deux moitié égales, dites *hémisphères*. Un autre repli, nommé *tente du cervelet*, est dirigé en travers et sépare le cervelet du cerveau. Après avoir enveloppé l'encéphale, la dure-mère pénètre dans le canal vertébral et y forme une gaîne protectrice pour la moelle. Au-dessous de la dure-mère est l'*arachnoïde*, comparable pour la finesse à une toile d'araignée. Cette enveloppe ne se continue pas dans le canal des vertèbres; elle y est remplacée par un liquide au sein duquel plonge la moelle épinière. — Au contact de l'encéphale est la *pie-mère*, membrane sans consistance où se ramifient et s'entrelacent de nombreux vaisseaux sanguins, qui se rendent dans la masse cérébrale ou qui en reviennent.

5. **Encéphale.** — Le *cerveau*, la plus volumineuse des trois parties de l'encéphale, occupe le haut de la cavité crânienne, du front à l'occiput. Une profonde scissure, où plonge le repli de la dure-mère nommé faux cérébrale, le divise, d'avant en

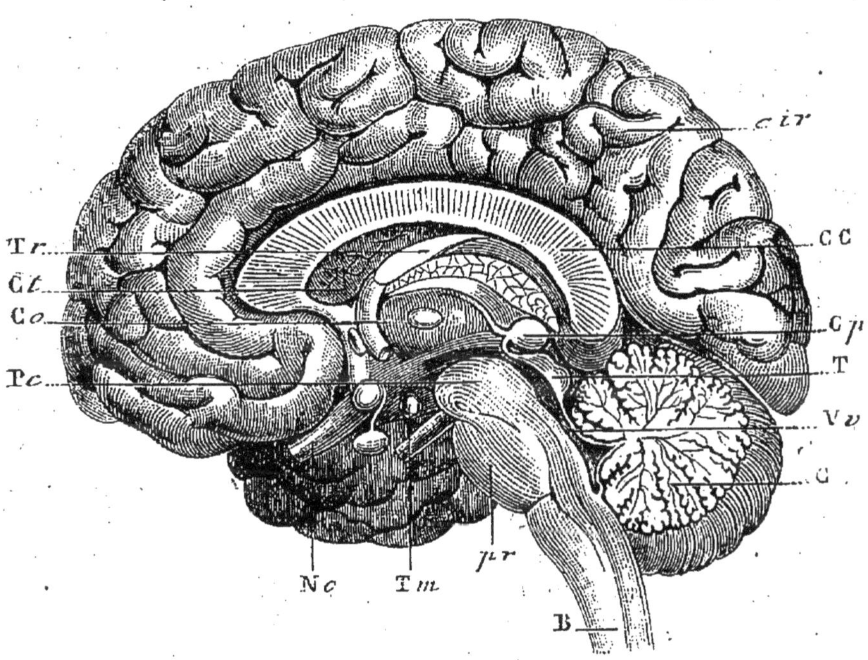

FIG. 34. — Section verticale et médiane de l'encéphale.
cir, circonvolutions du cerveau; CC, corps calleux; Pc, pédoncules cérébraux; C, cervelet; No, nerf optique; B moelle allongée.

arrière, en deux moitiés symétriques dites *hémisphères;* néanmoins la séparation n'est pas complète : à la base et dans la région moyenne, les deux hémisphères sont unis par une bande transversale de substance nerveuse. Cette bande est le *mésolobe* ou *corps calleux*. La surface du cerveau présente un grand nombre de replis tortueux nommés *circonvolutions*, que séparent des sillons plus ou moins profonds appelés *anfractuosités*.

Le *cervelet*, d'un volume environ trois fois moindre, occupe la partie postérieure du crâne, au-dessous du cerveau, dont il est séparé par la *tente du cervelet*, repli de la dure-mère. On y distingue deux lobes latéraux ou hémisphères, et un lobe moyen.

De la base inférieure du cerveau naissent deux volumineuses colonnes de matière nerveuse : ce sont les *pédoncules cérébraux*. Deux autres pédoncules, dits *cérébelleux*, naissent également de la base du cervelet. De la réunion des quatre pédoncules en un faisceau commun résulte la *moelle* allongée, qui est comme la racine de la moelle épinière.

6. **Moelle épinière.** — Par l'orifice de l'os occipital, la moelle allongée sort de la cavité crânienne et se continue par la moelle épinière, qui, sous forme d'un cordon cylindrique, occupe le canal de la colonne vertébrale. De distance en distance, elle émet des ramifications ou nerfs, qui sortent deux à deux hors de l'étui des vertèbres, l'un à droite, l'autre à gauche, par les trous de conjugaison.

7. **Nerfs.** — Les nerfs sont au nombre de quarante-trois paires. Les douze premières paires naissent de l'encéphale et se nomment *nerfs crâniens*; les trente et une paires suivantes naissent de la moelle épinière et s'appellent *nerfs spinaux*. Parmi les nerfs crâniens nous citerons : la première paire ou *nerfs olfactifs*, qui se distribuent dans les fosses nasales et sont les nerfs de l'odorat; la seconde paire ou *nerfs optiques*, qui se rendent aux yeux et président à la vue; la huitième paire ou *nerfs auditifs*, qui se rendent aux organes de l'ouïe et recueillent les impressions du son. — A leur point de départ de la moelle, les nerfs spinaux se divisent en deux racines dont l'une préside aux contractions musculaires et l'autre à la sensibilité. Ces nerfs sont donc mixtes : par une moitié de leur substance nerveuse, ils sont nerfs moteurs ; par l'autre moitié, ils sont nerfs sensitifs.

8. **Sensibilité.** — Au point de vue de la physiologie, la *sensibilité* n'est pas cette disposition tendre et délicate de l'âme qui nous porte à être émus, à être touchés; c'est tout simplement l'aptitude que nous avons à recevoir des impressions de la part des objets extérieurs. Ces impressions, nous les recevons par l'intermédiaire des *sens*, au nombre de cinq : la *vue*, l'*ouïe*, l'*odorat*, le *goût* et le *toucher*.

Dans toute sensation, trois actes sont à distinguer. En premier lieu, l'objet qui la provoque produit sur nous une impression, soit par son contact direct, soit par ses émanations odorantes, ses rayons lumineux, ses ondes sonores. Un organe, disposé à cette fin, recueille l'impression, mais n'en a pas lui-même conscience, ainsi que nous l'avons déjà exposé. Secondement, un cordon nerveux transmet l'impression au cerveau, centre où convergent tous les fils conducteurs de la sensibilité. Troisièmement, par l'intermédiaire du cerveau, l'impression est perçue; nous en avons connaissance.

Le premier acte est accessible à nos moyens de recherche; la science explique d'une manière suffisante comment, par exemple,

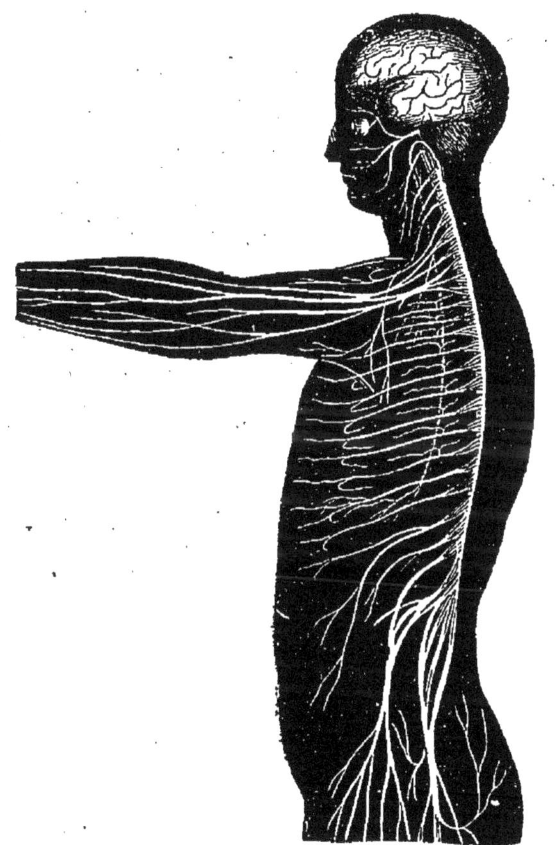

FIG. 35. — Système nerveux cérébro-spinal.

la lumière agit sur l'œil et le son sur l'oreille; elle interprète ces deux organes comme elle le ferait de deux appareils de physique. Mais du moment qu'intervient la substance nerveuse, tout n'est plus que mystère. On ne sait rien sur la manière dont l'impression arrive au cerveau par la voie du cordon nerveux; on ignore plus profondément encore le rôle du cerveau dans la perception. Il y a en nous quelque chose qui dit : moi; quelque chose qui dit : mon bras, ma tête, mon cerveau, comme un ouvrier dit : mon marteau, ma lime, mes pinces, sachant bien que ce marteau, cette lime, ces pinces, ne sont pas lui, mais ses instruments. Ce quelque chose échappe au scalpel de l'anatomiste, car c'est un principe immatériel. Son nom est l'*âme*. Le cerveau et ses dépendances sont donc les instruments de l'âme dans ses rapports avec la matière. Ces instruments recueillent l'impression et la transmettent; l'âme la reçoit et la juge. Comment? A cette question, le savoir humain n'a pas de réponse.

CHAPITRE VII

ANATOMIE SOMMAIRE DE L'HOMME. — PRINCIPAUX APPAREILS ET LEURS FONCTIONS

ORGANES DES SENS. — VOIX

1. **Sens du toucher.** — Le sens du *toucher* a pour siège l'enveloppe générale du corps ou la peau, composée de deux couches, l'*épiderme* à la surface et le *derme* au-dessous. L'épiderme est une mince couche insensible, protégeant le derme, qui serait endolori par un contact direct. C'est lui qui se soulève en ampoule à la suite d'une brûlure. En tout point où le corps est exposé à des pressions prolongées, à des frottements réitérés, l'épiderme augmente d'épaisseur pour mieux remplir son rôle défensif. C'est ainsi qu'il acquiert un développement considérable aux talons, appui du corps dans la station; c'est ainsi encore qu'il durcit en épaisses callosités dans les mains de l'ouvrier maniant de rudes et pesants outils. Il reste, au contraire, très mince dans les points qui n'ont pas de frictions à supporter, aux paupières et aux lèvres, par exemple.

Le derme, beaucoup plus épais que la couche épidermique, est une membrane souple, élastique, très résistante, formée d'un entrelacement serré de fibres. C'est le derme de la peau des animaux qui, par l'opération du tannage, devient imputrescible et se convertit en cuir. Sa surface est couverte d'innombrables petites saillies coniques, disposées en séries régulières que séparent des sillons, principalement au bout des doigts. C'est dans ces saillies, appelées *papilles*, que se distribuent les filaments nerveux de la sensibilité tactile.

Toute la surface du corps est apte à être impressionnée par le contact d'un corps étranger et à nous renseigner ainsi, d'une manière plus ou moins nette, sur certaines propriétés de ce corps, notamment la température, la consistance, le degré de rudesse ou de poli. Envisagée sous cet aspect général, la sensibilité tactile prend le nom de *tact*. Mais il y a une sensibilité plus exquise, qui explore les objets, les palpe et recueille les impressions relatives à la forme, à l'étendue, au poids, à l'état des surfaces et autres propriétés. Cette sensibilité active, que la volonté dirige en ses recherches, s'appelle le *toucher*. Chez l'homme, son organe est la *main*, qui, par l'extrême mobilité des doigts et l'opposition du pouce, peut saisir l'objet, se mouler sur lui et prendre en une fois connaissance de sa configuration au moyen de la multiplicité des points de contact. Ce sont les extrémités des doigts, parties de la main les plus riches en papilles, qui possèdent le plus de délicatesse tactile et le plus de précision.

2. **Sens du goût.** — Le *goût* perçoit les saveurs et nous guide dans le choix de la nourriture; aussi a-t-il son siège à l'entrée de l'appareil digestif. Son organe est la *langue*, hérissée de nombreuses papilles analogues à celles de la peau, mais plus développées, et recevant un nerf spécial, rameau de la cinquième paire. Pour être doué de saveur, pour être sapide, un corps doit pouvoir se dissoudre dans l'eau; s'il est insoluble, il est par cela seul insipide. Cette solubilité dans l'eau entraîne la solubilité dans la salive, en majeure partie formée d'eau. Les particules dissoutes baignent les papilles de la langue, et par leur contact provoquent l'impression de saveur.

3. **Sens de l'odorat.** — L'odorat nous donne la notion des odeurs. Pour affecter l'odorat, une matière doit se trouver dissoute dans l'air que nous respirons. Les particules dégagées de la substance odorante sont amenées dans les fosses nasales par le courant de la respiration, et y produisent l'impression de l'odeur. Le nez est divisé par le vomer et son prolongement cartilagineux en deux cavités ou *fosses nasales*, qui en avant sont en rapport avec l'atmosphère par le double orifice des *na-*

rines, et en arrière communiquent avec le pharynx. Trois lames, nommées *cornets du nez*, font saillie sur la paroi externe de chaque fosse nasale ; leur charpente osseuse est formée par les replis des cornets nasaux. Ces trois lames et le reste des parois sont tapissés par la *membrane pituitaire*, où le microscope montre une multitude de fines saillies comparables au duvet d'un velours. La membrane pituitaire est l'organe de l'olfaction ; elle reçoit dans les délicates saillies de sa surface veloutée les ramuscules des nerfs de première paire. Quand l'air pénètre dans les défilés étroits et tortueux des cornets du nez, les particules odorantes sont retenues au passage par un liquide visqueux, le *mucus nasal*, qui humecte constamment la membrane olfactive; enfin le contact de ces particules avec les papilles de la pituitaire provoque l'impression de l'odeur.

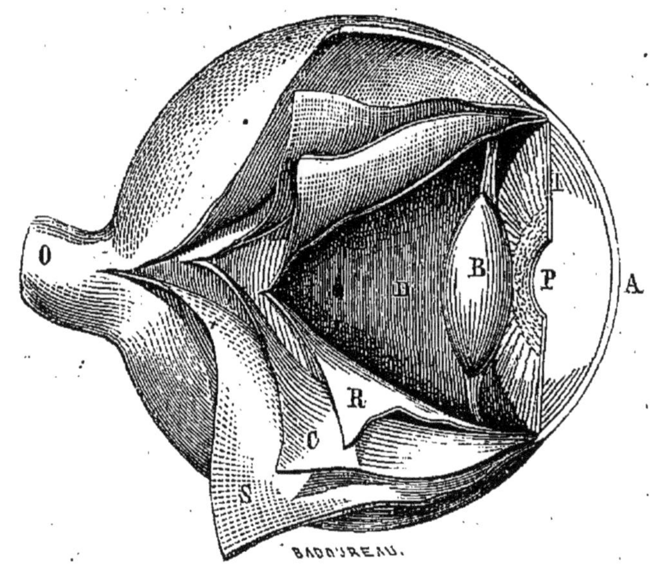

Fig. 36. — Structure de l'œil.

A, cornée ; I, iris ; P, pupille ; B, cristallin ; S, sclérotique ; C, choroïde ; R, rétine ; D, humeur vitrée ; O, nerf optique.

4. **Sens de la vue.** — Le sens de la vue a pour organes les yeux. Dans son ensemble, l'œil forme un globe creux rempli d'humeurs diaphanes. Son enveloppe extérieure comprend deux parties, l'une blanche et opaque, nommée *sclérotique*, l'autre transparente comme une mince lame de corne, et appelée *cornée*. La première (S) (fig. 36) entoure le globe oculaire de partout, excepté en avant, où elle laisse une large ouverture ronde dans laquelle la seconde (A) est enchâssée comme un

verre de montre. Sur la face visible de l'œil, la sclérotique constitue la partie blanche ; la cornée forme le reste. — En arrière de la cornée et dans l'intérieur de l'œil est tendu transversalement un rideau membraneux et circulaire, qui se rattache au bord de la sclérotique, tout autour de la cornée. On lui donne le nom d'*iris* (I). Sa couleur est variable suivant les personnes, tantôt bleue, tantôt noire ou verdâtre. Au centre, l'iris est percé d'un orifice rond (P) qu'on aperçoit au milieu de l'œil comme un gros point noir. Cet orifice s'appelle *pupille*. Un peu en arrière de l'iris, bien en face de la pupille, est placé le *cristallin* (B). C'est un corps diaphane, aussi transparent que le cristal, ayant la forme de ce que la physique appelle une lentille. L'espace compris entre le cristallin et la cornée se trouve divisé, par la cloison de l'iris, en deux parties ou chambres communiquant entre elles par l'ouverture de la pupille. En avant de l'iris, c'est la *chambre antérieure ;* en arrière, c'est la *chambre postérieure*. Un liquide, nommé *humeur aqueuse*, clair et fluide comme de l'eau, remplit l'une et l'autre chambre. La cavité située en arrière du cristallin est occupée par l'*humeur vitrée* (D), c'est-à-dire par une substance à demi fluide, gélatineuse et douée de la transparence du verre. L'albumine de l'œuf rappelle, à peu de chose près, son aspect. De partout, excepté en avant, où se trouve le cristallin, l'humeur vitrée est enveloppée par une membrane molle et blanche, qui constitue la partie de l'œil sensible à la lumière et prend le nom de *rétine* (R). Elle est formée par un nerf crânien, le *nerf optique* ou de seconde paire (O), dont l'extrémité s'épanouit de manière à tapisser toute la paroi intérieure de l'œil en arrière du cristallin. Enfin, entre la sclérotique et la rétine, est appliquée une dernière membrane, la *choroïde* (C), imprégnée d'une matière noire, qui donne à l'intérieur de l'œil la teinte sombre apparaissant à travers la pupille.

Pour nous donner connaissance des objets qui nous entourent, la lumière doit arriver au fond de l'œil et dessiner sur la rétine l'image en petit de ces objets. En premier lieu, la lumière rencontre la cornée, dont la transparence parfaite lui permet une entrée libre. Vient après l'écran de l'iris, destiné à n'admettre que les rayons peu éloignés de la direction centrale et le plus aptes à donner une image nette. Ces rayons franchissent la pupille, qui peut, tour à tour, s'agrandir un peu afin de recevoir le plus possible de lumière dans un milieu peu éclairé et permettre ainsi la vision, ou bien se rétrécir dans une vive lumière afin d'éviter la surabondance fatigante de la clarté. De la pupille, les rayons lumineux arrivent sur le cristallin, dont le rôle est absolument celui des lentilles des appareils de physique.

Devant une lentille (L) (fig. 37), plaçons une bougie allumée (A), et en arrière de la lentille une feuille de papier servant d'écran. Nous verrons se peindre sur cette feuille une image lumineuse de la bougie, image plus petite que l'objet et renversée. A cause de sa forme lenticulaire, le cristallin doit également produire une image renversée de l'objet lumineux placé devant lui. Prenons, en effet, un œil de bœuf, aussi frais que possible; râclons avec un canif sa paroi postérieure pour amincir la sclérotique et la rendre translucide, ce qui nous permettra de voir à l'intérieur; enfin, plaçons l'œil ainsi préparé

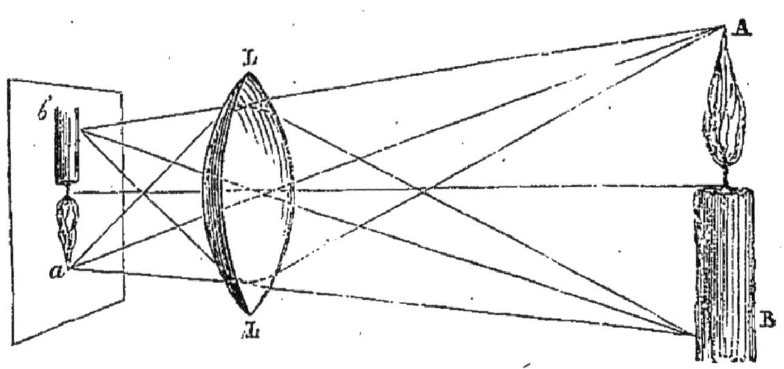

FIG. 37. — Image donnée par une lentille.

devant une bougie allumée. Le résultat de l'expérience précédente se reproduira exactement; nous apercevrons, peinte sur la paroi postérieure, une image lumineuse de la bougie. plus petite et renversée.

L'image donnée par le cristallin vient se peindre sur l'écran sensible de l'œil, sur la rétine, terminaison du nerf optique; l'impression produite par cette image détermine la vision. Enfin la choroïde, avec sa coloration d'un noir foncé, éteint les rayons lumineux étrangers à l'image, et rend impossibles dans le globe oculaire, les reflets qui troubleraient la vision. C'est ainsi qu'on peint en noir l'intérieur des divers instruments optiques pour éviter les réflexions par les parois et obtenir une plus grande netteté de l'image.

Pour une vision nette, il faut que l'image vienne se peindre exactement sur la rétine; mais cela n'a pas toujours lieu par suite d'une convexité trop faible ou trop forte du cristallin et surtout de la cornée. Le *presbytisme* ou *vue longue* affecte surtout les personnes âgées; il est dû à un aplatissement de la cornée. Les presbytes voient bien les objets éloignés, mais ils voient mal les objets rapprochés. On remédie au presbytisme au moyen de lunettes dont les verres sont *convexes*, c'est-à-dire plus épais au centre qu'aux bords. Le *myopisme* ou *vue courte* provient d'une convexité trop grande soit de la cornée, soit du cris-

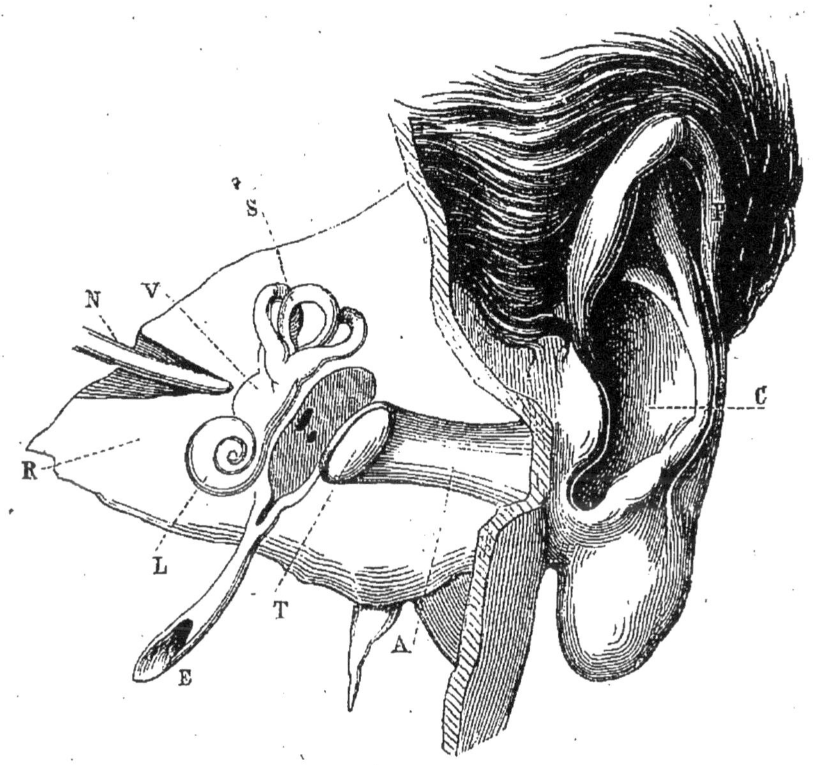

FIG. 38. — Organe de l'ouïe.

P, pavillon; C, conque auditive; A, conduit auriculaire; T, tympan; E, trompe d'Eustache; V, vestibule; S, canaux semi-circulaires; L, limaçon; N, nerf acoustique; R, rocher.

tallin. Les myopes voient bien les objets rapprochés, mais ils voient mal les objets éloignés. Les personnes affectées de myopisme se servent de lunettes à verres *concaves*, c'est-à-dire plus épais sur les bords qu'au centre.

5. **Sens de l'ouïe.** — L'organe de l'audition comprend trois parties: l'*oreille externe*, l'*oreille moyenne* et l'*oreille interne*. — L'oreille externe se compose du *pavillon* (P) (fig. 38) et du

conduit auriculaire (A). Le pavillon est une lame cartilagineuse, détachée de la tête dans la majeure partie de son étendue, et présentant divers replis et divers enfoncements, dont le plus remarquable est la *conque auditive*, cavité en forme d'entonnoir dans laquelle débouche le conduit auriculaire. Ce dernier est un canal un peu recourbé qui s'enfonce dans l'épaisseur de l'os temporal. Le pavillon de l'oreille a pour fonction de recueillir le son et de le diriger dans le conduit auriculaire. Ce rôle est très secondaire, car la perte du pavillon n'amène point la surdité; elle rend seulement l'ouïe un peu dure. Le conduit auriculaire se termine par une cloison membraneuse, extrêmement mince, tendue comme la peau d'un tambour et appelée *tympan* (T).

Là commence l'oreille moyenne, qui se compose du *tympan*, de la *caisse* et des parties qui en dépendent. La caisse est une petite cavité pleine d'air, séparée du conduit auriculaire par la cloison du tympan. Elle est percée, du côté opposé au tympan, de deux autres ouvertures, également bouchées par une fine membrane tendue, et nommées, l'une la *fenêtre ovale* et l'autre la *fenêtre ronde*. Un conduit long et étroit, appelé *trompe* d'*Eustache* (E), débouche à sa partie inférieure et vient aboutir, d'autre part, en arrière des fosses nasales, mettant ainsi en communication l'air renfermé dans la caisse avec l'air extérieur. Enfin, quatre tout petits osselets, placés à la file l'un de l'autre, sont suspendus dans la caisse par leur mutuel appui, et forment une sorte de chaîne irrégulière, qui aboutit, d'un côté, à la membrane du tympan, et du côté opposé, à la membrane de la fenêtre ovale. Ces quatre osselets sont : le *marteau* (*m*) (fig. 39), l'*enclume* (*e*), l'*os lenticulaire* (*l*), l'*étrier* (*é*). Leurs dénominations sont tirées de la forme qu'ils présentent grossièrement. Le marteau s'appuie sur le tympan par son manche, l'étrier s'applique par sa base sur la membrane de la fenêtre ovale, l'os lenticulaire et l'enclume sont intercalés entre l'étrier et le marteau.

Les diverses parties que nous venons de décrire ne servent qu'à recueillir le son, à le concentrer, à le diriger; c'est dans les parties qu'il nous reste à connaître, ou dans l'oreille interne, que s'effectue enfin l'audition. L'oreille interne, logée dans une partie de l'os temporal que sa dureté a fait nommer le *rocher*, se compose : premièrement, d'une ampoule ovalaire appelée *vestibule* (V) (fig. 38); secondement, de trois canaux courbés en demi-cercle et nommés pour ce motif *canaux semi-circulaires*

(S); troisièmement, d'un canal roulé sur lui-même en spirale, comme la coquille d'un escargot, et qu'on nomme pour cette raison *limaçon* (L). De ces trois parties, le vestibule est la plus importante. La caisse est en rapport avec le vestibule par la fenêtre ovale, et avec le limaçon par la fenêtre ronde. Enfin les trois parties de l'oreille interne sont remplies d'un liquide au sein duquel s'épanouissent des houppes de fines ramifications nerveuses, fournies par le nerf crânien de huitième paire ou *nerf acoustique*.

Suivons maintenant les ondes sonores dans leur trajet. Le pavillon les recueille et les dirige dans le conduit auriculaire, au fond duquel elles rencontrent le tympan, qu'elles mettent en vibration. La membrane du tympan transmet son ébranlement sonore partie à l'air de la caisse, partie à la chaîne des osselets. L'air propage le son à la fenêtre ronde, la chaîne des osselets le propage à la fenêtre ovale. De ces deux voies, c'est la dernière qui est la plus efficace, parce que le son se propage mieux dans les corps solides que dans les corps gazeux. Enfin les vibrations sonores des membranes des deux fenêtres se transmettent au liquide de l'oreille interne; ce liquide les conduit aux filaments nerveux qu'il baigne, et de l'ébranlement de ceux-ci résulte l'audition.

Fig. 39. — Osselets de l'oreille; *m*, marteau; — *e*, enclume; — *l*, os lenticulaire; *é*, étrier.

6. **Organe de la voix.** — Nous avons vu que la trachée-artère (T) (fig. 40), composée d'une série d'anneaux cartilagineux empilés l'un sur l'autre, commence dans l'arrière-bouche, parcourt la longueur du cou, descend dans la poitrine et se termine dans les poumons (P, P) en s'y ramifiant. Dans la partie supérieure du cou, elle se renfle et produit ce qu'on nomme le *larynx* (L). C'est là l'organe de la voix. La protubérance que sent la main en avant du cou n'est autre chose que la face antérieure du larynx lui-même.

En débouchant dans le larynx, le canal de la trachée-artère se rétrécit brusquement en forme de fente étroite, comprise entre deux lamelles très élastiques (I) (fig. 41) appelées *ligaments inférieurs* ou *cordes vocales*. On peut comparer cette fente à une boutonnière, dont les deux bords représenteraient les cordes vocales. Au-dessus de cette fente, la cavité du larynx s'élargit en formant, l'un à droite, l'autre à gauche, deux enfoncements (V), appelés *ventricules*. Enfin, un peu plus haut, à l'endroit où elle se termine dans l'arrière-bouche, la cavité du larynx se rétrécit une seconde fois sous forme d'une fente en boutonnière pareille à la précédente. Les deux replis (S) se nomment *ligaments supérieurs*.

Les cordes vocales, comme leur nom l'indique, donnent naissance à la voix par leurs vibrations. Ces deux petites lamelles élastiques peuvent se rapprocher ou s'éloigner l'une de l'autre,

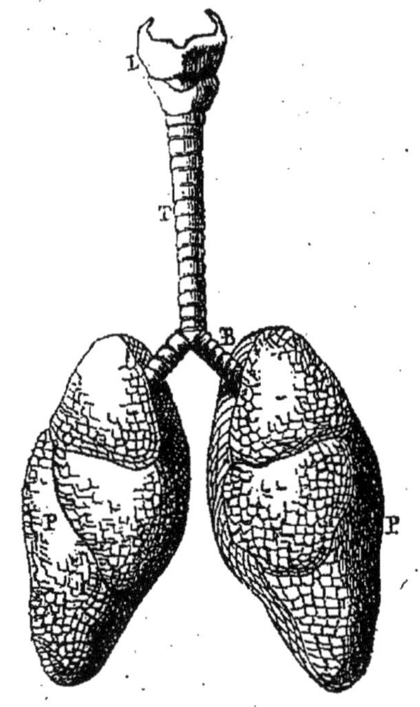

FIG. 40. — Organe de la voix. — L, larynx ; T, trachée-artère ; B, bronches ; P, poumons.

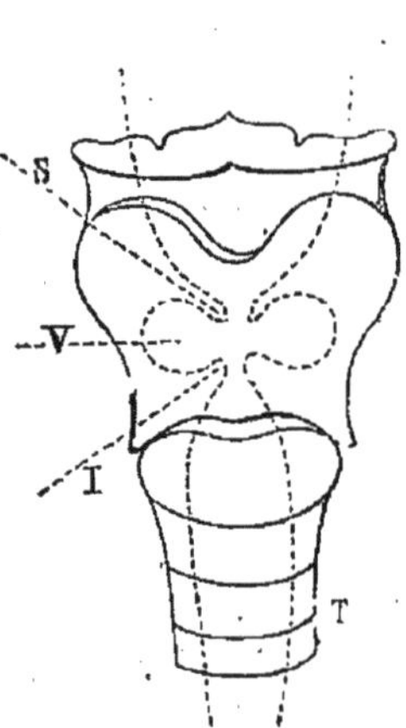

FIG. 41. — Larynx. — T, trachée-artère ; I, ligaments inférieurs ; V, ventricules ; S, ligaments supérieurs.

de manière à laisser un passage plus ou moins libre à l'air venant des poumons ; elles peuvent se tendre pour vibrer plus vite ou se relâcher pour vibrer plus lentement ; enfin elles remplissent les conditions pour produire, à volonté, des sons forts ou faibles, graves ou aigus. Mais d'elles-mêmes les cordes vocales n'entrent pas en vibration ; il faut qu'elles soient mises en mouvement par l'air chassé des poumons comme d'un soufflet. Qui ne connaît ces instruments sonores que chacun a confectionnés dans son jeune âge, et consistant en un cylindre d'écorce enlevé, tout d'une pièce, sur un rameau en sève. En pinçant entre les lèvres ces tuyaux flexibles, de manière à ne laisser entre les bords rapprochés qu'une étroite fente, on obtient, quand on souffle, de fort beaux sons, produits par le même mécanisme qui fait résonner les cordes vocales. Les deux enfoncements nommés ventricules servent à renforcer le son. Quant aux ligaments supérieurs, ils modifient l'étendue des cavités renforçantes en se rapprochant plus ou moins, et jouent ainsi un rôle dans la formation de la voix. Mais le rôle essentiel revien aux ligaments inférieurs; c'est là que réellement le son prend naissance; le reste ne sert qu'à le modifier, à le renforcer.

7. **Parole.** — La voix n'est pas la parole, elle en est, pourrait-on dire, la matière première. La plupart des animaux qui respirent à l'aide de poumons ont une voix, mais aucun d'eux n'a la parole. L'homme seul possède le sublime privilège de penser et de traduire sa pensée par la voix articulée ou découpée en syllabes; en un mot par la parole. Le son engendré par les cordes vocales n'est, au sortir du larynx, que la voix sans signification intellectuelle, le cri informe sans correspondance avec une idée; mais, en pénétrant dans la bouche, il devient la parole, c'est-à-dire que, par le jeu des lèvres, des joues, de la langue, des dents, des cavités nasales, il se divise en syllabes, dans lesquelles le son vocal presque pur, la *voyelle*, est modifié par l'articulation ou *consonne*, que détermine le mécanisme spécial de l'une ou de l'autre des parties de la bouche.

8. **Sourds-muets.** — La parole est, avant tout, un acte intellectuel; pour parler, la première condition est de rattacher une idée à un son déterminé. Si les sourds-muets ne peuvent parler, ce n'est pas à cause d'un vice de conformation dans l'organe de la voix. Ils ont, comme nous, souffle, cordes vocales, larynx; ils ont tout l'organisme nécessaire pour la parole. Cependant de leur larynx ne s'élancent que des sons, aussi distincts que les nôtres, il est vrai, mais qui demeurent à l'état de cris inarticulés au lieu de se transformer en paroles. Que leur manque-t-il donc pour parler? Il leur manque la faculté principale, la faculté d'associer une idée déterminée à tel ou tel autre son. Étant sourds de naissance, ils n'ont jamais entendu proférer une parole; ils ignorent la valeur intellectuelle d'un arrangement déterminé de syllabes, et de cette ignorance absolue résulte pour eux la privation de la parole. Ils sont muets uniquement parce qu'ils sont sourds. Si l'ouïe leur était jamais rendue, ils apprendraient, comme les autres, l'usage de la parole; ils cesseraient d'être muets en cessant d'être sourds.

CHAPITRE VIII

CLASSE DES MAMMIFÈRES

1. **Division des vertébrés en classes.** — Formé de deux moitiés pareilles, le corps des vertébrés est symétrique par rapport à un plan médian. Il est doué d'une charpente osseuse. Les centres nerveux, encéphale et moelle épinière, sont logés dans un étui osseux, crâne et canal des vertèbres. Le sang est toujours rouge. Les membres ne dépassent jamais le nombre de quatre; enfin les mâchoires se meuvent dans le sens vertical. Exemples : le chien, la poule, le lézard, la couleuvre, la carpe. Les vertébrés se divisent en cinq classes, savoir : les *Mammifères*, les *Oiseaux*, les *Reptiles*, les *Batraciens*, et les *Poissons*.

2. **Mammifères. Pelage, allaitement, variétés de forme.** — Les mamelles, organes producteurs du lait, première nourriture des jeunes, sont spéciales à cette classe, comme l'indique le nom de *Mammifères*, signifiant porte-mamelles. Tous les animaux de cette classe, sans exception, aussi bien ceux des mers que ceux de la terre ferme, vivent du lait maternel à leurs débuts ; dès leur naissance, et pendant une durée plus ou moins longue, ils sont soumis à l'*allaitement*. Le corps est vêtu d'un *pelage*, tantôt constituant épaisse fourrure, tantôt réduit à quelques poils épars. Le sang est chaud, la circulation et la respiration s'effectuent comme chez l'homme. Enfin les mammifères sont tous *vivipares*, c'est-à-dire mettent au monde leurs petits vivants, tandis que, à très peu d'exceptions près, tous les autres animaux sont *ovipares*, c'est-à-dire produisent des œufs d'où doivent éclore plus tard les jeunes.

Le chien, le chat, le mouton, la chèvre, le bœuf, l'âne, le cheval, sont autant d'exemples de mammifères familiers à tous. Un animal velu, qui marche à quatre pattes, voilà l'idée générale qui, les dissemblances écartées, se dégage de la comparaison de ces divers animaux. Cette idée du mammifère en général est incomplète; dans bien des cas, elle serait fausse; car suivant sa manière de vivre et suivant le milieu qu'il habite, l'animal prend des configurations différentes. Il y a des mammifères qui habitent les eaux de la mer et ne les quittent jamais. Faits pour la natation, pour la vie aquatique, ils ont la forme et les apparences extérieures des poissons, avec lesquels ils sont vulgairement confondus. Les membres postérieurs manquent, la queue s'aplatit en vigoureuse nageoire, les membres antérieurs s'étalent en larges palettes faisant office de rames. Telle est la baleine. D'autres ont pour lot la vie

FIG. 42. — La Baleine.

aérienne des oiseaux. Leurs membres antérieurs sont des ailes, des organes aptes au vol. Quelques mammifères ont sur le dos une carapace défensive rappelant l'armure d'écailles d'un reptile. A quoi reconnaîtrons-nous donc le mammifère dans l'animal qui peut imiter le poisson, l'oiseau, le reptile? Quels que soient son séjour et sa forme, nous le reconnaîtrons aux mamelles, à l'allaitement des jeunes.

3. **Adaptation des dents au régime de l'animal.** — Il serait prématuré de développer ici la grande variété de formes des mammifères; c'est à la suite de nos études de nous la montrer graduellement; nous nous bornerons à quelques détails

sur l'appareil dentaire par ce que la zoologie en fait usage dans ses classifications.

Le genre de nourriture n'est pas le même pour tous les mammifères : il faut aux uns la proie, la chair crue, aux autres le fourrage, à ceux-ci des racines, à ceux-là des graines, des fruits. Dans tous les cas, les dents sont les outils mis en œuvre pour la préparation de la bouchée ; elles doivent donc avoir une forme appropriée au genre de nourriture, plus coriace ou plus tendre, plus difficile ou plus facile à mâcher. Aussi, de même que d'après l'outil on juge du travail d'un artisan, d'après la conformation des dents on peut en général dire le genre de nourriture d'un animal.

4. **Herbivores et carnivores.** — On appelle *herbivores* les

FIG. 43. – Le Pangolin.

animaux qui se nourrissent d'herbe, de fourrage, de foin ; et *carnivores* ceux qui se nourrissent de chair. Le cheval, l'âne, le bœuf, le mouton sont des herbivores ; le chien, le chat, le loup sont des carnivores. La nourriture de l'herbivore est chose tenace, dure, filamenteuse, que l'animal doit longtemps broyer pour la diviser convenablement et la réduire en une bouchée pâteuse, apte à être avalée et plus tard digérée sans obstacle. Dans ce cas, les dents opposées des deux mâchoires doivent se présenter l'une à l'autre des surfaces larges et à peu près plates, qui triturent la nourriture à la manière des meules d'un moulin.

Au contraire, la chair, dont se nourrit le carnivore, est matière molle, qu'il est facile d'avaler et de digérer. Il suffit à l'animal de la déchirer, de la couper par lambeaux. Les dents du carnivore doivent donc se présenter l'une à l'autre des arêtes tranchantes qui manœuvrent à la façon des lames de ciseaux.

Le régime de l'animal entraîne ainsi une forme spéciale des dents, des molaires surtout, plus importantes que les autres. Considérons, par exemple, les molaires que représentent les figures 44 et 45. La première est aplatie et très large en dessus, elle doit écraser et broyer en frottant contre la dent pareille et opposée de l'autre mâchoire. C'est la dent d'un animal qui se nour-

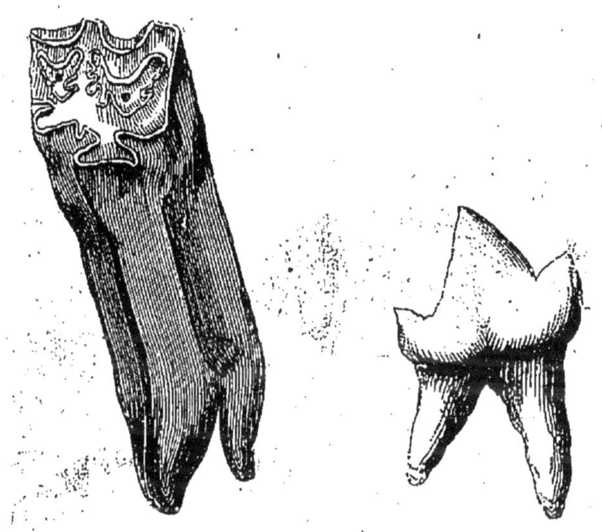

Fig. 44. — Molaire d'herbivore. Fig. 45. — Molaire de carnivore.

rit de fourrage, la dent d'un herbivore, d'un cheval. La seconde, au contraire, montre plusieurs larges pointes à bords tranchants. Elle est destinée à couper de la chair. C'est la molaire d'un carnivore, la molaire d'un loup.

5. **Disposition de l'émail et de l'ivoire dans les molaires des herbivores.** — Si les molaires du cheval étaient parfaitement unies en dessus, il est visible qu'en appuyant et frottant l'une contre l'autre, elles se borneraient à écraser le fourrage sans parvenir à le réduire en menus fragments. Les meules d'un moulin, si elles étaient polies comme des tables de marbre, aplatiraient le grain sans en faire de la farine; elles doivent présenter de nombreuses inégalités semblables aux dents d'une râpe, aux arêtes d'une lime, inégalités qui saisissent entre elles le blé pendant la rotation de la meule supé-

rieure sur la meule inférieure immobile, et le déchirent violemment. Lorsque par un travail longtemps continué, ces inégalités sont effacées, les meules ne peuvent plus servir et il faut les repiquer au marteau.

Eh bien, les molaires du cheval sont comparables à ces meules; leur couronne porte des replis sinueux, qui s'élèvent un peu au-dessus de la surface et font légèrement saillie, de façon à constituer une sorte de lime qui fractionne les brins de fourrage quand frotte la dent opposée.

Nous avons reconnu dans la composition des dents de l'homme deux substances différentes, l'*émail* et l'*ivoire*. L'émail est remarquable par sa grande dureté, qui lui permet de faire feu sous le briquet à la manière d'un caillou; l'ivoire, beaucoup plus facile à user, est en compensation très résistant aux effort tendants à le casser.

Pour le cheval, le mouton, le bœuf, l'âne et autres herbivores, la matière moins dure, l'ivoire, constitue la masse principale de la dent, tandis que la matière plus dure, l'émail, plonge en lames sinueuses dans l'épaisseur de la première et fait un peu saillie au dehors sous forme de replis qui varient de configuration d'une espèce animale à l'autre. C'est donc l'émail, matière aussi dure que le caillou, qui compose les replis sinueux des molaires de l'herbivore.

Par le fait du frottement d'une mâchoire contre l'autre, l'ivoire, plus tendre, s'use plus vite que l'émail, de sorte que les lames de celui-ci, engagées dans l'épaisseur de la dent, sont peu à peu mises à découvert et reconstituent en l'état primitif les replis de la surface à mesure qu'ils sont usés par la trituration. La molaire, la meule se repique ainsi d'elle-même; la machine à trituration se répare tout en travaillant.

6. **Disposition de l'émail et de l'ivoire dans les molaires des carnivores.** — Pour les molaires des carnivores sont inutiles les rugosités de la râpe, les arêtes de la lime, les inégalités de la meule, puisque l'aliment, la chair, doit être découpé en lambeaux, et non broyé en pâte. A cet effet, il faut des lames tranchantes, des ciseaux, dont la condition première soit d'être bien aiguisés et d'avoir une dureté qui les empêche de s'émousser. La surface des molaires n'est donc plus aplatie en manière de meule, mais façonnée en larges crêtes coupantes.

De plus, pour assurer l'efficacité de ces espèces de couteaux, la substance plus tendre, mais aussi plus résistante aux efforts qui pourraient la casser, l'ivoire enfin, constitue la masse centrale de la dent; tandis que l'émail, plus dur mais aussi plus fragile, forme à l'extérieur un enduit continu, et compose à lui seul les bords tranchants. Pareillement un coutelier habile, s'il veut fabriquer un instrument qui coupe bien, tout en étant capable de résister à la violence des efforts, compose la masse centrale de l'outil avec du fer, matière tenace, qui supporte bien le choc, mais n'est pas assez dure pour tailler, et met pardessus, pour constituer le tranchant, le fin acier, qui joint une dureté excessive à la fragilité du verre.

7. **Râtelier du loup.** — Le nombre des dents varie tout

Fig. 46. — Râtelier du Loup. A, incisives; — B, canines; — C, petites molaires; — D, carnassière; — S, glande salivaire.

autant que leur forme d'une espèce animale à l'autre. Une paire d'exemples nous renseigneront à cet égard.

La figure 46 représente la gueule d'un loup. Si l'on ne le savait déjà, le régime de la bête se déterminerait à la seule inspection des dents. Il faut une proie saignante aux robustes dentelures de ces molaires, aux crocs puissants de ces canines. Le râtelier trahit des appétits carnivores.

En *A* sont les incisives au nombre de six. Elles sont petites et de peu d'usage, car l'animal ne découpe pas sa proie en menues portions, mais l'avale gloutonnement par gros lambeaux. En *B* sont les canines, vrais poignards que le bandit enfonce dans le cou du mouton. Les petites molaires sont en *C*;

les grosses molaires viennent après. La première *D* est la plus forte et prend le nom significatif de *carnassière*. C'est avec les carnassières que le loup et le chien cassent les os.

Le nombre total des dents est de quarante-deux, dont vingt-deux pour la mâchoire inférieure, et vingt pour la mâchoire supérieure. Le râtelier du chien est pareil à celui du loup.

8. **Râtelier du cheval.** — La différence est des plus frappantes entre le râtelier du sanguinaire chasseur, et celui du pacifique mâcheur d'herbes. La figure 47 représente la tête du cheval. Les incisives, au nombre de six, sont puissantes, car maintenant leurs fonctions sont d'une haute importance; elles

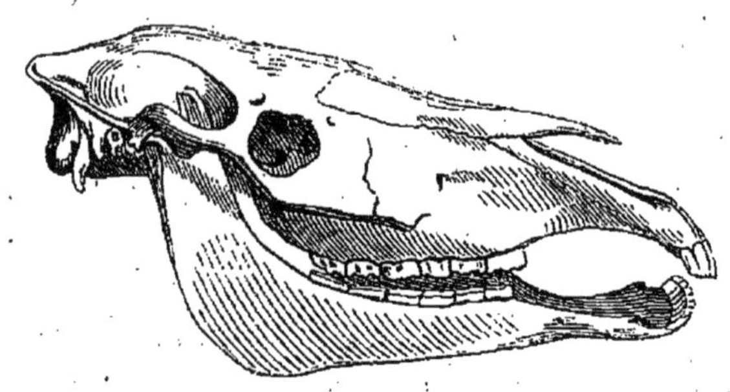

FIG. 47. — Râtelier du Cheval.

doivent saisir le fourrage et le tailler bouchée par bouchée. Les canines, inutiles, ne montrent en dehors qu'un faible tubercule. Par delà vient un large intervalle vide nommé *barre*; c'est là que repose le frein du cheval harnaché.

Après la barre se montre la véritable machine à triturer, composée de quatorze paires de robustes molaires, à couronne plate et carrée, armée en outre des replis sinueux et légèrement saillants dont nous avons déjà reconnu la haute utilité. Ce râtelier est éminemment capable de broyer la paille coriace et le foin filandreux.

9. **Divisions des mammifères en ordres.** — D'après le nombre des membres et la conformation de leurs extrémités; d'après l'appareil dentaire, en rapport avec le régime et par conséquent avec le genre de vie de l'animal; enfin d'après quelques autres caractères généraux que nous ferons ressortir en temps opportun, la classe des mammifères se divise en plusieurs groupes ou *ordres*, dont nous aurons à étudier les suivants: *Singes*, *Chauves-souris*, *Insectivores*, *Rongeurs*, *Carnassiers*, *Éléphants*, *Jumentés*, *Ruminants*, *Phoques*, et *Cétacés*.

CHAPITRE IX

SINGES

1. **Forme des membres.** — Les extrémités de nos membres se terminent par cinq doigts. Dans les membres supérieurs, l'un de ces doigts, le pouce, remplit un rôle majeur, car il est opposable aux quatre autres. De cette opposition résultent les actes de la *main*, cet admirable instrument qui, par son exquise sensibilité et la variété de ses mouvements, est si bien en rapport avec la supériorité intellectuelle de l'homme. Dans les membres inférieurs, au contraire, le pouce est dirigé dans le même sens que les autres doigts. De là résulte le *pied*, soutenant le poids du corps sur l'appui de sa large surface.

Beaucoup de mammifères ont cinq doigts comme nous, à l'une aussi bien qu'à l'autre paire de membres; mais les singes seuls sont doués du pouce opposable, du pouce apte à saisir de concert avec un ou plusieurs des autres doigts. C'est plus fréquemment aux membre postérieurs que cette opposition se montre, et le pied devient alors, nous ne dirons pas une main, mais plutôt une pince, servant à l'animal pour serrer, empoigner la ramée des arbres sur lesquels il vit habituellement. En même temps, mais non toujours, elle peut avoir lieu aux membres antérieurs. Dans ce cas la patte devient une main assez ressemblante à la nôtre, sans en avoir, de bien s'en faut, l'incomparable dextérité.

L'opposition du pouce aux autres doigts dans les quatre membres a fait donner aux singes le nom général de *Quadrumanes*, signifiant quatre mains. On voit combien cette dénomination est impropre. Si les extrémités antérieures peuvent, jusqu'à un certain point, soutenir la comparaison avec nos mains, il n'en est pas ainsi des grossières pinces postérieures. D'ailleurs une foule de singes n'ont le pouce opposable qu'aux membres inférieurs; celui des membres supérieurs conserve la direction des autres doigts, à peu près comme dans la patte

Fig. 48. — Le Chimpanzé.

d'un ours. Enfin, raison bien concluante, on connaît des singes qui manquent de pouce aux membres de devant; la patte est réduite à quatre doigts.

Ainsi, l'homme seul présente ce caractère zoologique, l'opposition du pouce aux autres doigts dans les membres supérieurs uniquement. Pour les singes, cette disposition en main des extrémités antérieures est toujours accompagnée d'une disposition semblable des extrémités inférieures; les mains de devant entraînent sans exception les mains, les pinces de derrière. L'animal est alors vraiment quadrumane, si l'on ne fait signifier à ce mot que l'opposition du pouce. Mais l'inverse est loin d'être vrai : les mains d'arrière ne sont pas inévitablement accompagnées des mains d'avant; beaucoup de singes possèdent le pouce opposable dans les membres postérieurs sans être doués de la même aptitude dans les membres antérieurs. Nous définirons donc les singes, des mammifères à pouces opposables dans les extrémités postérieures et quelquefois dans les quatre extrémités.

2. **Singes anthropoïdes.** — Anthropoïde, c'est-à-dire pareil d'aspect à l'homme, telle est la qualification que l'on donne aux singes dont la forme présente avec la nôtre le plus de ressemblance. Leur face, loin de rappeler un visage humain, en est plutôt une hideuse caricature. Tout le corps est velu, moins la face. Les membres antérieurs sont plus longs que les postérieurs, ils servent à l'animal pour la marche. Dans la station debout, le corps reste penché, et la progression est alors gauche et pénible parce que le pouce opposable des membres postérieurs ne laisse pas les extrémités reposer sur le sol par toute leur surface. Un front plus saillant que celui des autres mammifères annonce un cerveau plus ample et par conséquent un intellect plus développé. Les yeux sont rapprochés et dirigés en avant; les deux narines, séparées par une étroite cloison, imitent un nez très camus; les oreilles rappellent assez bien celles de l'homme; les dents, en même nombre que les nôtres autant pour la première que pour la seconde dentition, sont pareillement réparties en incisives, canines et molaires. Leur régime consiste principalement en fruits. Aucun d'eux n'a de queue. Les plus remarquables sont le *Chimpanzé*, l'*Orang* et le *Gorille*.

3. **Le Chimpanzé.** — Ce singe, celui de tous qui par les porportions de son corps se rapproche le plus de l'homme, vit dans les grandes forêts des côtes occidentales de l'Afrique,

notamment au Gabon. Il a près d'un mètre et demi de hauteur; mais comme il ne se tient pas absolument droit, il paraît de moindre stature. Le corps est couvert de poils noirs; la face approche de la couleur de chair; les oreilles sont très amples, le nez à peine saillant; le museau est proéminent, mais moins que dans les autres anthropoïdes.

Il serait du plus grand intérêt pour nous de connaître les mœurs du chimpanzé, vivant en liberté dans ses forêts natales; on désirerait surtout savoir à quel degré peut s'élever l'intelligence d'un animal dont la forme, les gestes, les allures se rapprochent tant des nôtres. Mais l'observation est très difficultueuse; aussi les voyageurs sont-ils muets à cet égard, ou bien nous font-ils des récits où l'imagination a autant de place que la vérité. La rigoureuse histoire est donc réduite à l'étude des quelques rares sujets élevés en captivité.

Un naturaliste anglais, Broderip, nous parle ainsi d'un jeune chimpanzé qui vécut quelque temps à Londres : « Je viens de le voir dans la cuisine du gardien de la ménagerie. Il porte une jacquette, et repose, comme un enfant, sur les genoux d'une bonne vieille, toutes les fois que celle-ci lui permet d'y monter. Son air est doux et pensif et il ressemble à un petit vieillard flétri par les ans. Ses yeux, sa face sans poils et ridée, ses oreilles semblables à celles de l'homme, quoique plus grandes, les poils noirs qui couvrent sa tête, rendent la ressemblance assez frappante, quand on ne remarque pas son nez aplati et sa bouche avancée.

» Dès qu'il fut devenu un peu familier avec moi, je lui montrai, en jouant, un miroir, et le mis tout à coup devant ses yeux. Aussitôt il fixa son attention sur ce nouvel objet et passa subitement de la plus grande activité à une immobilité complète. Il examinait le miroir avec curiosité, et paraissait frappé d'étonnement. Ensuite il me regarda, puis porta de nouveau les yeux sur le miroir, passa par derrière, revint par devant, et pendant qu'il regardait toujours son image, il cherchait, à l'aide de ses mains, à s'assurer s'il n'y avait rien derrière le miroir. Enfin, il appliqua les lèvres sur la surface de celui-ci. Un sauvage, d'après le récit des voyageurs, ne fait pas autrement dans la même circonstance.

» Le chimpanzé est généralement assis pendant son sommeil, le corps légèrement penché en avant, les bras croisés et quelquefois la tête dans ses mains. Il n'aime pas la captivité. Quand on l'enferme dans une cage, il en frappe la porte avec une violence qui dénote une grande force musculaire; mais jamais il ne s'attaque à une autre partie de sa prison. Il n'y a, du reste, aucun inconvénient à le laisser libre : nul n'est plus doux et plus affectueux que ce singe pour ceux avec qui il est familier, et il n'y a pas d'animal dont les gestes ou les regards puissent inspirer plus d'intérêt. »

Quant à la station debout sur les pattes de derrière, on a remarqué que le chimpanzé l'emploie rarement. Dans les vastes cages des ménageries, s'il veut aller prendre un objet attirant

Fig. 49. — Tête du Chimpanzé.

son attention, au lieu d'employer la marche bipède, il préfère franchir la distance d'un bond rapide à l'aide d'un cordage qui se trouve à sa portée. Il y a loin de ces bonds de la brute à la noble démarche verticale. Sous un autre aspect se voit combien peu est fondé le rapprochement que la similitude de forme pourrait faire établir entre l'anthropoïde et l'homme. Pour nous, les facultés intellectuelles et morales gagnent en puissance avec l'âge mûr; pour le chimpanzé, c'est l'inverse. Doué d'un rare esprit d'imitation, doux et docile, tant qu'il est jeune, il devient morose, triste et bestial quand arrivent les jours de l'adulte. Il en est de même de l'orang, qui, après nous avoir charmés

Fig. 50. — L'Orang.

par sa gaieté enfantine, ses actes où l'on croirait retrouver une ébauche des nôtres, dégénère en une brute indomptable.

4. **L'Orang.** — C'est dans les forêts touffues de Sumatra et de Bornéo que se trouve l'anthropoïde auquel les Malais ont donné le nom d'orang-outang, signifiant homme des bois. Sa hauteur est de trois à quatre pieds, et son corps est couvert d'un grossier pelage roux. La face est en grande partie nue, le nez très aplati, les lèvres grosses, la bouche saillante en un museau bestial, les oreilles petites et arrondies, la tête gauchement équilibrée et penchée en avant, la poitrine large, le ventre gros, la démarche chancelante, du moins sur le sol. C'est sur les arbres que se passe la majeure partie de la vie de l'orang. C'est là que l'animal déploie toute sa dextérité, en grimpant d'une branche à l'autre au moyen de ses quatre mains. Mais à terre, le mouvement lui est pénible, car les mains à demi ployées ne lui donnent qu'un imparfait appui. La station debout est impossible, si ce n'est à l'aide des membres antérieurs; le corps alors n'est pas droit, mais oblique.

Écoutons maintenant ce que les voyageurs nous racontent sur les mœurs de ce singe. Les forêts sauvages et touffues, où les rayons du soleil ne pénètrent qu'avec peine, servent de retraite ordinaire aux orangs. Pendant le jour, on les voit parcourir la cime des arbres. Il est rare qu'ils en descendent pour attaquer les hommes qui les poursuivent; on cite cependant plusieurs exemples de naturels terrassés et même tués par ces animaux, dont la force est prodigieuse. Vers le déclin du jour, ils se blottissent dans l'épaisseur du feuillage pour se mettre à l'abri du froid et du vent, et leur gîte pendant la nuit est la cime fourrée de quelque arbre touffu.

En quelque lieu qu'ils passent la nuit, ils disposent leur gîte en forme d'aire, le garnissent de feuilles et le recouvrent de branches. C'est là, à une dizaine de mètres environ au-dessus du sol, que les orangs se retirent. Ils dorment couchés sur le dos ou sur le côté, les membres repliés vers le corps, et l'un des bras étendu sous la tête, qui repose dans la main. Quelquefois aussi, ils se croisent les bras sur la poitrine. Pendant les nuits froides ou pluvieuses, ils se protègent le corps en le recouvrant de feuilles; et ils ne sortent de leur retraite que lorsque le soleil a dissipé les brouillards du matin.

La manière dont ils grimpent aux arbres et se promènent sur les branches leur donne une apparence de circonspection réfléchie. C'est avec la même prudence qu'ils passent d'un arbre à l'autre, ayant soin de choisir les endroits où les rameaux s'entrecroisent; ils les réunissent et essaient la solidité de ce pont improvisé avant de risquer le passage.

La nourriture des orangs consiste principalement en fruits. Ils mangent aussi les bourgeons, les feuilles et les fleurs de divers arbres et arbustes, mais, au dire des naturels, ils ne font jamais usage de nourriture animale. Un orang, haut de quatre pieds, que l'on avait réussi à prendre vivant après l'avoir blessé, ne voulut jamais toucher à aucune espèce de viande, soit crue, soit cuite. Lorsqu'un être vivant, un poulet, par exemple, l'approchait de trop près et venait ainsi le déranger, il le saisissait et le lançait loin de lui avec mécontentement.

Cet orang était extrêmement sauvage. Bien que souffrant des blessures que lui avaient faites les flèches empoisonnées des chasseurs, il était resté intraitable. Son œil perçant, son regard farouche et son extrême force musculaire le rendaient redoutable. Il était faux et méchant. Presque toujours accroupi, il se levait lentement, et saisissant le moment opportun, il se lançait avec impétuosité sur l'objet qui lui portait ombrage, dirigeant le plus souvent une de ses mains vers la figure des personnes les plus rapprochées des barreaux de sa cage. Tant que cet animal a vécu, on n'a pu lui faire prendre pour nourriture que du riz cuit, préparé en boulettes et froid. Il ne cherchait pas à mordre, mais il paraissait user de ses bras vigoureux comme unique moyen de défense, et se fier particulièrement à l'extrême force de ses mains.

Les Malais chassent les orangs avec des flèches empoisonnées, et les poursuivent jusqu'à ce que ces animaux, saisis de convulsions par la violence du poison, se laissent tomber à terre. Alors on les achève avec de longues piques.

Lorsque l'orang se sent grièvement blessé, il monte incontinent sur la cime de l'arbre où il se trouve, ou bien lorsque cet arbre ne lui paraît pas assez élevé, il passe sur un autre qui puisse mieux le mettre à l'abri des flèches. Pendant ce temps, il fait entendre sa voix mugissante, qui ressemble à celle de la panthère. Ne pouvant assouvir sa rage contre ses ennemis, il s'en prend aux branches de l'arbre, casse des bûches de la grosseur du bras et les lance à terre, de façon que toute la cime est souvent dévastée pendant cette ascension tumultueuse. Il est probable que cette manière de faire a pu fournir matière à tous ces contes exagérés relatifs aux projectiles que les orangs lanceraient contre ceux qui les attaquent; ce qui est complètement faux, les grosses branches qu'ils cassent échappant aussitôt de leurs mains et tombant à terre.

L'orang ne montre pas les dents à son adversaire comme le font beaucoup de singes; il n'en fait aucun usage pour mordre. Sa force véritable réside uniquement dans ses muscles. Malheur à qui serait enlacé par ses bras vigoureux. La prudence et la ruse viennent à son secours. Il a le sens de l'ouïe très délicat, et, au moindre bruit qu'il entend, sa défiance le met en éveil. La voix ou les pas d'un ennemi qui se dirige vers son gîte, le frottement des feuilles ou des fougères que l'on traverse, l'avertissent et lui commandent la retraite. Alors il se glisse furtivement dans les touffes les plus épaisses du feuillage, et s'y tient immobile jusqu'à ce que le danger soit passé.

Quoique ses yeux aient beaucoup de vivacité et montrent de l'expression, l'orang semble avoir néanmoins la vue basse. Lorsque, en captivité, on lui montre des fruits cultivés, son avidité pour les posséder est extrême. Aussitôt qu'il les tient, il les regarde de près, les tâte, les soumet à l'odorat, puis les rejette souvent avec indifférence. Tout ce qui lui tombe sous la main est aussitôt porté à peu de distance des yeux, et bientôt après au-devant des narines, ce qui fait soupçonner qu'il a l'odorat aussi peu développé que la vue.

Les lèvres remplissent chez lui les principales fonctions tactiles, surtout la lèvre inférieure, qu'il a la facilité d'allonger et d'étendre d'une manière remarquable. Pour boire, il se sert de la main et laisse couler l'eau qu'elle peut contenir dans cette même lèvre inférieure, qui s'allonge alors en gouttière.

L'orang est morne et sédentaire, même à l'état de liberté. Le besoin de nourriture semble seul le faire sortir de sa paresse ordinaire et l'engager à prendre du mouvement. Aussitôt repu, il reprend sa pose favorite : l'attitude accroupie, le dos courbé, la tête penchée sur la poitrine, le regard fixement dirigé au-dessous, quelquefois retenu à une branche par l'un de ses bras étendu, le plus souvent les deux bras pendants le long du corps. Il reste ainsi pendant des heures entières, en faisant entendre par intervalles un son morne et bourdonnant.

5. **Observations de F. Cuvier.** — Après l'histoire de l'orang observé adulte et en liberté dans les forêts de la Malaisie, viendront très à propos les observations de F. Cuvier qui nous raconte les actes du même animal jeune et captif. On y trouvera le contraste le plus frappant entre la bestialité de l'âge adulte et la douceur de caractère, l'esprit d'imitation du jeune âge

L'orang qui a fait le sujet de cette remarquable étude parvint de Bornéo à Paris âgé de près d'un an.

Pendant la traversée, il montrait beaucoup de défiance en ses propres moyens, et ne pouvant apprécier la cause du roulis, il s'en exagérait les dangers. Il ne marchait jamais sans tenir fortement en ses mains plusieurs cordes ou quelque autre chose attachée au vaisseau. Il refusa constamment de monter aux mâts, quelque encouragement qu'il reçût des personnes de l'équipage; mais ayant vu un jour son maître y monter lui-même, il le suivit; et dès ce moment, il y monta seul chaque fois qu'il en éprouva le désir; l'expérience heureuse qu'il avait faite lui donna assez de confiance en ses propres forces pour qu'il osât la répéter.

Parvenu à Paris, notre animal avait coutume, dans les beaux jours, d'aller dans un jardin où il trouvait un air pur et le moyen de se donner quelques mouvements. Alors il grimpait aux arbres et se plaisait à rester assis entre les branches. Un jour qu'il était ainsi perché, on parut vouloir monter après lui pour le prendre; mais aussitôt il saisit les branches auxquelles on s'accrochait et les secoua de toutes ses forces, comme si son idée eût été d'effrayer la personne qui faisait semblant de monter. Dès qu'on se retirait, il cessait de secouer les branches; mais il recommençait dès qu'on paraissait vouloir monter de nouveau, et il accompagnait ce geste de tant d'autres signes d'impatience ou de crainte, que son intention d'éloigner par le danger d'une chute celui qui menaçait de le prendre, fut évidente pour toutes les personnes qui se trouvaient là.

L'un de ses principaux besoins était de vivre en société et de s'attacher aux personnes qui le traitaient avec bienveillance. Il avait pour son maître une affection presque exclusive, et il lui en donna plusieurs fois des témoignages remarquables. Un jour, entrant chez son maître pendant qu'il était encore au lit, il se jeta sur lui transporté de joie et l'embrassa avec force. Dans une autre occasion, il donna une preuve plus forte de son attachement. Il avait l'habitude de venir, à l'heure des repas qu'il connaissait fort bien, demander à son maître quelques friandises. Pour cet effet, il grimpait, par derrière, à la chaise sur laquelle son maître était assis, de sorte qu'il ne pouvait le voir de façon à le reconnaître, qu'après être arrivé à la partie la plus élevée du dossier de la chaise. Là perché, il recevait ce qu'on voulait bien lui donner. Or ce jour-là, une autre personne avait remplacé le maître à table. L'orang, comme à son ordinaire, entra dans la chambre et vint se placer sur le dos de la chaise sur laquelle il croyait son maître assis ; mais s'apercevant de sa méprise, il refusa toute nourriture et se jeta à terre, poussant des cris de douleur et se frappant la tête.

Je l'ai vu très souvent témoigner ainsi son impatience dès qu'on lui refusait quelque chose qu'il désirait vivement et qu'il avait sollicité. Dans sa colère, il relevait de temps en temps la tête, et suspendait ses cris pour regarder les personnes qui étaient près de lui, et voir s'il avait produit sur elles quelque effet, et si elles se disposaient à lui céder. Lorsqu'il croyait ne rien apercevoir de favorable dans les regards ou dans les gestes, il recommençait à crier.

Le besoin d'affection portait ordinairement notre orang à rechercher les personnes qu'il connaissait, et à fuir la solitude, qui paraissait beaucoup lui déplaire. Ce besoin le poussa un jour à un trait remarquable d'intelligence. On le tenait dans une pièce voisine du salon où l'on se rassemblait habituellement. Plusieurs fois il avait monté sur une chaise pour ouvrir la porte du salon ; la place ordinaire de cette chaise était près de la porte, et la serrure se fermait avec un pène. Une fois, pour l'empêcher d'entrer, on avait ôté la chaise du voisinage de la porte ; mais, à peine celle-ci fut-elle fermée, qu'on la vit s'ouvrir, et l'orang descendre de cette même chaise qu'il avait apportée pour s'élever au niveau de la serrure.

Notre animal avait pris pour deux petits chats une affection qui ne lui était pas toujours agréable. Il tenait ordinairement l'un ou l'autre sous son bras, et, d'autres fois, il se plaisait à les placer sur sa tête. Comme dans ces divers mouvements, les chats éprouvaient souvent la crainte de tomber, ils s'accrochaient avec leurs griffes à la peau de l'orang, qui souffrait avec beaucoup de patience la douleur ressentie. Deux ou trois fois, il examina attentivement les pattes de ses compagnons, et, après avoir découvert leurs griffes, il chercha à les arracher, mais avec ses doigts seulement. N'ayant pu le faire, il se résigna à souffrir plutôt que de sacrifier le plaisir de jouer avec eux.

Pour manger, il prenait les aliments avec les mains ou avec les lèvres. Il n'était pas fort habile à manier nos instruments de table. Lorsque les aliments qui étaient sur son assiette ne se plaçaient pas aisément sur sa cuiller, il donnait celle-ci à son voisin pour la faire remplir. Il buvait très bien dans un verre en le plaçant entre ses deux mains. Un jour, venant de reposer son verre sur la table, il s'aperçut qu'il n'était pas

FIG. 51. — L'Orang.

d'aplomb, et qu'il allait tomber; il plaça aussitôt la main du côté où ce verre penchait pour le soutenir.

On l'avait habitué à s'envelopper de couvertures pour se garantir du froid, et il en avait presque un besoin continuel. Sur le vaisseau qui l'avait amené en France, il prenait, pour se coucher, tout ce qui lui paraissait convenable. Aussi lorsqu'un matelot avait perdu quelques hardes, il était presque toujours sûr de les retrouver dans le lit de l'orang. Le soin que cet animal prenait à se couvrir le mit dans le cas de nous donner une très belle preuve de son intelligence.

On mettait tous les jours sa couverture sur un gazon devant la salle à manger, et, après son repas, qu'il faisait ordinairement à table, il allait droit à sa couverture, qu'il plaçait sur ses épaules, et revenait dans les bras d'un petit domestique pour qu'il le portât dans son lit. Un jour qu'on avait retiré la couverture de dessus le gazon et qu'on l'avait suspendue au bord d'une croisée pour la faire sécher, l'orang fut, comme à l'ordinaire, pour la prendre; mais ne la voyant pas à sa place ordinaire, il la chercha des yeux et la découvrit sur la fenêtre. Alors il s'achemina vers elle, la prit et revint pour se coucher.»

6. **Le Gorille.** — La découverte de ce géant des quadrumanes, connu en Europe depuis seulement une quarantaine d'années paraît néanmoins remonter à une haute antiquité. Environ 500 ans avant notre ère, une flotte partait de Carthage, sous la conduite du suffète Hannon pour naviguer au delà des colonnes d'Hercule et fonder des colonies et des comptoirs dans des positions avantageuses, sur la côte occidentale de l'Afrique. Dans le rapport officiel de l'expédition lu au sénat de Carthage, Hannon parle ainsi : « Au fond d'un golfe était une île remplie d'hommes sauvages velus sur tout le corps (Hannon prend les grands singes pour des hommes sauvages). En beaucoup plus grand nombre étaient les femmes. Nos interprètes les appelaient *Gorilles*. Nous les poursuivîmes, mais nous ne pûmes prendre les hommes; tous nous échappaient par leur grande agilité. Ils grimpaient sur les rocs les plus escarpés et les troncs d'arbre les plus droits; ils se défendaient en nous lançant des pierres. Nous ne prîmes que trois femmes qui, mordant et déchirant ceux qui les emmenaient, ne voulurent pas les suivre. On fut obligé de les tuer. Nous les écorchâmes et nous portâmes leurs peaux à Carthage; car nous ne naviguâmes pas plus avant, les vivres nous ayant manqué. »

Pendant trois à quatre siècles, ces peaux conservées saines et bourrées de paille restèrent suspendues dans le temple de Junon Astarté à Carthage, pour attester la véracité de ce périple qui, partant des colonnes d'Hercule, atteignait l'équateur, en longeant la côte occidentale de l'Afrique. Depuis cette lointaine époque, l'homme velu d'Hannon était tombé dans l'oubli ou relégué parmi les êtres fabuleux dont les récits de l'antiquité abondent, lorsque des découvertes récentes nous ont fait

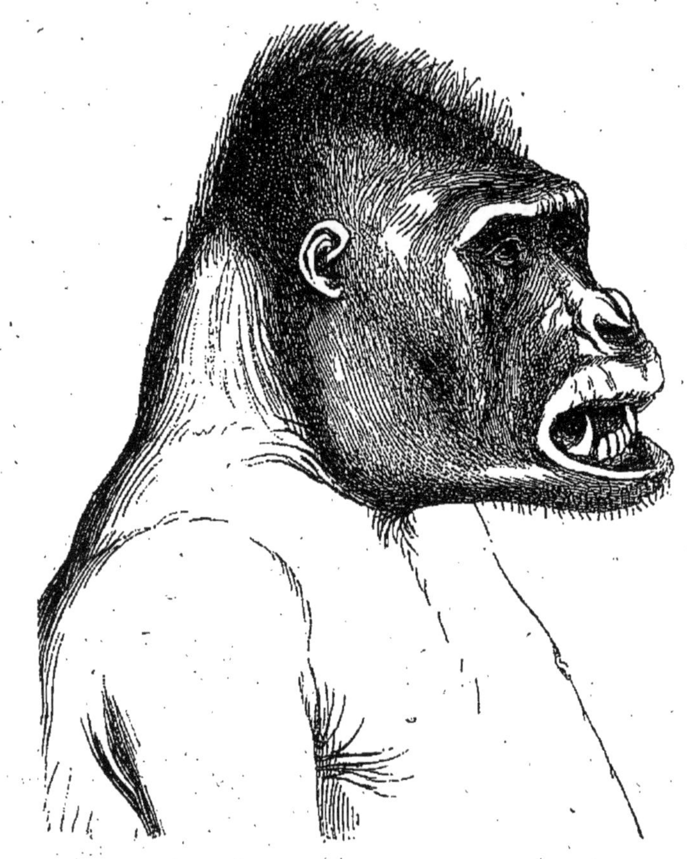

Fig. 52. — Le Gorille.

connaître, au Gabon et dans l'intérieur de la Basse-Guinée, un monstrueux anthropoïde que l'on croit pouvoir rapporter au grand singe de l'amiral carthaginois, et que pour ce motif on a nommé *Gorille*.

La hauteur du Gorille, mesurée en ligne droite du talon au sommet de la tête, est de 1^{m} 60; mais sa poitrine est beaucoup plus large que celle de l'homme, et ses membres antérieurs beaucoup plus longs et plus forts. Les membres inférieurs sont proportionnellement plus courts que chez l'homme, mais toutefois d'une grande vigueur. Le corps, moins la face, est couvert d'un pelage noir, épais et grossier, qui devient gris avec l'âge.

Les traits les plus saillants de la tête consistent dans la grande largeur et l'allongement de la face, la petitesse relative du crâne, et l'étendue des joues amplifiées par la longueur de la mâchoire inférieure. Les yeux sont très grands, le nez est large et plat, le museau proéminent; les lèvres et le menton ont quelques poils gris épais. La lèvre inférieure est très mobile, et susceptible de s'allonger beaucoup quand l'animal est en colère; alors elle pend sur le menton. La peau de la face ainsi que des oreilles est nue, et d'un brun foncé presque noir.

Le caractère le plus remarquable de cette tête est une forte crête médiane de poils, qui rencontre postérieurement une crête transversale semblable s'étendant d'une oreille à l'autre. L'animal a la faculté de mouvoir librement le cuir chevelu en avant et en arrière; quand il est furieux, il le contracte fortement au-dessus des sourcils en abaissant la crête de poils et redressant ses cheveux en avant, de façon à présenter un aspect féroce au delà de toute expression.

Le gorille ne se tient jamais droit comme l'homme, il est courbé en avant, et se meut quelquefois en se roulant. Plus long de bras que le chimpanzé, il ne s'abaisse pas autant dans la marche. Comme ce dernier, il se meut en avançant les bras, en posant les mains à terre, et en imprimant à son corps un mouvement moitié de bond, moitié de balancement. Dans cet acte, il ne fléchit pas les doigts, comme le fait le chimpanzé, en s'appuyant sur les jointures; il les étend au contraire et se fait un arc-boutant de sa main. Dans cette posture, qu'il paraît affectionner beaucoup, il balance son énorme corps en s'élevant sur ses bras.

Ces animaux vivent en troupes. Leurs habitations, si l'on peut se servir de ce mot, consistent en quelques bâtons et rameaux garnis de feuilles, soutenus par les branches des arbres. Elles leur servent seulement pour la nuit. Excessivement féroces, les gorilles ont des habitudes constamment offensives; ils ne fuient jamais devant l'homme, comme le font l'orang et le chimpanzé. Les naturels les redoutent beaucoup et ne les attaquent pas. Le petit nombre d'individus qu'on a pris ont été tués par les chasseurs d'éléphants et les marchands du pays qui les ont fortuitement rencontrés dans leur passage à travers les bois. Le gorille est plus redouté que le lion. Avec ses canines pointues et ses robustes mâchoires, il fait des blessures mortelles. Mais sa force principale réside dans l'étreinte de ses longues mains, avec lesquelles il étrangle rapidement son ennemi.

Fig. 53. — Le Mandrille.

S'il est rencontré le premier, le mâle pousse un hurlement terrible, aigu et prolongé, qui résonne au loin dans la forêt. Ses énormes mâchoires s'ouvrent largement à chaque aspiration; sa lèvre inférieure pend sur le menton; la crête de poils et le cuir chevelu se contractent au-dessus des sourcils, ce qui lui donne une physionomie d'une incroyable férocité. A ce cri d'alarme, les femelles et les jeunes disparaissent promptement. Le gorille furieux s'approche alors de son ennemi, en répétant avec rapidité ses cris terribles. Le chasseur attend son approche en tenant le fusil en joue. S'il n'est pas sûr de son coup, il laisse l'animal empoigner le canon, et, au moment où le gorille le porte à la bouche, comme c'est son habitude, il fait feu. Si le coup ne part pas, le canon du fusil est broyé entre les mâchoires de l'animal, et la rencontre devient fatale au malheureux chasseur.

7. **Singes de l'ancien continent.** — Comme nous l'ont déjà montré les anthropoïdes, tous les singes de l'ancien continent ont le même nombre de dents que l'homme, et ces dents affectent la même répartition, savoir : deux incisives, une canine et cinq molaires pour chaque demi-mâchoire. Quelques-uns manquent de queue, c'est ce que nous venons de reconnaître chez l'orang, le chimpanzé, le gorille; d'autres en ont une, tantôt courte, tantôt longue; mais si longue qu'elle soit, elle n'est jamais prenante, c'est-à-dire apte à saisir l'appui d'une branche ou d'un autre objet en s'y enroulant. Les deux parties charnues sur lesquelles ils s'assoient sont habituellement nues et encroûtées d'un épais épiderme. On les nomme *callosités fessières*. Beaucoup possèdent des abajoues, c'est-à-dire que leurs joues se gonflent en espèces de sacoches où s'amassent les provisions comme dans un magasin de réserve.

Aux singes de l'ancien continent appartiennent l'orang, de l'Inde; le chimpanzé et le gorille, de l'Afrique, le magot, le mandrille.

Le *Magot* est le seul singe qui vive aujourd'hui en Europe; il s'en trouve une petite colonie sur les rochers de Gibraltar; mais sa véritable patrie est le nord de l'Afrique, en particulier l'Algérie, où il est très fréquent sur les rochers des montagnes boisées. Le magot n'a pas de queue. Jeune, il est de mœurs douces et susceptible d'éducation; mais avec l'âge, il devient intraitable, audacieux, méchant.

Le *Mandrille*, des côtes orientales de l'Afrique est un animal grossier, à goûts sordides, dont la face s'allonge en museau de chien. Le hideux de la bête est augmenté par l'étrange et vive coloration de ce museau, où se voient des bandes rouges, bleues ou blanches, sillonnées de profondes rides, semblables à des entailles.

8. **Singes du nouveau continent.** — Les singes d'Amérique ou du nouveau continent présentent des différences profondes avec

ceux de l'ancien monde. Ils ont vingt-quatre molaires au lieu de vingt. La queue est généralement prenante, et forme une sorte de cinquième membre qui sert à l'animal pour enlacer la ramée, quand il circule dans le fourré des arbres et qu'il s'élance d'une branche à l'autre. Les callosités fessières manquent ainsi que les abajoues. Moins bien doués en intelligence que ceux de l'ancien monde, les singes d'Amérique sont plus doux, plus confiants, plus affectueux ; en vieillissant, ils n'échangent pas l'enjouement primitif par l'humeur morose et rétive. Nous mentionnerons dans cette série les *Sapajous* et les *Atèles*.

Fig. 54. — Le Sapajou.

Les sapajous se prêtent à une éducation variée, et apprennent facilement une foule d'exercices. Ce sont les singes savants des montreurs d'animaux, ceux dont les tours amusent le plus le public. Nul mieux que le sapajou, aidé de sa queue prenante, ne se hisse le long des gouttières pour atteindre aux fenêtres où les curieux lui donnent quelque pièce de monnaie qu'il vient apporter à son maître; nul n'est meilleur écuyer que lui à cheval sur le dos d'un chien. A lui les hauts talents de saluer la société en ôtant son petit chapeau, de porter les armes, de présenter son passeport et d'exécuter, avec calme et douceur, mille autres gentillesses.

Fig. 55. — Atèle.

Les atèles manquent de pouce aux membres antérieurs. Leur queue, fort longue, est nue et calleuse vers l'extrémité, où elle forme comme une sorte de doigt. Ils s'en servent pour saisir les objets éloignés qu'ils convoitent, mais surtout pour se suspendre et passer d'un point à un autre dans leurs évolutions parmi le branchage des arbres. On leur attribue une singulière méthode pour traverser les rivières, et pour passer d'un arbre à un autre sans être obligés de descendre à terre. Ils se suspendent, dit-on, l'un à l'autre par la queue et forment ainsi une longue chaîne qui se met à osciller jusqu'à ce que celui du bout ait saisi quelque branche sur la rive ou sur l'arbre opposé. On lâche prise de l'autre côté, et avec le nouveau point d'appui, la chaîne remonte, se repliant sur elle-même. Il est fâcheux que ce récit se prête à de graves doutes. Quoi qu'il en soit, les atèles avec leurs longues pattes, qui les ont fait comparer à des araignées, et leur queue à doigt terminal, sont doués d'une agilité extrême pour s'élancer d'un arbre à l'autre.

CHAPITRE X

LES CHAUVES-SOURIS

1. **Chauves-souris.** — La *Chauve-souris*, qui vole le soir autour de nos demeures, n'a rien de commun avec les oiseaux, dont elle ne possède ni le bec ni les plumes ; ce n'est pas davantage un rat, qui, sur la fin de sa vie, aurait pris des ailes ; c'est une créature spéciale qui naît, vit et meurt avec des ailes, sans appartenir en rien à la classe des oiseaux. Son corps a le poil et quelque peu la forme de la souris, ses ailes sont nues, chauves. De ces deux caractères associés vient le nom de chauve-souris.

La chauve-souris est un mammifère : elle a le corps défendu du froid par un fourrure, elle a des mamelles pour allaiter ses petits. Quand elle sort le soir pour chercher de quoi manger, au lieu d'abandonner son nourrisson, toujours unique, dans quelque trou de mur après l'avoir repu de lait, elle l'emporte avec elle, cramponné à sa poitrine ; et c'est appesantie par ce fardeau qu'elle poursuit au vol sa rapide petite proie, consistant en insectes, papillons du soir, phalènes, moucherons, scarabées.

2. **Modifications des membres antérieurs.** — Comment un mammifère, c'est-à-dire un animal dont la structure générale est celle du chien et du chat, par exemple, peut-il posséder le vol de l'oiseau? par quelle étrange disposition deux organes qui s'excluent l'un l'autre, l'aile et la mamelle, se trouvent-ils ici réunis? Il y a dans l'aile de la chauve-souris un remarquable exemple des ressources de l'organisation qui, sans rien changer à un plan fondamental, sans rien ajouter, sans rien retrancher, dispose les mêmes choses pour des fonctions diverses. Les pattes de devant des mammifères, du chien et du chat en particulier, sont changées en ailes dans les chauves-souris sans qu'il y ait une pièce de plus ou de moins dans cette curieuse transformation. Mieux que cela: les bras de l'homme, nos propres bras s'y retrouvent pièce par pièce, os par os. C'est au fond, de part et d'autre, même structure. Suivons sur notre bras pour mieux saisir la démonstration et remettons-nous en mémoire des détails déjà donnés sur la charpente osseuse des membres antérieurs.

De l'épaule au coude, le bras de l'homme se compose d'un os appelé *humérus*. Du coude au poignet, il comprend deux os inégaux, rangés à côté l'un de l'autre; le plus gros est le *cubitus*, le plus faible est le *radius*. Après vient le poignet, formé de plusieurs osselets. Par delà, se trouve la paume de la main, formée d'une rangée de cinq os à peu près pareils et servant chacun de support à un doigt. Enfin chaque doigt se compose d'une file d'osselets nommés phalanges; le pouce en a deux, tous les autres en ont trois. En outre, deux os servent d'attache au bras et le relient au corps. L'un est l'*omoplate*, os large et triangulaire, situé sur le dos derrière chaque épaule; l'autre est la *clavicule*, os mince et courbé qui, sur le devant, se dirige de l'épaule au milieu de la naissance du cou. Ce sont les clavicules que le doigt sent de droite et de gauche, tout au haut de la poitrine.

A présent, examinons la figure 56, qui représente le squelette d'une chauve-souris. Autour des os figurés en blanc sont reproduites en noir les ailes de l'animal. L'os marqué *o* est l'omoplate. Comme chez nous, il forme l'arrière de l'épaule; il est triangulaire, large et plat. De l'épaule à la base du cou et en avant est la *clavicule*, indiquée par *cl*. En *h* est l'humérus; le coude est à l'angle que cet os forme avec les suivants. Les deux os rangés en long à côté l'un de l'autre et qui vont du coude au poignet sont marqués *cu* et *r*. Le premier est le cubitus, le second est le radius. Par conséquent *ca* est le poignet, autrement dit la carpe. La paume de la main et les cinq doigts qu'elle supporte sont représentés par les rayons de l'aile et par *po*, qui est le pouce. Des cinq doigts, celui-ci est le plus court comme chez l'homme; il n'entre pas dans la charpente de l'aile, mais reste libre et se trouve armé d'un ongle crochu dont l'animal se sert pour se cramponner et marcher. Au-dessous de cet ongle sont deux phalanges comme pour le pouce de l'homme; enfin ces deux phalanges ont pour base un petit os qui chez l'homme fait partie de la paume de la main. Laissons le pouce.

Portons maintenant notre attention sur ces quatre os si longs,

Fig. 56. — Squelette de la Chauve-souris.

qui partent du poignet *ca* comme dans les rayons et occupent la majeure partie de l'aile. L'un est marqué *mc*. En leur adjoignant l'os analogue, mais beaucoup plus court du pouce, ils représentent la rangée de cinq os dont se compose la paume de notre main. Par delà viennent les doigts, avec leurs phalanges *ph*.

On voit donc que chez les chauves-souris, quatre des cinq os composant notre paume de la main s'allongent outre mesure ainsi que les doigts correspondants, et forment quatre rayons entre lequels est tendue la membrane de l'aile, à peu près comme est tendu le taffetas sur les baleines d'un parapluie. Cette membrane est un repli de la peau, qui part de l'épaule, s'étale entre les quatre longs doigts, et va rejoindre les pattes postérieures, dont les cinq doigts, tous armés d'ongles recourbés en crochet, ne s'écartent pas de la conformation ordinaire.

3. **Usages du pouce libre.** — A la faveur de leur pouce libre, les ailes de la chauve-souris font office de pattes pour marcher, une fois que leur membrane est ployée et serrée contre

FIG. 57. — Chauves-souris au repos.

les flancs. L'animal se cramponne au sol en y enfonçant tour à tour la griffe de droite et la griffe de gauche, puis se pousse en avant avec les pattes postérieures par une suite de culbutes pénibles. La chauve-souris se traîne ainsi avec assez de prestesse pour qu'on puisse dire qu'elle court rapidement; mais cet exercice l'a bientôt fatiguée ; aussi ne s'y livre-t-elle que lorsqu'elle jouit dans sa retraite d'une parfaite sécurité, ou bien lorsqu'elle s'y trouve contrainte par sa position sur une surface plane qui ne lui permet pas d'étaler les ailes et de prendre l'essor. Au plus vite alors elle gagne un point élevé d'où elle se précipite.

Pour déployer l'ample membrane de leurs ailes et se lancer dans les airs, les chauves-souris ont en effet besoin d'un grand espace libre, qu'elles ne peuvent obtenir qu'en se laissant tomber de haut. Aussi dans les cavernes qu'elles habitent, ne manque-t-elles jamais de se ménager une chute facile. Avec les griffes crochues d'une patte postérieure, elles se cramponnent à la voûte la tête en bas. C'est ainsi qu'elles reposent, c'est ainsi qu'elles dorment. A la moindre alerte, la patte lâche prise, les ailes s'étalent et l'animal s'envole.

Fig. 58. — Râtelier de la Chauve-souris.

4. **Râtelier de la Chauve-souris.** — Considérons attentivement la figure 58, qui représente, plus grand que nature, le râtelier d'une chauve-souris. Les incisives, si petites, si faibles, qu'on voit à la mâchoire inférieure, sont-elles faites pour ronger des matières végétales à la manière du rat et du lapin? pourraient-elles couper des aliments tenaces? Certes non; elles sont trop faibles pour être bien utiles. Et puis ces deux crocs aigus, ou canines, annoncent un animal carnassier. Les molaires l'affirment encore davantage. Avec leurs couronnes à dentelures fortes et tranchantes, s'emboîtant si bien dans les creux à bords aigus de la mâchoire opposée, ces molaires ne sont pas évidemment destinées à triturer du grain ou broyer patiemment des matières filandreuses. C'est le râtelier d'un carnivore et non le moulin à trituration d'un herbivore.

Les dents viennent de nous apprendre le trait principal des mœurs de la bête. La chauve-souris est un chasseur, un mangeur de proie vivante, un petit ogre à qui toujours il faut de la chair fraîche. Reste à savoir le gibier qui lui convient. Évidemment ce gibier doit être proportionné à la taille du chasseur. La tête d'une chauve-souris n'est guère plus grosse qu'une forte noissette. La gueule, il est vrai, est fendue d'une oreille à l'autre, et peut, quand elle bâille en plein, engloutir des bouchées qui ne feraient pas soupçonner les faibles dimensions de l'animal. N'importe, la chauve-souris ne doit s'attaquer qu'à de très petites espèces. Que peut-elle poursuivre dans les airs, lorsque, après le coucher du soleil, elle voltige, allant et revenant sans cesse?

5. **Chasses de la Chauve-souris.** — Elle poursuit des insectes de toute sorte, scarabées, cousins, moucherons, papillons crépusculaires, phalènes, teignes, pyrales, et autres ravageurs de nos céréales, de nos vignes, de nos arbres fruitiers, de nos étoffes. D'un essor tortueux, elle va et revient infatigable, monte et descend, apparaît et disparaît, piquant une tête d'ici, piquant une tête de là, et chaque fois happant au vol un insecte, aussitôt broyé, aussitôt englouti. Et tant que le permettent les lueurs mourantes du soir, l'ardent chasseur poursuit son œuvre d'extermination. Enfin repue, la chauve-souris regagne quelque sombre et tranquille retraite, non sans avoir garni ses abajoues, pochettes de réserve imitées de celles des singes et résultant comme elles d'un gonflement des joues. Là s'empilent à la hâte, pour être mangés à loisir, les insectes tués d'un coup de dent. Le lendemain et toute la belle saison, la même chasse recommence, toujours aussi ardente, toujours aux dépens des insectes seuls.

Le passage suivant, emprunté au célèbre naturaliste français Buffon, pourra nous donner une idée du nombre d'insectes nuisibles dont les chauves-souris nous délivrent. Disons d'abord que les chauves-souris ont l'habitude de se retirer en bandes nombreuses dans les vieilles tours, les grottes, les carrières abandonnées. C'est là qu'elles passent les heures du plein soleil, appendues immobiles et par grappes à la voûte; elles en sortent pour la chasse à la tombée du jour. Le sol de ces retraites finit par se recouvrir d'une épaisse couche de déjections qui permet de juger du genre d'alimentation des chauves-souris et de l'importance de leurs chasses. Or voici ce que dit Buffon d'une pareille grotte :

« Étant un jour descendu dans les grottes d'Arci, je fus surpris d'y trouver une espèce de terre d'une singulière nature. C'était une couche de matière noirâtre, épaisse de plusieurs pieds, presque entièrement composée de portions d'ailes et de pattes de mouches et de papillons, comme si ces insectes se fussent rassemblés en nombre immense, et réunis dans ce lieu pour y périr et pourrir ensemble. Ce n'était autre chose que de la fiente de chauves-souris, amoncelée pendant des années. »

Ce curieux terreau, uniquement composé de débris d'insectes, ce fumier de mouches et de papillons est parfois assez abondant au fond des vieilles carrières et des cavernes pour que l'agriculture le prenne en considération et l'utilise comme un engrais d'une puissante énergie. On le nomme *guano de chauves-souris*. Pour de pareils entassements, quelles myriades d'insectes nuisibles détruits!

6. **Services rendus à l'agriculture par les Chauves-souris.** — Après les oiseaux, l'agriculture n'a pas de plus vaillants auxiliaires que les chauves-souris. Pendant notre sommeil, alors que nous rêvons peut-être de nos fruits, de nos blés, de nos raisins, ces précieuses bêtes font en silence une guerre d'extermination aux ennemis de nos récoltes; elles détruisent chaque soir, par nombres incalculables, hannetons, phalènes, tordeuses, teignes, pyrales, arpenteuses, enfin la plupart des espèces qui menacent toujours de nous affamer, si d'autres que nous ne font bonne garde.

Mais la chauve-souris, dit-on presque d'un commun accord, est un être malfaisant, hideux, venimeux, de mauvais présage, qu'il faut écraser sans pitié sous le talon. — Non, affirme la science, mille fois non; la chauve-souris est une créature inoffensive, qui, loin de nous faire du tort et de nous présager des malheurs, nous rend un service immense en sauvegardant les biens de la terre contre leurs innombrables destructeurs. Non, nous ne devons pas la poursuivre de notre haine et la tuer impitoyablement; nous devons, au contraire, l'estimer et la respecter comme un de nos meilleurs auxiliaires. Non, la pauvre bête ne mérite pas la triste réputation que l'ignorance lui a faite; son toucher ne communique pas la gale ainsi qu'on le dit parfois, sa dent ne meurtrit pas la mamelle des chèvres et ne souille pas nos provisions de lard; son irruption fortuite dans un appartement n'est pas plus à craindre que celle d'un papillon; tout au contraire, sa visite pourra nous délivrer de quelques-uns de ces cousins qui nous harcèlent la nuit. Tout bien considéré, nous n'avons rien, absolument rien à lui reprocher, et nous lui sommes redevables de très importants services. Voilà ce que l'examen raisonné répond aux préjugés de l'ignorance. Désormais, si vous l'osez, écrasez la chauve-souris sous le talon!

7. **Les sens de la Chauve-souris.** — Les chauves-souris sont nocturnes; elles quittent leurs retraites seulement aux approches de la nuit pour se mettre en chasse aux clartés crépusculaires du soir. Si la matinée n'est pas trop fraîche, elles chassent aussi aux premières lueurs du jour, avant le lever du soleil. En général, les animaux qui se livrent à des chasses

nocturnes ont des yeux très gros, qui recueillent le plus possible de lumière et permettent ainsi la vision avec une faible clarté. Les oiseaux de nuit, hiboux et chouettes, nous en donneront plus tard un exemple remarquable. Or, par une exception singulière, malgré leurs habitudes nocturnes, les chauves-souris ont les yeux très petits. Comment alors se dirigent-elles dans leur vol si brusque, si variable de direction? comment surtout sont-elles averties de la présence de leur menu gibier, teignes et moucherons?

Elles sont guidées par l'odorat, l'ouïe, le tact, qui sont chez elles d'une finesse hors ligne. Que dirons-nous des oreilles de la

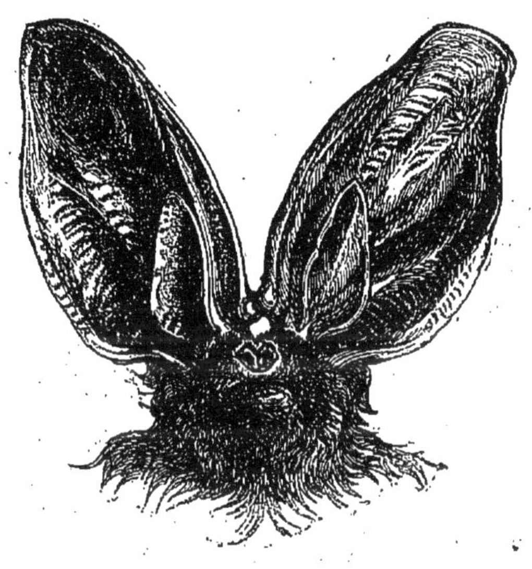

Fig. 59. — L'Oreillard.

chauve-souris ici figurée (fig. 59)? Quel animal pourrait, toute proportion gardée, en offrir de semblables? Comme elles s'épanouissent en cornets énormes, aptes à recueillir le moindre bruit! La chauve-souris qui en est douée porte le nom expressif d'*Oreillard*. Des oreilles si prodigieuses certainement sont faites pour percevoir des sons qui nous échappent soit par leur excessive faiblesse, soit par leur extrême acuité. Elles permettent à l'oreillard d'entendre à distance le battement d'ailes d'une phalène, le trémoussement d'un moucheron qui danse en l'air.

D'autres chauves-souris, moins bien partagées sous le rapport de l'ouïe, possèdent un odorat comme il ne serait guère possible d'en trouver de plus subtil. La haute perfection de ce sens nous est affirmée par le développement du nez, qui recouvre une bonne partie de la face et donne à l'animal la plus bizarre tournure. Comme exemple, voici la tête d'une chauve-souris nommée *Fer-à-cheval* (fig. 60).

Ce large empâtement de forme étrange, qui envahit presque tout l'espace compris entre les yeux et la bouche, c'est le nez. Il se termine en haut par une large feuille triangulaire, latéra-

Fig. 60. — Le Fer-à-cheval.

lement il s'étale en feuillets plissés dont l'ensemble courbé rappelle un fer-à-cheval, et c'est de là que vient le nom de la bête. Quelle odeur, si subtile qu'elle soit, pourrait échapper à un tel nez? Le chien, dont le flair est si renommé, chasse le lièvre sans le voir, guidé seulement par les émanations que laisse sur son trajet l'animal échauffé par la course; mais de combien le fer-à-cheval l'emporte, lui qui chasse de la même manière un petit papillon, sans odeur aucune pour tout autre nez que le sien.

On se demande même si pareil nez, épanoui jusqu'au monstrueux, n'est pas apte à reconnaître certaines qualités des choses qui nous sont et nous seront toujours inconnues, faute de moyens pour les apprécier. Mille secrets nous sont dérobés par la nature, secrets qui seraient pour nous des acquisitions aussi faciles que précieuses, si nous possédions l'odorat d'une misérable chauve-souris. Qui sait? peut-être le fer-à-cheval prévoit, avec son nez, la tempête plusieurs jours à l'avance, il flaire le futur orage, il sent venir les nuées pluvieuses, il connaît par l'odeur les vents qui vont souffler, il distingue l'arome du temps qu'il doit faire; et guidé par des appréciations dont il ne nous est pas même possible de nous former une idée, il se précautionne pour la chasse aux insectes, tantôt abondante, et tantôt infructueuse, suivant l'état de l'air. On peut du moins affirmer qu'un tel organe est pour l'animal une source de sensations inconnues à l'homme.

A la finesse du flair et de l'ouïe s'adjoint l'exquise sensibilité du tact. L'ample membrane de ses ailes nues, impressionnée par les moindres mouvements de l'air, palpe les objets pour ainsi dire à distance; il lui suffit de palper l'atmosphère interposée. On doit à un savant naturaliste italien, Spallanzani, des expériences qui mettent hors de doute cette merveilleuse faculté.

Ayant aveuglé quelques chauves-souris, il les lâcha dans un appartement. La privation de la vue n'enleva rien à la prestesse du vol. Les chauves-souris se mirent à voler d'un bout à l'autre de la pièce, allant et revenant sans se heurter au plafond, sans se cogner aux murs. L'obstacle était perçu à distance, et l'animal aussitôt rebroussait chemin. Des fils furent tendus, assez nombreux et dans diverses directions. Les chauves-souris les évitaient, sans ralentir leur vol. Un labyrinthe de buissons épineux fut interposé sur leur parcours. Les aveugles passaient à travers sans difficulté. Rien de ce qui se passe dans l'air ne peut donc échapper à la perfection du tact des chauves-souris.

8. **Nos Chauves-souris.** — Nous avons en France d'assez nombreuses espèces de chauves-souris, qu'on divise en *Rhinolophes*, *Verpertilions* et *Oreillards*. Les Rhinolophes, dont le nom signifie nez frangé, ont le nez garni de membranes, de crêtes, de franges d'une ampleur et d'une conformation bizarre. Tel est le fer-à-cheval, dont nous venons d'admirer le nez

étrange; il habite les grottes profondes et les vieilles carrières.

Les Oreillards se reconnaissent aux dimensions exagérées de leurs oreilles; ils fréquentent les bosquets et les forêts.

Les Verpertilions (de *Vesper*, soir) ont le nez et les oreilles de moyennes dimensions. La plupart vivent en société, se cachant le jour dans des réduits obscurs, tels que des creux d'arbre, des trous de mur, des greniers, des cheminées où l'on ne fait pas de feu, des excavations de rocher, des cavernes. Les plus connues sont la *Sérotine*, à pelage roux, qui passe le jour dans les troncs caverneux des arbres et recherche les endroits où il y de l'eau; la *Noctule*, hôte de nos maisons, qui sort de sa retraite plutôt que la sérotine et se montre vers le coucher du soleil; la *Pipistrelle*, la plus petite et la plus commune de nos chauves-souris, qui fréquente nos greniers et le chaud abri de nos cheminées. C'est cette dernière, seule ou associée à la noctule, que nous voyons voler autour des habitations.

Toutes nos chauves-souris, quand viennent les froids, gagnent leurs retraites et tombent dans un profond engourdissement d'où les fait sortir le retour de la chaleur. La nourriture, l'insecte, venant à manquer, l'animal s'endort pendant quatre à cinq mois. Cet état de torpeur, ce long sommeil d'hiver, se nomme *hibernation*.

CHAPITRE XI

LES INSECTIVORES

1. **Râtelier d'un insectivore.** — Si nous portons notre attention sur la figure 61, représentant le râtelier d'un hérisson, nous remarquerons que les molaires sont armées de pointes aiguës tant à la mâchoire supérieure qu'à la mâchoire inférieure. Ces dents engrènent les unes dans les autres quand l'animal mord, et plongent, comme autant de fins poignards, dans

la chair de la proie capturée. Avec ce système compliqué d'engrenage dentaire, le hérisson évidemment ne peut triturer des aliments coriaces; il lui faut une nourriture molle, juteuses réduite en marmelade en quelques coups de dents. L'animal est donc avant tout carnivore.

2. **Insectivores.** — Quelques autres espèces, en particulier la taupe et la musaraigne de nos pays, ont, comme le hérisson, les dents armées de pointes coniques et engrenantes. Leur régime alimentaire est à peu prés pareil. Tous les trois, hérisson, taupe et musaraigne, se nourrissent de menu gibier, insectes, larves, limaces, chenilles, vers; ils font partie du groupe de mammifères que l'on nomme l'ordre des *Insectivores*, c'est-à-dire l'ordre des mangeurs d'insectes ils se livrent, à la surface du sol et sous terre, aux mêmes chasses que les chauves-souris font dans l'étendue de l'air. Par leur manière de vivre, les chauves-souris sont bien des insectivores, en ce qu'elles se nourrissent d'insectes; mais leur

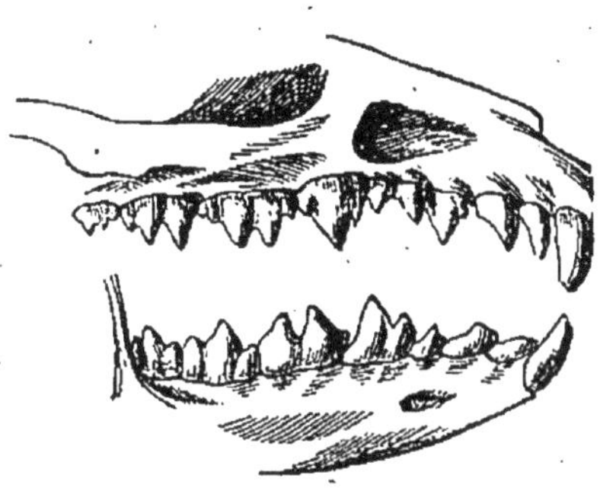

Fig. 61. — Râtelier du Hérisson.

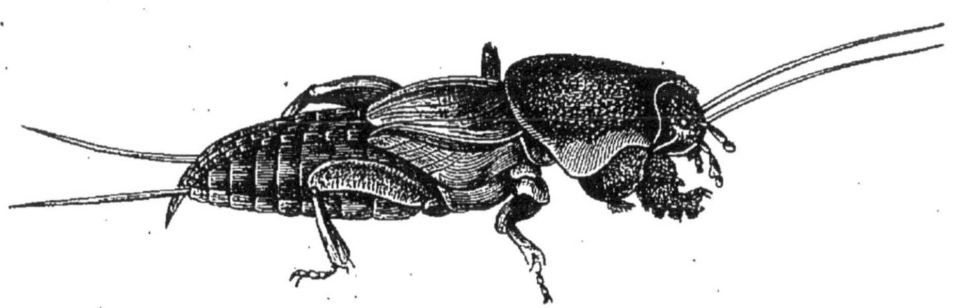

Fig. 62. — Courtilière.

organisation spéciale, leurs membres antérieurs disposés pour le vol, leurs mamelles situées sur la poitrine et autres détails de structure, les font classer à part.

3. **Le Hérisson.** — Nos pays, disons-nous, ont trois insectivores, le *Hérisson*, la *Taupe* et la *Musaraigne*, qui chassent les insectes à terre et sous terre, et ajoutant leurs services à ceux que les chauves-souris nous rendent dans leurs chasses au vol. Au plus gros des trois, au hérisson, il faut une proie plus abondante et plus forte. L'infime vermine est dédaignée; mais une

larve de hanneton, une courtilière ventrue sont d'excellentes captures. Quand elles ne sont pas trop profondément situées, il fouille avec les pattes et le museau pour les déterrer. Mais si la nourriture habituelle se compose incontestablement d'insectes, la bête goulue facilement se laisse tenter par une proie plus volumineuse et de haut goût. Dans ces rondes à travers champs, le hérisson ne se fait pas scrupule de saigner les lapereaux surpris au gîte en l'absence de leur mère; les œufs de la caille et de la perdrix sont pour lui grand régal; il est même au comble du bonheur s'il peut tordre le cou à la couvée. Quand de fortune il parvient à se glisser sous la porte d'un poulailler au milieu de la nuit, il saigne les petits poulets sous l'aile de leur mère, impuissante à les défendre dans l'obscurité. Mais en prenant des précautions contre ses appétits sanguinaires, on peut tenir le hérisson dans les jardins, où il furette de partout et croque de nombreux ennemis sans porter de préjudice appréciable. C'est là un vigilant gardien, qui chaque nuit fait la ronde dans l'intérêt des légumes.

On met sur son compte, il est vrai, d'autres rapines. On dit, par exemple, que le hérisson grimpe sur les arbres pour en faire tomber les fruits; il se roule ensuite sur les fruits tombés, les embroche avec ses piquants et les emporte dans sa cachette pour les manger à l'aise. Laissons dire et n'en croyons rien. Il est de toute impossibilité que le hérisson grimpe aux arbres. Lourd et trapu comme il est, avec des jambes si courtes et des ongles sans puissance pour se cramponner, comment viendrait-il à bout d'une ascension qui exige de l'agilité, des griffes en crocs, des membres souples? Non, le hérisson n'escalade pas les arbres; il n'emporte pas davantage les fruits embrochés à ses piquants. En tout cela ce qu'il y a de vrai, c'est que le hérisson ne se nourrit pas exclusivement de proie; s'il trouve à terre des fruits à sa convenance, une poire bien mûre, une pêche, il les gruge avec autant de satisfaction qu'il le ferait d'un courtilière ou d'un ver blanc.

Pour satisfaire ses appétits gloutons, le hérisson paraît s'attaquer à toute espèce de proie indifféremment; il croque même la vipère, sans nul souci de son venin. Voici ce que nous raconte à ce sujet un savant observateur. — J'avais dans une caisse, dit-il, une femelle de hérisson qui nourrissait ses petits; j'y mis une vigoureuse vipère qui s'enroula dans le coin opposé. Le hérisson s'approcha lentement et flaira le reptile, qui dressant aussitôt la tête se mit en garde en montrant ses crochets venimeux. Un instant l'agresseur recula, mais pour revenir bientôt sans précautions. La vipère le mordit au bout du museau. Le hérisson lécha sa blessure saignante, reçut une seconde morsure à la langue sans se laisser intimider, et saisit enfin le serpent par le milieu du corps. Les deux adversaires roulèrent pêle-mêle furieux, le hérisson grognant, la vipère soufflant et lançant piqûre sur piqûre. Tout à coup, le hérisson la happa à la tête, la broya entre les dents, et sans le moindre signe d'émotion se mit aussitôt à dévorer la moitié antérieure du reptile. Cela fait, il regagna le coin opposé de la caisse, et, se couchant sur le côté, se mit tranquillement à faire téter ses petits. Le lendemain il mangea le reste de la vipère.

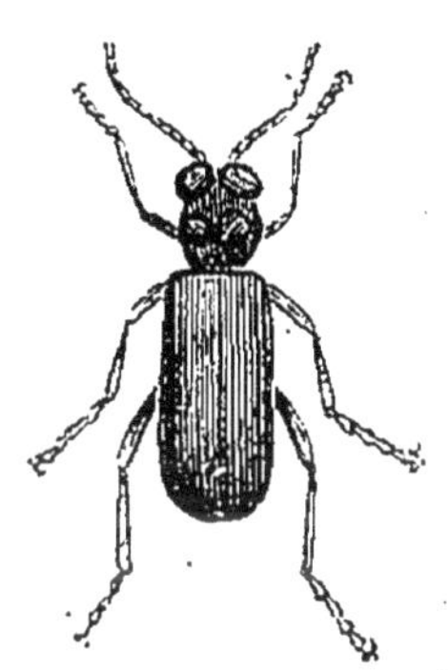
Fig. 63. — Cantharide.

Loin de mourir de ses blessures envenimées, le hérisson n'en parut pas même incommodé. A quelques jours d'intervalle, la même expérience fut plusieurs fois renouvelée avec d'autres vipères; le résultat fut le même. En dépit des morsures qui lui mettaient le museau en sang, le hérisson finissait toujours par dévorer le reptile, et jamais ni la mère ni les petits ne s'en trouvèrent mal. Que le hérisson soit tout à fait insensible au venin de la vipère, c'est ce qu'on ne pourrait encore affirmer; toutefois il résulte des diverses expériences faites à ce sujet, qu'il supporte, avec une surprenante insouciance, la morsure venimeuse du reptile quand il attaque celui-ci pour en faire curée. Un malaise momentané est tout au plus pour lui le résultat de blessures qui mettraient l'homme en très grave péril.

D'autres immunités non moins étranges sont encore son partage. Au printemps vit par troupes sur les frênes un magnifique insecte à odeur forte, à élytres d'un superbe vert doré. On l'appelle la *Cantharide*. Desséché et réduit en poudre, cet insecte sert à faire les vésicatoires, qui, appliqués sur la peau, déterminent rapidement une plaie.

Si la poussière de cantharide ronge si facilement la peau, que ne doit-elle pas faire, introduite dans l'estomac? Quel animal l'avalerait sans corrosion des entrailles, sans d'atroces douleurs, suivies d'une prompte mort? Eh bien, par une exception dont on ne voit guère la cause, le hérisson peut se repaître de cet horrible poison. Un naturaliste de Russie, Pallas, l'a vu faire un repas avec des poignées de cantharides sans en éprouver d'accidents. Pour un mets de cette sorte, il lui faut certainement un estomac fait exprès.

Il y avait autrefois un roi, très renommé dans l'histoire, Mithridate, qui, se sentant entouré d'ennemis capables de l'empoisonner d'un jour à l'autre, s'était, pour conjurer le péril, graduellement habitué aux drogues les plus malfaisantes. En ménageant la dose, peu à peu plus forte, il avait fini, dit-on, par devenir insensible au poison. Le hérisson est le Mithridate des bêtes; mais de combien il excelle sur le roi soupçonneux! Sans apprentissage aucun, d'emblée, il brave impunément le poison corrosif de la cantharide et l'atroce venin de la vipère.

Il est à croire que le hérisson n'a pas reçu ces dons exceptionnels pour les laisser sans emploi. Il doit se complaire dans les lieux hantés par la vipère; en ses rondes nocturnes dans les halliers, il doit surprendre le reptile au gîte et lui broyer la tête. Que de services ne peut-il pas rendre dans les localités infestées de cette dangereuse engeance! et d'ailleurs, quelle guerre d'extermination ne fait-il pas à l'insecte, ce redoutable ennemi des biens de la terre! Et cependant l'homme s'acharne sur le hérisson; il le voue à l'exécration; il le traite d'animal immonde, bon tout au plus à exercer la furie des chiens, qui ne peuvent mordre sur son dos épineux; il invente exprès pour lu le supplice de l'immersion dans l'eau froide pour le forcer à se dérouler; et si la bête persiste dans son attitude de défense passive, dans son enroulement en boule, il l'excite d'un bâton pointu, l'aiguillonne, l'éventre. Ainsi est toujours l'ignorance : mélange de sottise et de méchanceté.

Qui dit hérisson dit hérissé. L'animal, en effet, est revêtu pour sa défense d'une cotte de mailles faite de dards acérés. Ces dards, ces piquants, ne sont autre chose que des poils, mais très gros, raides et pointus ainsi que des aiguilles. Mélangés avec d'autres poils fins, souples et soyeux, faisant office de fourrure, ils recouvrent toute la partie supérieure du corps. Quant à la partie inférieure, elle n'a que des poils soyeux, sinon l'animal se blesserait lui-même en s'enroulant. A la naissance, le hérisson est dépourvu de cette armure, qui apparaît plus tard, à mesure que l'animal grandit.

Lorsque le hérisson, très circonspect du reste, se sent en danger, il recourbe la tête sous le ventre, rapproche les pattes et se roule en une boule qui de partout présente à l'ennemi un rempart d'épines. Le renard sait beaucoup de ruses, disaient les anciens; le hérisson n'en sait qu'une, mais toujours efficace.

Quel est l'audacieux, en effet, qui oserait happer l'animal dans sa posture de défense? Le chien s'y refuse après quelques malencontreux essais, qui lui mettent la gueule en sang; il s'y refuse obstinément et se contente d'aboyer. A l'abri sous son enveloppe d'aiguilles, le hérisson fait la sourde oreille à ses vaines menaces et reste coi. Si le chien, surexcité par son maître, revient à la charge, le hérisson a recours à un dernier expédient de défense qui rarement manque son effet : il lâche

Fig. 64. — Le Hérisson.

son urine infecte, qui suinte de l'intérieur de la boule et vient humecter l'extérieur. Rebuté par l'odeur de la bête apuantie, piqué au nez par les dards, le chien le plus ardent renonce à l'attaque. L'ennemi parti, le hérisson se déroule avec prudence et se hâte vers quelque sûre retraite.

4. **L'hibernation.** — Nos chauves-souris s'alimentent exclusivement d'insectes, le hérisson en fait sa principale nourriture bien qu'il lui arrive de chasser un plus fort gibier ou même de manger des fruits. Or, en hiver, les insectes à l'état parfait manquent; la plupart sont morts après avoir pondu les œufs, et les rares survivants sont blottis, à l'abri du froid, dans des

cachettes où il serait bien difficile de les trouver. D'autre part, les larves, espoir des futures générations, sont engourdies, loin des regards, sous terre, dans le tronc des vieux arbres, au fond de réduits inaccessibles : le ver blanc, pour fuir les gelées, est descendu dans le sol à plusieurs pieds de profondeur. Plus de hannetons pour l'oreillard, plus de papillons crépusculaires pour la noctule et la pipistrelle, plus de scarabées pour le hérisson. Que vont devenir ces mangeurs d'insectes?

Chacun sait le proverbe : *Qui dort dîne*, proverbe de haute vérité dans sa naïve expression. Eh bien, le hérisson, les chauves-souris et d'autres, le mettent en pratique comme s'ils étaient versés dans les secrets de la sagesse humaine. N'ayant plus à dîner, faute d'insectes, ils se mettent à dormir, mais d'un sommeil si profond, si lourd, que pour le désigner on se sert d'un mot spécial, celui de *léthargie*.

Un autre proverbe dit : *Comme on fait son lit, on se couche*. La bête, qui ne manque jamais d'esprit pour gérer ses propres affaires, prudemment s'y conforme : elle prend de sages précautions avant de s'abandonner au long sommeil d'hiver. Le hérisson se choisit un gîte dans quelque tas de pierres, ou bien entre les fortes racines d'une souche d'arbre. Sur le déclin de l'automne, il y transporte herbes et feuilles sèches, qu'il dispose en une boule creuse, au centre de laquelle il s'enroule et s'endort.

Les chauves-souris s'assemblent par troupes innombrables dans les tièdes profondeurs de quelques grottes, où rien ne puisse venir les troubler. La tête en bas et serrées l'une contre l'autre, elles se cramponnent aux parois qu'elles recouvrent d'une sorte de draperie velue ; ou bien accrochées l'une à l'autre, elles forment des grappes qui pendent du plafond. Maintenant l'hiver peut sévir, la neige blanchir les champs, la bise faire rage : le hérisson dans son épaisse coque de feuilles, les chauves-souris dans leurs réduits abrités, dorment profondément jusqu'à ce que la belle saison revienne, et avec elle les insectes, la nourriture, l'animation, la vie.

Voilà donc des animaux qui, pendant de longs mois, ne prennent aucune nourriture. Comment font-ils pour supporter ce jeûne prolongé? — L'entretien de la vie est, nous le savons, le résultat d'une réelle combustion. Or, pour entretenir longtemps le feu dans nos foyers avec le même combustible, il faut ralentir le tirage, diminuer l'accès de l'air, sans le rendre nul cependant, car alors le feu s'éteindrait. Dans ce but, on enterre les tisons sous la cendre, on ferme plus ou moins la porte du cendrier d'un poêle. Avec plus d'air, la combustion est active, mais de courte durée; avec moins d'air, elle est faible, mais de longue durée.

Eh bien, l'animal destiné à supporter un long jeûne, qui ne lui permet pas de renouveler le combustible, le sang, doit diminuer l'accès de l'air dans son corps, il doit en quelque sorte ralentir le tirage de son calorifère vital. Or ce tirage, c'est la respiration. Pour se passer pendant quatre à cinq mois de nourriture et faire durer le peu de combustible que ses veines tiennent en réserve, l'animal n'a donc qu'une ressource : respirer le moins possible, sans se priver absolument d'air toutefois, car ce serait du coup l'extinction de la vie, comme l'extinction d'une lampe est la conséquence forcée du manque total d'air. Nous avons là tout le secret du hérisson et des chauves-souris pour supporter, sans périr, la longue abstinence de la saison d'hiver.

D'abord les précautions les mieux entendues sont prises pour éviter toute perte, toute dépense superflue de chaleur et pour économiser d'autant les réserves en combustible du corps. Le hérisson s'enferme dans une épaisse coque de feuilles, au sein d'un tas de pierres ou dans le creux d'une souche; les chauves-souris s'entassent en grappes dans les chauds abris d'une grotte.

Ce n'est pas assez. Il ne faut remuer, car tout mouvement ne s'obtient que par une dépense de chaleur. Cette condition est scrupuleusement remplie : leur immobilité est telle qu'on les dirait morts.

Ce n'est pas encore assez. Il faut amoindrir la respiration jusqu'aux dernières limites du possible. Et en effet, leur souffle est si faible, que tout juste, avec grande attention, il peut se constater. Cette vie parcimonieuse à outrance n'est plus comparable, on se le figure bien, au foyer et au flambeau qui, brûlant en liberté, répandent à flots la chaleur et la lumière; c'est le maigre lumignon d'une veilleuse qui dépense, comme à regret, sa goutte d'huile; c'est le charbon qui se consume sourdement sous la cendre. L'engourdissement est si profond, l'anéantissement si complet, que, s'il n'était suivi d'un réveil, cet état ne différerait pas de la mort.

On nomme *hibernation* cette suspension momentanée, ou plutôt ce ralentissement de la vie, auquel certains animaux sont assujettis pendant l'hiver. Au nombre des animaux *hibernants*, c'est-à-dire soumis à l'hibernation, sont, outre le hérisson et les chauves-souris, la marmotte, le loir, les lézards, les couleuvres, la vipère, les grenouilles, le crapaud. Est-il nécessaire de dire que pour tomber et se maintenir dans cet état d'engourdissement qui rend l'alimentation inutile pendant des mois entiers, il faut une organisation faite exprès? Ne suspend pas qui veut sa respiration pour se soustraire à la nécessité de manger. Le chien et le chat, par exemple, auraient beau dormir profondément, comme leur respiration est très active même pendant le sommeil, la faim les aurait bientôt réveillés.

Aucune espèce dont la nourriture est assurée pendant l'hiver n'est soumise à l'hibernation. Celles que le froid priverait fatalement du manger sont sauvegardées de la destruction par la torpeur qui les gagne aux approches de la mauvaise saison. Ne trouvant plus de quoi se nourrir, elles dorment. La marmotte dort quand la neige couvre les gazons de ses hautes montagnes; le loir dort quand manquent les fruits; les grenouilles, les crapauds, les couleuvres, les lézards, les chauves-souris, les hérissons dorment quand il n'y a plus d'insectes.

5. **La Taupe. — Son râtelier et son genre de nourriture. — Ses mœurs.** — L'examen du râtelier nous renseigne sur le régime de l'animal, au sujet duquel on pourrait dire : Montre-moi tes dents, et je dirai ce que tu manges. La taupe nous montre les siennes dans la figure 65. Il y en a 44, toutes férocement pointues ou dentelées, les incisives à part. Ce sont bien là les dents d'un animal qui se nourrit de proie; le hérisson et la chauve-souris n'en ont pas de plus aiguës.

Pour lever toute espèce de doute, si de pareilles dents pouvaient en laisser sur leurs carnassières fonctions, examinons le contenu de l'estomac de taupes vivant en liberté et prises dans les champs. Tout ce qu'elles mangent elles doivent l'avoir dans le ventre. Ouvrons l'estomac de la taupe et voyons. Il contient tantôt des tronçons rouges du ver ordinaire ou lombric, tantôt une bouillie de coléoptères reconnaissables aux débris coriaces que la digestion n'a pas altérés, fragments de pattes et d'élytres; tantôt et plus souvent une marmelade de larves, de vers blancs surtout ou larves de hanneton, dont on retrouve les signes distinctifs, comme les mandibules et la dure enveloppe du crâne. On y voit un peu de tout menu gibier hantant le sol, cloportes et millepieds, insectes et vers, chenilles et nymphes souterraines; mais l'examen le plus attentif ne peut y découvrir un brin d matière végétale.

Passons maintenant à l'observation de la taupe nourrie en captivité. Un savant français, Flourens, nous fournira les renseignements. Dans un tonneau défoncé deux taupes vivantes furent mises, avec des racines, carottes et navets pour nourriture. Le lendemain, les racines se trouvaient intactes; mais l'une des taupes avait dévoré sa compagne, dont il ne restait plus que la peau rétournée. Elle s'était repue de son semblable, ce que ne fait peut-être aucune autre espèce d'animal, comme le dit le proverbe : *Les loups ne se mangent pas entre eux.*

En dévorant sa compagne, elle avait mangé dans la nuit son propre poids de nourriture; et cependant, le lendemain, elle paraissait inquiète et très affamée. On lui jeta un moineau vivant, avec les ailes rognées. La taupe le flaira, tourna au-

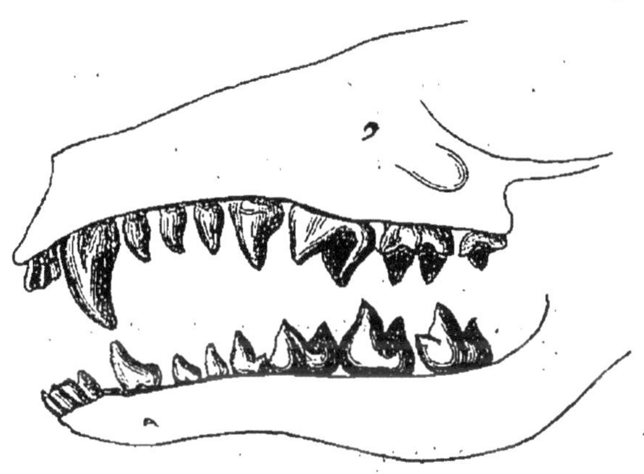

FIG. 65. — Râtelier de la Taupe.

tour, reçut quelques bons coups de bec, puis, se précipitant sur l'oiseau, lui déchira le ventre et agrandit l'ouverture avec les ongles pour plonger la tête au milieu des entrailles fumantes. De son museau pointu, l'horrible bête fouillait là-dedans avec les marques de frénétiques délices. En peu d'instants elle eut dévoré la moitié du contenu de la peau, laissée intacte avec ses plumes. Un verre d'eau complètement plein fut alors descendu au fond du tonneau. La taupe se dressa contre le verre, se cramponna au bord avec les griffes et but avec avidité. La soif apaisée, l'animal revint au moineau, en mangea encore un peu, et enfin, pleinement repu, s'assoupit en un coin. Le verre et le reste de l'oiseau furent retirés.

Il s'était à peine écoulé six heures que déjà la taupe, affamée de nouveau, explorait du flair le fond du tonneau cherchant de quoi manger. Un second moineau vivant lui fut jeté. Comme la première fois, à l'instant même elle le mordit au ventre pour arriver tout de suite aux entrailles. Qnand elle l'eut mangé en grande partie et bu copieusement, elle parut rassasiée et resta tranquille. Ce fut son dernier repas du jour. En vingt-quatre heures, pour apaiser sa faim, il lui avait fallu sa compagne de captivité et deux moineaux.

Sa rage d'appétit ne resta pas longtemps calmée. Le surlendemain matin, la taupe erre inquiète au fond de son tonneau; un jeûne trop prolongé l'exaspère. Le reste du moineau de la veille et une grenouille, attaquée comme toujours par le ventre, quelque temps lui font prendre patience. Enfin on lui donne un crapaud. Dès que la taupe s'en approcha pour l'éventrer, le crapaud se bouffit, espérant peut-être effrayer l'ennemi par l'aspect repoussant de son corps gonflé. Il y réussit. Après l'avoir flairé, la taupe se retourna, rebutée par un invincible dégoût. A la bête goulue, on offrit de nouveau des navets, des choux, des carottes. Le lendemain, la bête était morte de faim au milieu de ces provisions végétales; elle avait dédaigné d'y donner le moindre coup de dent. La taupe est donc exclusivement carnivore, tout l'affirme : la forme des dents et l'expérimentation.

D'autre part, considérons le monstrueux appétit dont l'animal est doué, si l'on peut appeler appétit la famélique rage d'un estomac qui, dans les douze heures, exige une quantité de nourriture équivalant au poids de la bête. L'existence de la taupe est une frénésie gloutonne, toujours renaissante, jamais assouvie; les accès de rage du ventre la prennent trois ou quatre fois par jour; elle se meurt d'inanition pour quelques heures d'abstinence.

Pour faire taire les angoisses de cet estomac où les aliments ne font guère que passer, aussitôt fondus, disparus, sur quoi peut compter la taupe? Les moineaux vivants qu'elle dévorait avec tant de délices dans les expériences que nous venons de relater, évidemment ne sont pas faits pour un chasseur qui travaille sous terre; tout au plus quelque misérable grenouille, errant dans la prairie, peut de temps à autre lui tomber sous la dent. Que lui reste-t-il donc? Il lui reste les larves qui vivent dans la terre, et en premier lieu les larves de hanneton, tendres et grasses à lard. C'est petit pour une telle faim, mais le nombre suppléera à la taille. Alors quelle extermination de vers blancs ne doit-elle pas faire quand le sol abonde de ce menu gibier!

Acharné destructeur de vermine, voilà le titre de la taupe à notre attention; seulement il est fâcheux qu'elle fasse payer bien cher les services rendus. Pour atteindre les courtilières, les vers blancs et les larves de toute nature dont elle se nourrit, la taupe est obligée de fouiller entre les racines où le gibier habite. Nombre de racines qui l'entravent dans son travail sont coupées; les plantes sont soulevées et déchaussées; la terre provenant des galeries creusées est amoncelée au de-

FIG. 66. — La Taupe.

hors sous forme de monticules ou taupinées qui gênent beaucoup, dans les prairies, le travail de la faux. Avec pareil bouleversement du sol, une plantation de végétaux annuels est bientôt compromise et un semis saccagé. Il suffit d'une nuit à une taupe pour mettre sens dessus dessous des étendues considérables, car la bête affamée est d'une singulière prestesse pour miner le sol où elle espère trouver de quoi manger.

6. **Description de la Taupe.** — Tout en elle est disposé pour la rapidité d'exécution des galeries de chasse, qu'elle prolonge jusqu'à des centaines de mètres. Le corps est trapu, rond, presque cylindrique d'un bout à l'autre afin de glisser sans obstacle dans l'étroit couloir. La fourrure est courte,

épaisse, soigneusement lustrée pour ne pas laisser prise à la poussière et se maintenir d'une propreté parfaite, même dans la terre la plus friable et la plus facile à s'ébouler. La queue est très courte; les oreilles externes manquent, quoique l'ouïe soit très fine. Ces divers appendices, parfois si développés chez les animaux qui vivent en plein air, seraient un embarras sous terre, un luxe encombrant. Des yeux grandement ouverts, accessibles aux grains de poussière d'un sol toujours remué, seraient pour elle une source de continuels tourments; d'ailleurs qu'en a-t-elle besoin dans l'obscurité absolue de sa demeure? La taupe n'est pas précisément aveugle, ainsi qu'on le croit d'habitude; elle a des yeux, mais très petits et enfouis, presque sans emploi, dans l'épaisseur de la fourrure.

L'odorat la guide, un odorat subtil comme celui du porc, dont elle a le boutoir propre à déterrer le friand morceau que son fumet décèle. De son groin, le porc devine et trouve sous terre la truffe parfumée; la taupe devine et trouve de même le ver blanc dodu. Pour l'atteindre à travers le réseau des racines et l'épaisseur de la couche de terre, elle a ses pattes de devant qui s'élargissent en mains énormes, armées d'ongles d'une exceptionnelle vigueur (fig. 67). Ces mains, solides pelles capables de s'ouvrir un passage au besoin dans le tuf, sont l'outil par excellence de la taupe. A mesure que l'animal avance, fouillant de son boutoir, creusant et déblayant de ses mains, la terre est rejetée en arrière dans la galerie par les pattes postérieures, beaucoup plus faibles, mais suffisantes pour un travail bien moins pénible. Si la taupe se propose de revenir par le même chemin, la voie tracée doit être tenue libre; alors les déblais sont poussés au dehors et forment une taupinée de distance en distance.

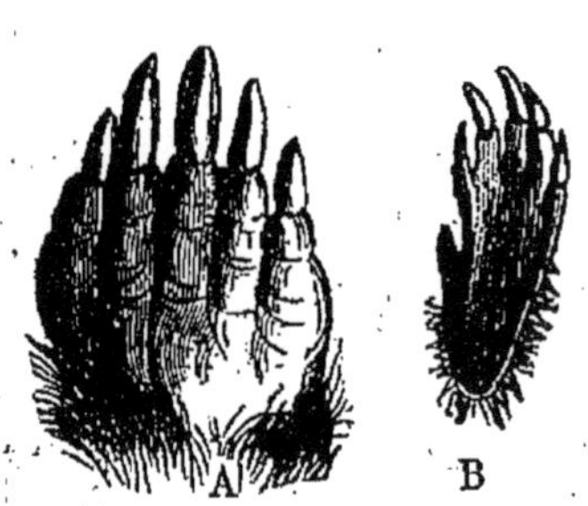

FIG. 67. — Pattes de la Taupe — A, patte antérieure. — B, patte postérieure.

7. **Le nid de la Taupe.** — Des travaux de la taupe, nous ne connaissons pour la plupart que les petits monticules de terre ou taupinées, et les galeries plus ou moins longues qu'elle creuse à fleur de terre. Ces galeries sont des chemins de chasse; l'animal les pratique pour rechercher entre les racines les larves dont il se nourrit. Si l'endroit est giboyeux, la taupe y fait halte, sondant de droite et de gauche les points où le flair

lui annonce une proie; si le canton est pauvre, elle prolonge sa galerie ou bien en creuse de nouvelles, d'ici, de là, dans toutes les directions, jusqu'à ce qu'elle ait trouvé un emplacement à sa convenance. Mais si riche qu'il soit en larves, un même filon est bientôt épuisé; les vieilles fouilles sont donc abandonnées, et d'autres de jour en jour entreprises.

A proximité de son terrain de chasse, sillonné de galeries fraîches à mesure que besoin en est, la taupe possède un terrier, un domicile fixe, où elle se retire pour reposer, dormir,

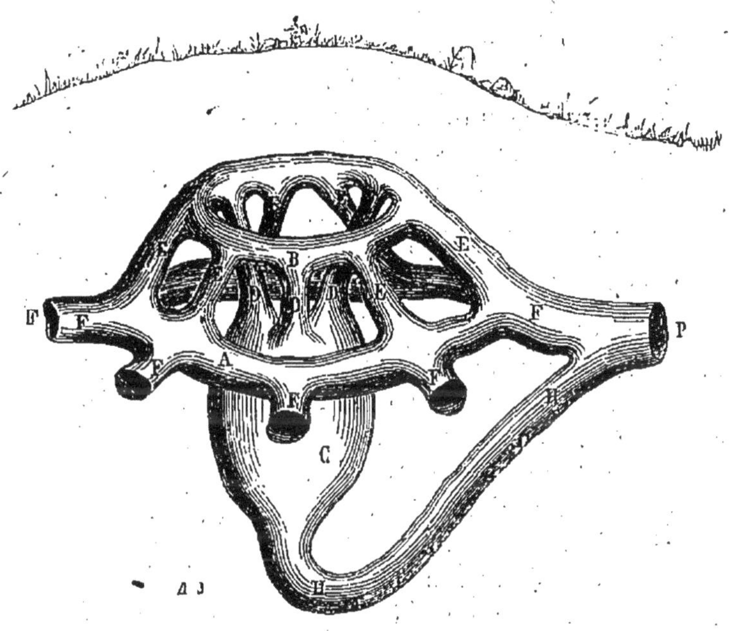

FIG. 68. — Nid de la Taupe.

élever sa famille. Ce gîte est une œuvre d'art, un château-fort dans la construction duquel la bête méfiante déploie, pour sa sécurité, un talent d'architecte consommé en mesures de prévoyance. Il ne faut pas le confondre avec les taupinées, simples déblais négligemment refoulés au dehors; jamais la taupe ne séjourne sous ces amas sans consistance.

Sa demeure est tout autre édifice. Elle est sous terre, à une profondeur de près d'un mètre, d'habitude sous une haie, au pied d'un mur ou bien entre les fortes racines d'un arbre. Cet abri naturel lui donne plus de solidité et la protège contre les éboulements. La pièce principale (fig. 68) est un réduit C en forme de bouteille renversée, soigneusement crépi de glaise et lissé à l'intérieur. Une chaude couchette de mousse et de menues herbes sèches en forme l'ameublement. C'est là le lieu de repos de la taupe, sa chambre à coucher, le nid de la famille.

Deux chemins de ronde l'entourent à distance, l'un inférieur A plus grand, l'autre supérieur B de diamètre moindre; ce sont deux étages circulaires propres à la surveillance de l'appartement central. De l'étage supérieur, où, de sa chambre, elle peut se rendre par l'un des trois canaux de communication D, de l'étage supérieur, disons-nous, la taupe écoute ce qui se passe dehors. Si quelque danger la menace, une demi-douzaine de passages E s'offrent pour descendre sans délai à l'étage inférieur et de là gagner l'un des nombreux couloirs de fuite F. Ceux-ci rayonnent dans toutes les directions; après un court trajet, ils s'infléchissent et viennent aboutir au grand chemin de sortie P. Si le péril la surprend dans sa chambre même, la taupe disparaît par le canal H, qui part des bas-fonds de l'édifice, se recourbe et débouche encore dans la grande voie P. Pour nous, c'est à se perdre dans tous ces canaux, ces circuits, ces étages; pour elle, non. Avec son labyrinthe, dont elle connaît si bien les issues, les tours et les détours, elle se soustrait prestement au danger. Quand vous croyez la saisir dans son gîte, elle est déjà partie et vous ne savez où.

Les couloirs de fuite, tant ceux qui rayonnent autour de la galerie circulaire inférieure que celui qui part directement de la chambre, viennent tous aboutir en P, porte d'entrée du nid. Là, commence le grand chemin de communication entre le gîte et le terrain de chasse, la galerie permanente où la taupe passe trois et quatre fois par jour, enfin toutes les fois qu'elle va en expédition ou qu'elle rentre chez elle.

Cette galerie, toujours la même tant que dure l'habitation, est bien mieux soignée que les simples fouilles faites au jour le jour pour les besoins de la chasse; elle est plus profondément située, plus large, lisse et bien battue; aucune taupinée ne la surmonte, sa couverture de terre n'est pas crevassée; cependant quelque chose la trahit aux regards. A cause des incessantes allées et venues de la taupe, les racines y sont plus endommagées que dans les galeries ordinaires; aussi le gazon qui la recouvre a-t-il une apparence souffreteuse, une teinte jaunie.

Une fois ce passage connu, et la bande jaune de gazon l'indique, on est maître de la taupe quand on veut. On place un piége dans l'intérieur de la galerie. Obligée de passer par là pour entrer ou pour sortir, la taupe ne peut manquer de s'y prendre dans la journée.

CHAPITRE XII

RONGEURS

1. **Râtelier des Rongeurs.** — La figure 69 nous montre la tête d'un rat. Chaque mâchoire est armée de deux incisives énormes, qui s'enfoncent très profondément dans l'os, se recourbent en dehors et se terminent par une couronne tranchante. Les canines manquent; à leur place, les mâchoires présentent une *barre*, c'est-à-dire un large intervalle vide. Tout au fond de la

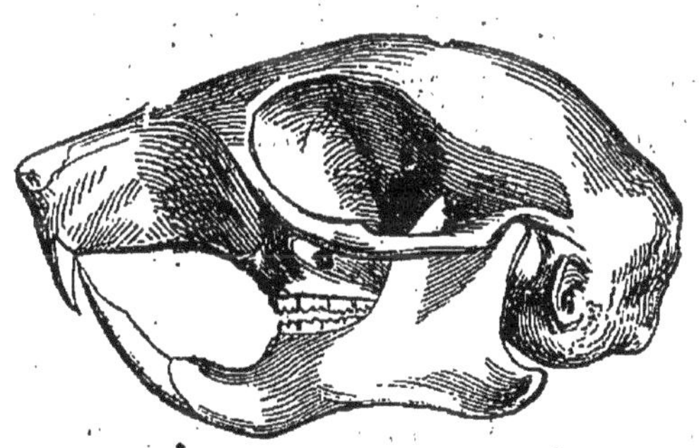

FIG. 69. — Crâne du Rat.

bouche sont les molaires, peu nombreuses, mais fortes, à couronne plate, avec des replis sinueux d'émail.

Il suffit d'examiner pareil râtelier pour en reconnaître les fonctions. Les incisives taillées en biseau, maintenues constamment aiguisées par leur friction mutuelle, découpent en parcelles, fragmentent, rongent quelque maigre et coriace aliment. Ce sont des lames coupantes, capables d'entamer des matières aussi dures que l'écorce et le bois. Les morceaux détachés passent ensuite sous la meule des molaires, qui les broient à la faveur de leurs replis d'émail. Le rat, en effet, a son râtelier presque continuellement en action, et il s'attaque à tout, jusqu'au bois, aux chiffons, au papier.

Ce n'est pas d'ailleurs uniquement pour satisfaire la faim que le rat et autres animaux possédant même appareil dentaire, rongent presque sans repos; une autre nécessité les y porte. Leurs incisives croissent pendant toute la vie et tendent à s'allonger indéfiniment; il faut donc que l'animal les use par une friction continuelle, sinon leurs couronnes s'éloigneraient l'une de l'autre, ne pourraient plus tôt ou tard se rejoindre et feraient saillie hors des lèvres. Incapable dès lors de saisir et découper

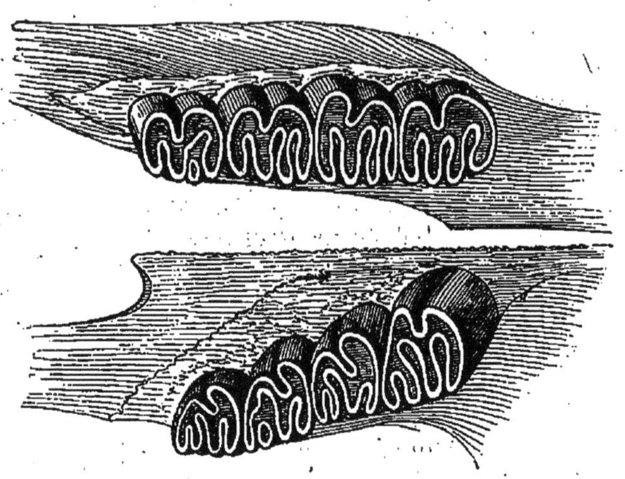

Fig. 70. — Molaires d'un rongeur.

sa nourriture, la bête périrait. Pour pouvoir manger quand il a faim, le rat doit travailler des mâchoires alors même qu'il n'a pas faim, dans le but de s'aiguiser les incisives et de les maintenir à la longueur voulue. Il est vrai qu'il s'adresse alors à des matières peu substantielles. Un brin de bois, un fétu de paille, un rien suffit pour entretenir le jeu de ses infatigables incisives.

On désigne sous le nom expressif de *Rongeurs* l'ensemble des mammifères qui, pour le râtelier, ressemblent plus ou moins au rat. Ils ont tous, à chaque mâchoire, deux fortes incisives, implantées profondément, recourbées en arc, croissant par la base tant que vit l'animal, et s'usant par la couronne, qui se maintient ainsi à l'état de lame tranchante. Les canines manquent. Un large intervalle vide, la barre, occupe leur place.

Les molaires ont la couronne plate, avec replis d'émail propres à broyer des matières végétales dures.

2. **Principaux Rongeurs. — Rats et Souris.** — A l'ordre des Rongeurs appartiennent les petits mammifères désignés communément par les noms de *Rat* et de *Souris*. Leurs terribles incisives, qui n'ont pour ainsi dire pas de repos, font des dégâts bien au-dessus de ce que pourrait faire imaginer la taille de l'animal. Que faut-il de réelle nourriture à une souris? Bien peu sans doute : la souris est si petite, une noix la rend toute ronde. N'allons pas croire cependant que le dégât d'un jour se borne à une noix. Après la noix mangée, un sac est percé, une étoffe est mise en pièces, un livre est rongé, une planche est trouée, rien que pour aiguiser les incisives. Les dégâts que le rat et la souris font dans nos habitations, d'autres les font dans les champs. Tous ces infatigables destructeurs, il importe de les connaître.

Le *Rat ordinaire* ou *Rat noir* (fig. 71) est, pour la taille, plus du double de la souris. Son pelage est noirâtre en dessus, cendré en dessous. Il habite les greniers, les toits de chaume, les masures abandonnées. S'il ne trouve pas de gîte à sa convenance, il se creuse lui-même un terrier. Il est d'origine étrangère; on le croit venu de l'Asie à la suite des armées qui prirent part à l'expédition des croisades. Aujourd'hui le rat est devenu fort rare dans nos pays ; un autre rongeur étranger nous est venu, le surmulot, qui, plus fort que le rat, a fait à ce dernier une guerre d'extermination et a fini par en détruire à peu près l'espèce. Nous n'avons rien gagné au change, tout au contraire; le surmulot est bien plus à redouter. Le vrai rat, le rat noir, est donc maintenant rare, là surtout où le surmulot abonde; voilà pourquoi il est douteux qu'aucun de nous le connaisse. Ce que nous appelons rat est la plupart du temps un surmulot. N'oublions pas son pelage noirâtre et nous reconnaîtrons sans peine le véritable rat.

Le *Surmulot* ou *Rat d'égout* est le plus grand et le plus redoutable de tous les rats qui vivent en Europe. Il atteint jusqu'à trois décimètres de longueur, sans compter la queue, qui est écailleuse et un peu moins longue que le corps. Une fois toute sa vigueur acquise, il est de force à tenir tête au chat. Sa présence en Europe remonte seulement au milieu du XVIIIe siècle ; il paraît avoir été amené de l'Inde dans la cale des navires, que d'habitude il infeste. Il est maintenant répandu dans toutes les parties du monde. Son pelage est brun

FIG. 74. — Le Rat noir.

roussâtre en dessus, cendré en dessous. Le nom de surmulot lui a été donné à cause de sa ressemblance avec le mulot, qu'il dépasse de beaucoup en dimensions.

Les surmulots fréquentent les magasins, les celliers, les égouts, les dépôts d'ordures, les établissements d'équarrissage. Tout est bon pour ces bêtes immondes et audacieuses, dont la dent vorace ose même attaquer l'homme endormi. Dans les grandes villes, ils se multiplient au point de causer de sérieuses appréhensions. Aux environs de l'établissement d'équarrissage de Montfaucon, à Paris, le sol était tellement miné par leurs innombrables terriers, que les maisons menaçaient de s'effondrer sur ce terrain sans consistance. Pour les préserver de la ruine, il fallut en protéger les fondements contre l'attaque des rats, au moyen d'une profonde ceinture de tessons de bouteille. En une nuit, s'ils étaient abandonnés dans les cours de l'établissement, les chevaux morts étaient rongés jusqu'aux os. Pendant les fortes gelées, si l'on négligeait d'enlever la peau à temps, les surmulots s'introduisaient dans le cadavre, en rongeaient toute la chair, et lorsqu'au dégel les ouvriers se mettaient à écorcher la bête, ils ne trouvaient plus au dedans de la peau qu'une nuée de rats grouillant entre les os d'une carcasse blanchie.

Contre pareil ennemi, le chat est impuissant. On a mieux, on a des chiens, des terriers et des boule-dogues, dressés à les traquer dans les égouts et à leur casser les reins d'un coup de dent. En quelques jours, c'était en décembre 1849, deux cent cinquante mille surmulots détruits furent le résultat d'une battue dans les égouts avec des chiens.

Dans la campagne, le surmulot fréquente les bords des ruisseaux malpropres ; il pénètre dans les cuisines par le trou de l'évier, il s'introduit dans les poulaillers et les garennes en minant les murailles. Il hante les caves et les écuries, mais rarement il gagne les greniers élevés, à cause sans doute de sa prédilection pour les immondices qu'il ne peut trouver que dans les bas-fonds. Il s'attaque aux œufs et aux jeunes poulets ; il pousse même l'audace jusqu'à saigner la grosse volaille et les lapins. Si la nourriture animale, sa nourriture préférée, lui manque, il mange des graines et des légumes de toute nature. Aucune provision n'est respectée par cet immonde goulu. Pour s'en débarrasser, il ne faut guère compter sur le chat, qui, le plus souvent, n'ose l'attaquer. Il ne nous reste que la ressource du piège et du poison.

L'hôte habituel de nos habitations est la *Souris*, connue de tout temps et de tout le monde. Passons rapidement sur ce petit rongeur, vif et rusé, timide à l'excès, qui rentre dans son trou à la moindre alerte. L'exiguïté de sa retraite, où le surmulot ne peut pas entrer, l'a préservée du sort du rat noir, exterminé par le nouvel arrivant.

Le *Mulot* (fig. 72) est un peu plus gros que la souris. Son

FIG. 72. — Le Mulot.

pelage, assez semblable à celui du surmulot, est brun roussâtre en dessus et blanc en dessous. Les yeux sont grands et proéminents, les oreilles noirâtres, les pattes blanches. La queue, très longue comme celle de la souris, est légèrement velue, noire dans la moitié supérieure, blanchâtre dans la moitié inférieure.

Le mulot fréquente les bois, les haies, les champs, les

jardins. Il coupe les tiges des céréales pour atteindre l'épi, dont il gruge quelques grains et disperse les autres sans profit; il déterre la semaille pour s'en nourrir; il ronge les jeunes pousses qui viennent de lever, l'écorce des arbustes, les plants de légumes. Ses dégâts sont d'autant plus à craindre,

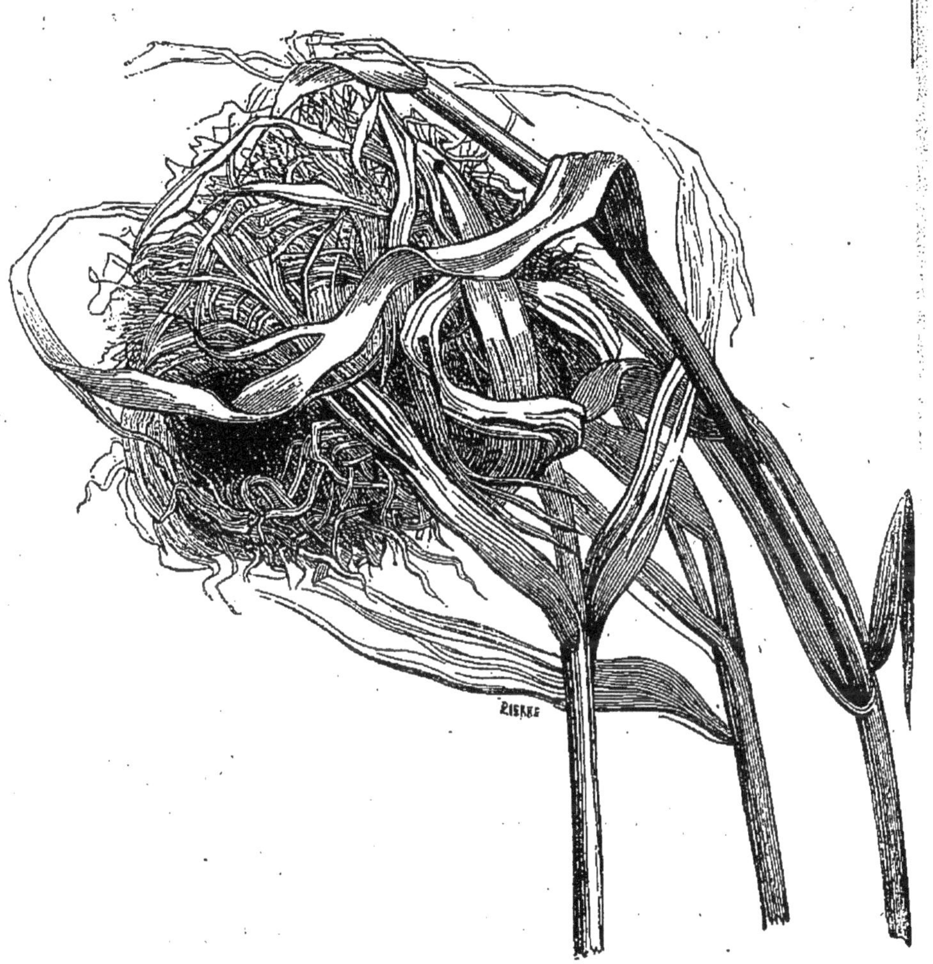

FIG. 73. — Nid du Rat des moissons.

qu'il amasse des provisions pour les temps de disette. Dans des cachettes creusées à plus d'un pan sous terre, au pied d'un arbre ou d'un rocher, il entasse du grain, du gland, des amandes, des châtaignes, qu'il va parfois chercher assez loin. Une cachette ne lui suffit pas, il lui en faut plusieurs, car il est sujet à oublier étourdiment le point où son trésor est enfoui. Dans la mauvaise saison, les mulots se rapprochent de nos demeures, ils s'introduisent dans les celliers où l'on conserve des fruits et des légumes, ou bien ils s'établissent par bandes au sein des meules de blé.

Le *Rat nain* ou *Rat des moissons* est le plus petit des

FIG. 74. — Le Campagnol des champs.

rongeurs de France. C'est une gracieuse créature, moindre que la souris, d'un fauve jaunâtre, plus vif sur la croupe et sur les joues. Le ventre, la poitrine et le dessous de la tête sont d'un beau blanc. La queue et les pieds sont d'un jaune clair; les oreilles, qui dépassent peu les poils de la tête, sont arrondies et velues; les yeux sont proéminents. Le rat nain vit exclusivement dans les champs de céréales et se nourrit de grain. Après la moisson, il se réfugie dans les meules de blé, mais il n'a jamais la hardiesse de pénétrer dans les habitations.

Il rachète les quelques grains d'avoine qu'il nous dérobe par ses curieuses mœurs. Les autres rats élèvent leur famille soit dans un trou de rocher ou de muraille, soit dans un terrier creusé exprès. Le rat des moissons dédaigne ces habitudes souterraines; il lui faut le nid aérien des oiseaux. Dans ce but, il rapproche plusieurs tiges de blé encore sur pied, les entrelace avec de la paille en brins et construit, à mi-hauteur des chaumes, un nid ayant l'aspect de l'œuvre d'un oiseau. Ce nid est rond, tressé de feuilles à l'extérieur, matelassé de bourre à l'intérieur. Il n'y a qu'une petite ouverture latérale par où la pluie ne peut pénétrer. Suspendu à quelques pieds de hauteur, sur le flexible appui des chaumes, il se balance au moindre vent (fig. 73). Pour se rendre à son nid, le rat grimpe le long d'une tige de blé. Il est si petit, qu'un chaume lui suffit pour l'escalade.

3. **Campagnols.** — Un autre genre de rongeurs mérite attention; c'est le genre des *Campagnols*, vulgairement confondu avec les rats. Les campagnols se reconnaissent sans peine à leur queue courte, un peu velue.

Le *Campagnol des champs* est de la taille de la souris. Son pelage est d'un jaunâtre mêlé de gris en dessus, et d'un blanc sale en dessous. La queue ne fait guère que le quart de la longueur du corps. Les yeux sont gros et proéminents, les oreilles sont rondes, velues et dépassent à peine le poil. La tête est plus grosse, plus obtuse que celle de la souris (fig. 74).

Lorsqu'il pullule, le campagnol est des plus redoutables pour l'agriculture. Il ravage surtout les champs de céréales, il coupe les tiges de blé pour en ronger l'épi. Après la moisson, il s'attaque aux racines du trèfle, aux carottes, aux pommes de terre et à d'autres plantes potagères. En hiver, il mine les sillons pour déterrer et manger la semence. Si le sol durci par la gelée ne lui permet pas d'atteindre le grain enfoui, il se retire dans les meules de blé, où il fait de déplorables dégâts. Jamais il ne pénètre dans les habitations.

Les campagnols paraissent émigrer d'un pays à l'autre par colonies quand la contrée qu'ils ont ravagée ne peut plus les nourrir; du moins, en certaines années, une fois ou deux en dix ans, ils se montrent brusquement par bandes innombrables, qui sont un fléau pour la contrée visitée. Leurs des-

FIG. 75. — Le Lemming.

tructeurs par excellence sont les oiseaux de proie nocturnes, comme le prouve la présence des crânes, des os et des peaux de campagnols dans les pelotes rejetées par ces oiseaux après le travail de la digéstion.

Le *Campagnol amphibie* est vulgairement connu sous le nom de *Rat d'eau*. On le distingue aisément du rat noir, dont il a les dimensions, par son pelage roux, sa queue courte, à peu près de la longueur de la moitié du corps, sa tête plus large et plus obtuse. Il se creuse des terriers sur la berge des cours d'eau, des fossés, des marais, où il se nourrit principalement de racines, sans dédaigner les petits poissons et les écrevisses quand il peut en faire capture. Il nage et plonge très bien. Il pénètre quelquefois dans les potagers humides et dans les jardins fruitiers.

Le *Campagnol Lemming* ne se montre jamais dans nos régions. Il habite la Norwège et la Laponie. Avec sa queue très courte et velue, sa tête grosse, son corps trapu, il a quelque chose des apparences d'un petit lapin. Son pelage est roux, taché de noir et de brun (fig. 75). Il est remarquable par ses curieuses migrations, dont notre campagnol des champs nous offre un exemple bien affaibli.

A l'approche des froids rigoureux, et parfois sans cause apparente, les lemmings abandonnent leur demeure habituelle, la haute chaîne des montagnes de la Norwège, pour entreprendre un long voyage vers la mer. La horde émigrante, composée de myriades d'individus, voyage en ligne droite à travers tous les obstacles sans jamais se laisser détourner du but. En cheminant à la file l'un de l'autre, dit Linné, le grand naturaliste de la Suède, ils tracent des sillons rectilignes, parallèles, profonds de deux à trois doigts et distants l'un de l'autre de plusieurs aunes. Ils dévorent tout ce qui gêne leur passage, les herbes et les racines. Rien ne les détourne de leur route. Un homme se trouve-t-il sur leur chemin, ils glissent entre ses jambes. S'ils rencontrent une meule de foin, ils la rongent et passent à travers ; si c'est un rocher, ils le contournent en demi cercle et reprennent par delà leur direction rectiligne. Un lac se trouve-t-il sur leur route, ils le traversent à la nage en ligne droite, quel que soit sa longueur. Un bateau est-il sur leur trajet au milieu des eaux, ils grimpent pardessus et se rejettent à l'eau de l'autre côté. Un fleuve rapide ne les arrête pas ; ils se précipitent dans les flots, dussent-ils y périr tous.

4. **Les Loirs.** — Le *Loir* proprement dit, ou *Loir Glis* est un élégant rongeur qui rappelle assez bien l'écureuil. Sa queue est

longue, et bien fournie de poils ; sa fourrure est d'un brun cendré sur le dos et bleuâtre sous le ventre. De nuit il dévaste les arbres fruitiers.

Le *Loir Lérot* est plus petit, de la taille à peu près du rat noir. Son pelage est agréablement bariolé de roux, de blanc et de noir. Le roux occupe le dessus, le blanc se montre au ventre, aux quatre pattes, aux joues et aux épaules; le noir entoure les yeux et se continue sur les côtés du cou. Le lérot est répandu dans toute la France. Il se complaît au voisinage des habitations et se tient dans les jardins, les vignes, les bosquets. Il se nourrit surtout de fruits qu'il gâte en grand nombre, dégustant l'un, dégustant l'autre, sans les achever.

Fig. 76. — Le Loir Glis.

Pour passer l'hiver, les loirs se rassemblent plusieurs dans le même trou, où ils s'endorment pêle-mêle, roulés en boule au milieu de provisions de noix, d'amandes, de châtaignes, de noisettes qu'ils ont la précaution de faire en temps opportun. Si le temps redevient doux, il leur arrive de s'éveiller pour un ou plusieurs jours; et sans quitter leur gîte, ils trouvent des vivres dans les provisions emmagasinées.

5. **La Marmotte. — L'Écureuil.** — L'humble gagne-pain du petit savoyard, la *Marmotte*, vit dans les Alpes, au voisinage des neiges perpétuelles entre quinze cents et deux mille mètres d'altitude. Avec sa tête large, son museau gros et court, ses oreilles tronquées, son corps épais, son pelage gris fauve, la marmotte n'a rien de gracieux; mais elle fait preuve d'un instinct très développé dans la construction et l'approvisionnement de son gîte. Pour demeure, elle se creuse dans la terre une galerie dont le fond se termine en appartement spacieux ta-

Fig. 77. — Le Lérot.

pissé d'herbes sèches. Quand les froids arrivent, vers la fin de septembre, elles se retirent plusieurs dans le même terrier, bien meublé de foin sec; elles bouchent soigneusement l'entrée de la galerie, et ainsi calfeutrées, serrées l'une contre l'autre, mais néanmoins séparées par une couche de fourrage intercalé, elles s'endorment du lourd sommeil d'hiver. La fenaison destinée à fournir le matelas commun pour l'hibernation se ferait, à ce que l'on dit, d'une originale manière. Les herbes les plus fines coupées et ramassées, l'une des marmottes se couche sur le dos, étend les pattes en haut pour servir de ridelles et reçoit une charge de foin. Au chariot vivant les autres marmottes s'attellent, tirant par la queue et veillant en chemin à ce que la charge ne verse point. Ce trait de mœurs ferait honneur à l'esprit inventif de la marmotte, il ne lui manque que d'être vrai. Le poil usé du dos de la bête a sans doute donné lieu à ce conte; mais l'état fané de la fourrure dans la région dorsale s'explique par le frottement contre les parois de l'étroite galerie.

Le plus élégant de nos rongeurs, le plus vif d'allures, le plus gracieux dans ses poses et ses mouvements, est l'*Écureuil*, hôte des bois. Les anciens l'appelaient *Sciurus*, terme qui est resté dans le langage de la science. Cette dénomination vient des Grecs; elle signifie : celui qui se fait ombre de sa queue. Le mot seul fait image : on voit le gentil rongeur assis sur une haute branche, le panache touffu de la queue relevé au-dessus du front, les pattes de devant occupées à tourner et retourner

Fig. 78. — Le Lièvre.

une noix, délicatement épluchée, cassée, grugée. Doué d'une incomparable agilité, l'écureuil ne marche pas, ne court pas; il procède par bonds. Sa vie se passe dans les hautes futaies, d'une branche à l'autre, d'un arbre à l'autre. S'il descend à terre pour rechercher de la nourriture, à la moindre alerte il regagne les cimes. De ses quatre pattes, armées de griffettes aiguës, il s'accroche à l'écorce d'un tronc d'arbre, prend un élan et s'accroche plus haut, pour s'élancer encore et monter davantage; mais ces élans successifs sont tellement rapprochés que l'animal semble glisser sur le tronc. En un clin d'œil il a disparu. Dans l'enfourchure de quelques branches il se bâtit un nid imité de celui de la pie. C'est une sphère de bûchettes entrelacées avec matelas de mousse, et une petite ouverture ronde donnant tout juste passage à l'habitant. Un toit conique de pareils matériaux surmonte la demeure et la défend de la pluie. S'il trouve quelque vieux nid de pie, l'écureuil le restaure et en profite, tant l'architecture de l'oiseau est conforme à la sienne.

6. **Le Lièvre, le Lapin.** — Les plus gros rongeurs de nos pays sont le *Lièvre* et le *Lapin*, caractérisés tous les deux par leurs longues oreilles, et leurs incisives supérieures doublées par derrière d'un couple de dents plus petites, de façon que les couteaux des incisives inférieures fonctionnent dans un engrenage à double arête. Très voisins de forme, le lièvre et le lapin

FIG. 79. — Le Porc-épic.

ont néanmoins des mœurs fort différentes. Le premier mène vie errante, n'a pas de domicile. Il dort à la belle étoile, sur la terre nue, entre deux sillons, ou bien blotti dans les blés, les bruyères, les vignes. Il aime la solitude et le silence. Le lapin, au contraire, a l'humeur sociable ; il vit en famille et se creuse une demeure, un terrier. Des caractères si opposés amènent l'antipathie mutuelle, la guerre à outrance. Où le lièvre abonde, le lapin n'ose s'établir ; où le lapin prospère, le lièvre se fait rare et finit par déguerpir. L'amour du chez soi et de la société rend très facile l'éducation du lapin, ne serait-ce qu'au fond d'un tonneau avec des feuilles de choux pour nourriture. Le lièvre insociable se refuse à la domestication.

7. **Le Porc-épic.** — Parmi les rongeurs étrangers citons le *Porc-épic* commun en Algérie. Il possède une armure analogue

à celle du hérisson, c'est-à-dire composée de robustes poils transformés en piquants raides et pointus, aussi gros qu'un canon

Fig. 80. — Le Castor.

de plume d'oie, longs de près d'un demi-mètre, et nuancés alternativement de noir et de blanc. Mais s'il a du hérisson l'appareil défensif, avec des dimensions exagérées, il possède à un degré moindre la faculté de s'enrouler en boule pour présenter de tous côtés à l'ennemi une égale forêt de dards. Du reste, le porc-épic, de la taille de nos chiens bassets, ne se borne pas toujours à une défense passive. Traqué de trop près, il court à l'agresseur, se hérisse avec un cliquetis de piquants entrechoqués et se dirige de côté en présentant le flanc, où les dards sont plus longs et plus acérés.

8. **Le Castor. Ses mœurs.** — Le *Castor* n'atteint pas tout à fait un mètre de longueur quand il est parvenu à son développement complet; son poids est alors de 20 à 25 kilogrammes. Son pelage roux est une fourrure soyeuse, très recherchée à cause de sa finesse. La tête est peu allongée, l'oreille courte et ronde, le corps trapu et traînant presque à terre. Les pattes de devant ont les doigts séparés l'un de l'autre et possèdent une rare dextérité. Les pattes de derrière rappellent celles de l'oie et du canard : entre leurs doigts s'étale une membrane qui fait des extrémités postérieures des palettes, des rames éminemment aptes à la natation. La queue sert de gouvernail. Elle est aplatie, rès large et couverte, non de poils, mais de grandes écailles, qui lui donnent quelque ressemblance avec le dos d'une carpe. De ce robuste battoir, le castor fouette l'eau pour plonger ou remonter, tourner dans un sens ou dans l'autre, manœuvrer enfin dans le courant avec l'adresse du plus habile nageur.

Autrefois le castor était commun dans nos pays, il vivait en nombreuses sociétés au bord de tous les fleuves; il bâtissait sur pilotis, avec du bois et de la terre glaise, des huttes à la surface des eaux; aujourd'hui il est devenu très rare; tout au plus, sur les rives du Rhône, s'en trouve-t-il quelqu'un de temps en temps, misérable, isolé, sans aucun reste de son antique industrie. C'est autour des grands lacs de l'Amérique du nord que l'on peut encore observer ses mœurs et suivre ses travaux, dont Buffon va nous donner une idée.

Les castors, raconte le grand écrivain, s'assemblent en juin et juillet pour se réunir en société; ils arrivent en nombre, de plusieurs côtés, et forment bientôt une troupe de deux à trois cents. Le lieu du rendez-vous est toujours au bord des eaux. Si les eaux sont dormantes et se maintiennent à la même hauteur, comme celles d'un lac, les castors se dispensent de construire une digue; mais, dans les eaux courantes et sujettes à des dérangements de niveau, comme sur les ruisseaux, les rivières, ils établissent une chaussée; et, par cette retenue, ils forment une espèce d'étang ou de pièce d'eau qui se soutient toujours à la même hauteur. La chaussée traverse la rivière, d'un bord à l'autre ; elle a souvent quatre-vingts ou cent pieds de longueur sur dix ou douze pieds d'épaisseur à la base. Cette construction paraît énorme pour des animaux de cette taille, et suppose en effet un travail immense; mais la solidité avec laquelle l'ouvrage est construit étonne encore plus.

Le travail se fait en commun. Plusieurs castors rongent ensemble le pied de l'arbre qui doit être la pièce principale de la construction; plusieurs aussi vont ensemble pour en couper les branches lorsqu'il est abattu. D'autres parcourent en même temps les bords de la rivière et coupent de moindres arbres de la grosseur de la jambe et même de la cuisse; ils les dépècent, ils les scient en morceaux pour en faire des pieux. Ils amènent ces pièces de bois d'abord par terre, jusqu'à la rive, ensuite par eau jusqu'au chantier de construction; ils en font une espèce de pilotis serré, qu'ils fortifient en entrelaçant des branches. A mesure que les uns plantent, les autres vont chercher de la terre, qu'ils gâchent avec les pieds et portent dans la gueule. Avec cette terre sont remplis tous les intervalles du pilotis.

Leurs habitations sont des cabanes, des espèces de maisonnettes bâties sur l'eau, sur un pilotis plein, tout près du bord de leur étang. La forme de cet édifice est toujours ovale ou ronde. Il y en a de plus grands et de plus petits, depuis quatre à cinq jusqu'à huit ou dix pieds de diamètre. Il s'en trouve aussi qui sont à deux ou trois étages. Les murailles ont jusqu'à deux pieds d'épaisseur. Elles sont élevées sur le pilotis plein, qui sert en même temps de fondement et de plancher à la maison. L'édifice est maçonné avec solidité et enduit avec propreté en dedans et en dehors; il est impénétrable à l'eau de pluie et résiste aux vents les plus impétueux. Les parois en sont revêtues d'une espèce de stuc si bien gâché et si proprement appliqué, qu'il semble que la main de l'homme y ait passé; aussi leur queue leur sert-elle de truelle pour appliquer ce mortier, qu'ils gâchent avec les pieds. Ils mettent en œuvre différentes espèces de matériaux : des pierres, du bois, des terres non sujettes à se délayer dans l'eau.

Les bois qu'ils emploient sont presque toujours légers et tendres : ce sont des aulnes, des peupliers, des saules, qui naturellement croissent au bord des eaux. Ils préfèrent l'écorce fraîche et le bois tendre à tout autre aliment; ils en font ample provision pour se nourrir l'hiver. C'est dans l'eau et près des habitations qu'ils établissent leurs magasins. Chaque cabane a le sien proportionné au nombre des habitants, qui tous y ont un droit commun et ne vont jamais piller leurs voisins. On a vu des bourgades composées de vingt à vingt-cinq cabanes. Ces grands établissements sont rares, et cette espèce de république n'est le plus souvent composée que de dix à douze tribus dont chacune a son quartier, son magasin, son habitation séparées

Quelque nombreuse que soit cette société, la paix s'y maintient sans altération. Amis entre eux, s'ils ont quelques ennemis au dehors, ils savent les éviter; ils s'avertissent en frappant avec leur queue sur l'eau un coup qui retentit au loin dans toutes les voûtes des habitations. Chacun prend son parti, ou de plonger dans le lac, ou de se recéler dans les murs, qui ne craignent que le feu du ciel ou le feu de l'homme, et qu'aucun animal n'ose entreprendre d'ouvrir ou de renverser.

Les castors emploient les mois de juillet et d'août à construire leur digue et leurs cabanes. Ils font des provisions de bois et d'écorce dans le mois de septembre; ensuite ils jouissent de leurs travaux et passent l'automne et l'hiver enfermés dans leurs domiciles. Au printemps ils se dispersent dans les bois.

CHAPITRE XIII

CARNIVORES

1. **Râtelier et extrémités des Carnivores.** — Organisés pour vivre de proie, les mammifères de cet ordre ont six incisives à chaque mâchoire, petites et de peu d'usage; des canines longues et pointues; des molaires robustes, à couronne façonnée en lames tranchantes propres à découper les chairs. Nous avons déjà fait ressortir, en le mettant en parallèle avec le râtelier d'un herbivore, combien cet appareil dentaire est accommodé aux sanguinaires appétits de l'animal. Les canines, vrais poignards, happent et transpercent; les molaires taillent les chairs; les grosses molaires dites carnas-

sières cassent les os. Cependant quelques-uns ne vivent pas entièrement de proie; à la nourriture animale, ils ajoutent la nourriture végétale, des racines, des fruits.

Les doigts sont toujours armés d'ongles robustes, et ces ongles fréquemment deviennent des griffes acérées et crochues, qui retiennent et déchirent. Les uns en marchant appuient à terre toute l'extrémité des membres, depuis le tarse et le carpe jusqu'au bout des doigts. Ils marchent comme nous sur la plante des pieds et sont qualifiés pour ce motif de carnivores *plantigrades*. Tels sont l'ours et le blaireau. D'autres tiennent le talon relevé et ne s'appuient que sur les doigts. On les dit carnivores *digitigrades*. De ce nombre sont le chien, le chat, le loup, le renard. Quelques-uns enfin, en bien plus petit nombre, ont les pieds palmés, c'est-à-dire que les doigts sont

FIG. 81. — Pied de l'Ours.

reliés par une membrane, de façon que les extrémités sont conformées en rames propres à la natation. Nous avons déjà reconnu pareille structure dans les pattes postérieures du castor. La loutre, qui fréquente nos rivières, où elle vit de poissons, est un carnivore à pieds palmés. Ses membres courts, terminés en palettes, sa forme allongée, sa queue aplatie, sa fourrure épaisse difficilement perméable à l'eau, en font un nageur et un plongeur d'une habileté consommée.

2. **Le Chien. Variétés.** — Parmi les digitigrades, citons d'abord le chien, le plus précieux de nos animaux domestiques, le compagnon et l'ami de l'homme tout autant que son serviteur. Difficilement on trouverait deux chiens pareils en tout. Seraient-ils de même race, auraient-ils même forme, et même taille, ils diffèrent de pelage au moins en quelques points. Trois couleurs, le roux, le blanc, le noir, appartiennent à la robe du chien, tantôt seules pour le corps entier, tantôt mélangées, tantôt distribuées par mouchetures ou par larges taches. Si la coloration est variée, les taches ne sont presque jamais arrangées avec ordre, mais bien disséminées au hasard.

Il y a défaut de symétrie dans leur répartition, c'est-à-dire que sur les deux moitiés du corps, celle de droite et celle de gauche, les taches ne se correspondent pas. On pourrait faire pareille

observation sur la plupart des animaux domestiques; on verrait qu'entre deux bœufs, deux chevaux, deux chèvres, deux chats, il y a presque toujours des différences; et que, sur le même animal, les deux côtés du corps ne sont pas exactement semblables entre eux quant à la répartition des couleurs.

C'est tout le contraire au sujet des animaux sauvages. Il y a chez eux ressemblance entre individus de même espèce, et symétrie de coloration entre les deux moitiés du corps. Tel est l'un, tels ils sont tous, à bien peu de chose près ; tel est le flanc droit, tel est aussi le flanc gauche. Qui a vu un loup a vu tous les loups ; qui a vu de ce côté-ci un animal à pelage varié, l'a vu de ce côté-là. L'un des effets les plus constants de la domestication est donc de remplacer la primitive symétrie des couleurs par le désordre, et la similitude entre individus par la dissemblance.

A la diversité de couleur s'ajoute la diversité d'abondance et de nature des poils. La plupart des chiens les ont courts et ras ; quelques-uns les portent fins et frisés, et semblent vêtus de laine. Tel est le barbet, appelé aussi chien mouton parce que sa fourrure rappelle la toison crépue d'un mouton. D'autres, comme l'épagneul, ont les poils longs et ondulés, principalement aux oreilles et à la queue. Enfin il y en a d'aspect souffreteux et déplaisant, dont le corps est à peu près nu. On dirait que quelque maladie de la peau les a dépouillés jusqu'au dernier poil. On les nomme chiens turcs.

La taille n'est pas moins variable. Le chien de Terre-Neuve est une majestueuse bête de la grandeur du veau, et tel bichon tout frisé, bon à dormir sur les coussins d'un salon, est une mignonne créature qui trouverait place dans la poche de son maître. Entre ces deux extrêmes, tous les degrés sont occupés.

Si nous entrons dans les détails de forme, quelle diversité ne trouvons-nous pas encore ? Ici, l'oreille est petite et dressée en pointe ; là, elle s'élargit, recouvre toute la tempe et retombe longuement pendante, jusqu'à tremper dans l'écuelle où mange l'animal. L'un, prompt à la course, dresse son corps svelte sur de hautes jambes ; l'autre, apte à s'insinuer dans l'étroite tanière du renard ou le clapier du lapin, trottine sur des membres trapus et touche presque à terre du ventre. Dans celui-ci, le museau est gracieusement effilé, fait pour les caresses ; dans cet autre, il se raccourcit en un muffle brutal, ami de la bataille. Il y en a dont les pattes noueuses et tordues semblent estropiées de naissance ; il s'en trouve dont le nez, noir comme du charbon, a les deux narines séparées par une rigole profonde.

3. **Chien de garde. Le Mâtin.** — Donnons un rapide coup

d'œil aux principales races de chiens. Et d'abord le *Mâtin*, le vigilant gardien de la ferme, le courageux protecteur du troupeau. C'est un animal robuste, hardi, d'assez grande taille, à poils courts sur le dos, plus longs sous le ventre et à la queue. Il a la tête allongée, le front aplati, les oreilles dressées à la base et pendantes au bout, les pattes fortes, la mâchoire vigoureuse. Le blanc, le noir, le gris, le brun, sont les couleurs de son pelage.

Le mâtin a les mœurs rustiques, l'odorat obtus, l'intelligence peu développée. On lui reproche également de ne pas être des plus dociles et de ne pas prodiguer les caresses. Quand on mène rude vie aux pâturages des montagnes, en fréquent tête-à-tête avec le loup, il est bien difficile de posséder les caressantes gentillesses du chien désœuvré. Le mâtin a les qualités de son état. Que le loup paraisse, et, sans regarder s'il est le plus fort ou le plus faible, le vaillant chien se jettera sur la bête et l'appréhendera par la peau du cou, dût-il périr dans la bataille. Le mâtin ne pèse pas le danger, il va droit où son devoir l'appelle, noble qualité qui familièrement fait dire de quelqu'un énergique et résolu : c'est un bon mâtin.

4. **Chien de berger.** — Nous n'aurons pas moins d'estime pour le *Chien de berger*. Celui-ci est d'une grandeur moyenne, ordinairement noir, à poils longs sur tout le corps excepté sur le museau. Il a les oreilles courtes et droites, la queue horizontale ou pendante. Personne n'ignore avec quelle crânerie la plupart des chiens relèvent la queue sur le dos et la recourbent en trompette. C'est pour eux signe de haute satisfaction. Sont-ils soucieux, éprouvent-ils quelque mésaventure, ils la baissent et la serrent entre les jambes. Le chien de berger n'a pas la queue dressée et courbée; il porte la sienne dans l'alignement du corps et la tient plus ou mons inclinée suivant les idées qui le préoccupent. Ainsi se conduisent les animaux sauvages les plus voisins du chien, le loup et les divers chacals; aucun ne recourbe la queue, tous la portent pendante. D'où provient que le moindre roquet roule la sienne en tire-bouchon et la redresse avec une fierté frisant l'insolence, tandis que le chien de berger la maintient dans l'humble position adoptée par le chacal et le loup? C'est ici, apparemment, un reste des vieilles mœurs. Moins altéré que les autres races dans les caractères primitifs, le chien de berger a gardé de ses ancêtres sauvages la manière de porter la queue pendante et de tenir les oreilles dressées.

FIG. 83. — Lévrier. — Chien de berger. — Dogue. — Barbet. — Basset. — Epagneul.

Le mâtin est le défenseur du troupeau, le chien de berger en est le conducteur. Le premier a pour lui la force brutale, vigueur de corps et puissance de mâchoire ; il donne hardiment la chasse aux loups, mais il n'a rien des qualités néces-

Fig. 84. — Le Loup.

aires pour la conduite du troupeau. Cette fonction, toute d'intelligence, revient au chien de berger. Tandis que le maître repose à l'ombre ou distrait ses loisirs en soufflant dans la flûte de buis, lui, posté sur une élévation voisine, inspecte du regard le troupeau et veille à ce que nul ne s'écarte des limites du pâturage. Il sait que de ce côté verdoie un champ de trèfle où il est expressément défendu de brouter. Si quelque mouton s'en approche, il accourt, et par d'inoffensives bourrades, ramène la bête en lieu permis. Il sait que le garde-forestier poursuivrait de toutes les rigueurs de la loi si le troupeau errait de cet autre côté, nouvellement boisé par semis. Qu'on ne se laisse point tenter, sinon il arrive menaçant et impose prompte retraite. Faut-il rassembler les brebis dispersées ? sur un signe du maître, le voilà parti. Il fait le tour du troupeau, aboyant d'ici, houspillant de là, et chasse devant lui, de la circonférence au centre, l'errante multitude, qui redevient en quelques instants groupe compacte. Sa mission remplie, il retourne au berger, attendant de nouveaux ordres, un mot, un geste, un simple regard.

Voyons-le surtout en fonctions lorsque le troupeau chemine sur une route, se rendant au marché ou changeant de pâturage. Il marche à l'arrière, absorbé dans ses graves devoirs. Les chiens des fermes voisines viennent à ses devants et lui font les civilités d'usage entre camarades qui se rencontrent. « Passez votre chemin, semble-t-il leur dire ; vous voyez bien que je n'ai pas le temps de faire échange de politesses avec vous. » Et sans leur donner un coup d'œil, il continue de suivre et de surveiller le troupeau.

C'est prudent à lui, car voici déjà des brebis qui s'attardent à tondre le gazon sur le revers de la route. Leur faire rejoindre la bande est l'affaire d'un instant. En ce point, la haie est ouverte, et, par le passage, une partie du troupeau gagne un champ de blé en herbe. Poursuivre les indisciplinés par la même brèche serait insigne maladresse : les moutons, traqués sur l'arrière, ne se disperseraient que mieux dans le champ défendu. Mais le rusé gardien ne commettra pas cette faute : il fait un rapide détour, franchit la haie comme il peut et se présente brusquement sur le front de la bande, qui ressort à la hâte par le trou d'entrée, non sans laisser aux buissons quelques houppes de laine.

Maintenant le troupeau se croise avec un autre. Il faut empêcher le mélange, la confusion du tien et du mien. Le chien connaît à fond toute la gravité de la chose. Sur le flanc des deux troupes bêlantes, il manœuvre affairé, accourant d'un bout puis de l'autre, allant et revenant pour réprimer aussitôt toute tentative de désertion dans la bande d'autrui.

A peine cette difficulté levée, une autre se présente. Voici que, de droite et de gauche, la route est dépourvue de barrières, l'accès des champs est libre des deux côtés. La tentation du troupeau est grande, car de çà et de là se montre à découvert l'appétissante pelouse. Le chien redouble d'activité; sans un moment de relâche, il se porte sur un flanc, puis sur l'autre, puis à l'arrière, pour activer les retardataires et maintenir en bonne voie les indociles. Si quelques-uns, plus têtus, font la sourde oreille aux avis et se débandent, il est à l'instant là, les ramenant à coup de museau dans les jarrets, mais sans faire usage des dents, qui blesseraient la bête.

Les meilleurs chiens de berger nous viennent de la Brie, partie de l'ancienne Champagne. Du nom de ce pays on a fait le nom généralement usité pour le gardien de troupeaux. Les autres chiens s'appellent qui Médor, qui Sultan, qui Azor; lui s'appelle Labrie.

5. **Le Danois. Le Lévrier. L'Épagneul.** — Par la taille et la force, le *Danois* se rapproche du mâtin; mais il s'en distingue aisément par le pelage, qui d'habitude est blanc, avec de nombreuses taches rondes. C'est un magnifique chien, peu répandu, gardien des grandes maisons, ami des chevaux, et dont la fonction favorite est de précéder en jappant la voiture de son maître.

Le *Lévrier* est doué d'une tête plus effilée, d'un museau plus allongé que dans aucune autre race. Il a les oreilles à demi-tombantes et dirigées en arrière, la poitrine étroite, le ventre évidé, comme amaigri, les jambes hautes et fines, la queue longue et menue, la taille élancée. C'est le chien le plus rapide. Il force le lièvre à la course, et c'est de là que lui vient son nom. La coloration, moins altérée que dans les autres races, est en général uniforme, tantôt fauve, tantôt noire, tantôt grise ou même blanche. Quelques lévriers sont à poils ras, d'autres sont à poils allongés; enfin il y en a dont la peau est nue comme celle du chien turc. Ce chien est peu intelligent, il ne témoigne pas d'attachement pour son maître, et recherche les caresses du premier venu. Il a l'odorat très imparfait, mais sa vue est excellente, et c'est par là qu'il se guide à la chasse, tandis que les autres se guident par le flair.

L'*Épagneul* doit le nom qu'il porte à son origine espagnole. Ce beau chien est caractérisé par sa tête fine, médiocrement allongée; par son poil long et souple, abondant surtout aux oreilles, qui sont pendantes et soyeuses, et à la queue, qui forme panache touffu. Nul mieux que lui n'a le regard aimable et doux. L'attachement au maître, l'intelligence se lisent dans ses yeux. A ce mérite des qualités morales, joignons cet autre que l'épagneul est un expert chasseur. Dans cette race se trouvent les chiens à nez fendu, ou chiens à nez double. Cette particularité ne paraît rien ajouter à la finesse du flair.

6. **Le Barbet. Le Chien courant.** — Le *Barbet*, autrement dit *Caniche* ou *Chien mouton*, est renommé pour son intelli-

FIG. 85. — L'Épagneul.

gence exceptionnelle, sa douceur de caractère, sa fidélité sans égale. Qui ne connaît le barbet avec sa grosse tête ronde, pleine de bonhomie, ses larges oreilles pendantes, ses jambes courtes, son corps trapu, sa fourrure longue, fine et frisée, presque semblable à de la laine et qui lui a valu le nom de *Chien mouton?* A demi tondu pour sa toilette d'été, il est plus beau encore. La moitié postérieure du corps est nue et montre la peau rose; la moitié antérieure est couverte d'une épaisse crinière. Une houppe coquette surmonte la queue, d'élégantes manchettes ornent les pattes, le museau porte moustaches et barbiche, dont le souvenir se retrouve peut-être dans le nom de *Barbet*.

Mouton, appelons-le ainsi, comme il est d'usage, Mouton est passé maître dans les arts d'agrément. Il fait le mort, donne la patte, saute par-dessus la canne tendue, se tient debout avec le morceau de sucre sur le nez, fait l'exercice, l'arme au bras et le chapeau de papier crânement sur l'oreille. Mais ce sont là les moindres de ses talents. Mouton est le savant de la famille. Avec une éducation soignée, on arrive à fourrer les choses les plus étonnantes dans sa bonne tête de chien. Il lit sans broncher l'heure à la montre de son maître et la dit par autant d'aboiements; il fait la partie aux dominos, et l'homme, son adversaire, ne gagne pas toujours. Comme de pareils talents sont exercés par des barbets gagne-pain des gens qui les montrent, il est indubitable que l'intelligence du chien est aidée dans le jeu par quelques signes du maître, passant inaperçus des spectateurs; n'importe, il y a là, dans ce calcul de la bête qui compte ses points, reconnaît ceux de l'adversaire, et pousse du bout du museau les dominos en conséquence, de quoi confondre notre pauvre raison.

Aux facultés de l'esprit, Mouton associe, à un haut degré, les facultés du cœur, encore préférables. Mouton est le chien de l'aveugle, qu'il guide patiemment, sans encombre, au travers de la foule, au moyen du cordon de son collier. Quand le maître stationne au coin d'une rue et implore la pitié sur son aigre clarinette, Mouton, assis dans une posture suppliante, tient du bout des dents la sébile et la tend au sou des passants. Si le maître meurt, le maître chéri qui fraternellement partageait avec lui la croûte de pain, Mouton suit le cercueil, tout seul, triste, lamentable à voir. De quel nom appeler semblable serviteur? L'aveugle l'appelle *Fidèle*. A lui seul, ce nom est le plus beau des éloges.

Le barbet rend en outre des services à la chasse. Comme il se jette volontiers à l'eau, qu'il nage habilement et qu'il rapporte avec zèle, on l'emploie pour la chasse des oiseaux aquatiques. Quand le plomb du maître a abattu un canard sauvage, Mouton va le chercher au milieu de l'étang. Quelquefois l'âpre bise souffle, les eaux sont glacées, Mouton ne s'en préoccupe; il nage bravement parmi les glaçons, rapporte la pièce, secoue sa toison mouillée et attend, tout grelottant de froid, qu'un autre coup de fusil parte pour s'élancer encore. Les exploits de Mouton dans la chasse aux canards lui ont fait donner le nom de *Caniche*, où se reconnaissent les traces de cette expression chien canard.

Le *Chien courant* est le chasseur par excellence. Il a le flair d'une finesse extrême, qui lui permet de reconnaître le trajet suivi par le gibier rien qu'à l'odeur des émanations laissées par le passage de la bête. Guidé par un fumet insensible pour tout autre nez que le sien, il arrive droit au lièvre comme s'il l'avait eu constamment sous les yeux. Il a dans ses narines

Fig. 86. — Le chien Courant.

un sens merveilleux, dont notre odorat est la très imparfaite ébauche, un sens supérieur en délicatesse à la vue, que la distance et le manque de lumière mettent en défaut, tandis que l'éloignement et l'obscurité n'apportent pas de trouble à l'infaillibilité de son nez. Que le lièvre, échauffé par la course, ait seulement frôlé de son dos en sueur une touffe de buissons, cela suffit et au delà pour le mettre sur la piste. A voir l'assurance de la poursuite, on s'imaginerait que la bête chassée a tracé dans l'air un sillon visible pour le chien.

La plupart des chiens, qui plus, qui moins, ont l'odorat d'une étonnante sensibilité; mais le chien courant est le mieux doué sous ce rapport, principalement pour les choses de la chasse. Il a le museau assez gros, la tête forte, le corps vigoureux et allongé, la queue relevée, le pelage très court, ordinairement blanc et varié de grandes taches noires ou brunes, les oreilles pendantes et d'une remarquable ampleur.

7. **Le Basset. Le Chien-Loup.** — Comme son nom l'indique, le *Basset* est très bas sur jambes. Il a de plus les quatre membres tordus, estropiés en apparence, ceux de devant surtout. On dirait que le chien a subi quelque violente entorse dont il n'a pu complètement guérir. Sa tête, ses oreilles amples et pendantes, son poil ras, sont à peu près les mêmes que pour le chien courant.

Le basset est encore un ardent chasseur, le compagnon obligé de celui qui, le fusil sur l'épaule, parcourt les collines rocheuses, chéries du lapin. Avec ses jambes courtes et torses, il trottine plutôt qu'il ne court; mais sa lenteur est plus perfide que l'élan, car elle laisse le gibier jouer et muser en sécurité devant lui. Sans soupçonner l'approche de l'insidieux ennemi, Jeannot lapin gambade et se frise la moustache; mais déjà le basset est nez à nez avec lui, l'immobilisant d'une soudaine terreur. Le coup part : c'en est fait de Jeannot, qui bondit et retombe inerte sur le serpolet.

Le basset n'a pas son égal pour fouiller le terrier du renard. Sa marche, presque rampante, lui permet de pénétrer dans les recoins les plus reculés de sa demeure. S'il y trouve la bête présente, il donne de la voix et s'escrime de la mâchoire, pour donner le temps aux chasseurs d'ouvrir le terrier et de s'emparer du renard.

Le *Chien-Loup* est le favori des voituriers. Pétulant et rageur, il va, revient sur le chargement d'une voiture, et aboie du haut de cette forteresse aux enfants qui l'agacent. Il est superbe de colère, avec sa petite crinière léonine, sa queue à panache fortement roulée en tire-bouchon et son joli collier rouge à grelots et frange de poils de renard. Il a les oreilles droites et pointues comme le chien de berger, le museau effilé, le pelage court sur la tête et les pattes, long et soyeux sur tout le reste du corps.

Nul mieux que lui ne sait rouler la queue et la porter fièrement; mais il a d'autres mérites, plus sérieux. Loubet (c'est son nom habituel) sait au besoin tourner la broche, au moyen d'une roue dans laquelle il sautille continuellement, ainsi que l'écureuil dans sa cage roulante. S'il est en compagnie d'un bon chien de berger, il apprend aisément le métier et devient assez bon conducteur de troupeaux.

8. **Le Dogue, le Doguin.** — La figure rébarbative et brutale du *Dogue* frappe tout d'abord le regard. Considérons sa tête grosse et courte; son épais museau et son nez épaté, parfois fendu; sa lourde lèvre supérieure, qui pend de chaque côté avec un filet de salive, tandis qu'elle bâille antérieurement et laisse apercevoir les dents; ses yeux petits, durs d'expression; ses oreilles déchirées de morsures, rendues plus laides par l'amputation; considérons tous ces caractères de rudesse, et nous verrons que le dogue est fait pour le combat.

Qu'on ne lui demande pas de surveiller un troupeau, d'accompagner le chasseur, de rapporter le gibier, de tourner simplement une broche, son épaisse intelligence ne va pas jusque là. Son don à lui est le don de la mâchoire qui happe et ne lâche plus; sa passion est la frénésie du combat. Quand il a croisé ses crocs dans la peau d'un adversaire, n'attendez plus qu'il desserre la mâchoire : un étau ne tient pas plus ferme. Rappels, menaces, coups, rien ne parvient à séparer deux dogues crochetés entre eux; il faut les saisir et les mordre à pleines dents au bout de la queue. La vive douleur de la morsure peut seule les tirer de leur convulsif acharnement.

L'audace, la force, l'indomptable ténacité dans la bataille, ainsi que l'attachement pour son maître, font de ce chien un précieux défenseur, qu'il fait bon avoir à ses côtés en mauvaise rencontre. Pour laisser à l'ennemi le moins de prise possible, on est dans l'usage de couper au dogue la queue et les oreilles; on lui protège en outre le cou d'un collier armé de pointes de fer. Cette belliqueuse race est en faveur surtout en Angleterre, où le nom général du chien est *dog*. De ce mot, nous avons fait dogue.

Du même mot vient le diminutif *Doguin*, par lequel on désigne ce petit chien grondeur, étourdi, poltron, gourmand, bon à rien, plus connu sous le nom de *Carlin*. Il a du dogue la tête ronde, le museau court et camus, la lèvre pendante, et jusqu'à un certain point le caractère, qu'il témoigne par une rage tapageuse, n'ayant ni la taille ni la force nécessaire pour faire pire. Très commun autrefois en France, le carlin s'est fait rare aujourd'hui. Ne déplorons pas trop la perte de ce désagréable animal.

9. **Divers emplois du Chien.** — Garder le troupeau, repousser le loup, découvrir le gibier, défendre son maître, ce sont là les grandes fonctions du chien; mais l'intelligente bête peut apprendre mille autres métiers. Nous venons de voir Mouton guidant l'aveugle et Loubet tournant la broche. Les traits abondent où se révèlent les aptitudes les plus variées. Qui n'a vu, par exemple, dans l'exercice de ses fonctions, ou qui du moins n'a entendu parler du chien commissionnaire?

On lui remet un panier contenant le sac à la monnaie et un papier où sont couchées par écrit les choses désirées. Il s'agit soit d'aller chercher du tabac pour le maître, soit de prendre chez le boucher les provisions du jour. L'ordre compris, l'animal part, le panier aux dents. Il arrive en toute diligence à la porte de la boucherie, gratte pour se faire ouvrir, dépose le panier, sort le sac, le présente et attend qu'on le serve. Le retour a quelquefois des ennuis. Des camarades surviennent, désireux de visiter le panier. Mais lui gravement continue son chemin, prêt à faire un mauvais parti aux indiscrets. Grâce à sa fière contenance, les provisions arrivent à la maison sans autre encombre.

Parlons à présent du chien chercheur de truffes. Pour découvrir sous terre le précieux tubercule, parfois à quelques pieds de profondeur, la vue est un guide nul, car au dehors rien n'en révèle la présence. C'est à l'odorat seul de faire la trouvaille. Mais si prononcé que soit l'arome de la truffe, il n'est pas tellement exalté que nous puissions nous-mêmes le percevoir à travers une épaisse couche de terre; il faut recourir au flair d'un animal bien mieux doué que nous sous ce rapport. L'aide utilisé en ces circonstances est fréquemment le porc, très friand lui-même de truffes et habile à les découvrir, guidé par la seule odeur.

Sur le commencement de l'hiver, époque de la maturité de ce champignon, on mène donc le porc à travers bois. Attiré par le fumet qui s'exhale de terre, l'animal fouille de son groin aux points recélant des truffes. Si jusqu'à la fin on le laissa faire, il arriverait au tubercule, qui disparaîtrait à l'instant dans sa gueule gloutonnne. On écarte donc le porc au moment opportun; pour le dédommager et l'encourager dans ses recherches, on lui jette en échange une châtaigne, un gland; et l'on achève de fouiller soi-même avec une petite bêche. Cette recherche, comme on le voit, exige une continuelle surveillance, car le porc, au moment où l'on n'y prend garde, met la truffe à nu et se hâte de la dévorer. Un grognement de sensualité satisfaite annonce la trouvaille, mais il est trop tard : la bête goulue a fait ventre du friand morceau.

Aussi lui préfère-t-on le chien, plus actif que lui, plus docile, mieux doué quant à l'odorat et recherchant les truffes uniquement pour son maître, sans désir aucun d'en profiter lui-même. C'est merveille que de le voir à l'œuvre. Le nez à terre pour mieux percevoir les faibles émanations souterraines, il explore méthodiquement les points qui lui semblent les plus favorables, taillis de jeunes chênes et fourrés de broussailles. Quelque chose lui monte aux narines. — C'est bien : la truffe est ici. — Avec des frétillements de queue, témoignage de sa joie, il creuse un peu de la patte, pour indiquer l'emplacement. L'homme continue la fouille avec l'outil de fer. Mais la truffe ne vient pas toujours du premier coup ; il y a des hésitations dans la recherche, de fausses directions suivies. Le chien s'en aperçoit. — Que je voie encore un peu cela de près, se dit-il. — Et il plonge le museau au fond de la cavité, avec des reniflements qui lui poudrent le nez de terre. — C'est par ici, maître, à gauche, fouillez encore. — L'homme reprend conformément aux avis, mais la truffe ne vient pas. Nouveaux coups de nez au fond du trou. — Foi de chien, la truffe y est, et des plus belles. De ce côté-ci, maître ; un peu plus à gauche. — Voilà enfin la truffe, une des plus grosses de la récolte. En récompense, le chien reçoit une petite croûte de pain.

10. **Chien de trait.** — Nous venons de voir le chien rivaliser avec le porc, le dépasser même, dans l'art de découvrir la truffe sous terre. Voyons-le maintenant dans son office de bête de trait pour traîner un fardeau. Un énorme chien attelé à une légère voiture n'est pas chose rare dans les villes, où les bouchers surtout font emploi de ce singulier attelage pour le transport de leurs viandes. Dans les régions arctiques, où la rudesse du climat et l'absence de végétation rendent impossibles nos animaux domestiques, l'homme n'a d'autre serviteur que le chien, apte à l'accompagner partout, jusque dans ses expéditions les plus avantureuses vers le pôle. Avec lui pas de provisions spéciales à faire, il se nourrit des restes de ce que mange l'homme, un os de poisson lui suffit. Les peuplades du Nord, notamment les Esquimaux, ont dans le chien à la fois un compagnon de chasse et une vaillante bête de trait attelée aux traîneaux pendant l'hiver, portant sur le dos, pendant l'été, des fardeaux d'une douzaine de kilogrammes. Dans les expéditions

polaires, lorsque le vaisseau cerné par les glaces est dans l'impuissance d'avancer, on fait usage de traîneaux avec attelages de chiens, pour avancer encore autant que le permettent les forces humaines, faire le relevé géographique de la région et revenir enfin aux eaux libres. Nos connaissances actuelles sur la zone polaire, et souvent le retour des hardis explorateurs à qui nous les devons, sont dus, pour une bonne part, au concours du chien comme bête de trait.

11. **Origine et domestication du Chien.** — Les monuments les plus anciens de l'Égypte, de l'Inde, de la Chine, témoignent que l'homme s'est assujetti le chien dès les temps les plus reculés; et d'après leur témoignage, la première domestication se serait faite en Orient. Depuis de longs siècles, le chien s'est répandu avec l'homme sur toute la surface de la terre, et il n'est pas de peuplade, si misérable qu'elle soit, qui ne possède en lui un auxiliaire, un défenseur, un compagnon, un ami. Mais nulle part n'a été rencontrée l'espèce sauvage don il serait le descendant civilisé; nulle part les voyageurs n'ont vu le chien à l'état primitif, à l'état d'indépendance complète. Si quelques-uns sont trouvés menant vie sauvage, ce sont des chiens *marrons*, c'est-à-dire des chiens qui ont fui la domesticité pour vivre à leur guise dans des régions désertes. Tels sont ceux qui se creusent un terrier et chassent pour leur compte dans les plaines de l'Amérique du sud. Ils descendent des chiens domestiques amenés par les Européens, car à l'époque de sa découverte, il y a maintenant près de quatre siècles, le nouveau monde ne possédait pas le chien. Tout ce qu'on peut affirmer, c'est que le chien nous est venu de l'Asie, déjà dressé au service de l'homme; et il nous en est venu à une époque si reculée que tout souvenir s'en est perdu.

A cause de la variété presque infinie de son pelage, de sa forme, de sa taille, on soupçonne que le chien ne descend pas d'une origine unique, mais provient de diverses espèces améliorées par l'homme et profondément modifiées dans leurs caractères par leur mélange entre elles. Parmi ces espèces sauvages à qui revient l'honneur d'être considérées comme ancêtres du chien domestique, nous citerons le *Chacal*, très répandu tant en Afrique qu'en Asie.

Le chacal a un peu les apparences du loup, mais il est plus petit et inoffensif pour l'homme. Son pelage est roux, varié de blanchâtre sous le ventre et de noir sur le dos. Il a le museau fin et l'oreille droite. Sa timidité le porte à se nourrir des restes abandonnés par les animaux plus audacieux et surtout plus forts que lui. Quand le lion repu s'éloigne de sa proie en majeure partie dévorée, le chacal tapi dans le voisinage et attendant

FIG. 87. — Le Chacal.

que l'autre ait fini, accourt par bandes à la carcasse dédaignée et la nettoie jusqu'au blanc de l'os. Pour le même motif, il fréquente en troupes les alentours des villages et des campagnes dans l'espoir de débris et de charognes jetés à la voirie.

Le jour, il se tient tranquille dans sa tanière, parmi les rochers; mais le soir venu, il se met en quête avec une sorte de hurlement aigu qui ne discontinue pas de toute la nuit. Rien de désagréable comme le concert nocturne d'une bande de chacals rôdant autour des habitations. L'un d'eux commence et prononce à peu près *aji* sur un ton très perçant et très prolongé. A peine a-t-il fini, qu'un second reprend de plus belle, puis un troisième, un quatrième jusqu'à ce que toute la bande ait donné de la voix. Alors éclate un charivari où les hurlements se marient en un chœur d'ensemble. Après ce coup de force, les solos reviennent par ordre, entrecoupés de cris en commun, et cela dure ainsi jusqu'à la pointe du jour.

Le chien a bien parfois, il faut en convenir, la manie du tapage nocturne, mais on ne peut rien lui reprocher de comparable au concert des chacals. Le chien possède double voix, sans compter les inflexions secondaires : l'une naturelle, le hurlement, l'autre artificielle, l'aboiement. Il hurle quand il jette un cri sauvage et prolongé, si lugubre pendant la nuit; il aboie quand il donne de la voix par élans courts, par saccades. Il hurle de frayeur, de tristesse, d'ennui; il aboie de joie et de plaisir.

Le hurlement est la voix naturelle du chien. On y retrouve, mais avec un coup de gosier tout différent et un ton bien moins aigu, quelque chose du cri du chacal. Quant à l'aboiement, c'est une voix artificielle, c'est-à-dire apprise en domesticité. Les chiens revenus à l'état sauvage, par exemple ceux des plaines de l'Amérique du sud, ne savent pas aboyer. Déserteurs de la civilisation, ils en ont perdu le langage et sont réduits au grossier hurlement qu'ils partagent avec le chacal et le loup.

Un chien apprend à aboyer en entendant aboyer ses semblables, les autres chiens. S'il était élevé loin de ses pareils, jamais il ne saurait aboyer, pas plus que nous-mêmes ne parviendrions à parler notre langue si nous ne l'entendions parler. Eh! bien, le chacal, lui aussi, peut acquérir l'aboiement par l'éducation. Mis en compagnie du chien qui, par l'exemple, l'initie au nouveau langage, il aboie d'abord mal, puis un peu mieux, puis bien, et dans peu de temps l'élève est presque aussi fort que le maître.

La race primitive, si vraiment elle est le chacal, a dû, on le voit, éprouver des changement profonds jusque dans ses mœurs intimes pour devenir le chien domestique. Elle a dû perdre ses habitudes de rôdeur nocturne, oublier sa prédilection pour les concerts de cris aigus, apprendre l'aboiement, et, chose plus difficile, remplacer la timidité par l'audace. Un autre perfectionnement était indispensable. Le chacal répand de tout son corps une forte puanteur de sauvagine. Pour devenir le compagnon de l'homme et habiter sa demeure, l'animal devait, de rigueur, perdre cette infection. C'est ce que les progrès du temps ont fait d'une manière à peu près complète : aujourd'hui, le chien n'a presque pas d'odeur, si ce n'est lorsqu'il est échauffé par une rapide course ; mais il est à croire, vu son origine présumée, que le chien, dans ses débuts, ne fut pas précisément un bouquet de roses à côté de son maître. Sans doute on ne lui permettait pas l'accès de la hutte, qu'il aurait infectée de son fumet ; on le reléguait à distance, dehors, en plein air. Et puis l'homme rude des anciens temps n'avait pas nos délicatesses d'odorat.

Ce ne sont pas là tous les défauts. Le chacal s'apprivoise très facilement, il est vrai, mais sans acquérir la soumission, l'attachement au maître. Est-il pressé par la faim, il est doux, caressant pour le maître qui lui donne la pitance ; est-il repu, il montre les dents et cherche à mordre si l'on fait mine de vouloir le saisir. Quelques-uns, plus traitables que les autres, gagnent un peu en douceur, mais sans devenir entièrement soumis. Ils gardent toujours quelque chose de leur sauvagerie primitive, et ne peuvent être laissés pleinement libres sans commettre des méfaits ou même s'enfuir du domicile. Les enfants, avec qui le chien aime tant à folâtrer, n'obtiennent pas plus que les grandes personnes la confiance du chacal privé.

Le chien domestique doit ses excellentes qualités aux soins prodigués pendant de longs siècles pour améliorer sa race ; et certainement le chien primitif devait être un fort revêche compagnon. Il ne permettait pas qu'on lui prît la queue ou la moustache ; il ne donnait pas la patte ; il ne faisait pas le mort, les quatre membres en l'air, il n'attendait pas le commandement pour lancer et happer le crouton de pain déposé sur le bout du nez. Le chacal, docile seulement quand il a faim, nous renseigne sur ce que l'on pouvait attendre des hargneux ancêtres de notre chien actuel.

La domestication complète a donc été lente ; une longue succession d'individus a été nécessaire, se transmettant de l'un à l'autre les aptitudes recherchées et les accroissant de ce que peut posséder en plus l'élite de chaque nouvelle génération. Admettons en société de l'homme, dans les anciens âges, le chacal à demi privé tel que nous pourrions l'obtenir aujourd'hui. Si hargneux qu'il reste, l'animal vaudra mieux, après une éducation de plusieurs années, qu'il ne valait au début. Avec des soins continués, les faibles qualités acquises vont faire maintenant, comme on dit, la boule de neige, qui grossit en roulant.

Il est de règle, en effet, aussi bien pour les bêtes que pour nous, que le fils hérite des qualités du père, bonnes ou mauvaises. Les petits du chacal élevés auprès de l'homme seront doux, dès la naissance, à demi privés ainsi que l'étaient leurs parents. Comme le caractère est loin d'être le même dans toute une famille, les uns seront plus sauvages, les autres plus soumis. On rejette les premiers, on garde les seconds, dès qu'il est possible de reconnaître la diversité des aptitudes. Voilà donc que les fils, l'éducation se poursuivant, valent mieux que les pères.

Mêmes soins, mêmes choix pour la troisième génération, et par conséquent nouveau progrès dans les petits-fils. L'amélioration acquise se transmettra par héritage aux arrière-petits-fils, qui l'augmenteront encore et en feront hériter leurs descendants, sinon tous, du moins quelques-uns. Ceux-ci seront élévés de préférence aux autres. Si faibles qu'ils soient d'une génération à la suivante, les progrès vont s'ajoutant par le fait de l'intervention de l'homme, qui choisit toujours les individus d'élite ; et petit à petit, avec le temps, la bête revêche du début devient un animal soumis.

Cette marche, qui consiste à accumuler dans l'animal, par voie d'héritage, les aptitudes que l'on désire, en faisant toujours choix des individus où ces aptitudes sont le plus prononcées, se nomme *sélection*, signifiant choix, triage.

La méthode de sélection qui rend encore aujourd'hui les plus grands services pour le perfectionnement de nos animaux, a sans doute joué un grand rôle dans la domestication du chien, mais elle n'a pas à elle seule fait l'animal tel que nous le possédons. L'étonnante variété des chiens ne peut guère s'expliquer que par la multiplicité des origines et leur mélange entre elles. Nous venons de citer une espèce, le chacal vulgaire, que l'on soupçonne être au nombre des ancêtres du chien. Pour en finir sur cette question des plus obscures, disons quelques mots de deux autres espèces.

On trouve dans les montagnes de l'Abyssinie un chacal à formes très élancées, à ventre évidé, à tête longue et fine, à queue longue et recourbée, enfin, sous tous les rapports, un véritable

BRUNIER.SC.

chien lévrier, si ce n'est qu'il a les oreilles droites au lieu de les avoir tombantes. Tout porte à croire que ce chacal, est le point de départ de notre lévrier. L'Hindoustan a le *Buansu*, plus grand que le chacal, mais moindre que le loup, à pelage roux fauve, à queue touffue, à oreilles droites et museau allongé. Voilà, croit-on encore, une des origines du chien. Élevé jeune, le *Buansu* s'apprivoise fort bien ; il s'attache à son maître, il le sert à la chasse, mais il n'obéit qu'à lui seul. Pour les autres personnes, c'est un animal dangereux, toujours disposé à mordre.

Terminons par cette conclusion de l'un de nos plus savants maîtres sur l'origine des animaux domestiques. — Très communs en Asie, où, d'après l'histoire, nous devons rechercher les lieux des plus anciennes domestications du chien, les chacals vivent habituellement à portée des habitations humaines, où même ils pénètrent parfois volontairement. Ils sont éminemment sociables ; ils s'apprivoisent facilement et s'attachent à leurs maîtres ; ils se mêlent volontiers avec le chien ; enfin, et ce dernier trait ne permet pas de méconnaître leur parenté, ils ressemblent au plus haut degré, soit pour les formes, soit pour les couleurs, soit même pour la voix quand ils ont appris à aboyer, aux races canines les moins modifiées. Dans plusieurs pays, la ressemblance entre les chacals et les chiens est si frappante, qu'elle a conduit tous les voyageurs à la même conclusion : les chacals et les chiens sont, les uns la souche, les autres les rejetons, encore réunis sur divers points de l'Asie et de l'Afrique.

12. **Comparaison de la patte du Chien et de la patte du Chat.** — Le chien et le chat ont l'un et l'autre cinq doigts aux extrémités antérieures. Quatre de ces doigts appuient sur le sol pendant la marche ; le cinquième, ou le pouce, reculé vers le haut, est un appendice sans emploi. Son peu de développement, sa faiblesse, sa presque inutilité, démontrent que c'est là un organe en voie de disparaître. Et en effet les extrémités postérieures sont absolument privés de pouce ; elles n'ont que quatre doigts reposant tous sur le sol.

Pour les deux animaux, les doigts, autant ceux de devant que ceux de derrière, sont garnis en dessous d'épais coussinets charnus, grossiers pour le chien, délicats pour le chat et de plus accompagnés dans les intervalles de houppes de poils qui rendent la patte veloutée et la marche silencieuse. Mais c'est principalement dans les ongles que les deux pattes diffèrent. Ceux du chien sont robustes, mais grossiers, immobiles à l'extrémité des osselets qui les portent, émoussés, usés à la pointe parce qu'ils frottent contre le sol lorsque l'animal court. Ceux du chat, au contraire, sont tranchants, acérés, recourbés, enfin façonnés en *griffes*. Ils sont l'arme principale du chasseur de souris, la mâchoire ne vient qu'en seconde ligne. De son côté le chien a la vigueur du râtelier, mais les ongles lui sont de peu de service. Il poursuit la proie à la course et la happe de la mâchoire; le chat patiemment guette la sienne et la harponne d'un coup de griffe. Le premier pratique la chasse à courre; le second, la chasse à l'embuscade.

Tandis que les ongles du chien sont immobiles, ceux du

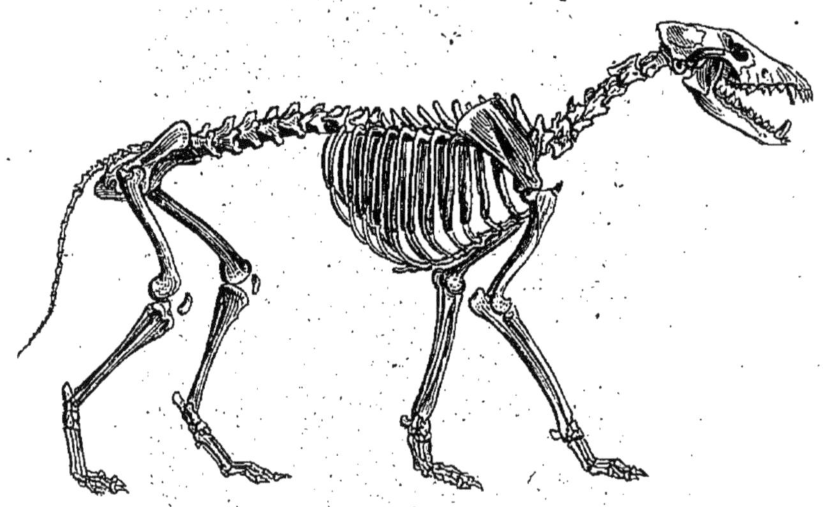

FIG. 89. — Squelette du Chien.

chat sont doués de mobilité. Pendant la marche et le repos, l'animal les tient rentrés dans une gaîne que forme l'extrémité des doigts; il fait alors comme on dit patte de velours. Ainsi retirées dans leurs étuis, les griffes ne débordent pas la patte et ne peuvent choquer le sol. A ce premier avantage de ne faire aucun bruit en marchant, s'en adjoint un autre, non moins précieux pour le chat. Couchées au fond de leurs gaînes, les griffes ne s'émoussent point; elles conservent, pour l'attaque, leur tranchant et leur pointe acérée. Ce sont des armes fines que l'animal garde dans un fourreau jusqu'au moment d'en faire usage. Alors de leurs étuis les griffes brusquement surgissent, comme poussées par un ressort, et la patte de velours de tantôt devient un harpon horrible, qui s'implante dans la chair et laboure la proie de sanglants sillons.

Pressons doucement des doigts la patte du chat, les griffes sortent de leurs étuis; cessons de presser, les griffes aussitôt rentrent. Voilà ce qui se passe au gré de l'animal. L'osselet terminal des doigts, celui qui porte l'ongle, se rattache à l'osselet précédent au moyen d'un ligament élastique, dont l'effet, à l'état de repos, est de relever le premier os et de le coucher sur le

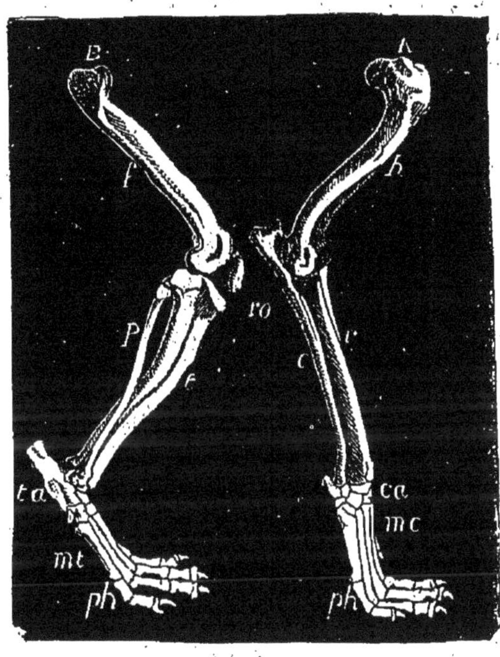

FIG. 90. — A, membre antérieur du Chien; *h*, humérus; *r*, *c*, radius et cubitus; — *ca*, carpe; — *mc*, métacarpe; — *ph*, phalanges; — B, membre postérieur; — *f*, fémur; — *t*. *p*, tibia et péroné; — *ta*, talon; — *mt*, métatarse; — *ph*, phalanges.

dos du second. Dans cette position de l'osselet terminal, l'ongle se tient relevé, à demi enfoncé dans un pli de la peau et caché sous le velours de la patte. Faut-il faire usage des armes, le chat n'a qu'à étendre les doigts. Entraîné par l'effort musculaire et le tendon correspondant, qui tire en dessous, l'osselet terminal pivote sur l'extrémité de l'os qui précède et se met en ligne droite avec lui. Du même coup, les crocs des ongles font saillie hors de la patte. En somme, les griffes du chat sont *rétractiles*, elles peuvent rentrer dans une gaîne ou en sortir à la volonté de l'animal; les ongles du chien sont toujours à découvert, immobiles au bout des doigts.

13. **Râtelier et langue du Chat.** — Le chat est par excellence un mangeur de proie. Six petites incisives forment sur le devant de la mâchoire comme une rangée d'élégantes mais peu utiles perles. Au chasseur de rats il faut des canines bien pointues, bien longues, qui transpercent la proie saisie par les griffes. Sous ce rapport le chat est armé d'une façon redoutable (fig. 91.). Les molaires sont en harmonie avec ces féroces canines. Il y en a quatre en haut, dont la dernière est très petite, et trois en bas. Leurs dentelures sont encore plus acérées, plus tranchantes que celles des molaires du chien; aussi les appétits du chat et de ses congénères, le tigre, la panthère, le jaguar et autres, sont-ils plus sanguinaires que ceux des loups et des animaux qui s'en rapprochent, comme le chacal, le renard, le chien. Il faut à pareil râtelier une proie qui saigne, une chair pantelante.

Fig. 91. — Râtelier du Chat.

La langue, de son côté, présente de curieux détails de structure. Elle est hérissée, à la face supérieure, d'une multitude de papilles, inclinées en arrière, et revêtues d'un sorte d'étui corné, qui lui donnent la rudesse d'une râpe. Rien qu'en lèchant, cette langue peut entamer une peau délicate.

Rappelons encore du chat la prunelle des yeux, tantôt réduite à une ligne noire, tantôt ronde et grandement ouverte, suivant le degré d'illumination des lieux où l'animal se trouve. Grâce à ses prunelles, qui s'ouvrent énormes et peuvent ainsi recueillir encore un peu de lumière là où pour les autres règne une profonde obscurité, le chat se guide dans les ténèbres et chasse de nuit encore mieux qu'en plein jour, invisible qu'il est aux souris, tandis qu'il les voit suffisamment lui-même. Il a du reste d'autres organes d'exploration : ce sont les poils de sa moustache, avec lesquels il palpe le terrain, reconnaît les lieux, sonde coins et recoins. Qu'une souris vienne à frôler un de ses poils longuement épanouis dans toutes les directions, il n'en faut pas davantage pour le chat. A l'instant la griffe saisit, la gueule happe.

14. **Historique du Chat.** — Le chat est venu dans nos demeures bien longtemps après le chien ; sa domestication n'en est pas moins très ancienne. L'Orient, d'où nous l'avons reçu, le possède de temps immémorial. L'antique Égypte, la vieille terre des Pharaons, nous a transmis à ce sujet les documents les plus curieux.

Dans ce pays, célèbre par sa profonde vénération envers les animaux domestiques, des honneurs presque divins étaient rendus au bœuf, au chien, au chat et à bien d'autres. Plus rapprochés que nous des âges primitifs et gardant encore souvenir des misères dont l'animal domestique avait affranchi l'homme,

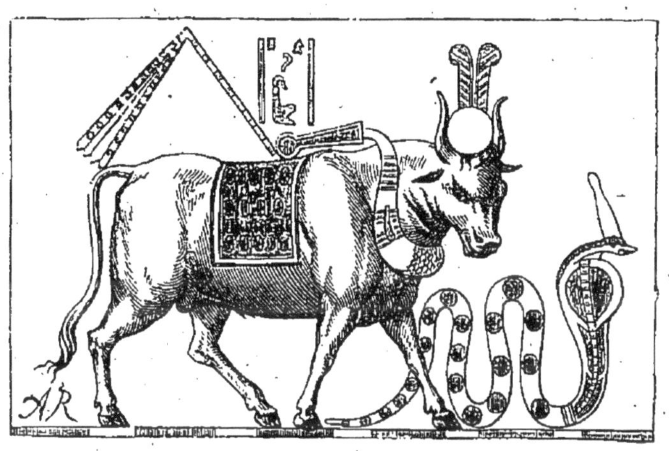

Fig. 92. — Le bœuf Apis, d'après les monuments égyptiens.

les Égyptiens sans doute témoignaient leur reconnaissance par ces honneurs, qui nous semblent aujourd'hui ridicule superstition. Le bœuf, ouvrant avec la charrue le sillon de l'agriculture, occupait le premier rang. Un magnifique bœuf blanc, appelé bœuf *Apis*, était nourri aux frais de l'État dans un temple somptueux de granit et de marbre, et soigné par un collége de serviteurs. Pour renouveler la litière et mettre du fourrage au râtelier, on s'avançait avec l'encensoir et des génuflexions. Aux jours de grande fête, quand le bœuf Apis sortait escorté de son collége de serviteurs, la foule se prosternait à terre, le front dans la poussière. A sa mort, le deuil était général en Égypte. Une immense cuve de granit, chef-d'œuvre d'art et de patience, recevait la dépouille sacrée, puis était déposée dans une chambre sépulcrale creusée au sein d'une montagne et ornée de tout ce que la sculpture et la peinture pouvaient produire de plus somptueux.

Pour le chat, les honneurs étaient moindres. On se bornait à l'imprégner d'aromates après sa mort, à l'envelopper de fines bandelettes de lin, et à placer le cadavre ainsi préparé dans une caisse de bois odoriférant, avec dorures, peintures, inscriptions. Ces caisses étaient ensuite disposées par étages dans les niches d'une chambre sépulcrale, pratiquée à une grande profondeur dans le roc vif.

Dans telle de ces chambres, aussi fraîche maintenant de décoration que si elle datait d'hier, on retrouve aujourd'hui, après trois et quatre mille ans écoulés, un nombre prodigieux de cadavres de chats et d'autres animaux, suffisamment conservés pour être reconnus, grâce au bitume aromatique dont on les avait imprégnés. Eh! bien, l'examen de ces vieilles reliques nous renseigne sur un point d'un haut intérêt; il nous démontre que les animaux domestiques de ces temps si reculés ne diffèrent pas de ceux de nos jours. Tels étaient le bœuf, le chien, le chat, il y a quatre mille ans, tels ils sont aujourd'hui.

Le chat, en particulier, est de tous points semblable au nôtre. Le chasseur de rats du temps des Pharaons ne diffère pas de notre matou. Mais lui-même d'où est-il venu à cette lointaine époque, dans la demeure de l'Égyptien? de quel pays est-il originaire?

Au sud de l'Égypte est l'Abyssinie, où nous avons déjà trouvé le chien sauvage d'où très-probablement est issu notre lévrier. Là se trouve encore, tantôt en liberté au milieu des bois, tantôt en domesticité dans les habitations, une espèce de chat, appelé *Chat ganté*, qui présente avec notre espèce domestique une frappante ressemblance. On s'accorde à le regarder comme la souche de nos chats.

De l'Égypte, le chat s'est lentement répandu en Europe, dont les régions occidentales ne l'ont possédé qu'assez tard. Au Xe siècle de notre ère, le pays de Galles, en Angleterre, avait une loi qui démontre combien cet animal était rare et précieux. Celui qui tuait un chat devait payer une amende consistant en un tas de blé suffisant pour recouvrir l'animal suspendu par la queue et touchant la terre du bout du museau.

15. **Lion, Tigre.** — Le *Lion*, le *Tigre*, la *Panthère*, le *Jaguar*, ont avec le chat les analogies les plus manifestes. Doués tous au plus haut degré d'appétits sanguinaires, ils ont du chat la forme, le mode de chasse, les armes; ils ont son râtelier à

puissantes canines, ses griffes acérées rentrant dans des étuis, la râpe de sa langue hérissée de papilles, ses prunelles large-

Fig. 93. — Le Lion.

ment dilatables, ses mœurs de chasseur en embuscade, ses bonds pour se jeter sur la proie. Ce sont des chats de grande taille qui, pour souris, griffent l'antilope, le mouton, le taureau et parfois même l'homme.

Le lion, le plus vigoureux des carnassiers, habite l'Afrique, du nord au sud. Sa tête grosse, presque carrée, se termine en museau large et camus; ses oreilles sont rondes, ses yeux étincelants. La queue est longue et se termine par un gros flocon de poils. Le pelage est fauve, et le mâle a les épaules ainsi que la tête revêtues d'une crinière longue et touffue, qui retombe jusque sur les pattes de devant. Sa hauteur est d'à peu près un mètre, et sa longueur, non compris la queue, de 1m,63. La fière attitude de sa tête, sa crinière majestueuse, son air grave et réfléchi, lui donnent une apparence de dignité qui lui a valu le

FIG. 94. — Le Tigre.

titre de roi des animaux. C'est en réalité un vulgaire bandit, profitant des ténèbres pour surprendre sa proie. Terrible par sa force lorsque la faim le pousse, il devient indolent et dormeur une fois repu. En Algérie, il dévaste les troupeaux de bœufs et de moutons, mais rarement il attaque l'homme, à moins que ce ne soit pour sa défense.

Le tigre est plus redoutable, quoique de moindre force. Il vit exclusivement en Asie, notamment dans l'Inde et dans les îles de Sumatra et de Java. C'est un fléau pour ces pays, où chaque année il prélève large tribut d'animaux domestiques et trop souvent aussi de victimes humaines.

CHAPITRE XIV

ÉLÉPHANTS

1. **Description.** — L'*Éléphant*, le plus gros des animaux terrestres, a pour caractère principal la trompe, au bout de laquelle s'ouvrent les deux narines. La trompe est donc le prolongement du nez. Elle est formée d'un entrelacement d'environ quarante mille petits muscles, tant longitudinaux que circulaires, qui lui donnent une grande mobilité en tous sens. Son extrémité se termine par un appendice charnu, faisant office d'un doigt d'une merveilleuse dextérité, et capable, par exemple, de dénouer une corde, déboucher une bouteille, tourner une clef dans sa serrure, guider un crayon sur du papier. Avec la trompe, l'éléphant cueille à terre la nourriture que la brièveté du cou ne lui permettrait pas de cueillir des lèvres; et avec cette espèce de main, il la porte à la bouche. Le même organe fonctionne comme une pompe pour la boisson. En aspirant, l'animal remplit d'eau sa double narine; puis, repliant la trompe, il lance le liquide dans le gosier. D'une façon semblable, il s'asperge de sable pour chasser les mouches qui le tourmentent. Le même organe, doué d'une délicate dextérité rappelant celle de notre main et capable de saisir l'objet le plus délié, comme un brin d'herbe, une feuille de papier, possède aussi une puissance énorme. De sa trompe, l'éléphant coupe un arbre, le rompt; il enlace son agresseur et le jette après à terre pour le fouler sous la lourde masse de ses pieds.

La mâchoire supérieure porte deux énormes incisives, qui se terminent en pointe et font longuement saillie hors des lèvres. Leur longueur varie de 1 à 3 mètres, et le poids pour la paire peut atteindre jusqu'à 150 kilogrammes. Ce sont là les *défenses*. L'éléphant en fait usage pour fouiller le sol quand il recherche des racines charnues pour sa nourriture. Mais cet instrument de labour pacifique est aussi une arme terrible avec laquelle il transperce un ennemi dangereux. Si la lutte est trop périlleuse et que la trompe soit menacée, l'éléphant replie celle-ci sur le front et présente à l'agresseur, pour le tenir en respect, le double dard de ses défenses. Les molaires sont peu nombreuses, une paire ou deux pour chaque mâchoire ; mais leur surface triturante est d'ample étendue. Elles se composent d'un certain nombre de lames verticales d'ivoire enveloppées d'émail et enchâssées dans une troisième substance appelée *cément*. Elles ne se succèdent

Fig. 95. — L'Éléphant.

pas de bas en haut, comme dans les autres mammifères ; les dents de seconde dentition succèdent aux dents de lait, mais d'arrière en avant. A mesure qu'une molaire s'use, elle est refoulée en avant par celle qui vient après ; de manière que, suivant l'âge, l'éléphant possède tantôt une molaire, tantôt deux de chaque côté, quatre ou huit en tout. Ce renouvellement se fait jusqu'à six fois. Les défenses ne tombent qu'une fois, puis croissent indéfiniment.

La tête est très volumineuse, voilée de chaque côté, par de larges oreilles pendantes, semblables à de larges morceaux de cuir. Les yeux sont petits, mais brillants et assez expressifs. Le corps est court et ramassé, soulevé vers le dos en forme de voûte. Cette lourde masse repose sur quatre jambes droites comme des piliers, sans articulations distinctes, et terminées par une plante arrondie ayant les apparences d'un disgracieux moignon. Dans ce moignon cependant se trouvent cinq doigts, mais encroûtés dans une peau calleuse et n'apparaissant au dehors que par les ongles attachés sur le bord de cette espèce de sabot. Le dessous des pieds est plat et corné. La peau est nue, dure, calleuse, gercée à la façon d'une vieille écorce. Des soies clair-semées se montrent dans les rides, et un bouquet de crins aussi grossiers que des filets de corne termine la queue.

Les éléphants se nourrissent exclusivement de végétaux. Sociables et pacifiques, ils vivent en troupes sous la conduite des vieux mâles. Les forêts pleines d'ombre, les fourrés épais de verdure, sont leur demeure favorite. Le voyageur qui les surprend dans leur retraite peut juger du caractère paisible de ces colosses. Les uns cueillent de la verdure avec la trompe, d'autres agitent un rameau feuillé pour s'éventer, quelques-uns sont couchés et dorment tandis que les jeunes courent joyeux autour de la bande. Il y en a qui gravement balancent la tête, ou rabattent les oreilles sur le front et les agitent; il y en a qui lèvent et baissent régulièrement une de leurs pattes antérieures, ou la font osciller d'avant en arrière. Mais si l'observateur est vu, senti, ou seulement soupçonné, la troupe détale dans les profondeurs de la forêt.

2. **Habitat.** — Il existe aujourd'hui deux espèces d'éléphant, l'*Éléphant asiatique* et l'*Éléphant africain*. Le premier habite les Indes orientales, en particulier l'Hindoustan, le Bengale, la Birmanie, le royaume de Siam. On en trouve aussi dans les grandes îles voisines, à Sumatra, Bornéo, Ceylan. Le second est propre à l'Afrique, où on le trouve depuis le cap de Bonne-Espérance jusque d'une part à la Haute-Égypte et de l'autre au cap Vert. C'est cette espèce que les Carthaginois employaient dans leurs expéditions militaires. L'éléphant d'Asie est caractérisé par une tête oblongue, un front concave, relevé et bombé des deux côtés, des oreilles plus petites que dans l'espèce africaine, des défenses moindres, des molaires à rubans transverses, ondoyants, qui sont les coupes des lames d'ivoire et d'émail usées par la trituration. L'éléphant d'Afrique a la

tête ronde, le front convexe, les oreilles grandes, retombant sur les épaules qu'elles recouvrent en partie, les molaires avec leurs lames d'émail conformées en losanges au lieu d'être disposées en rubans transverses. Il est en outre plus grand que l'espèce asiatique. Sa longueur, la trompe non comprise, varie de 3 à 5 mètres. La trompe seule mesure de 2 mètres à $2^{m},60$. Le poids du colosse est en moyenne de 2 000 à 2 500 kilogrammes. On en cite qui pesaient 5 000 kilogrammes, et même

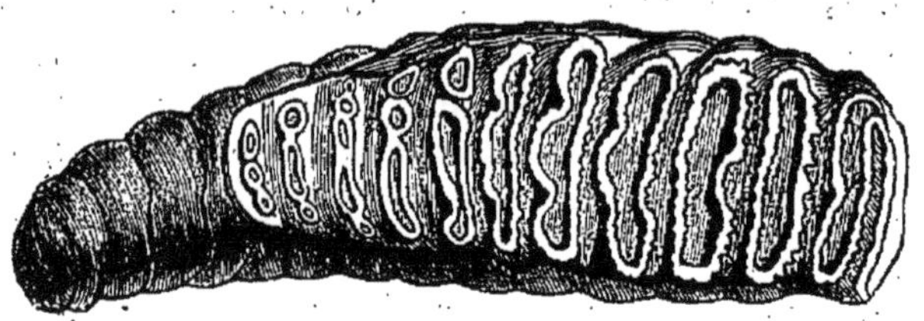

FIG. 96. — Molaire de l'Éléphant asiatique.

6500. La seule peau de ce dernier dépassait le poids d'une tonne.

3. **Ivoire.** — Les défenses de l'éléphant fournissent l'ivoire, matière qui par sa structure fine et serrée, apte à recevoir un superbe poli, se prête très bien au travail du tourneur et du sculpteur. Les pièces pour le jeu d'échecs, les billes de billard, sont en

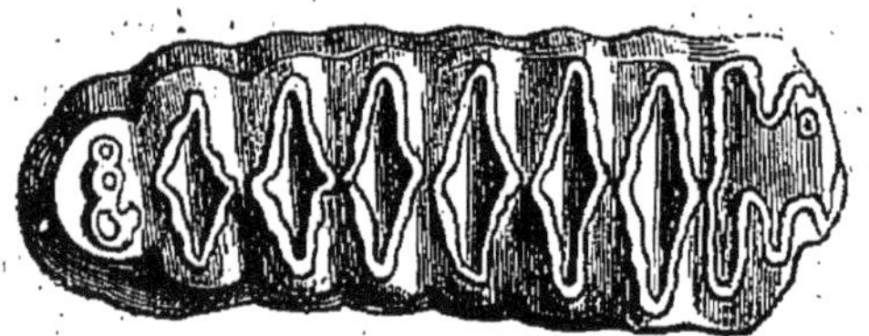

FIG. 97. — Molaire de l'Éléphant africain.

ivoire. La chasse à l'éléphant a pour but d'obtenir les défenses, dont il se fait un commerce considérable. De l'espèce de l'Inde nous viennent des défenses n'ayant guère qu'un mètre de longueur, mais l'espèce africaine en fournit de deux à trois mètres et pesant chacune de 40 à 70 kilogrammes et au-delà. L'ivoire du Ceylan, plus blanc que les autres, est le plus renommé et le plus cher.

4. **Chasse à l'Éléphant.** — L'éléphant des Indes est le seul qu'on emploie aujourd'hui comme bête de trait et de somme. De temps immémorial il est au service de l'homme; cependant

sa domestication est incomplète, car il ne se propage pas en captivité. Il faut prendre vivants des éléphants sauvages et les apprivoiser après. Voici comment, d'après un témoin oculaire, Tennent, se pratiquent les grandes chasses où l'on capture parfois une centaine d'éléphants.

Sur l'un des chemins fréquentés par les éléphants, on construit un *corral*, c'est-à-dire une enceinte de pieux s'élevant au-dessus du sol de 4 à 5 mètres et laissant entre eux des intervalles suffisants pour le passage d'un homme. La construction est entrelacée de lianes et de bambous. Cet enclos mesure 150 mètres de longueur, et la moitié moins en largeur. Les arbres et les broussailles du terrain sont laissés en place pour masquer l'enceinte. A une extrémité est ménagée une porte que l'on peut rapidement fermer avec des poutres. Il part de cette ouverture une double muraille de pieux, qui conduira le troupeau dans l'enceinte.

Le corral fini, les rabatteurs se mettent à l'œuvre au nombre de quelques mille car ils ont à former un cercle de plusieurs lieues. Leur marche doit être prudente et patiente, pour ne pas inquiéter les éléphants cernés et les faire fuir dans toutes les directions. Ces paisibles animaux ne demandent qu'à paître en sûreté; à peine inquiétés, ils s'éloignent; il ne faut donc les troubler que juste assez pour les faire acheminer peu à peu vers la direction voulue. Deviennent-ils inquiets, agités, on a recours à des procédés plus violents pour s'opposer à leur fuite. Tout autour du point qu'ils occupent, on allume, de dix pas en dix pas, de grands feux entretenus nuit et jour. Pendant des semaines et des mois, le cercle se resserre; puis à un signal donné, le silence général est troublé par les cris des traqueurs, les détonations des armes à feu, les roulements des tambours. Effaré par ce bruit, le troupeau se précipite avec un craquement de branches et d'arbres cassés. Le vieil éléphant qui les guide se présente à l'entrée du corral, s'arrête un instant surpris, regarde autour de lui, puis tête baissée, pénètre dans l'enclos, où les autres le suivent. De toutes parts, les chasseurs accourent, une torche allumée à la main, et l'enceinte se trouve enveloppée d'une ceinture de feux.

Reconnaissant enfin le piège où ils sont tombés, les éléphants reviennent sur leurs pas et cherchent à gagner la porte; mais elle est déjà fermée avec des poutres. Leur fureur est à son comble. Ils courent à pas rapides tout autour du corral, ils cherchent à renverser les pieux; leurs tentatives restent impuissantes, car partout où ils veulent forcer l'enceinte se présente aussitôt l'épouvantail des torches agitées et du bruit des armes à feu. Enfin épuisé, étourdi, le troupeau se réunit en un groupe au milieu de l'enclos, les plus jeunes au centre.

Alors interviennent des éléphants domestiques pour prendre les captifs. Les poutres barrant l'ouverture sont prudemment enlevées. Les éléphants privés entrent en silence, chacun monté par son cornac et muni d'un fort collier auquel sont fixées deux cordes, terminées en nœud coulant. En même temps et caché par eux, se glisse dans l'enclos l'homme preneur d'éléphants. Le mieux exercé des éléphants domestiques s'avance dans le corral sans bruit, à pas lents, d'un air très indifférent. Il marche paisible vers les bêtes captives; de temps à autre il s'arrête pour cueillir une touffe d'herbe ou de feuillage. Sa tranquillité inspire confiance aux éléphants sauvages qui viennent à sa rencontre; leur guide s'approche du nouveau venu, lui caresse doucement la tête avec sa trompe et retourne lentement vers ses compagnons. L'éléphant privé le suit et se met contre lui, de manière que le chasseur se glissant sous le ventre de l'animal derrière lequel il était dissimulé, parvient à passer un lacet autour d'un pied de derrière de l'éléphant sauvage. L'homme fuit, et l'éléphant privé, au collier duquel est fixé le lacet, tire à lui pour tendre la corde de toute sa longueur et serre le nœud coulant. Si le reste du troupeau s'approche pour défendre le captif, quelques éléphants domestiques s'interposent. Quant aux cornacs, ils n'ont rien à craindre dans ces démêlés; les éléphants sauvages ne cherchent jamais à attaquer ou à renverser la personne assise sur le cou ou sur le dos d'un éléphant apprivoisé.

Il faut maintenant entraîner plus loin le prisonnier, le garrotter, l'attacher solidement à un arbre. Le captif oppose une résistance énergique, mugit, foule aux pieds les arbustes ainsi que les roseaux. L'autre tire et passe à diverses reprises la corde autour d'un arbre, pendant que des aides font avancer l'animal pris. Un second lacet fixe de la même manière la seconde jambe de derrière; enfin les deux jambes antérieures sont attachées à un second arbre.

Tant que les éléphants privés restent autour de lui, le prisonnier se tient immobile, sans grande résistance; mais une fois seul, il essaye de se délivrer pour aller rejoindre ses compagnons. Avec sa trompe, il cherche à défaire les nœuds; il tire en arrière pour dégager les pieds de devant; il tire en avant pour dégager ceux de derrière; toutes les branches des deux arbres en tremblent. Il mugit, élève la trompe en l'air, couche la tête à terre. Enfin, après quelques heures de vaines tentatives, il perd tout espoir de délivrance et demeure immobile.

Cependant le troupeau s'est réuni en une masse compacte. De temps à autre, l'impatience gagne l'un d'eux, qui s'écarte de quelques pas et regarde. Les autres le suivent d'abord avec lenteur, puis précipitamment, et toute la bande essaye de franchir la clôture, mais ces tentatives sont aussi vaines que violentes ; la démarche de ces colosses est lourde et vacillante, et leur élan furieux se change subitement en une retraite craintive. Ils se précipitent, le dos courbé, la queue levée, les oreilles tendues, mugissant et soufflant; un pas de plus, et la trombe vivante semble devoir emporter la clôture ; tout à coup ils s'arrêtent devant quelques bâtons blancs qu'on leur présente à travers la palissade. Épouvantés par les cris des traqueurs, ils parcourent le corral et reviennent au centre, à leur ancienne place.

La chasse au lacet recommence, conduite comme nous venons de le voir. Ceux qui restent encore libres prennent part au malheur de leurs compagnons captifs; mais sans jamais essayer de les délivrer. Ils s'en approchent, entrelacent les trompes, lèchent leur cou et donnent les signes de tristesse les moins équivoques. Tout se borne à ces démonstrations d'attachement; nul ne cherche à rompre les liens du prisonnier.

Les captifs se conduisent de façon fort différente, suivant leur caractère. Les uns s'abandonnent après une faible résistance ; d'autres se jettent à terre avec une telle violence que tout autre animal se tuerait. Ils déchaînent leur colère sur les arbres qu'ils peuvent saisir ; ils les déracinent, ils en enlèvent les branches et le feuillage qu'ils dispersent autour d'eux. Quelques-uns restent muets ; d'autres mugissent avec fureur, poussent des cris saccadés ; et finalement, épuisés, désespérés, ne font plus entendre que des sons sourds et plaintifs. Plusieurs restent couchés, immobiles ; d'autres, au fort de l'emportement, exécutent les mouvements les plus singuliers et prennent les postures les plus surprenantes, provenant d'un animal aussi lourd. On en voit qui, ayant la face à terre, replient le corps de façon que les jambes de derrière se trouvent en avant.

Dans ces chasses, la conduite des éléphants apprivoisés est extrêmement remarquable. Ils montrent l'intelligence la plus parfaite dans chacun de leurs mouvements ; ils savent le but qu'il leur faut atteindre et les moyens qu'ils doivent employer. Leurs fonctions semblent les divertir au plus haut point. Ce n'est pas méchanceté; ils paraissent ne voir là qu'un agréable passe-temps. Leur prudence n'est pas moins surprenante. Jamais il n'y a excès de zèle, ni désordre de leur part; jamais ils ne s'embrouillent dans les lacets; jamais, au milieu des luttes qu'ils ont à soutenir, ils ne blessent les éléphants prisonniers. Souvent, lorsqu'un de ceux-ci avance la trompe pour saisir le lacet qu'on va lui passer au pied, l'éléphant privé, son voisin, sur-le-champ l'arrête.

L'éléphant n'est pas difficile à dompter. Au bout de deux ou trois jours, il commence à manger. On lui donne alors un éléphant domestique pour compagnon. Deux hommes lui caressent le dos et lui parlent avec douceur. S'il est furieux et frappe de tous côtés avec sa trompe, on reçoit les coups sur la pointe d'une pique jusqu'à ce que la douleur avertisse l'animal qu'il vaut mieux pour lui ne pas faire usage de son arme. Il apprend de la sorte à redouter la puissance de l'homme. Les éléphants domestiques complètent alors l'éducation. En trois semaines, on l'amène à se coucher dès qu'il voit la verge de fer qui a servi à corriger ses emportements. En moyenne, au bout de deux mois, la présence des éléphants apprivoisés est inutile, et le cornac peut monter sur l'animal. Après trois à quatre mois, on peut le faire travailler.

5. **Le Mammouth.** — L'Afrique et l'Asie n'ont pas toujours été la patrie exclusive des éléphants; il fut un temps où ces animaux vivaient en grand nombre dans les forêts de nos régions tempérées; l'un d'eux même, le *Mammouth*, pâturait jusque sur le littoral de la mer Glaciale.

Le mammouth n'existe plus aujourd'hui. C'était un monstrueux éléphant haut de cinq à six mètres, portant sur le cou une longue crinière de poils noirs et sur tout le corps une épaisse toison rousse, qui le défendait des injures du froid. Les défenses recourbées en arc de cercle mesurent de trois à quatre mètres de longueur et pèsent parfois jusqu'à 480 livres chacune.

Cette espèce a vécu jusque dans le midi de la France, en même temps que l'homme, comme l'atteste particulièrement une effigie grossière mais très reconnaissable de mammouth, gravée sur une tablette d'ivoire et trouvée parmi d'autres restes de l'industrie humaine en ses débuts, alors que l'habitant de nos pays avait l'abri sous roche pour demeure et le caillou tranchant pour arme et pour outil.

Mais c'est surtout dans les régions arctiques que ses dépouilles sont abondantes. Quelques îles de la mer glaciale sont de véritables ossuaires; l'archipel de la nouvelle Sibérie est littéralement formé de glace et d'ossements de mammouth. De temps immémorial, la Chine dirige chaque année, vers les îles à ossements, des caravanes de traîneaux attelés de chiens et d'innombrables barques de pêcheurs pour exploiter ces étranges mines où le roc est de l'ivoire fossile, employé aux mêmes usages que l'ivoire des éléphants modernes. L'Europe elle-même n'est pas étrangère à ce commerçe. La majeure partie

FIG. 98. — Le Mammouth.

de l'ivoire que l'industrie met en œuvre n'a pas d'autre origine.

Toute la Sibérie est comme un cimetière à mammouths, cimetière d'autant plus riche qu'on se rapproche davantage de la mer Glaciale. On trouve les cadavres du vieil éléphant enfouis dans le sol à une médiocre profondeur, là où le dégel ne se fait que très rarement sentir. Les vallées sillonnées par des rivières sont les localités où ils abondent le plus. Après les grandes crues, il n'est pas rare de voir apparaître, sur les berges dénudées, quelque énorme carcasse que les eaux ont exhumée de sa gangue de limon gelé. Parfois la conservation est telle, que l'animal reparaît au jour avec ses visières, sa chair, sa peau, son poil. Le froid a conservé la bête en la durcissant comme pierre au sein de limons toujours congelés.

Les peuplades sibériennes, Samoyèdes, Ostiakes, Tongouses, donnent de ces amoncellements d'os une naïve explication. D'après leur dire, vivrait sous terre, à la manière des taupes, un animal de taille énorme, haut de deux à trois mètres, à pattes semblables à celles de l'ours. Il se nourrit de terre limoneuse. La lumière lui est mortelle; dès qu'il apparaît au jour, il périt. Or, dans ses promenades souterraines, il lui arrive de percér par mégarde la croûte de vase glacée qui le recouvre. S'il ne rentre pas aussitôt la tête dans l'obscurité de sa galerie, il meurt. De là proviendraient les ossements que l'on voit çà et là saillir hors du sol. Le nom qu'ils donnent à la bête est *Mammouth*. Mais laissons ces naïvetés et revenons aux faits.

Vers la fin du dernier siècle, un pêcheur Tongouse observa un bloc informe échoué à l'embouchure de la Léna. La glace et les boues durcies qui l'empâtaient ne permettaient pas de se prononcer sur sa nature. Cinq ans d'exposition à l'air libre dégagèrent le noyau du bloc. C'était un mammouth d'une exceptionnelle conservation. Le pêcheur ne vit dans sa trouvaille qu'une affaire d'ivoire. Il détacha les défenses et abandonna aux injures des bêtes fauves l'antique animal, si précieux pour la science. Pendant sept étés, les chiens des peuplades voisines et les ours blancs firent curée de la chair du vieil éléphant.

Enfin la nouvelle de la trouvaille parvint à Yakoutsk. Un naturaliste, Adams, s'empressa de se rendre sur les lieux. Il était trop tard : le mammouth était dévoré. Le squelette, une oreille, un œil, se trouvaient encore intacts. Adams recueillit ces restes avec quelques lambeaux de peau et une grande quantité de bourre, espèce de laine rougeâtre assez fine mêlée à des soies fortes, raides et clair-semées, qui probablement empêchaient la fourrure de s'enchevêtrer. Le squelette monté est aujourd'hui à Saint-Pétersbourg. Il fait la plus curieuse richesse du musée, qui l'acheta 10 000 roubles (40 000 francs).

CHAPITRE XV

LE CHEVAL, — L'ANE

1. **Le Cheval.** — Dans les anciens âges, tandis qu'autour de sa tente en poil de chameau bondissaient cavales et poulains sous l'ombrage des palmiers, un célèbre personnage biblique, Job, parlait ainsi du cheval :

« Le cou revêtu d'une crinière flottante, il bondit aussi léger que la sauterelle. Son hennissement superbe répand la terreur. Il creuse du pied la terre, il s'élança avec audace et se précipite au-devant des armes ennemies. Il se rit de la crainte, il ne recule pas devant l'épée. Sur son dos retentissent le bouclier, la lance et le carquois. Il frémit, il hennit, il dévore la terre, quand résonnent les accents du clairon. Au premier bruit de la trompette, il dit : Allons ! Il flaire de loin la bataille, la voix tonnante des chefs et les cris de l'armée. »

L'Arabe célèbre ainsi, en un langage emphatique, les qualités de sa noble monture : « Valeureux coursier, prêt à t'élancer dans la carrière, tu es éclatant de blancheur comme un rayon de soleil. Ta crinière est le nuage ondulé du midi qui vole dans les airs. Ton dos est comme un rocher qu'a doucement poli l'eau d'un ruisseau. Tes flancs brillent comme les flancs du léopard, qui se glisse pour saisir sa proie. Ton cou est comme un palmier élevé sous lequel se repose le voyageur fatigué. Ton front est un bouclier qu'un habile artiste a poli et arrondi. Tes naseaux ressemblent aux antres des hyènes. Tes yeux sont deux étoiles jumelles. Ton pas est rapide comme celui de la gazelle, qui se rit des ruses des chasseurs. Ton galop est un nuage qui porte la tempête et qui passe sur les collines avec un roulement prolongé de tonnerre. Viens, cher coursier, bois le lait de chamelle, pais les herbes odoriférantes. »

Notre grand historien des animaux, Buffon, s'exprime ainsi à son tour : « La plus noble conquête que l'homme ait jamais faite

Fig. 90. — Le cheval arabe

est celle de ce fier et fougueux animal, qui partage avec lui les fatigues de la guerre et la gloire des combats. Aussi intrépide que son maître, le cheval voit le péril et l'affronte; il se fait au bruit des armes, il l'aime, il le cherche et s'anime de la même ardeur. Il partage aussi ses plaisirs, à la chasse, au tournois, à la course. Mais docile autant que courageux, il ne se laisse pas emporter à son feu; il sait réprimer ses mouvements. Non seulement il fléchit sous la main de celui qui le guide, mais il semble consulter ses désirs; obéissant toujours aux impressions qu'il en reçoit, il se précipite, se modère ou s'arrête, et n'agit que pour y satisfaire. C'est une créature qui renonce à son être pour n'exister que par la volonté d'un autre; qui par la promptitude et la précision de ses mouvements, l'exprime et l'exécute; qui sent autant qu'on le désire et ne rend qu'autant qu'on le veut; qui, se livrant sans réserve, ne se refuse à rien, sert de toutes ses forces, s'excède et meurt pour mieux obéir. »

L'aspect du cheval dénote l'agilité jointe à la force. Le corps est puissant, le poitrail large, la croupe arrondie, la tête un peu lourde mais soutenue par une large encolure; les cuisses et les épaules sont musculeuses, les jambes élancées, les jarrets vigoureux et souples. Une élegante crinière, retombant de côté, règne sur le cou; la queue porte une longue touffue de crins, dont l'animal se sert pour chasser de ses flancs les mouches importunes. Les yeux sont grands, à fleur de tête et très expressifs; les oreilles, d'une mobilité remarquable, se dirigent et s'ouvrent du côté d'où vient le bruit, pour mieux recevoir le son dans leurs cornets. Les naseaux sont amples et très mobiles aussi; la lèvre supérieure s'allonge et se replie pour saisir la nourriture, la disposer en une bouchée commode et la porter aux dents, ainsi que le ferait une main. Toute la surface de la peau, d'une sensibilité extrême, frémit et s'agite au moindre attouchement. N'oublions pas un caractère particulier au cheval et aux animaux qui lui ressemblent le plus, tels que l'âne et le zèbre : aux jambes antérieures, et quelquefois aussi à celles de derrière, se trouve une partie privée de poils, dure comme de la corne et appelée *châtaigne* ou *noix*.

2. **Le hennissement.** — La voix du cheval, ou *hennissement*, varie suivant les sentiments exprimés. Le hennissement d'*allégresse* est d'assez longue durée; il monte peu à peu et finit par des sons aigus. En même temps, l'animal rue, mais sans violence, sans chercher à frapper, et comme simple expression de sa joie.

Dans le hennissement de *désir*, la voix dure longtemps, finit par des sons plus graves et n'est pas accompagnée de ruades. Parfois alors le cheval montre les dents et semble rire. Le hennissement de *colère* est court et aigu. En outre, de vigoureuses ruades sont lancées, les lèvres grimacent et laissent voir les dents, les oreilles se courbent dirigées en arrière. A ce dernier signe se reconnaît l'intention de mordre. Le hennissement de *crainte* est grave, rauque et de courte durée. Il semble produit surtout par le souffle des naseaux et rappelle un peu le rugissement du lion. La principale ressource défensive de l'animal, la ruade, nécessairement l'accompagne. Enfin la voix de la *douleur* est un gémissement grave qui s'affaiblit, se calme, puis reprend avec les alternatives de la respiration.

3. **La robe du Cheval.** — On appelle *robe* le pelage. Elle est simple ou composée suivant qu'elle est d'un seule ou de plusieurs couleurs. Les robes simples sont le blanc, le noir et l'*alezan*. Les deux premières ne demandent pas d'autre explication. Un cheval est alezan lorsque son pelage est de couleur rougeâtre ou jaunâtre.

Parmi les robes composées, on distingue les suivantes. Le cheval est *pie* si le poil est à larges plaques, les unes blanches, les autres noires ou rouges. Il est *aubert* si le pelage est un mélange de blanc, de noir et de rouge sur tout le corps y compris les membres; mais si ces derniers sont noirs tandis que le corps présente un mélange de trois teintes, le cheval est *rouan*. Les chevaux *bais* ont le pelage alezan, c'est-à-dire rougeâtre ou jaunâtre, avec les membres et les crins du cou et de la queue bruns ou noirs. La robe est *pommelée* quand elle est semée de nombreuses plaques plus claires sur un fond d'une seule couleur. Le gris pommelé est commun. Elle est *isabelle* quand la teinte est jaunâtre avec une raie brune sur le dos, particularité assez fréquente dans l'âne et le mulet. Une foule d'autres expressions sont usitées pour désigner les détails de la robe. Ainsi on nomme *balzane* une tache blanche à l'extrémité des membres. Une tache blanche au milieu du front se nomme *pelote*, si elle est ronde; *étoile*, si elle est anguleuse.

4. **Allures.** — Les différentes manières de marcher du cheval se nomment *allures*. Il y en a de naturelles et d'artificielles. Les premières sont employées par le cheval sans y être dressé; les secondes sont le résultat d'une éducation spéciale. Les allures naturelles sont le *pas*, le *trot* et le *galop*.

Dans le pas, les membres se déplacent en diagonale, l'un

après l'autre, dans l'ordre que voici : le membre antérieur droit, le postérieur gauche, l'antérieur gauche et le postérieur droit. Si le cheval est bien conformé, le pied postérieur vient occuper l'empreinte laissée par le pied antérieur du même côté.

Dans le trot, les membres se lèvent et se posent deux à deux, par paires diagonales, l'antérieur droit avec le postérieur gauche, et l'antérieur gauche avec le postérieur droit. Cette allure est plus rapide que la précédente, mais elle est aussi plus dure tant pour le cavalier que pour le cheval, à cause de la secousse qu'éprouvent les deux membres retombant à la fois sur le sol.

On distingue plusieurs sortes de galop. Le plus simple et le plus rapide consiste en une série de bonds en avant. Les deux membres antérieurs se lèvent à la fois, puis les deux membres postérieurs qui poussent l'animal par une détente subite. Telle est l'allure des chevaux de course.

Parmi les allures artificielles citons l'*amble*. Dans ce mode de marche, les membres se meuvent par paires de même côté, les deux de droite à la fois, puis les deux de gauche alternativement. Le cheval éprouve ainsi une sorte de balancement, qui rend l'allure douce et peu fatigante pour le cavalier. L'amble est cependant rapide, car l'appui manquant du côté où les deux pieds sont levés, l'animal ne prévient la chute que par la promtitude du pas.

Le cheval au galop parcourt dix mètres par seconde, sans dépasser quinze mètres dans l'élan de sa plus grande vitesse. Au trot, il parcourt de trois à quatre mètres, et au pas, de un à deux mètres. Le cheval peut soutenir le trot des heures entières, mais il lui est impossible de conserver longtemps le galop. La vitesse de quinze mètres par seconde, qui donnerait treize lieues à l'heure, dure une quinzaine de minutes au plus dans les courses, après quoi le cheval est à bout de forces. Remarquons en passant la supériorité de la machine des chemins de fer, de la locomotive, sous le rapport de la rapidité. Cette vitesse de treize lieues à l'heure, qui essouffle un cheval après un quart d'heure de course, la locomotive la conserve et va même au delà aussi longtemps qu'on le désire. Aucune comparaison n'est possible entre le coursier de fer et le coursier de chair et d'os.

5. **Force du Cheval.** — Un cheval chargé sur le dos porte en moyenne, de 100 à 175 kilogrammes avec une faible vitesse. Si la charge est un cavalier du poids de 80 kilogrammes, il

peut marcher sept heures et parcourir dix lieues de quatre kilomètres. Mais la force est beaucoup mieux employée si, au lieu de porter le fardeau sur le dos, l'animal le traîne dans une voiture. Il suffit alors, en effet, d'un effort représenté par le poids de 5 kilogrammes pour mettre en mouvement une charge de 1 000 kilogrammes, si les roues de la voiture tournent sur les rails d'un chemin de fer. Pour la même charge et sur une route bien unie, il faut un effort de 33 kilogrammes; enfin si la route est pavée, l'effort doit être de 70 kilogrammes. Dans les conditions d'une excellente route, les chevaux de diligence traînent chacun 800 kilogrammes et parcourent six lieues en deux heures, après quoi ils sont relayés par d'autres.

Comparons encore une fois ce résultat avec celui de la machine. Une locomotive à voyageurs remorque, avec une vitesse d'une douzaine de lieues par heure, un convoi dont le poids total atteint 150 000 kilogrammes. Une locomotive à marchandises remorque, à raison de sept lieues par heure, un poids total de 650 000 kilogrammes. Près de 1 300 chevaux seraient nécessaires pour remplacer la première locomotive et plus de 2 000 pour remplacer la seconde, s'ils étaient employés à transporter de pareils fardeaux avec la même célérité et aux mêmes distances à l'aide de chariots roulant sur des rails. Combien n'en faudrait-il pas avec des chariots roulant sur des routes ordinaires, dont les inégalités causent une si grande perte de force?

6. **Chevaux des Pampas.** — La domestication du cheval remonte aux premières sociétés de l'Orient. Après le troupeau durent bientôt venir l'âne d'abord, pour transporter les bagages de la tribu en marche, puis le cheval, le vaillant compagnon dans la chasse et la guerre. Ce qui se passe encore de nos jours peut nous montrer avec quelle facilité le précieux animal se soumit à la domestication de l'homme. Les plaines de la Tartarie abondent en chevaux sauvages, et probablement l'espèce est originaire de ces régions asiatiques.

Dans les *Pampas* de l'Amérique du sud, le cheval a repris sa liberté primitive et vit par nombreuses troupes, en dehors de la surveillance de l'homme, pêle-mêle avec des bœufs redevenus également sauvages. On nomme Pampas les immenses plaines qui s'étendent de Buenos-Ayres jusqu'au pied de la Cordillère des Andes. Pendant la saison des pluies, ce sont des pâturages touffus, à hautes herbes; pendant la saison de sècheresse, la verdure disparaît et le sol devient une plaine poudreuse, où se balancent des chardons. Rien, pas même un arbre, ne trouble l'uniformité de ces étendues, dont le regard n'atteint dans aucune direction les limites. Là vivent les chevaux et les bœufs domestiques que les Espagnols amenèrent dans cette partie du nouveau monde, car ni l'une ni l'autre de ces espèces n'existait nulle part en Amérique avant l'arrivée des Européens.

Chaque troupe de chevaux sauvages est dirigée par un chef, d'une force et d'un courage éprouvés. S'il y a péril, si quelque bête féroce menace, panthère ou jaguar, les chevaux se réunissent et se serrent les uns contre les autres pour la défense commune. Leur fière contenance et leurs ruades suffisent généralement pour mettre l'agresseur en fuite. Mais si l'ennemi s'élance comptant sur une proie facile, le chef de la bande se cabre, retombe de tout son poids sur la bête et l'écrase avec ses sabots de devant; puis il le saisit de ses puissantes mâchoires et le lance fracassé aux poulains, qui l'achèvent et caracolent sur son cadavre.

Ce qui se pratique aujourd'hui dans les Pampas, quand on veut se rendre maître d'un cheval sauvage, est de nature à nous renseigner sur les moyens employés par les antiques dompteurs. Une troupe de chevaux, habilement détournée de son pâturage et entourée peu à peu, est chassée, sans qu'elle se doute de la ruse, dans un vaste enclos, appelé *corral*. C'est à peu près la tactique que nous venons de voir employer pour la capture des éléphants. Dans l'enclos, les plus beaux sont choisis du regard. Aussitôt vole le *lasso*, longue courroie armée à l'extrémité d'une boule de plomb, qui enlace le cou, les jambes du cheval et le rend immobile. Un licol est promptement passé au captif. Un cavalier habile, armé de forts éperons, monte la bête, et les entraves du lasso sont enlevées par des aides.

Voilà l'animal libre, tout frémissant de sa mésaventure. Certes le premier moment n'est pas sans danger. L'animal indigné se cabre, rue, bondit et cherche à se rouler à terre pour se débarrasser de son fardeau; mais le cavalier maîtrise cette fougue par la saignante piqûre de l'éperon; il se maintient en place comme s'il faisait corps avec la monture. On ouvre alors la barrière de l'enclos. De son galop le plus rapide, le cheval s'élance et fuit jusqu'à ce que le souffle lui manque. Cette course effrénée suffit pour le dompter. Le cavalier le ramène sans résistance au corral, déjà obéissant au mors et à l'éperon. On peut désormais le laisser avec les chevaux domestiques sans qu'il cherche à s'enfuir.

7. **Chevaux de selle et Chevaux de trait.** — Tels que la

FIG. 100. — Cheval de trait, race boulonnaise.

domesticité les a modifiés, les chevaux se classent en deux groupes principaux, ceux de *selle* et ceux de *trait*. Les premiers servent de monture au cavalier, les seconds voiturent des fardeaux.

Parmi les chevaux de selle, le plus célèbre est le *Cheval arabe*, remarquable par son ardeur, son intelligence, sa docilité, sa course rapide et son aptitude à supporter de longues abstinences. Il a la taille moyenne, la peau délicate, la tête petite, les formes sveltes, le port élégant, les jambes fines, le ventre peu développé, les sabots petits, lisses et très durs.

Les chevaux de trait, dont la fonction est de voiturer au pas de lourds fardeaux, ont des caractères tout opposés. Ils manquent de légèreté et d'ardeur, mais ils déploient patiemment une force considérable, en rapport avec leur taille de colosse et l'abondante nourriture que réclame leur entretien. Ils ont le corps massif, la démarche pesante, la peau épaisse, la tête grosse, le poitrail large, la croupe vaste, le ventre volumineux, les jambes fortes, les sabots amples et grossiers. La France possède, dans la race *boulonaise*, le cheval de trait le plus estimé. Le vigoureux boulonais, généralement d'un gris pommelé, remplit les pénibles fonctions de limonier. Placé entre les deux brancards, il commence l'attelage. C'est lui qui tire le plus fort aux montées; c'est lui qui maîtrise, par sa masse énorme, les cahots sur le pavé d'une rue et l'accélération dangereuse dans les pentes rapides. Comparons entre elles les deux figures 99 et 100 et nous reconnaîtrons aisément, dans la première, le cheval fait pour la course prompte; dans la seconde, le cheval fait pour le travail de force.

8. **L'Ane.** — L'Ane n'est pas un cheval dégénéré, ainsi que beaucoup se l'imaginaient; il n'est ni étranger, ni intrus, ni bâtard; il a, comme tous les animaux, sa famille, son espèce et son rang. Quoique sa noblesse soit moins illustre, elle est tout aussi bonne, tout aussi ancienne que celle du cheval. Bref, l'âne est un âne, rien de plus, rien de moins.

Cette première vérité n'est pas de mince valeur. En le considérant comme un cheval abâtardi, nous sommes portés à comparer l'âne avec son origine prétendue et la comparaison ne lui est pas favorable : le grison aux longues oreilles fait piteuse mine à côté du fringant et généreux coursier. Mais puisqu'il est, en réalité, un animal à part, demandons-lui simplement les qualités de son espèce, les qualités de l'âne, sans le déprécier par des comparaisons avec plus fort et mieux doué que lui. Médisons-nous du seigle parce qu'il ne vaut pas le froment? Nous sommes très heureux d'avoir l'un et l'autre, le premier, céréale des montagnes, le second, céréale des plaines. Ne médisons pas davantage de l'âne parce qu'il est inférieur au cheval. Il possède les mérites de son espèce et ne peut en posséder d'autres. Nous ne faisons pas attention que l'âne serait pour nous le premier le plus beau, le mieux fait, le plus distingué des animaux, si nous n'avions pas le cheval. Il est le second au lieu d'être le premier, et par cela seul, il semble n'être plus rien. C'est la comparaison qui le dégrade. On le regarde, on le juge, non pas en lui-même, mais relativement au cheval. On oublie qu'il a toutes les qualités de sa nature, tous les dons attachés à son espèce; et on ne pense qu'à la forme et aux qualités du cheval, forme et qualités qu'il ne doit pas avoir.

Tel est à peu près le plaidoyer de Buffon en faveur de l'âne. Le grand écrivain ajoute : pourquoi donc tant de mépris pour l'âne, si bon, si patient, si sobre, si utile? Les hommes mépriseraient-ils, jusque dans les animaux, ceux qui les servent bien et à trop peu de frais? On donne au cheval de l'éducation, on le soigne, on l'instruit, on l'exerce; tandis que l'âne, abandonné à la grossièreté du dernier des valets, bien loin d'acquérir, ne peut que perdre. S'il n'avait pas un grand fond de bonnes qualités, il les perdrait, en effet, par la manière dont on le traite. Il est le jouet, le souffre-douleur des rustres, qui le frappent, le surchargent, l'excèdent sans ménagement.

Que peut devenir la malheureuse bête ainsi avilie par les mauvais traitements? Une créature indocile, abrutie, pelée, galeuse, exténuée. Mais considérons l'âne comme savent l'élever les Orientaux, dans le bien-être d'une domesticité soigneuse : nous trouverons un animal de belle apparence, au regard doux, au poil luisant, à l'attitude élégante et fière, trottant avec ardeur par les rues des grandes villes, où il sert d'habituelle monture pour se rendre d'un quartier à l'autre. Son allure, sans fatigue pour le cavalier, le fait préférer au cheval; les plus grandes dames ne dédaignent pas de s'asseoir, dans leurs visites, sur son bât richement orné. La seule ville du Caire, en Égypte, emploie une quarantaine de mille de ces gentils trotteurs. L'âne est par excellence la monture des faibles, des enfants, des femmes, des vieillards; il est de son naturel aussi doux, aussi tranquille que le cheval est fier, ardent, impétueux.

L'âne est patient : il souffre avec constance, et peut-être avec courage les châtiments et les coups. Il est sobre, et sur la quantité et sur la qualité de la nourriture. Il se contente des herbes les plus dures et les plus désagréables, que le cheval et les autres animaux lui laissent et dédaignent. Le long du chemin, il broute les sommités épineuses des chardons, quelques rameaux de saule, quelques pousses d'aubépine. S'il peut, après, se rouler un instant sur le gazon, c'est pour lui le comble des félicités. Mais il est fort délicat sur l'eau : il ne veut boire que de la plus claire et aux sources qui lui sont connues. On pourrait lui reprocher la manie qu'il a de se rouler à terre, quelquefois sans aucun souci de la charge qu'il porte. Mais est-ce bien sa faute? Comme on ne prend pas la peine de l'étriller pour soulager ses démangeaisons de peau, il se vautre sur le gazon et semble ainsi reprocher à son maître le peu de soin qu'on prend de lui. Que l'étrille et la brosse lui tiennent l'échine propre et l'âne ne cherchera plus à se frotter, les quatre jambes en l'air, contre le feuillage piquant des chardons. Ce sont la poussière et la crasse accumulées qui le tourmentent et non les parasites, car, de tous les animaux couverts de poils, l'âne est le moins sujet à la vermine.

Quand on le charge trop, il se couche sur le ventre et ne bouge plus, décidé à se laisser assommer de coups plutôt que de se relever. Qui n'est pas un rustre se hâte d'alléger la charge sans rouer l'animal, et l'âne se relève quand le faix est en rapport avec ses forces. Avec des coups, on ne lui donnera pas la vigueur qui lui manque, et de plus on fera d'une bête docile une bête opiniâtre, à mauvais vouloir. Dans la première jeunesse, en effet, alors qu'il ne connaît pas encore les duretés de la vie, l'âne est gai, folâtre, plein de gentillesse; mais avec la triste expérience de l'âge, l'écrasante fatigue et les mauvais traitements, il devient indocile, lent, têtu, vindicatif.

Avec une nourriture passable et surtout avec de bons traitements, l'âne devient le serviteur le plus soumis, le plus fidèle, le plus affectueux. Qu'on lui mette la selle, le harnais d'attelage, le bât, les hottes, les crochets, les paniers, il ne se refuse à aucun travail. S'il a de quoi, il mange ; s'il n'a rien, il broute les chardons du bord du chemin; si les chardons manquent, il jeûne, sans que l'abstinence puisse troubler un instant sa bonne volonté.

L'âne a les yeux bons, l'odorat admirable, l'oreille excellente. De ce qu'il porte longues oreilles comme le lièvre, l'animal timide, en ferons-nous un poltron? Nous aurions tort, car, s'il ne cherche pas le danger, du moins il sait y faire face quand il ne peut recourir aux moyens pacifiques de salut. Le cheval est belliqueux, l'âne préfère les douceurs de la paix et n'a recours à la bataille que lorsqu'il lui est impossible de faire autrement; mais alors, son courage s'élève à la hauteur du péril. Si, dans l'état de liberté, il est surpris par un assaillant, il se hâte de regagner ses compagnons de pâturage; et tous, se groupant d'après la tactique de guerre du cheval, se mettent à ruer et à mordre avec une telle fougue, que l'ennemi décampe, la mâchoire brisée d'un coup de pied.

FIG. 101. — L'Ane.

De tout temps, on a fait à l'âne la réputation d'un sot : son nom est synonyme de stupidité. Il existe tout un vocabulaire d'injures à son adresse, et ces injures font presque toujours allusion à la sottise. On l'appelle baudet, bourrique, grison, roussin, aliboron et de bien d'autres épithètes malsonnantes. L'âne un sot! Allons donc! Considérez sur une grande route le long attelage d'un roulier. Il y a là quatre, six, huit chevaux, tirant vaillamment la pesante charge. Entre les deux brancards, poste de la plus grande fatigue, est le massif limonier; et à la tête de l'attelage, marche fièrement un âne, harnaché à la légère. Que fait-il, lui, si petit, en tête de ses robustes compagnons? D'abord il tire avec ardeur, autant que ses forces le lui permettent; et puis il a une fonction plus importante à remplir. C'est à lui de guider l'équipage et de le maintenir sur le milieu de la route ; c'est à lui d'éviter les ornières, de contourner les passages difficiles et de choisir les meilleurs endroits. Tandis que les lourds chevaux travaillent seulement des épaules pour tirer le fardeau, l'âne, pour conduire la marche, travaille en même temps de la tête. Ce poste d'honneur, ce poste de chef de file lui serait-il confié s'il n'était reconnu le plus intelligent de l'attelage?

Considérez encore l'âne voyageant dans les pays de montagnes, en compagnie de chevaux et de mulets. C'est lui qui dirige la bande, enseignant aux autres les détours à prendre pour se tirer d'affaire en un passago dangereux. Si le sentier devient trop mauvais, l'âne prévoit le péril avec une sagacité étonnante; il s'écarte un moment de la voie tracée, contourne le point difficile par un crochet habilement calculé et reprend plus loin l'habituel chemin. Tel mulet, tel cheval qui dédaigne de se conformer aux intelligentes indications de l'âne, court risque de s'engager dans quelque pas difficile, d'où l'on aura toutes les peines du monde à le tirer.

L'âne marche, trotte et galope comme le cheval, mais tous ses mouvements sont petits et beaucoup plus lents. Quoiqu'il puisse d'abord courir avec assez de vitesse, il ne peut fournir qu'une petite carrière et pendant un petit espace de temps. Quelque allure qu'il prenne, si on le presse, il est bientôt rendu. Il convient surtout pour les pays de montagnes. Ses sabots durs et petits lui permettent de marcher avec la plus grande facilité sur les sentiers pierreux; son allure prudente, son pas ferme et circonspect lui donnent accès dans les lieux escarpés et les pentes rapides. Où le cheval ne pourrait aller sans se casser les jambes au milieu des rochers ou se laisser rouler dans quelque précipice, lui va toujours, de son petit pas tranquille et circonspect.

9. **Conformation des extrémités du Cheval et de l'Ane.** — Le cheval et l'âne ont les membres conformés de la même manière, et présentent une simplification remarquable dans leurs extrémités ainsi que le montrent les figures 102 et 103. On y voit d'abord une double rangée d'osselets constituant le carpe pour les membres antérieurs et le tarse pour les membres postérieurs. Devraient venir après, suivant l'organisation générale, les cinq os du métacarpe et du métatarse. De ces cinq os, il n'y en a qu'un complètement développé, mais puissant, long, volumineux. On lui donne le nom de *canon*. Il est accompagné de deux

os rudimentaires, étroits, pointus, placés l'un à droite, l'autre à gauche, et nommés *stylets* à cause de leur forme. Ces deux os, sans emploi, sont de simples vestiges de deux os analogues au canon et faisant comme lui partie soit du métacarpe, soit du métatarse. Ils sont sans emploi, disons-nous; et, en effet, ils ne sont ni l'un ni l'autre terminés par un doigt. Le canon seul est digité; il donne attache à une série de trois phalanges, dont

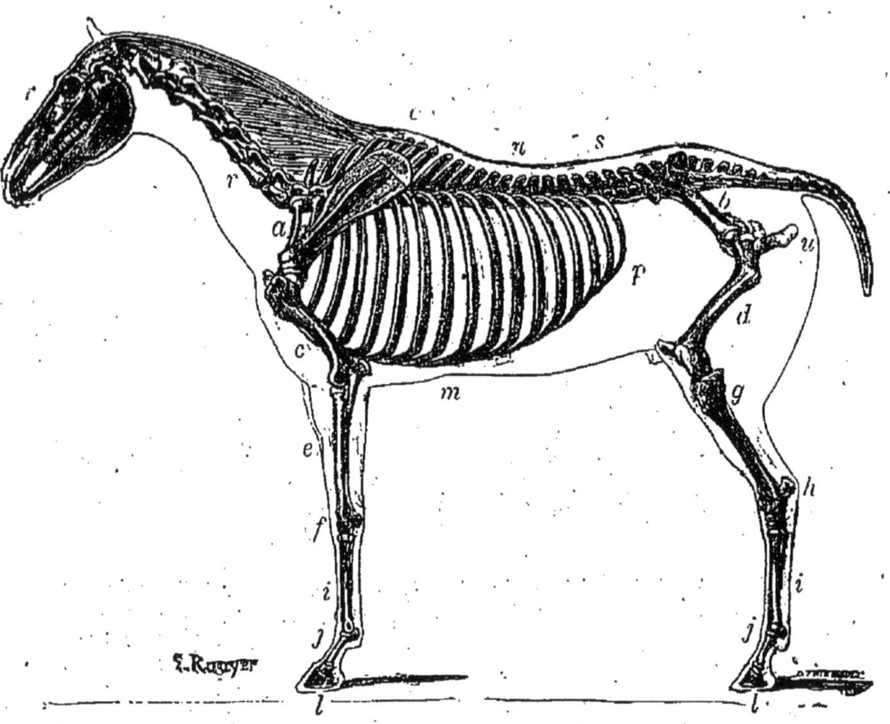

Fig. 102. — Squelette du Cheval.

la dernière, la phalange onguénale ou celle qui porte l'ongle, se dilate en large croissant, et s'engage dans une épaisse chaussure de corne ou *sabot*, qui représente la griffe, l'ongle des autres animaux. Le cheval et l'âne n'ont donc qu'un doigt à chaque extrémité; ils marchent sur le bout de ce doigt, chaussé d'un fort sabot. Des vestiges de deux autres doigts se montrent, vestiges réduits aux stylets.

On retrouve pareille structure des extrémités dans le zèbre et autres espèces voisines du cheval. Le nom de *solipèdes* qu'on donne parfois à ces animaux rappelle le pied réduit à un seul doigt. Le dénomination serait impropre, appliquée à tous les animaux dont le cheval est le type. Il a existé autrefois, en effet, même dans nos régions, un animal,

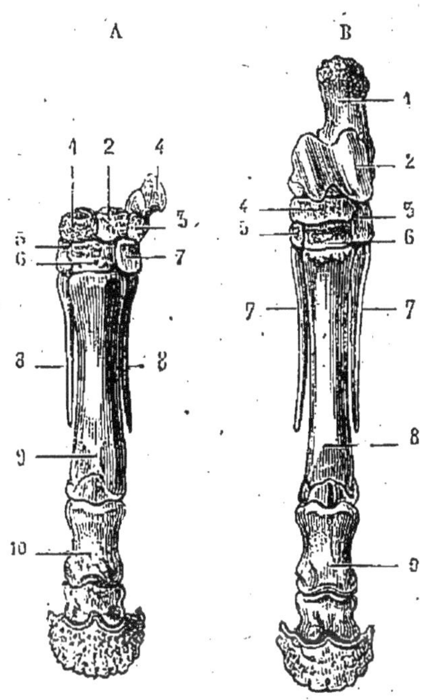

Fig. 103. — A, pied antérieur du cheval. — 1, 2, 3, 4, 5, 6, 7, os du carpe. — 9, canon. — 8, 8, stylets. — 10, phalanges. — B, pied postérieur du cheval. — 1, 2, 3, 4, 5, 6, os du tarse. — 8, canon. — 7, 7, stylets. — 9, phalanges.

l'*Hipparion*, fort voisin du cheval et muni de trois doigts à chaque extrémité. Faisons succéder aux deux stylets du cheval actuel des séries de trois phalanges pour constituer deux doigts, et nous aurons les extrémités de l'hipparion. Ce cheval à trois doigts n'existe plus aujourd'hui; on ne le connaît que par ses restes fossiles.

10. **Ferrure.**— Par leur frottement continuel sur le pavé de nos villes et sur les routes empierrées, les sabots du cheval s'useraient vite, ce qui mettrait l'animal dans l'impuissance de continuer son travail. Dans le but de prévenir cette usure, on garnit les sabots d'un fer protecteur fixé avec des clous. Après avoir choisi un fer dont les dimensions s'accordent à peu près

avec celles du pied, le maréchal-ferrant rogne la vieille corne et présente au sabot, maintenu par un aide, ce fer chauffé au rouge sombre. Celui-ci est corrigé immédiatement sur l'enclume et présenté de nouveau rouge, jusqu'à ce qu'il ait exactement la forme voulue et s'ajuste très bien au pied. Alors le maréchal le fixe avec de longs clous, qui pénètrent dans la corne, partie insensible, et viennent sortir de côté, où ils sont rognés et rivés.

La corne du sabot croît régulièrement et sans discontinuer. Pour l'animal libre, ne travaillant pas, l'usure par le frottement est modérée; et le sabot perdant d'un côté autant qu'il

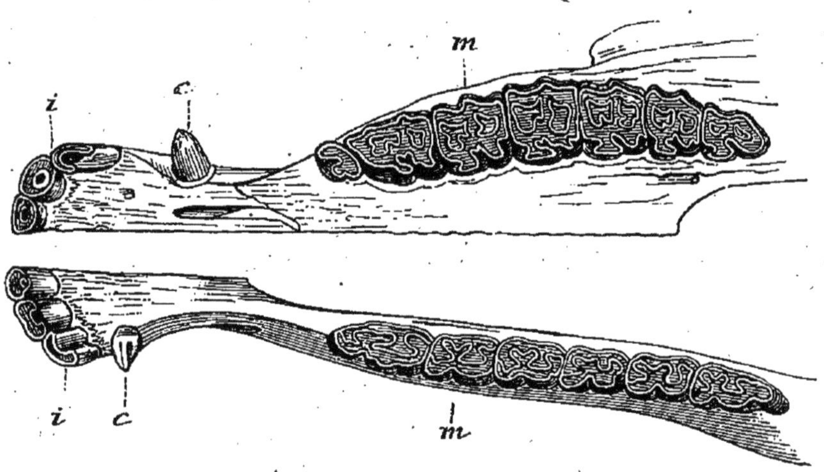

Fig. 104. — Dents du Cheval; — *i*, incisives; — *c*, canines; — *m*, molaires.

gagne de l'autre, se maintient dans les dimensions convenables à la stabilité de l'animal. Mais pour nos chevaux de travail, s'usant vite la corne sur des surfaces raboteuses, la ferrure est indispensable. Protégé par le fer, le sabot ne s'use plus quoique croissant toujours. Un moment arriverait donc où sa hauteur, trop considérable, compromettrait l'équilibre de l'animal, si l'on n'avait pas le soin d'en retrancher une certaine épasseur. On voit donc qu'il convient de renouveler fréquemment la ferrure, non parce que les fers sont usés, mais parce que les sabots pourraient acquérir une hauteur nuisible à la stabilité.

11. **Mors.** — Pour chaque demi-mâchoire, le cheval, l'âne et autres animaux de la famille des *Équidés,* possèdent trois

incisives, une canine petite et conique, six molaires de forme quadrangulaire, à replis d'émail saillants sur la surface de trituration. Entre la canine et les molaires, est un large intervalle vide, appelé *barre*, correspondant au coin des lèvres. Là se place le *mors*, petite tige de fer transversale, dont les deux extrémités se fixent à la bride. C'est avec le mors, sur lequel le cavalier agit, tantôt à droite, tantôt à gauche, au moyen de la bride, que le cheval est guidé. La sensibilité du coin des lèvres est telle, qu'un mouvement imperceptible de la main aussitôt détermine de la part d'un cheval bien dressé le mouvement que l'on désire. Il y a ici obéissance spontanée et non contrainte; l'animal exécute les volontés du cavalier aussitôt qu'elles sont exprimées par le moyen du mors. La bride la meilleure est donc celle qui laisse le plus de liberté au cheval, et lui occasionne le moins de douleur. C'est surtout dans les commencements qu'il importe de ne pas s'écarter de cette loi, car alors les impressions sont plus efficaces parce qu'elles sont neuves. Le mors le plus doux suffit toujours pour faire comprendre au jeune cheval ce qu'on attend de lui; et il s'y prête d'autant plus volontiers qu'on met plus de douceur à le lui demander.

CHAPITRE XVI

LES RUMINANTS

1. **Conformation des extrémités.** — Le bœuf, le mouton, la chèvre et autres animaux de l'ordre des ruminants, ont les extrémités un peu plus compliquées que celles du cheval. Les os du métacarpe et du métatarse se réduisent à deux, très allongés et soudés l'un à l'autre en une pièce qui prend encore le nom de *canon*. Un rudiment d'un troisième os analogue peut, sous forme de *stylet*, accompagner le canon. Celui-ci se termine en bas par une double gorge de poulie où s'articulent deux doigts, formés de trois phalanges et terminés chacun par un sa-

bot distinct. Le pied des ruminants est donc fendu, il porte double sabot parce qu'il est formé de deux doigts.

2. **Cornes, bois.** — Beaucoup de ruminants ont les deux frontaux surmontés de prolongements osseux ou *cornes*. Tantôt, comme chez la girafe, ces protubérances sont recouvertes par la peau velue du front et persistent indéfiniment; tantôt encore, comme chez le bœuf, le mouton, la chèvre, l'axe osseux, prolongement du frontal et doué d'une durée indéfinie, est creux et enveloppé d'un étui de nature cornée, qui paraît formé, ainsi que les ongles, de poils agglutinés; pareilles cornes sont dites creuses. Cet étui corné peut aisément s'enlever d'une seule pièce, en laissant à nu la protubérance osseuse qu'il enveloppait.

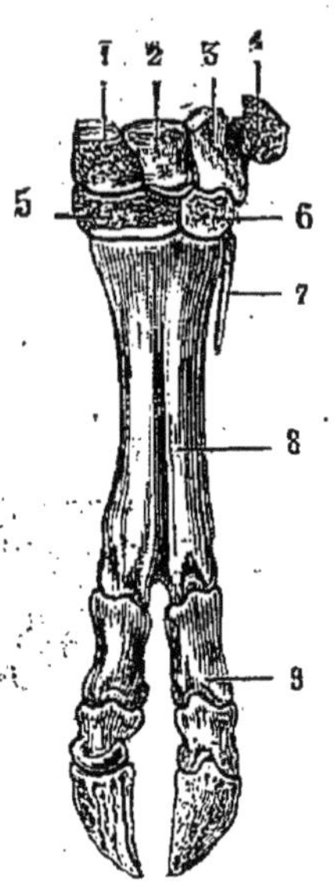

FIG. 105. — Pied antérieur d'un ruminant. — 1, 2, 3, 4, 5, 6, os du carpe. — 8, canon. — 7, stylet; — 9, phalanges.

Le cerf, au contraire, le daim, le renne, le chevreuil, ont des cornes caduques, c'est-à-dire qui se détachent du front d'elles-mêmes, à des périodes assez régulières, pour être remplacées par des excroissances nouvelles. On les nomme *bois* à cause de leur forme fréquemment ramifiée. Elles se composent d'un axe osseux, qui, d'abord recouvert d'une peau velue, perce celle-ci, s'allonge et reste désormais nu.

3. **Rumination.** — Les animaux dont le sabot est fendu et le front armé de cornes se font remarquer entre tous par leur manière de manger, fort différente de celle des autres espèces animales. Le chien, par exemple, avale une fois pour toutes sa nourriture, plus ou moins bien mâchée, et l'introduit dans une cavité digestive unique, l'*estomac*, où elle devient fluide et propre à la nutrition. Au contraire, le bœuf, la chèvre, le mouton et autres, mâchent et avalent deux fois la même nourriture; par deux fois différentes, à un intervalle de temps assez long, le même fourrage leur passe sous les dents et franchit le gosier. Le second acte de la préparation de la nourriture sous les molaires se nomme rumination.

Considérons le bœuf, couché sur le flanc à l'ombre lorsqu'il a suffisamment parcouru le pâturage. Nous le verrons patiemment mâcher, d'un air de douce satisfaction, sans rien prendre au dehors. Que mâche-t-il ainsi, quand il n'y a plus de fourrage sous son mufle? Il remâche les provisions amassées, provisions qui remontent du fond de l'estomac par petites bouchées. Puis le mouvement des mâchoires cesse, la bouchée est avalée, et aussitôt après, quelque chose de saillant, de rond, s'aperçoit courir sous la peau du cou. C'est une nouvelle pelote alimen-

Fig. 106. — Le Renne.

taire qui remonte à la bouche pour être triturée. Pelote par pelote, la masse de fourrage accumulée dans l'estomac revient ainsi sous les dents, pour être broyée à point et avalée après d'une manière définitive.

4. **Estomac des ruminants.** — Il est évident qu'une pareille manière de manger exige plusieurs cavités digestives afin que la matière complètement triturée par la rumination ne se mélange pas avec celle qui ne l'est pas encore. Et en effet les ruminants possèdent quatre cavités stomacales. La première, nommée *panse* ou *herbier*, est la plus grande de toutes. C'est une vaste poche, intérieurement hérissée de papilles plates, et occupant la majeure partie du côté gauche de l'abdomen. L'animal y accumule le fourrage, précipitamment brouté et mâché d'une manière très incomplète; puis, quand ce réservoir est suffisam-

ment approvisionné, il se retire dans un endroit paisible, se couche dans une position commode, et reprend à l'aise, des heures entières, le travail de la trituration: en un mot il *rumine*.

La seconde cavité stomacale porte le nom de *bonnet*. Sa face intérieure est garnie de replis lamelleux, dentelés, dont l'ensemble forme des mailles polygonales. Le bonnet reçoit par petites portions les aliments déjà un peu ramollis dans la panse, et les moule en pelotes, qui remontent une à une dans la bouche

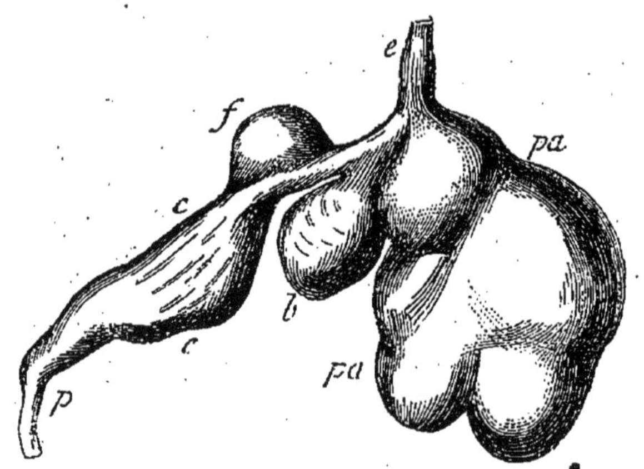

Fig. 107. — Estomac d'un ruminant ; — *e*, œsophage ; — *pa*, panse ; — *b*, bonnet ; — *f*, feuillet ; — *c*, caillette ; — *p*, pylore.

pour y être de nouveau broyées et de nouveau imbibées de salive.

Après cette seconde trituration, les aliments sont acheminés par l'œsophage dans la troisième cavité stomacale ou *feuillet*, ainsi nommée à cause de la largeur et du nombre des replis parallèles, semblables aux feuillets d'un livre, que présente sa face intérieure.

Du feuillet, les aliments passent enfin dans la quatrième cavité stomacale ou *caillette*, espèce de sac conique, allongé, intérieurement plissé, où s'achève la conversion en chyme. On emploie, sous le nom de *présure*, la caillette des jeunes veaux pour faire cailler le lait dans la fabrication du fromage, et de là provient le nom donné à cette quatrième cavité stomacale des ruminants. Quant à l'action de la présure sur le lait, elle a pour cause le suc gastrique, acide dont la caillette est toujours imbibée.

En résumé, la panse reçoit dans sa vaste poche le fourrage mâché à la hâte; le bonnet le façonne par portions ou pelotes, qui remontent dans la bouche pour être ruminées; après cette seconde trituration, commence la véritable digestion stomacale, qui s'effectue dans le feuillet et surtout dans la caillette, continuellement humectée d'un liquide acide, qui est le suc gastrique.

L'entrée des aliments tantôt dans la panse, tantôt dans le feuillet, suivant qu'ils sont mâchés pour la première ou pour la seconde fois, s'effectue d'une manière très simple. L'œsophage conduit directement au feuillet; mais dans sa partie terminale, il est fendu sur le côté d'une large gouttière, dont les bords peuvent bâiller sous l'influence d'une pression interne ou se maintenir rapprochés par leur propre élasticité. Avec cette gouttière communiquent la panse et le bonnet.

S'il descend une bouchée volumineuse et grossièrement mâchée, qui dilate l'œsophage et fait effort contre la paroi, la gouttière bâille sous la pression des aliments, et ceux-ci tombent dans la panse. S'il arrive, au contraire, par petites bouchées, des aliments réduits en pâte bien fluide, la pression interne est nulle, la gouttière se maintient fermée, et l'œsophage, alors disposé en canal complet au lieu de s'ouvrir latéralement, les conduit au feuillet. C'est donc l'aliment lui-même, tantôt volumineux et grossier, tantôt de petit volume et fluide, qui détermine son entrée dans la panse ou le feuillet en faisant bâiller la rigole latérale de l'œsophage, ou bien en la laissant fermée. Le résultat grossier de la première mastication se rend de la sorte dans la panse, tandis que celui de la seconde mastication, plus finement trituré, plus imbibé de salive, plus fluide, se rend dans le feuillet.

5. **Le Bœuf.** — C'est parmi les ruminants que se trouvent les animaux domestiques dont nous tirons le plus de parti, le bœuf, le mouton, la chèvre, qui nous donnent leur travail, leur chair, leur lait, leur suif, leur cuir, leur toison. La conquête du bœuf s'est faite en Asie, à une époque très reculée, alors que, dans nos pays occidentaux, couverts de forêts sauvages, erraient, vivant de chasse, quelques misérables tribus tatouées. Ce dut être pour l'homme de l'Orient un événement des plus mémorables que celui de la soumission du bœuf, venant prêter ses fortes épaules aux travaux de l'agriculture et amenant avec lui l'abondance. Ce dut être aussi une périlleuse entreprise, impossible sans le concours du chien. La chèvre familière est

venue à l'homme peut-être d'elle-même ; le mouton pacifique s'est laissé parquer sans résistance ; mais le bœuf, terrible de puissance et de colère, lançant au ciel d'un coup de cornes l'ennemi éventré, certes ne se laissa pas conduire sans combat de sa forêt natale dans l'étable. Nul souvenir n'est resté des vaillants qui, les premiers, osèrent s'attaquer à la formidable bête avec l'espoir de la subjuguer ; nul souvenir n'est resté non plus de la difficile éducation qui, prolongée des siècles peut-être, finit par dompter la farouche capture. Du moment que l'histoire nous parle du bœuf dans les plus vieilles annales de l'humanité, elle nous le montre soumis, patient, docile au joug, enfin tel qu'il est aujourd'hui.

Mais si ces dompteurs de taureaux des temps antiques demeurèrent inconnus, tout l'Orient conserva mémoire de leur précieuse acquisition. L'homme fut oublié et l'animal célébré, ici d'une façon, là d'une autre, au gré des imaginations naïves s'ingéniant à témoigner leur reconnaissance pour les services rendus. L'antique Égypte élevait des temples de granit et de marbre au bœuf Apis ; on se prosternait le front dans la poussière quand passait la majestueuse bête, avec son cortège de serviteurs. En tel autre pays, la religion ordonnait à chacun, comme œuvre des plus méritoires, d'élever au moins un bœuf ; en tel autre, la race n'étant pas encore assez répandue pour qu'il fût permis de s'en nourrir, les lois punissaient de mort quiconque tuait ou même maltraitait un de ces animaux.

De nos jours, dans l'Inde, la vache est créature trois fois sainte. Sa queue, symbole d'honneur, se porte en étendard devant les grands ; et pour s'attirer les faveurs du Ciel, le peuple ne croit pouvoir mieux faire que de se frotter le corps de bouse de vache et d'aller se laver ensuite dans les eaux du Gange. Que ces frictions de bouse sacrée ne nous fassent pas sourire ; considérons plutôt de quel abîme de misère les animaux domestiques doivent nous avoir retirés pour que l'Indou garde encore de nos temps, en des pratiques étranges, quelques vestiges de l'antique vénération de tout l'Orient pour l'un d'eux, le plus important, le bœuf.

En Asie, d'où il est originaire, le bœuf ne se retrouve plus aujourd'hui à l'état sauvage ; mais dans les Pampas de l'Amérique du Sud, il vit dans sa sauvagerie primitive et par troupes innombrables. Les quelques couples échappés des étables ou abandonnés à eux-mêmes par les Européens dans les pâturages des

Pampas, il y a trois à quatre siècles, se sont tellement multipliés, qu'on en tue aujourd'hui, année moyenne, au delà de deux cent mille sans que les troupeaux paraissent diminuer. Le carnage s'est longtemps fait uniquement pour avoir les peaux. La population du pays n'étant pas suffisante pour consommer cette masse énorme de nourriture, on écorchait les bœufs abattus, on gardait les peaux, qui peuvent indéfiniment se conserver, et l'on abandonnait les chairs, véritable embarras.

C'était là gaspillage fort regrettable, car chez nous la viande devient de jour en jour plus rare, et notre alimentation trouverait précieuse ressource dans les bœufs des Pampas, abandonnés à la dent des animaux carnassiers. Des tentatives sont donc faites pour ne pas laisser se perdre ces copieuses provisions. On découpe les viandes en lanières, que l'on dessèche au soleil, que l'on sale, que l'on expose à l'action de la fumée pour les rendre incorruptibles. Des navires, avec des appareils propres à produire du froid, vont chercher les animaux préparés dans l'abattoir et nous les rapportent congelés, ce qui les préserve de l'altération. Avec les viandes, on prépare sur place des extraits qui concentrent sous un petit volume la partie nourrissante. Espérons que d'essais en essais on trouvera des procédés de conservation plus avantageuse, et qu'un jour l'Amérique du sud fournira à l'Europe un riche supplément de viande de boucherie.

Mais revenons au bœuf chassé uniquement pour son cuir. Nous disons chassé, car alors le bœuf des plaines herbues des Pampas est véritable gibier : il ne tombe pas, comme le nôtre, sous la massue du boucher ; il est poursuivi en plein pâturage et abattu sur place. Le chasseur est à cheval. Il a pour arme le *lasso*, très longue et solide lanière de cuir, fixée par un bout à l'arçon de la selle, armée à l'autre de boules de plomb. Quand la bête poursuivie est à sa portée, le chasseur lui lance la perfide courroie, qui, sifflante et guidée par l'élan du plomb, s'enroule à diverses reprises autour des cornes et du cou. Aiguillonné par l'éperon, le cheval s'éloigne aussitôt, déployant toutes ses forces, et traîne après lui le bœuf, à demi-étranglé. Un coup de dague dans le cœur achève la bête. La peau enlevée et roulée sur la croupe de sa monture, le chasseur de bœufs continue ses poursuites, abandonnant aux oiseaux de proie les cadavres, dont les ossements, blanchis par les pluies et le soleil, lui serviront de matériaux, dans ses expéditions

Fig. 108. — Taureau, race de Salers.

futures, pour se dresser une hutte. Dans ces immenses plaines, le bois manque ainsi que les pierres. C'est donc avec des os empilés que le chasseur des Pampas se construit un abri, où il repose sous un couvert de feuillages. Un crâne de bœuf, à longues cornes, le jour lui sert de siège et la nuit d'oreiller. Ainsi se pratiquait, il n'y a pas longtemps, la chasse aux bœufs.

Il se fait toujours un commerce considérable de peaux provenant des bœufs des Pampas. Les navires nous les apportent imprégnées de sel, ce qui en assure la conservation. Dans nos tanneries, on les dessale; puis, avec l'écorce du chêne ou *tan*, on les convertit en cuir destiné aux chaussures. Nous n'affirmerions pas que nous ne soyons chaussés de la dépouille d'un bœuf sauvage, car Buenos-Ayres nous en envoie un appoint considérable pour la fabrication de nos cuirs. Peut-être aussi nos souliers proviennent-ils tout simplement du bœuf domestique, dont la peau est employée aux mêmes usages.

Pour en finir avec les bœufs redevenus sauvages, disons quelques mots de ceux de la Camargue. Un peu au-dessous d'Arles, à sept lieues environ de la mer, le Rhône se bifurque et enclôt entre ses bras et la mer une grande plaine triangulaire : c'est la Camargue, terrain indécis que se disputent l'eau douce et l'eau salée, les alluvions du fleuve et les sables de la plage. Trois régions y sont à distinguer en allant des rives du fleuve au centre de l'île, occupé lui-même par un vaste étang, celui de Valcarès. Ce sont la région des terres cultivées, celle des pâturages, et celle des étangs. La première, longeant les deux bras du Rhône, est d'une merveilleuse fécondité, rendue inépuisable par des limons annuels. De riches moissons dorent ces bandes riveraines, que la présence du fleuve préserve des infiltrations salines de la mer. Plus avant viennent les pâturages, suant déjà le sel. Enfin, du centre à la mer est la région des étangs. Cette dernière n'est qu'un sol ébauché, une plaine en voie de se former par la lutte incessante du fleuve, qui toujours charrie, et de la mer, qui toujours déblaie.

Dans la région des pâturages, sans abri aucun, sans autre surveillance que celle de gardiens à cheval, qui, de loin en loin, viennent rassembler les bandes indisciplinées à l'aide d'un trident, errent des milliers de taureaux revenus à la nature sauvage. Noirs, petits et trapus, l'œil farouche et la corne menaçante, ils ont repris les caractères primitifs. Malheur à qui viendrait troubler de sa présence leurs ébats parmi les roseaux! Seul, le pâtre, monté sur un cheval rapide et piquant les na-

Fig. 109. — Vache, race bretonne.

seaux des pointes du trident, peut tenir en respect le sauvage troupeau. Un point, un seul, rappelle qu'ils sont encore les serviteurs de l'homme, les victimes vouées à ses abattoirs, et quelquefois aussi à la barbarie de ses jeux : sur leurs épaules, le chiffre du propriétaire est marqué au fer rouge.

Sous l'influence des soins de l'homme, du climat, du sol et du genre de vie, le bœuf s'est modifié en une foule de races qui s'accommodent des conditions d'existence les plus diverses et donnent l'une plus de travail, l'autre plus de viande, l'autre plus de laitage, à notre choix. Parmi les races répandues en France, citons les suivantes.

La race de *Salers* est originaire du département du Cantal. Son pelage est roux vif, souvent avec des plaques blanches à la croupe et au ventre. Les cornes sont grosses, lisses, noires au sommet, régulièrement contournées et relevées un peu en dehors. Très rustique, sobre, intelligent, vigoureux, infatigable au labour, le bœuf de Salers est un excellent travailleur. Soumis à l'engraissement, il donne viande abondante, ferme et savoureuse. La vache, si elle est bien nourrie, peut fournir jusqu'à vingt litres de lait par jour.

La race *bretonne* peuple les cinq départements de l'ancienne Bretagne. Elle est de petite taille, mais ardente au travail et remarquable par l'excellence de son lait, riche en beurre. La vache a le pelage taché de blanc et de noir par larges plaques, le mufle noir, les cornes fines, l'œil vif et l'allure décidée. Le bœuf, pareillement taché de blanc et de noir, a les cornes puissantes et très aiguës ; mais la pacifique bête ne songe pas à faire usage de ses armes.

La race *normande* fournit des animaux d'une taille énorme, peu propres au travail et réservés pour la boucherie. On cite tels de ces colosses, élevés dans les gras pâturages de la Normandie, qui ont atteint le poids de 1970 kilogrammes. Dans le bœuf normand, la tête est longue et lourde, le mufle large, la bouche profondément fendue, la peau épaisse et dure, le poil fourni, tantôt roux, tantôt brun, tantôt blanc et noir. En moyenne, la vache donne annuellement 3000 litres de lait.

6. **Le Mouton.** — Sur l'origine du mouton, on ne sait rien encore ; mais si l'on ignore de quelle espèce sauvage le mouton descend, on est du moins certain qu'il nous est venu d'Asie, où l'homme élevait en troupeaux la précieuse bête dès les temps les plus reculés dont l'histoire fasse mention. D'après ses mœurs d'aujourd'hui, le mouton dénote assez qu'il est sous la dépen-

dance de l'homme depuis très longtemps. Aucune espèce n'a été aussi profondément détournée de ses caractères primitifs, preuve d'une servitude fort ancienne.

Au début, lorsqu'il errait sauvage sur les plateaux gazonnés de l'Asie, le mouton devait avoir des moyens de défense contre ses ennemis, sinon sa race n'existerait plus. Il ne lui suffisait pas de tondre la pelouse, il lui fallait aussi faire bonne contenance dans le péril, ou du moins se dérober au danger par la fuite. Les autres espèces domestiques partageaient les mêmes risques, suite nécessaire de la liberté ; mais toutes savaient se défendre, et toutes, sous la protection de l'homme, ont gardé plus ou moins l'usage de leurs propres moyens de protection. Abandonné à lui-même, le chien, par son courage et sa meurtrière mâchoire, tient vaillamment tête à qui l'attaque ; le cheval fuit d'un galop rapide, ou fracasse les os à l'ennemi d'une vigoureuse ruade ; le chat grimpe aux arbres et du haut de sa forteresse brave l'assaillant ; les taureaux se groupent en rond, les faibles au centre, les forts à la circonférence et les cornes en dehors pour repousser les attaques ; la chèvre enfin culbute à coups de tête l'agresseur. Que sait faire à son tour le mouton en péril ? Rien ; sans idée de défense, imbécile, stupide, il attend le loup, qui le happe au cou et l'emporte.

Voyez un troupeau surpris par quelque bruit extraordinaire. Les moutons se précipitent affolés de peur ; ils se rassemblent, se serrent les uns contre les autres, baissent la tête jusqu'à terre, puis attendent, immobiles, l'issue de l'événement. Le loup, si c'est lui qui a causé la panique, le loup n'a qu'à choisir dans la masse compacte ; aucun n'aura l'idée de résister, ou de fuir. Que deviendraient-ils si les bergers et les chiens n'étaient là prenant leur défense ? En peu de jours, ils périraient, saignés par le loup jusqu'au dernier.

Voyez-les encore en rase campagne par un mauvais temps. Ils se serrent les uns contre les autres et ne bougent plus, endurant la pluie, la neige, grelottant d'humidité et de froid sans qu'aucun d'eux songe à gagner un abri. Leur stupidité est telle qu'ils ne semblent pas même s'apercevoir de l'incommodité de la situation ; ils restent où ils se trouvent et s'y maintiennent opiniâtrément. Pour les faire avancer et les conduire en lieu plus convenable, le berger est obligé de les chasser devant lui et de leur donner un chef instruit à marcher le premier.

Certes, dans sa liberté primitive, le mouton ne pouvait être l'animal actuel de nos bergeries; il devait posséder les qualités nécessaires au maintien de son existence, il devait trouver en lui des moyens de protection, et imiter au moins la chèvre, qui fait résolument face au danger, ou, si elle est trop faible, escalade d'un pied sûr les corniches de rochers pour s'y réfugier. Tel qu'il est de nos jours, le mouton est absolument incapable de vivre hors de la protection de l'homme; livrée à elle-même, l'espèce entière périrait, victime des animaux carnassiers et des intempéries. Pour perdre ainsi tous ses instincts originels et descendre au dernier point d'imbécillité, combien de siècles de servitude ne lui a-t-il pas fallu? Il serait difficile de le dire; on voit du moins que le mouton est, après le chien, un des premiers animaux asservis par l'homme.

Les Anglais, grands consommateurs de viande, se sont les premiers proposé ce problème : faire du mouton une fabrique à côtelettes et à gigots; accroître en lui, jusqu'aux limites du possible, ce qui peut se manger, et, pour rétablir la balance, diminuer ou même faire disparaître ce qui ne peut se manger. Un éleveur célèbre, Hakewell, résolut la question il y a maintenant environ un siècle. Il se dit : le mouton que je veux pour fabrique de gigots ne doit pas avoir de cornes, car cet inutile ornement détournerait, en pure perte, une partie de la substance de la bête; la nourriture qui servirait à la formation et à l'entretien des cornes sera mieux employée à donner de la chair. Pour le même motif, il n'aura de laine que juste de quoi s'habiller et se défendre du froid. Les os, je ne peux les supprimer, et c'est vraiment dommage; il en faut de toute nécessité à l'animal, ils sont la charpente indispensable à l'édifice du corps. Si je ne peux les supprimer, les os du moins seront légers, amincis, réduits de poids et de grosseur. Il faut que, lorsque le gigot sera servi sur la table, le couteau pénètre comme dans une pelote de beurre, et ne trouve au centre qu'une menue baguette pierreuse. Je réduirai de même tout ce qui n'est pas viande et ne laisserai au mouton que l'indispensable à l'exercice de la vie.

Et cela se fit comme le prévoyait Hakewell. Dans ses bergeries, le mouton se transforma en une opulente fabrique de viande, et devint une paire d'énormes gigots et une paire d'énormes épaules, conduites au pâturage par une petite tête sur quatre fines jambes. Quelques nombres nous montreront l'importance des résultats obtenus. Le poids brut de nos moutons ordinaires est en moyenne de 30 kilogrammes, représentant environ 20 kilogrammes de viande nette. Le *Mouton Dishley*, ainsi s'appelle la race perfectionnée due aux travaux de Hakewell, le mouton Dishley pèse de 60 à 100 et parfois 150 kilo-

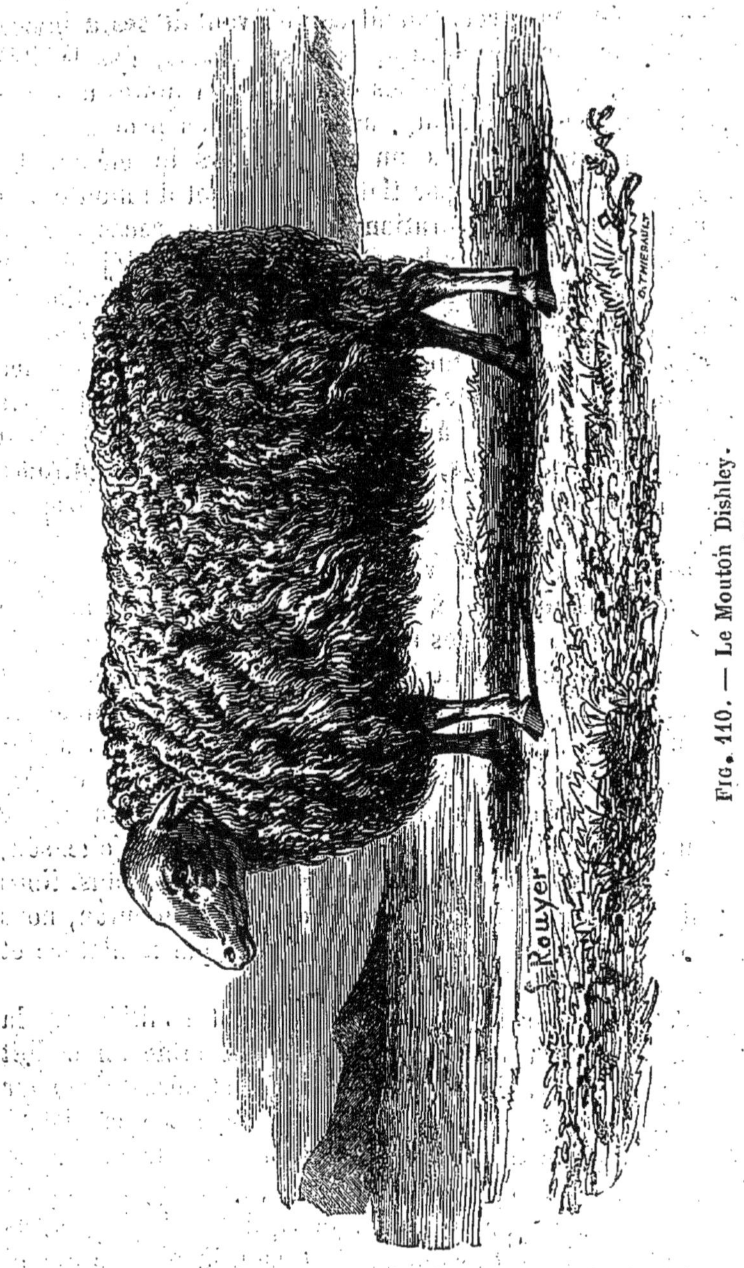

FIG. 110. — Le Mouton Dishley.

grammes; son rendement en viande nette varie de 50 à 100 kilogrammes. C'est, dans le cas le moins favorable, deux fois et demie autant de viande que le produit de nos vulgaires moutons ;

c'est, dans le cas le plus favorable, exceptionnel il est vrai, jusqu'à cinq fois.

L'homme ne fait pas précisément ce qu'il veut de ses animaux domestiques, car l'organisation a, dans ses écarts, des limites infranchissables, devant lesquelles échoueraient toutes nos tentatives; mais il peut beaucoup, avec des soins prolongés et judicieusement conduits vers un but toujours le même. Le grand moyen mis en œuvre par Hakewel au sujet du mouton, et utilisé depuis pour l'amélioration des diverses races domestiques, consiste surtout dans la *sélection*, dont il a déjà été dit quelques mots relativement au chien. On fait de la sélection en choisissant et conservant pour la propagation de l'espèce les individus chez lesquels se montrent, au plus haut degré, les qualités que l'on recherche. Ces qualités, si faibles qu'elles soient au début, peuvent acquérir un grand développement après plusieurs générations, car les fils héritent des aptitudes des pères, les maintiennent et les accroissent de leurs propres aptitudes.

7. **La laine.** — Outre la viande, le mouton nous fournit la laine, plus importante encore, car elle est la meilleure matière pour nos vêtements. D'autres animaux, le bœuf et le porc par exemple, nous alimentent de leur chair; le mouton seul peut nous vêtir. Avec la laine se font les matelas et se fabriquent les draps, les flanelles, les serges, enfin les diverses étoffes les plus aptes à défendre du froid. Elle est par excellence la matière première du vêtement; le coton, malgré son importance, ne vient qu'en seconde ligne; et la soie, si précieuse qu'elle soit, lui est très inférieure sous le rapport des services rendus. Nous nous habillons avant tout avec les dépouilles du mouton, nous nous couvrons de sa toison, convertie en drap par la filature et le tissage.

Telle qu'elle est sur le mouton, la laine est souillée par la sueur de l'animal et la poussière, formant ensemble un enduit de crasse appelé *suint*. Un énergique lavage est nécessaire pour enlever ces impuretés. Le moyen le plus convenable consiste à laver le mouton lui-même avant de le tondre. Le troupeau est conduit au bord d'une eau courante, et là, chaque mouton est saisi à tour de rôle, par des hommes qui le plongent dans l'eau, frottant et pressant des mains la toison jusqu'à ce que le suint ait disparu. C'est ce qu'on appelle le *lavage à dos*, parce que la toison est nettoyée sur le corps même, sur le dos de l'animal.

D'autres fois, le mouton est tondu sans être d'abord lavé, tel qu'il sort de la bergerie, avec toutes ses souillures de poussière et de sueur. La laine ainsi obtenue se nomme *laine en suint*, tandis qu'on appelle *laine désuintée* celle qu'on a lavée. La laine en suint est trop malpropre pour être employée telle quelle, même à la confection des matelas; on la nettoie dans l'eau courante d'une rivière, et alors elle est pareille à celle que donne le mouton lavé.

Pour tondre les moutons, on les lie par les quatre pattes afin de les rendre immobiles pendant l'opération et de leur éviter ainsi des blessures; on les dispose à hauteur d'homme sur une

FIG. 111. — Le Mouton mérinos.

table, et, avec des ciseaux à larges lames, on détache la laine aussi près que possible de la peau. Comme les brins de laine sont naturellement crépus, la toison se détache tout d'une pièce.

La laine la plus estimée, celle que l'on réserve pour les fines étoffes, provient d'une race de moutons principalement élevés en Espagne, et connus sous le nom de *mérinos*. Cette race a le corps trapu, court, épais; les jambes fortes et courtes; la tête grosse, armée de robustes cornes qui retombent en spirale derrière l'oreille; le front laineux et le museau fortement recourbé. La laine couvre tout le corps, moins le museau, depuis le bord des sabots jusqu'au tour des yeux. Elle est fine, frisée, à brins élastiques. Le suint dont elle est imprégnée est très abondant;

aussi la poussière agglutinée forme-t-elle, à la surface de la toison, une croûte grisâtre, une espèce de cuirasse qui se fendille çà et là avec de légers craquements, lorsque l'animal remue, et se referme d'elle-même pendant le repos. Par le lavage, toutes ces impuretés disparaissent, et la laine du mérinos apparaît alors avec une blancheur de neige et une souplesse rivale de celle de la soie.

En Espagne, les troupeaux mérinos passent l'hiver dans les plaines du sud, sous un climat remarquablement doux. Aux premiers jours d'avril, ils se mettent en marche vers le nord pour gagner les hautes montagnes, où ils arrivent après un voyage d'un mois à six semaines. Toute la belle saison, ils séjournent dans les pâturages élevés, riches en pelouses savoureuses, que le soleil d'été ne dessèche point ; en fin septembre, ils redescendent dans les plaines du sud. Ces troupeaux voyageurs, abandonnant, suivant la saison, la plaine pour la montagne ou la montagne pour la plaine, se nomment *troupeaux transhumants*. Tel d'entre eux compte dix mille bêtes, que conduisent cinquante bergers et autant de chiens.

8. **Le lait.** — Les ruminants, vache, brebis et chèvre, nous fournissent le laitage. Le lait contient trois substances principales, savoir : la crème, ou matière grasse avec laquelle se prépare le beurre ; la *caséine* ou *caillé*, qui sert à la fabrication du fromage ; enfin une substance à saveur légèrement douce et que l'on nomme *sucre de lait*. Ces trois matières enlevées, le reste n'est guère que de l'eau. Pour les obtenir chacune à part, on s'y prend de la manière suivante.

Abandonné au repos dans un lieu frais et au contact de l'air, le lait se couvre, plus tôt ou plus tard suivant la saison, d'une épaisse couche onctueuse, qui prend le nom de crème. Voilà la matière à beurre. Elle monte d'elle-même à la surface et se sépare du liquide. On l'enlève avec une écumoire.

Ce qui reste est le lait *écrémé*, de même blancheur, de même aspect que le lait primitif, mais privé de sa matière grasse. Dans ce lait écrémé, versons quelques gouttes d'un liquide acide, par exemple de jus de citron. Le lait tourne, et d'épais flocons blancs se forment. Ces flocons sont le caillé, la caséine.

Une fois la caséine enlevée, il ne reste plus qu'un liquide transparent, que l'on prendrait pour de l'eau un peu teintée de jaune. Ce liquide se nomme *petit-lait*. Il ne contient guère que de l'eau avec une petite quantité de sucre de lait, qui lui donne une légère saveur douce. C'est surtout en Suisse que s'obtient en grand le sucre de lait, par l'évaporation du liquide qui reste quand on a retiré du lait la crème et le caillé. Malgré son nom, cette matière n'a rien de commun avec le sucre ordinaire, avec le sucre en pains blancs dont nous faisons usage; c'est une substance d'un blanc terne, assez dure, craquant sous la dent, et d'une saveur faiblement sucrée. On n'en fait emploi qu'en pharmacie. La crème et la caséine sont, par excellence, les matières nutritives du lait, dont les qualités alimentaires se trouvent ainsi proportionnées à leur abondance. Le lait qui en contient le plus est celui de brebis; vient après celui de chèvre et enfin celui de vache.

La matière à beurre, la crème, est une substance grasse disséminée dans le lait en particules excessivement fines. Par le repos dans un lieu frais, ces particules grasses montent peu à peu à la surface et s'y rassemblent en une couche de crème. La crème est d'un blanc jaunâtre, onctueuse au toucher, d'une saveur douce qui tient à la fois du beurre et du fromage. Les particules grasses y sont simplement groupées à côté l'une de l'autre, sans faire corps ensemble; d'ailleurs une couche d'humidité, provenant du petit-lait, les isole et les empêche de se réunir. Pour faire de toutes ces particules une masse compacte de beurre, il faut en exprimer le peu de lait interposé, les pétrir et les agglomérer ensemble. On y parvient par un battage prolongé.

L'instrument employé s'appelle *baratte*. Le plus simple consiste en une espèce de petit tonneau plus large à la base, plus étroit au sommet. Le couvercle supérieur est percé d'un orifice dans lequel s'engage une tige, terminée à l'intérieur de la baratte par un plateau de bois, rond et percé de trous. La crème étant jetée au fond de la baratte, on prend la tige des deux mains, et tour à tour, à coups pressés, on la soulève et on l'enfonce, de manière que la planchette terminale monte et descende dans la masse crémeuse. Par ce battage prolongé, les parcelles grasses se soudent l'une à l'autre et deviennent le beurre.

Pour obtenir le fromage, la première opération consiste à faire cailler le lait. Du jus de citron ou tout autre acide amènerait ce résultat, mais l'usage est de se servir d'un liquide bien plus efficace et qu'on nomme *présure*. C'est avec le quatrième estomac d'un jeune veau, avec la caillette que ce liquide se prépare. Cet estomac approprié avec soin, salé et desséché, se conserve longtemps. Quand on veut s'en servir, on en coupe un morceau que l'on met tremper dans de l'eau ou du petit-lait. Le lendemain matin, on jette une ou deux cuillerées de l'infusion dans chaque litre de lait. En très peu de temps, si la chaleur est douce, le lait se prend en une masse de fromage frais.

La principale substance du fromage est la caséine, coagulée par l'action de la présure. Mais préparé avec la caséine seule, le fromage serait grossier, de peu de goût et deviendrait très dur en se desséchant. Pour donner à la pâte onctuosité, souplesse et saveur, on laisse habituellement la crème dans le lait destiné à la fabrication du fromage. La caséine fournit la matière fondamentale de la préparation, la crème en fournit ce qu'on pourrait appeler l'assaisonnement.

De là deux qualités principales de fromage : l'une, préparée avec du lait d'où l'on a d'abord retiré la crème, ne contient que de la caséine ; la seconde, obtenue avec du lait non écrémé, contient à la fois la caséine et la crème. La première qualité, dite *fromage à la pie*, *fromage blanc*, et d'une façon plus expressive *fromage maigre*, est une nourriture de peu de valeur, que l'on ne cherche pas à obtenir pour elle-même, mais que l'on prépare afin de tirer quelque parti du lait ayant déjà servi à la préparation du beurre. La seconde qualité, appelée *fromage à la crème* ou *fromage gras*, est celle qui apparaît habituellement sur nos tables, avec des qualités et des aspects fort divers, qui dépendent de la nature du lait et du mode de préparation.

CHAPITRE XVII

LES PHOQUES. — LES CÉTACÉS

1. **Les Phoques.** — Organisés pour vivre dans les eaux de la mer, les *Phoques* possèdent la configuration générale la mieux appropriée à la nage, la configuration ronde et allongée du poisson; mais leur tête, à elle seule, montre que ce sont bien

là des mammifères, indice que la présence des mamelles et l'allaitement des jeunes confirment pleinement. La tête du phoque est celle d'un chien privé de ses oreilles. Les lèvres portent fortes moustaches, épanouies en pinceaux comme celles du chat; les yeux sont grands, ronds, d'expression douce, couleur des eaux de la mer. Le râtelier est exactement celui d'un carnassier, avec molaires, canines, incisives propres à déchirer une proie. Les phoques, en effet, ont pour la plupart une nourriture exclusivement animale, consistant en poissons, crabes, mollusques nus.

Jusque-là, c'est bien le mammifère habituel, tel qu'il nous est connu sur la terre; mais voici où se montrent les particularités de structure de l'animal fait pour vivre dans les eaux. Leur corps arrondi s'appointe en demi-fuseau. Il est couvert de poils courts, raides et lisses, maigre pelage que l'eau ne peut imbiber et alourdir. Les membres antérieurs sont engagés sous la peau du corps jusqu'au poignet. La partie libre n'est pas une patte mais une large palette, un aviron où se reconnaissent les doigts, armés d'ongles, à peu près égaux entre eux, reliés par une membrane et disposés dans un même plan. Les extrémités de devant sont en somme des rames courtes mais vigoureuses. Les membres postérieurs n'ont également de libre que les extrémités, à partir du talon; le reste est engagé sous l'enveloppe générale de la peau. Ils se terminent en rames rapprochées, entre lesquelles est la queue. Le tout constitue un aviron impair et un gouvernail.

D'après cette structure, ce n'est que dans l'eau que les phoques déploient leur agilité. Ils nagent avec une aisance admirable, sur le ventre, sur le dos, à la surface des eaux et dans ses profondeurs indifféremment, et rivalisent ainsi avec les poissons. Les avirons des pattes antérieures leur servent de nageoires; les palettes des pattes postérieures, tantôt rapprochées les poussent en avant, et tantôt écartées les maintiennent en équilibre. Ils évoluent, avancent, plongent, remontent, se retournent avec une promptitude à laquelle le poisson poursuivi ne peut échapper; ou bien encore ils restent longtemps immobiles à la même place, la moitié de la tête hors des eaux. Ce sont des plongeurs tout aussi habiles; mais rappelés à la surface par les besoins de la respiration, ils ne peuvent rester longtemps immergés. Toutes les minutes, si aucun péril ne le menace, le phoque reparaît à l'air et sort au moins la tête pour respirer; s'il y a danger pour lui, l'animal reste sous l'eau de cinq à sept minutes. Des soupapes spéciales, des valvules, placées dans les narines, se ferment et empêchent l'eau de pénétrer dans les voies respiratoires.

Autant les phoques sont agiles dans l'eau, autant ils sont maladroits sur la terre, où ils viennent fréquemment se reposer et se réchauffer au soleil. Ils se traînent et rampent plutôt qu'ils ne marchent. Les nageoires antérieures s'appliquent sur les flancs, le corps se recourbe à la façon de celui d'un chat faisant le gros dos, prend appui sur le ventre et pousse en avant le train antérieur, pour ramener après le train postérieur et recommencer la même manœuvre. Ce mode de progression fait songer à celui de certaines chenilles, dites arpenteuses, qui cheminent en bouclant et allongeant le corps tour à tour. Avec

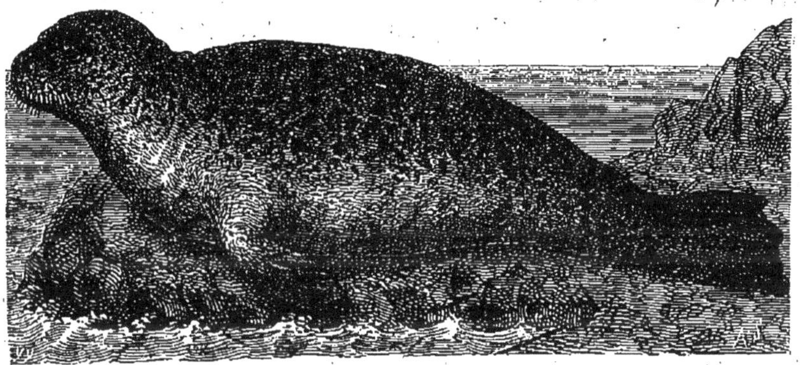

Fig. 112. — Le Phoque.

sa reptation, le phoque est néanmoins rapide ; un homme à la course a de la peine à le suivre.

Les pattes ne sont, on le voit, que d'une faible utilité pour l'animal dans la progression terrestre ; mais s'il faut gravir une pente, se hisser sur un glaçon flottant, gagner la crête d'un écueil ou la plate-forme d'une falaise, les pattes antérieures, avec leurs ongles robustes, font office de harpons. Le phoque les emploie encore à la façon des chats, pour se lisser, se peigner ; c'est avec elles que la mère serre son nourrisson contre la poitrine. Enfin, en ramenant avec brusquerie les pattes postérieures écartées, l'animal quitte l'eau et s'élance d'un bond sur la rive.

Les phoques aiment à venir se reposer en familles sur le rivage ensoleillé. Couchés sur le dos, sur le ventre, sur l'un ou l'autre flanc, et les pattes de devant ramassées contre le corps ou bien pendantes, ils gardent de longues heures la même position, dans une complète immobilité. Ouvrir les yeux, les fermer, cligner, regarder vaguement dans le lointain, c'est tout ce qu'ils se permettent dans leur douce paresse. Mais qu'un danger menace, et la troupe sommeillante, glisse sur les rochers, bondit et retombe à la mer. Sur les falaises bien exposées, de vives disputes éclatent pour la possession de la meilleure place au soseil. Les plus forts culbutent et jettent au bas des rochers les plus faibles afin de se coucher et de s'étendre à l'aise....

Le cri du phoque a quelque chose de doux et de flûté qui rappelle les syllabes *pa-pa*, *ma-ma*. Les montreurs de bêtes abusent de cette particularité en prétendant que le phoque peut apprendre à parler. C'est une erreur : pour prononcer des syllabes, le phoque n'est pas mieux doué que le chien, dont il a du reste le grognement. Sa physionomie est douce, son regard expressif, et son intelligence se prête à un commencement d'éducation.

Sur nos côtes océaniques et sur nos côtes méditerranéennes, les phoques ne sont pas rares; ils deviennent plus nombreux et plus variés en espèces dans les régions voisines de l'un et l'autre pôle. Connus sous le nom de *Veaux marins*, ils sont une ressource importante pour les peuplades du nord, notamment pour les Groënlandais. L'Esquimau utilise non seulement la chair, la peau et l'huile de la bête, mais encore les intestins qui, nettoyés et lissés, lui fournissent un vêtement imperméable. Les côtes appointées deviennent des clous, les omoplates des bêches, les tendons des cordes pour l'arc. Avec le sang mélangé à de l'eau de mer se prépare un potage substantiel. Durci par le froid, ce sang est une friandise. Cuit et faconné en gâteaux ronds que l'on fait sécher au soleil, c'est une réserve alimentaire pour les temps de disette. Avec la vessie se fabriquent des vitres, des rideaux pour la tente, des chemises; enfin, les os fournissent la pointe de presque tous les instruments. Sans le veau marin, qui lui fournit à peu près tout, l'Esquimau ne pourrait vivre sous son âpre climat.

2. **Les Cétacés.** — Ce tordre comprend les mammifères dont le type est la *Baleine*, en latin *Ceta*. Les animaux qui le composent sont exclusivement conformés pour la vie aquatique, dans les eaux des mers, à tel point que le langage vulgaire les qualifie de poissons. Les mamelles, l'allaitement des jeunes, l'organisation interne démontrent combien cette qualification est erronée malgré les apparences extérieures. Avec leur forme de poissons,

les cétacés sont de véritables mammifères. Les phoques passent à terre une partie de leur vie ; ils y naissent, y reposent, y sommeillent au soleil ; les cétacés ne quittent jamais l'eau ; si quelque coup de mer les échoue sur la plage, ils périssent promptement. Leur masse considérable, souvent énorme, exige pour se mouvoir le soutien des eaux ; incapables de progression une fois à sec, ils meurent donc où le flot les a jetés.

Avec ce genre de vie exclusivement aquatique, l'extérieur pisciforme s'accentue bien plus que chez les phoques. La tête est tout d'une venue avec le corps, sans cou apparent, de manière que l'animal a dans son ensemble la conformation naviculaire du poisson. Les membres postérieurs manquent complètement et la queue s'aplatit en un large aviron, ou une nageoire étalée dans le sens horizontal, disposition remarquable, inverse de ce que nous montre la nageoire caudale des poissons, toujours étalée dans le sens vertical. Aussi le jeu de cette puissante rame n'est pas le même de part et d'autre. Pour avancer, le poisson fouette l'eau à droite et à gauche avec sa queue ; le cétacé la choque de haut en bas. Les membres antérieurs existent, mais très courts, aplatis, sans doigts distincts, enfin configurés en rames. Ici la patte a complètement disparu, remplacée par la nageoire. La dissection montre néanmoins que la structure interne conserve l'habituel édifice d'un membre de mammifère. Dans cet aviron, uniquement fait pour battre l'eau, se retrouve un humérus, un cubitus, et un radius, les osselets du carpe et du métacarpe, enfin les doigts avec leurs phalanges ; seulement celles-ci, pour donner plus d'ampleur à la nageoire, dépassent le nombre trois, caractéristique des autres mammifères, et se comptent par six, par neuf et même par douze suivant l'espèce du cétacé. Enfin, parfois une nageoire dorsale, simple repli de la peau, complète la ressemblance avec un poisson.

Fig. 113. — Patte d'un cétacé. — H, humérus ; — cr, cubitus et radius ; — ca, carpe ; — mc, métacarpe ; — ph, phalanges.

La tête est grosse, parfois monstrueuse, avec des yeux petits et sans oreilles externes. La gueule, largement fendue, est dépourvue de lèvres; les mâchoires sont armées, tantôt de dents coniques, tantôt de fanons. Les os n'ont pas de canal médullaire; ils sont formés d'une masse spongieuse, toute pénétrée d'une graisse liquide qui les rend onctueux au toucher, alors même qu'ils sont depuis longtemps exposés à l'air. Le crâne est énorme, mais son contenu, le cerveau, est loin de répondre à pareil volume. Le cerveau d'une baleine du poids de cinq à six mille kilogrammes ne pèse pas plus que celui d'un homme, deux kilogrammes environ. Tout le corps est couvert d'une peau lisse, huileuse, nue ou ne possédant que quelques soies rares en des points restreints. Au-dessous est une épaisse couche de graisse, qui remplace la toison comme enveloppe protectrice contre le refroidissement.

Malgré leur continuel séjour dans l'eau, les cétacés ont la respiration des mammifères. Ils respirent l'air atmosphérique, au moyen de poumons, exactement comme le chien, le cheval, le bœuf et autres mammifères terrestres. Ils sont donc obligés de venir de temps en temps à la surface faire provision d'air. Une minute et demie est à peu près l'intervalle entre deux respirations consécutives d'une baleine que rien ne trouble; mais s'il est poursuivi, s'il est blessé, l'animal peut rester plongé dans l'eau sans respirer jusqu'à vingt minutes. Ce séjour prolongé sous les flots est rendu possible par de vastes dilatations des vaisseaux sanguins, réservoirs où s'accumulent d'une part le sang oxygéné par les respirations précédentes, d'autre part le sang vicié. Tant que dure la provision de sang imprégné d'oxygène, l'animal peut rester immergé; mais cette provision, en une vingtaine de minutes au plus, s'épuise, et le cétacé forcément remonte à la surface, sinon il périrait asphyxié. Sa respiration débute par un souffle bruyant, qui chasse l'eau introduite dans les narines incomplètement closes. L'eau rejetée en fine poussière s'élève jusqu'à cinq et six mètres et ressemble à deux colonnes de vapeur qui s'échapperaient avec bruissement par des tubes étroits. Après cette évacuation du liquide, arrive l'inspiration tout aussi bruyante.

Les cétacés sont presque tous des animaux carnassiers; à peu d'exceptions près, leur nourriture est animale; mais par un singulier contraste, les plus grandes espèces, les géants des mers, les baleines notamment, se nourrissent de très petite proie, consistant surtout en mollusques nus, tandis que les cétacés de médiocre taille s'attaquent à la grosse proie, aux poissons. Au nombre de ces avides carnassiers sont les dauphins et les marsouins.

3. **La Baleine.** — C'est dans l'ordre des cétacés que prend rang la baleine, le plus grand des animaux. Sa longueur mesure de 20 à 35 mètres, et sa circonférence de 10 à 13 mètres. Avec 20 mètres seulement de dimension, elle pèse 70 000 kilogrammes, près de cent fois le poids d'un bœuf. La tête, monstrueuse, fait environ le tiers de la longueur totale. Elle s'ouvre en une gueule de 5 à 6 mètres de longueur et de 3 à 4 mètres de large; c'est un antre où un canot avec son équipage aisément pourrait trouver place. Le plancher en est tapissé par la langue immobile, fixée à la mâchoire inférieure dans toute son étendue. C'est un matelas de graisse, tout gorgé d'huile, et si mou, que la pression de la main y laisse profonde empreinte; qui s'y coucherait dessus s'y enfoncerait. De ce prodigieux lardon

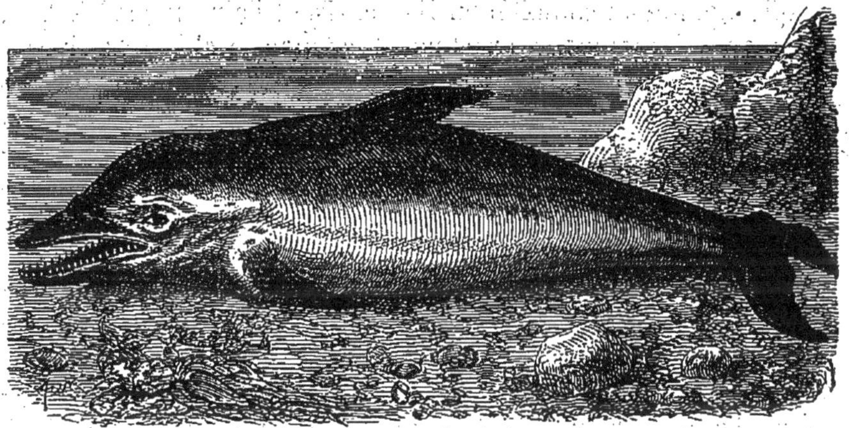

FIG. 114. — Le Dauphin.

se retirent cinq à six barils d'huile. La mâchoire supérieure est armée, en guise de dents, de sept cents lames de nature cornée, qui pendent du palais suivant la verticale. La science les nomme *fanons* et le langage vulgaire *baleines*. Leur longueur varie de 4 à 5 mètres, et leur largeur atteint une trentaine de centimètres. Solides et flexibles à la fois, ces lames sont recherchées par l'industrie, qui en fabrique, en particulier, des baguettes de fusil de chasse, et des charpentes pour maintenir étalée l'étoffe des parapluies.

Le gosier de la baleine est un étroit passage où s'engagerait à peine notre poing. Il faut donc au colosse nourriture très divisée, proie fort petite, consistant surtout en animalcules glaireux, transparents, d'une longueur de quelques centimètres, parfois aussi fins qu'une aiguille ou même presque invisibles, mais si nombreux et amassés en bancs si compactes, qu'ils rendent certains parages de la mer semblables à une purée animale. La baleine nageant à la surface n'a qu'à ouvrir la gueule pour engloutir des millions de ces êtres. Le nombre suppléant à la taille, le plus petit nourrit ainsi le plus grand. A travers la palissade serrée des fanons, la bouchée est tamisée; les animalcules restent, aussitôt déglutis, l'eau qui les accompagne est rejetée. La baleine fait surtout grande consommation d'un mollusque nu, nommé *Clio*, nageant par bancs épais dans les

FIG. 115. — La Baleine.

mers boréales, par les temps chauds et calmes. Son corps gélatineux, teinté de bleu ou de violet, et de forme oblongue, mesure à peine un pouce de longueur. En arrière, il s'effile en pointe; en avant, il s'étrangle en une sorte de cou, sur les côtés duquel s'étalent deux petites membranes triangulaires, à la fois nageoires et organes de la respiration. Les marins lui donnent le nom de *pâture de baleine*.

Au sommet de la tête, de forme arquée, s'ouvrent les narines ou *évents*, consistant en deux fentes configurées en S et longues d'un demi-mètre. Par là s'élancent, à une hauteur de cinq à six mètres, quand l'animal expulse son souffle, non des jets continus de liquide semblables à celui d'une fontaine, ainsi qu'on le dit quelquefois, mais deux colonnes de poussière d'eau très divisée, rappelant des jets de vapeur. Cette expulsion est accompagnée d'un bruit de puissant soufflet de forge, qui a valu à la baleine et autres cétacés le nom expressif de *souffleur*.

Les nageoires pectorales, résultant de la transformation des membres antérieurs, sont ovales, très flexibles, d'une longueur de deux à trois mètres, sur une largeur de un mètre et demi et au delà. La superficie de ces rames mesure donc au delà de trois mètres carrés. Voilà certes de robustes machines à natation, mais la nageoire caudale est plus puissante encore. Elle a deux mètres de long, et de six à huit mètres de large. Quand cet énorme battoir se redresse et retombe en frappant l'eau, il se produit à la ronde un remous de tempête. Une embarcation atteinte est mise en pièces, ou lancée en l'air avec son équipage.

La force est donc en rapport avec les masses à mouvoir; aussi les mouvements de la baleine sont-ils très rapides. En quelques secondes, l'animal poursuivi évite l'atteinte des baleiniers; parfois il bondit et s'élance hors de l'eau; parfois encore il tient la tête en bas, lève la queue en l'air et frappe l'eau avec tant de puissance, que le bruit et le remous se propagent au loin. Nageant tranquille à la surface, la baleine parcourt environ 14 kilomètres à l'heure; elle en parcourt 25 quand elle fuit blessée.

La peau est un cuir nu, huileux, noir sur le dos et les flancs, blanc avec faibles reflets jaunâtres sous le ventre. Quelques soies se montrent seulement à la partie antérieure de la gueule. Au dessous, enveloppant tout le corps, est un matelas de graisse, pouvant atteindre un demi mètre d'épaisseur. C'est pour ce lard et pour ses fanons que la baleine est recherchée.

La baleine ne nourrit qu'un baleineau à la fois; il est vrai que pour un pareil nourrisson il faut peut-être des tonnes de lait à chaque tétée. Elle témoigne pour son petit un vif attachement; elle le cache entre ses nageoires en cas de danger, elle l'abrite contre l'assaut des vagues grondantes, le défend avec courage et le conduit jusqu'à ce que les fanons devenus assez grands lui permettent de se suffire à lui-même. Les pêcheurs prennent parfois le baleineau, sans méfiance, dans le but d'attirer la mère. Celle-ci remonte, en effet, des profondeurs, pour venir au secours du jeune; elle le prend dans ses nageoires et cherche à l'entraîner. C'est alors surtout qu'elle devient dangereuse; elle a perdu toute crainte et s'élance furieuse sur ses ennemis. Lardée de harpons, elle périt plutôt que d'abandonner son petit.

La pêche de la baleine, que nous avons décrite ailleurs[1], est une entreprise fructueuse quand l'animal abonde. D'une baleine de vingt mètres de longueur se retirent, par la fusion du lard, près de 27 tonnes d'huile. L'animal fournit en outre 1600 kilogrammes de fanons. On cite des baleiniers qui ont gagné 300 000 francs en une seule campagne; mais la pêche a ses caprices : où l'un s'enrichit, un autre se ruine. Les peuplades du nord utilisent la bête entière, la viande et le reste. La langue crue, mou tissu de graisse, est pour l'Esquimau un mets recherché; l'huile infecte, destinée par nous à la préparation des cuirs, est bue avec délices; les ossements sont des pièces de charpente pour la hutte, le traîneau, le canot.

CHAPITRE XVIII

CLASSE DES OISEAUX

1. **Organisation. — Le bec.** — Les oiseaux ne mâchent pas leur nourriture, ils l'avalent telle qu'elle a été saisie ou à peu près. Le bec, toujours dépourvu de dents, n'est donc pas un organe de mastication, mais bien de préhension. Il saisit, happe, cueille, fouille, perce, casse, déchire, suivant le genre de nourriture dévolue à l'oiseau. Une corne solide revêt la charpente osseuse des deux mandibules et en rend les bords tranchants.

Les oiseaux rapaces, qui se nourrissent de proie vivante, ont la mandibule supérieure courte, forte, crochue et terminée par une pointe aiguë, parfois dentelée sur les bords. Avec cette arme, l'oiseau chasseur tue sa proie et la dépèce par lambeaux, tandis que la maintiennent des serres vigoureuses armées d'ongles recourbés et acérés.

Ceux qui se nourrissent de cadavres, les vautours par exemple, ont encore la mandibule supérieure en crochet, mais le bec est plus long et par conséquent plus faible. L'attaque étant sans

1. Voir le cours de huitième.

danger, le bec perd les caractères d'arme offensive, pour devenir un simple outil propre à déchirer.

Les oiseaux piscivores, qui, pour l'avaler, mettent en lambeaux le poisson saisi, ont le bec allongé et crochu des vautours; tels sont les goëlands et les mouettes. Ceux qui l'engloutissent tout entier ont le bec droit, à longues et amples mandibules. Quelques-uns le rejettent en l'air pour le recevoir une seconde fois dans le bec, la tête la première, et l'avaler ainsi sans obstacle, malgré les rayons des nageoires, qui se couchent d'avant en arrière quand le poisson franchit le défilé de l'œsophage. Un oiseau éminemment pêcheur, le pélican, a sous la mandibule inférieure une vaste poche membraneuse, sorte de vivier où il emmagasine le poisson tant que dure la pêche. La provision faite, il gagne une retraite tranquille, sur quelque corniche au

Fig. 116. — Tête d'Aigle.

bord des eaux, et reprend un à un les poissons ramollis dans la poche pour s'en repaître à loisir.

Les oiseaux qui vivent d'insectes ont le bec faible, menu, quelquefois très allongé pour fouiller les fissures des bois morts, des écorces. Ceux qui saisissent les insectes au vol, comme l'hirondelle et l'engoulevent, ont le bec très court, mais excessivement large, de manière que le gibier poursuivi s'engouffre de lui-même dans le gosier ouvert et enduit d'une salive visqueuse qui le retient englué.

Ceux qui se nourrissent principalement de graines, le moineau, la linotte, le pinson, la poule, ont le bec court, épais, conique, propre enfin à becqueter les semences sur le sol, à les extraire de leurs enveloppes, à casser leur coque pour en obtenir l'amande.

S'il faut fouiller la terre humide pour en extraire des larves et des vermisseaux, le bec s'allonge en une sonde. Tels sont celui de la bécasse et celui de la huppe. Il y en a qui ont des becs impossibles, extravagants, pour éventrer les fruits et les faire

FIG. 117. — L'Engoulevent.

sauter par quartiers afin d'atteindre les pépins, leur morceau de prédilection. Tel est celui du bec-croisé. A quel travail peut se livrer cet outil en apparence détraqué, dont les pointes se

FIG. 118. — Le Bec-croisé.

croisent l'une en haut et l'autre en bas? Cette bizarre disposition n'est pas le résultat d'un accident survenu à l'oiseau, par exemple d'une entorse à la suite d'un violent effort; ce n'est pas l'état d'un bec estropié, mais bien un état naturel. L'oiseau naît avec ce bec étrange et n'en a jamais d'autre; il trouve en lui précieux outil pour le travail à faire. Le bec-croisé aime par-dessus tout les semences du pin. Prenons un cône de pin et soulevons-en les écailles à la pointe du couteau. Nous trouverons derrière chacune d'elles deux semences imprégnées d'huile et relevées d'un léger parfum de résine. Voilà l'exquis manger que cherche l'oiseau ; mais comment l'extraire de dessous les écailles, si dures et solidement imbriquées? Le bec-croisé se joue de ce rude travail : il insinue la pointe d'une mandibule sous l'écaille, et, prenant appui sur l'autre, il tourne

Fig. 119. — La Huppe.

et fait levier. L'écaille se soulève et la semence vient. Les dents d'une clef tournant sur son pivot ne font pas céder plus aisément le ressort d'une serrure.

2. **Jabot. Ventricule succenturié. Gésier.** — La plupart des oiseaux ont, au bas du cou, une première poche digestive, simple dilatation de l'œsophage. C'est le *jabot*, très développé chez les granivores, proportionnellement moins ample chez les oiseaux rapaces diurnes, nul chez les rapaces nocturnes, hiboux et chouettes, ainsi que chez la plupart des piscivores. Dans le jabot séjournent, des heures, des jours même, comme dans un

réservoir, les alimentsavalés à la hâte; ils s'y ramollissent un peu, puis sont soumis, portions par portions, à l'action des autres organes digestifs. Le jabot représente en quelque sorte la poche où le pélican entasse ses provisions; seulement cette poche, au lieu d'être située au dehors, sous le bec, à l'entrée de l'œsophage, est placée à l'intérieur du corps, à la fin du canal œsophagien.

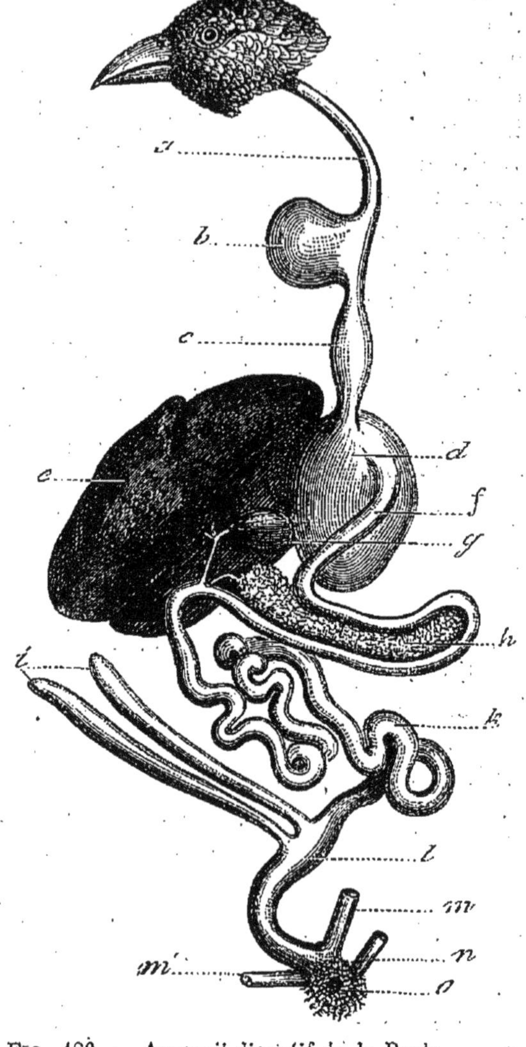

Fig. 120. — Appareil digestif de la Poule. — *a*, œsophage; — *b*, jabot; — *c*, ventricule succinturié; — *d*, gésier; — *f*, duodenum; — *g*, vésicule biliairc; — *e*, foie; — *h*, pancréas; — *k*, intestin grêle; — *l*, gros intestin; — *i*, cœcums; — *m*, *m'*, urétères; — *n*, oviducte; — *o*, cloaque.

Au-dessous du jabot est une seconde dilatation, nommée *ventricule succenturié*, de faible capacité, mais remarquable par le nombre et l'ampleur des fossettes ou follicules qui sécrètent le suc gastrique. Les aliments ne font guère qu'y passer pour s'imbiber de ce liquide digestif. Les oiseaux dépourvus de jabot ont, pour en tenir place, un ventricule succenturié plus volumineux.

La véritable cavité digestive des oiseaux est le troisième estomac, que l'on nomme *gésier*. Les oiseaux carnivores ont un gésier à parois minces et membraneuses; ceux qui se nourrissent de graines, dures et difficiles à digérer, ont les parois du gésier très épaisses et doublées de muscles puissants, qui, par leur contraction, peuvent comprimer et broyer le contenu. La face interne de cette cavité digestive est en outre revêtue d'un épiderme cartilagineux, d'une sorte de cuir dur et tenace, qui protège l'organe contre les violences de la friction. Enfin l'oiseau, en même temps qu'il avale le grain, a soin d'avaler quelques petits cailloux bien durs, quelques menus graviers inattaquables par les sucs digestifs. Ces cailloux, ces graviers vont, au sein du gésier, faire office de dents. L'oiseau n'a pas au bec les molaires du mammifère pour broyer, sous leur meule, la semence difficile à écraser; mais il en garnit son estomac d'artificielles, qu'il renouvelle à chaque repas. Le grain, ramolli dans le jabot, imbibé de suc gastrique dans le ventricule succenturié, arrive dans le gésier mélangé avec de petits cailloux, qui doivent favoriser l'action triturante. Protégées par leur épaisse doublure cartilagineuse, les parois musculaires entrent en jeu, se contractent, et par une énergique friction ont bientôt réduit en bouillie les grains les plus durs.

Le gésier est d'une puissance étonnante comme appareil masticateur. D'après les expériences de Spallanzani, il peut émousser des aiguilles d'acier, pulvériser des boules de cristal, aplatir des tubes métalliques. Le troisième estomac des oiseaux granivores est ainsi à la fois une cavité digestive et un organe de trituration : aux fonctions de l'estomac des mammifères, il réunit les fonctions des mâchoires.

Le reste de l'appareil digestif des oiseaux reproduit, dans des formes un peu différentes, ce que nous avons reconnu chez l'homme et chez les animaux mammifères. Une glande pancréas et un foie considérable versent leurs sécrétions dans l'intestin pour compléter la digestion et produire du chyle. Au point de réunion de l'intestin grêle et du gros intestin, s'élèvent deux longues et étroites poches, nommées *cæcums*, où séjournent les matières digérées pour achever de céder leurs parties nutritives. Le rectum se termine au *cloaque*, issue commune où viennent aboutir les *uretères* ou canaux de l'urine et l'*oviducte* ou canal des œufs.

3. **Expériences de Spallanzani sur la puissance du gésier.** — Pour démontrer la merveilleuse puissance du gésier des oiseaux, rapportons ici quelques expériences dues à l'abbé Spallanzani. Il y a maintenant un siècle, le savant italien, poursuivant ses recherches sur l'histoire des animaux, faisait avaler à des poules des globes de verre. Ces globes, dit-il, étaient assez gros pour ne pouvoir être cassés quand on les jetait avec

force contre terre. Au bout de trois heures de séjour dans le gésier des poules, ils étaient, pour la plupart, réduits en très petits morceaux, qui n'avaient rien de tranchant et dont les angles étaient parfaitement émoussés, comme si on les avait passés sur une meule. Plus ces billes de verre séjournaient dans l'estomac, plus était fine la poussière en laquelle elles se trouvaient réduites. Après quelques heures, elles étaient brisées en une multitude de particules vitreuses, pas plus grosses que des grains de sable.

Comme ces billes étaient polies et sans aspérités, elles ne pouvaient causer dans le gésier aucune espèce de dérangement. Il était donc curieux de savoir ce qui arriverait en y introduisant des corps aigus et tranchants. On sait avec quelle facilité les petits morceaux de verre déchirent les chairs, lorsqu'ils ont été faits par le choc d'un corps dur. Eh bien, ayant cassé une lame de verre, raconte Spallanzani, je choisis les morceaux de la largeur d'un pois, et les enveloppai d'une carte à jouer pour qu'ils ne déchirassent pas le gosier en le traversant. Ainsi disposés, je les fis avaler à un coq, sachant bien que l'enveloppe faite avec la carte se romprait à son entrée dans l'estomac et laisserait au verre la liberté d'agir avec toutes ses pointes et ses vives arêtes. Le coq fut tué au bout de vingt heures. Les morceaux de verre étaient tous dans le gésier; mais leurs arêtes et leurs pointes avaient disparu, au point qu'ayant mis ces morceaux de verre sur la paume de la main, je pouvais les frotter fortement avec l'autre main sans amener la moindre blessure.

Le lecteur, continue-t-il, est sûrement curieux de savoir quel est l'effet produit sur le gésier par ces corps tranchants et aigus, qui y roulent sans cesse pendant qu'ils y sont usés au point de perdre leurs arêtes et leurs pointes. Ouvrant le gésier du coq, je visitai attentivement la peau intérieure après l'avoir bien lavée et nettoyée. Je la séparai même du gésier, ce qui se fait très facilement, et il me fut aisé de l'examiner aussi scrupuleusement que je le souhaitais. Eh bien, malgré tous mes soins, je la trouvai parfaitement intacte, sans déchirures ni coupures, enfin sans la moindre égratignure. Cette peau me parut absolument semblable à celle des coqs qui n'avaient point avalé du verre.

Ce qui suit est plus étonnant encore. Les expériences du verre n'ayant causé aucun mal aux oiseaux, j'en instituai deux autres bien plus périlleuses. Je fixai dans une balle de plomb douze grosses aiguilles d'acier qui débordaient la balle de plus d'un demi centimètre, et je fis avaler cette balle, hérissée de pointes et pliée dans une carte, à un dindon qui la garda un jour et demi dans son estomac. Pendant ce temps, l'oiseau ne parut éprouver aucun malaise. Et cela devait être, car sacrifiant l'animal, je trouvai que son estomac n'avait pas reçu la plus légère blessure de ce barbare appareil. Toutes les aiguilles étaient rompues et séparées de la balle de plomb. Deux se trouvaient dans le gésier; leur pointe était fortement émoussée. Les dix autres avaient disparu, évacuées avec les excréments.

Enfin dans une balle de plomb, je fixai douze petites lancettes d'acier, très aiguës et très tranchantes, et je fis avaler la terrible pilule à un autre dindon. Elle séjourna seize heures dans le gésier. J'ouvris alors l'oiseau. Je ne trouvai que la balle privée de ses lancettes; celles-ci avaient été toutes rompues. Trois d'entre elles, dont les pointes et le tranchant étaient absolument émoussés, se trouvaient encore dans l'intestin; les neuf autres avaient été rejetées. Quant au gésier, il ne présentait aucune trace de blessure.

4. **Circulation et respiration chez les oiseaux.** — La circulation du sang chez les mammifères, animaux qui par leur organisation se rapprochent le plus de l'homme, ne diffère pas de la circulation chez l'homme. Dans tous, l'organe moteur est un cœur à quatre cavités, contenant du sang noir dans sa cavité droite, du sang rouge dans sa moitié gauche. Deux ordres de vaisseaux dirigent le cours du liquide nourricier : les veines pour le sang noir, les artères pour le sang rouge. La circulation est toujours *complète*, c'est-à-dire que le sang veineux ne se mélange nulle part avec le sang artériel, et passe en entier dans les organes respiratoires, les poumons, pour s'y imprégner d'oxygène avant de se distribuer de nouveau dans le corps.

Un cœur à quatre cavités, avec circulation complète, et une respiration au moyen de poumons, sont également le partage des oiseaux; mais une particularité fort remarquable caractérise les organes respiratoires. Dans l'homme et les divers mammifères, toutes les ramifications des bronches aboutissent à des cellules pulmonaires qui, n'ayant d'autre orifice que celui d'entrée, ne permettent pas à l'air de se répandre au delà des poumons. Chez les oiseaux, quelques-uns des rameaux des bronches percent de part en part les poumons et forment des canaux libres au moyen desquels l'air inspiré pénètre dans diverses poches membraneuses, à parois très fines, interposées entre les organes et se prolongent jusqu'à l'intérieur des os, si bien que l'air insufflé par la trachée-artère d'un oiseau mort peut ressortir par l'orifice d'un os fracturé, et réciproquement l'air insufflé par la fracture d'un os s'échappe par la trachée-artère. On donne à ces poches le nom de *sacs aériens*.

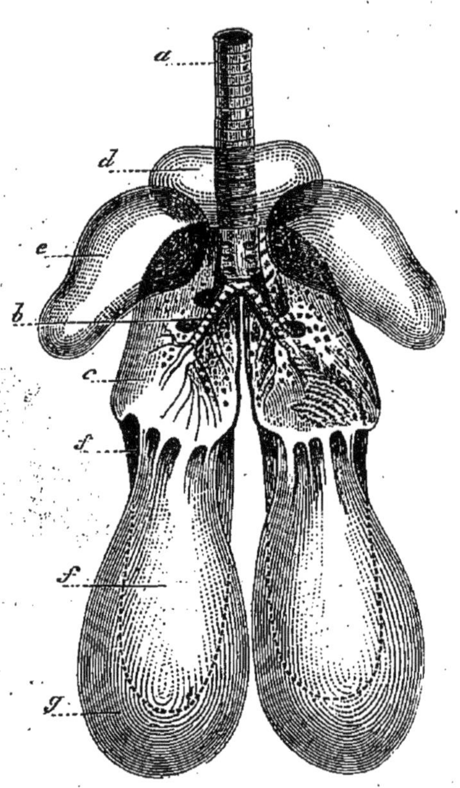

Fig. 121. — Appareil respiratoire d'un oiseau. — *a*, trachée-artère ; — *b*, *c*, bronches ; — *d*, *e*, *f*, *g*, sacs aériens.

Un double rôle revient à l'air ainsi introduit dans diverses régions du corps. Il contribue d'une part à la révivification du sang en cédant son oxygène aux vaisseaux veineux des organes qu'il atteint, de manière que la respiration est *double* dans les poumons d'abord et puis partout où l'air pénètre. Aussi, de tous le animaux, les oiseaux sont-ils ceux dont la respiration est la plus active ; il leur faut proportionnellement plus d'oxygène qu'aux mammifères, et ils succombent plus rapidement à l'asphyxie. De cette activité respiratoire résulte une plus grande production de chaleur : leur température s'élève jusqu'à 44 degrés.

En second lieu, les sacs aériens, gonflés d'air chaud, deviennent en quelque sorte des aérostats et allègent l'oiseau pour le vol. Ce sont, en effet, les espèces à vol puissant et soutenu qui se pénètrent le mieux d'air, notamment dans les os, surtout ceux des ailes ; mais les espèces lourdes, uniquement faites pour la marche, n'admettent que peu ou point d'air dans leur charpente osseuse. Ainsi l'*Aptéryx* de la Nouvelle-Zélande, oiseau disgracieux dont les ailes sont réduites à deux moignons sans usage, n'a dans ses os aucune cavité aérienne. N'étant pas fait pour le vol, il n'a pas l'organisation qui allégerait sa charpente osseuse.

5. **Pattes.** — Les membres postérieurs de l'oiseau comprennent : un fémur, un tibia et un péroné, ce dernier peu développé et soudé au tibia; un tarse et un métatarse représenté par un seul os, que terminent en bas trois courtes divisions creusées en gorge de poulie; enfin quatre doigts en général, dont trois dirigés en avant tandis que le quatrième, le pouce, se

Fig. 122. — L'Aptéryx.

dirige en arrière. Le tarse est la partie nue et écailleuse de la patte, partie plus ou moins allongée suivant le genre de vie de l'animal. Chez les oiseaux de rivage, cherchant leur nourriture dans les lieux inondés, le tarse prend un développement considérable. A l'extrémité supérieure du tarse est le talon. Au-dessus vient la jambe ; et par conséquent ce que nous appelons dans le langage courant cuisse de poulet, n'est réellement pas la cuisse du poulet, mais la partie charnue de la jambe, en un mot le mollet. La véritable cuisse est plus haut.

6. **Plumes.** — Le mammifère a pour vêtement des poils, l'oiseau a des plumes. Poils et plumes sont des productions analogues et de même nature, comme le prouve l'odeur de corne brûlée qu'en dégage, de part et d'autre, l'action du feu. Leur matière est exactement celle des ongles et de la corne.

C'est la peau qui les produit, chaque poil, chaque plume, dans une cavité tubulaire spéciale. La partie de la plume enfoncée dans la peau est le *canon*, transparent, creux et de forme ronde. A l'intérieur est une série de petits cornets membraneux par où arrivent les matériaux d'accroissement. Au delà du canon est la *tige*, à section carrée. Elle est garnie sur deux rangs de

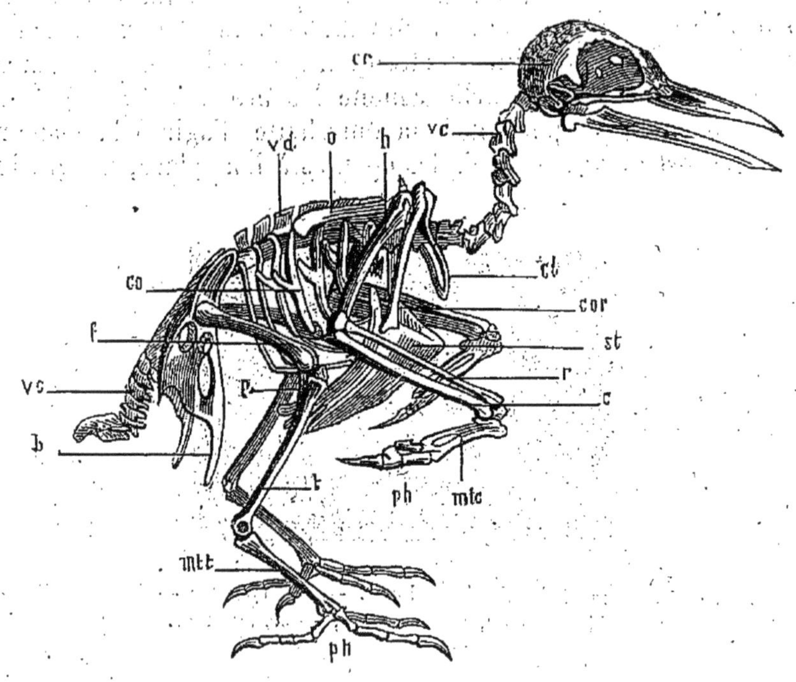

Fig. 123. — Squelette du Pic. — *cr*, crâne; — *vc*, vertèbres cervicales; — *vd*, vertèbres dorsales; — *vc*, vertèbres caudales; — *o*, omoplate; — *cl*, clavicule, — *cor*, os coracoïde; — *h*, humérus; — *r*, *c*, radius et cubitus; — *mtc*, méta ; carpe; — *ph*, phalanges; — *b*, bassin; — *f*, fémur; — *t*, tibia; — *p*, péroné- — *mtt*, tarse; — *ph!* phalanges.

minces lamelles cornées, les *barbes*, étroitement serrées l'une contre l'autre et subdivisées en ramifications dites *barbules*.

Les grandes plumes des ailes et de la queue prennent le nom de *pennes*. Celles des ailes, faisant office de rames dans le vol, sont qualifiées pour ce motif de *rémiges*; et celles de la queue, dont la fonction est celle d'un gouvernail, portent la dénomination de *rectrices*. Les grandes pennes de l'aile sont habituellement au nombre de dix, et celles de la queue au nombre de douze. Les plumes qui constituent le duvet ont même structure, seulement les barbes sont plus lâches, plus flexibles, avec des barbules plus délicatement subdivisés.

7. **Les ailes.** — L'aile de l'oiseau, organe par excellence du vol, réclame des conditions spéciales de stabilité, surtout dans l'épaule, qui doit, sans ébranlement, supporter de vigoureux efforts. Examinons comment ces conditions sont remplies. L'omoplate *o* (fig. 123) se façonne en une longue lame, qui va profondément chercher appui sur la voûte du dos. Les deux clavicules (*cl*), à leur insertion sur le sternum, se soudent en un seul os nommé *fourchette* et courbé comme les branches d'un éperon. Cette conformation permet à la fourchette d'agir à la manière d'un ressort pour maintenir les épaules à leur place, malgré les

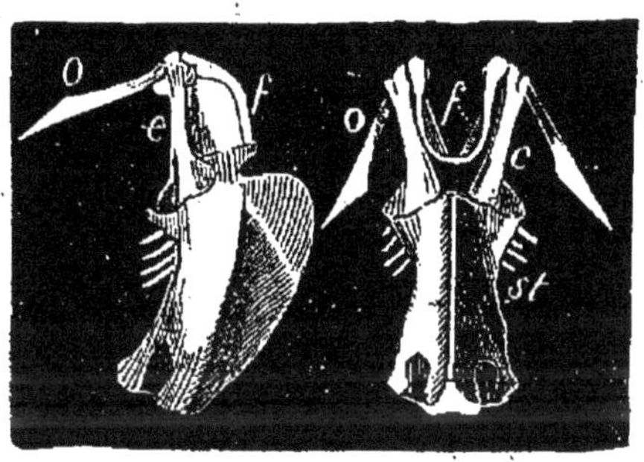

FIG. 124. — Sternum et épaule de la Buse. — *o*, omoplate; — *f*, fourchette ou clavicule; — *c*, os coracoïde; — *st*, sternum.

efforts du vol tendant à les rapprocher. A cet arc-boutant s'en ajoute un autre, pour plus de fixité : c'est l'*os coracoïde* (*cor*), robuste pilier qui appuie comme la clavicule, mais en un autre point, l'épaule sur le sternum.

La colonne vertébrale et le thorax, base première de tout l'édifice, se renforcent pareillement. Les vertèbres dorsales sont immobiles, soudées l'une à l'autre; les vertèbres lombaires et sacrées forment un seul os. Les côtes, au lieu d'atteindre au sternum par un cartilage, s'y réunissent chacune au moyen d'un os particulier qui naît du sternum et prend le nom de *côte sternale*. En outre, elles émettent latéralement une petite lame qui repose sur la côte voisine, de manière que tous ces os prennent appui l'un sur l'autre.

Enfin le sternum est une ample cuirasse qui recouvre non seulement le thorax mais encore une partie de l'abdomen. Sur sa ligne médiane s'élève une large crête, une sorte de carène que l'on nomme *bréchet*. De chaque côté de cette carène, qui leur fournit un supplément d'attache, sont logés les muscles abaisseurs de l'aile, les plus épais et les plus vigoureux de tout le corps. Le bréchet est très développé quand le vol est puissant; il diminue d'ampleur dans les oiseaux mauvais voiliers, et disparaît tout à fait dans les oiseaux impropres au vol, tels que l'autruche.

Le reste de l'aile comprend un humérus (*h*), un cubitus et un radius (*c*, *r*), quelques osselets pour le carpe (*c*), un métacarpien formé de deux os soudés (*mtc*), enfin deux doigts, dont l'un rudimentaire, le pouce, et l'autre composé de deux pha-

FIG. 125. — Aile emplumée d'oiseau.

langes (*ph*). La main porte habituellement dix grandes pennes, qui sont les *rémiges primaires;* l'avant-bras porte les *rémiges secondaires*, en nombre très variable. La base des unes et des autres est protégée et consolidée par une rangée de plumes dites *tectrices*.

8. **Le vol.** — Les ailes agissent dans l'air comme le font les rames dans l'eau. Quand l'aile s'élève, les pennes s'écartent et laissent passer l'air dans leurs intervalles sans éprouver de résistance; quand elle s'abaisse, les pennes se resserrent et forment une nappe continue qui choque vivement l'air et y prend appui pour pousser l'oiseau en avant. Le nombre de ces battements est de treize par seconde pour le moineau, de neuf pour le canard sauvage, de huit pour le pigeon, de trois pour la buse.

Des ailes longues et pointues, accompagnées d'un plumage court et serré, favorisent la rapidité du vol ; au contraire des ailes courtes et obtuses, avec plumage lâche, ne permettent qu'un vol lent. La queue sert de gouvernail ; longue et large, elle permet de brusques changements de direction.

L'oiseau est de tous les êtres celui dont la locomotion est la plus prompte. Cette grande hirondelle noire qui vole par troupes, les soirs d'été, en jetant des cris aigus, enfin notre vulgaire *Martinet* peut, en des moments de fougue, franchir quatre-vingts lieues à l'heure. Qui n'a suivi du regard ses bandes criardes, allant et revenant, en des circuits sans fin, dans la sérénité d'un ciel rougi par le soleil couchant ? Quelle impétuosité de vol, quels élans dans l'espace, quel entrain ! On en voit qui se laissent mollement couler dans l'air sans remuer les ailes ; d'autres décrivent des cercles que croisent indéfiniment d'autres cercles ; d'autres piquent une tête dans les hauteurs verticales, planent un moment immobiles, puis se laissent choir de haut comme un oiseau blessé ; d'autres tourbillonnent en essaim autour de quelque édifice élevé. Soudain ils partent, et en quelques coups d'ailes les voilà déjà perdus dans la brume de l'éloignement. Quel animal, hors de la classe des oiseaux, pourrait rivaliser avec eux de vitesse, de fougueux essor !

9. **L'instinct.** — Tous les animaux, à des degrés divers, possèdent une faculté fort différente de l'intelligence et nommée *instinct*. Incités par cette faculté inconsciente, ils exécutent, pour la prospérité de l'espèce, des actes qui supposeraient, s'ils venaient d'un être raisonnable, des prévisions et des connaissances impossibles à admettre chez l'animal. Ces actes ne sont pas le résultat de l'imitation, l'individu qui les accomplit souvent ne les a jamais vu faire à d'autres ; ils ne sont pas proportionnels au degré de l'intelligence ordinaire ; l'insecte, par exemple, très stupide en toute autre chose, nous fait admirer les actions instinctives les plus savantes, les mieux calculées en vue du but que l'animal poursuit sans le connaître. Enfin chaque instinct est la propriété exclusive d'une espèce. Tous les individus de cette espèce en sont pareillement doués, sans y rien modifier. Quand l'hirondelle, becquée par becquée de terre humectée de salive, maçonne son nid sous le rebord d'un toit, c'est l'instinct qui la guide. Elle peut être constructeur novice, elle bâtit pour la première fois, elle n'a jamais assisté à semblable travail ; n'importe, sans l'avoir appris, sans l'avoir jamais vu faire, elle en sait autant en maçonnerie de nid que ses aînées

exercées à cet art. L'hirondelle de fenêtre et l'hirondelle de cheminée fréquentent toutes les deux nos demeures et bâtissent parfois non loin l'une de l'autre. La première donne à son nid la forme d'une boule, percée sur le flanc d'un trou étroit et rond; la seconde adopte la forme d'une demi-coupe, pleinement ouverte en dessus. L'édifice du voisin, l'exemple d'autrui ne changent rien à leur propre architecture; l'hirondelle de fenêtre reste fidèle à sa boule percée d'un trou, l'hirondelle de cheminée obstinément garde sa demi-coupe. Elles bâtissent comme bâtissaient les hirondelles du passé, et les hirondelles de l'avenir bâtiront de la même manière.

C'est surtout dans la construction des nids que se manifeste l'instinct des oiseaux. Nous rappellerons quelques-uns des chefs-d'œuvre dont il a été déjà parlé[1] : le nid de la mésange penduline, bourre de coton de peuplier suspendu à l'extrémité d'une branche flexible; le nid du loriot, petite corbeille tressée dans la bifurcation d'une branche; le nid de la rousserolle, travail de vannier bâti sur le pilotis de quelques roseaux rapprochés; le nid de l'orthotome, qui fait le métier de tailleur et coud ensemble deux larges feuilles et façonne de la sorte un cornet, un sac dont la cavité recevra le nid.

10. **Migrations.** — A l'approche de la mauvaise saison, avant que l'hiver dépeuple d'insectes le sol, congèle les nappes d'eau, et répande ses neiges, qui empêcheront de rechercher les semences tombées à terre, beaucoup d'oiseaux, surtout ceux qui vivent d'insectes et ceux qui fréquentent soit les eaux, soit les terrains humides, quittent leur pays natal et s'en vont au sud, où ils trouveront nourriture assurée et soleil plus chaud. Ils partent, les uns par nombreuses bandes, les autres par petits groupes ou même isolés; sans autre boussole que l'instinct, ils se dirigent vers les pays méridionaux, ils traversent d'immenses étendues de terre, ils franchissent les mers. Ceux de nos pays et de l'Europe en général se rendent en Afrique, où, pendant l'hiver, on les voit abondamment répandus. Ce long voyage s'effectue par terre autant que le permet la configuration géographique; c'est ainsi que les trois péninsules méridionales de l'Europe, l'Espagne, l'Italie, la Grèce, sont les rendez-vous d'une multitude d'émigrants qui de là prennent, à travers la mer, leur essor vers les terres africaines. La mauvaise saison passée, dans le courant du printemps, les mêmes oiseaux reviennent aux pays

1. Cours de huitième.

qui les ont vus naître ; ils refont le voyage en sens inverse, du midi au nord, tantôt par la même voie, tantôt par des voies différentes. Ils reprennent possession de leurs bosquets, de leurs forêts, de leurs prairies, de leurs landes, de leurs bruyères, qu'ils savent retrouver avec une inconcevable précision. Une hirondelle, par exemple, marquée avant son départ d'un fil rouge à la patte, revient à son nid l'année suivante après avoir passé l'hiver peut-être au Sénégal, peut-être en Égypte. Le pays natal retrouvé, l'oiseau construit son nid, élève sa famille, prend des forces pour le futur voyage, et, les froids s'approchant, retourne au pays du sud.

Ces voyages périodiques se nomment *migrations*. Il y en a deux par an : la migration automnale, dans laquelle l'oiseau nous quitte et va du nord au sud; la migration printanière, dans laquelle l'oiseau revient et se dirige du sud au nord. Semblables voyages s'effectuent sur toute la surface de la terre. Les oiseaux du nord de l'Amérique vont prendre leurs quartiers d'hiver au Mexique et dans les provinces méridionales des États-Unis. Dans l'autre hémisphère, les migrations sont orientées d'une manière inverse; les oiseaux de la partie australe de l'Amérique du sud se dirigent du sud au nord quand ils fuient devant la mauvaise saison, et viennent s'établir, pour passer l'hiver, dans les chaudes régions du Brésil.

Toutes les espèces n'adoptent pas les mêmes époques pour leurs voyages; chacune a son calendrier, qu'elle sait fidèlement dans des limites assez restreintes. Les unes partent bien avant que la nourriture manque et que la saison se refroidisse; d'autres ne quittent le pays natal qu'à la dernière extrémité, lorsque déjà les froids menacent. Ainsi notre martinet s'envole vers l'Afrique dès e mois d'août, tandis que l'hirondelle s'attarde jusqu'en octobre et novembre. Celui qui part le plus tôt revient aussi le plus tard. Le martinet qui nous quitte en août ne retourne qu'en mai; l'hirondelle, fidèle à nos pays jusqu'aux froides brumes d'automne, reparaît avec les premiers moucherons, en fin mars et avril. Ces différences sont motivées sans doute, du moins en partie, par le genre d'insectes chassés.

Le martinet abandonne nos tours et nos clochers au mois d'août, pendant les fortes chaleurs, alors que les insectes, sa nourriture, abondent dans les airs. Ce n'est donc pas le froid qui le chasse, ce n'est pas davantage la pénurie des vivres qui le porte à s'en aller. Il y a donc en lui un pressentiment inconscient du changement de saison qui doit se faire dans quelques semaines ; une impulsion instinctive l'avertit que l'heure du départ approche. Veut-on assister à cette anxiété qui travaille l'oiseau quand l'époque de la migration arrive, il suffit d'élever en captivité un oiseau migrateur pris tout jeune. Le captif, qui n'a pas vécu parmi les siens, et n'a rien pu savoir de leurs mœurs voyageuses, qui d'ailleurs dans sa cage n'a pas à supporter le froid et la disette de vivres, s'agite, se démène et s'efforce de quitter sa prison, lui jusque-là tranquille. Quelque chose en lui, l'instinct, dit que c'est l'époque de partir, et l'oiseau veut s'en aller.

Certains oiseaux migrateurs, pluviers, vanneaux, grives, pigeons ramiers, voyagent par bandes où ne préside aucun ordre ; d'autres, au contraire, affectent un arrangement qui diminue la fatigue. De ce nombre sont l'oie et le canard. Si la troupe est peu nombreuse, les oiseaux qui la composent se rangent sur une file continue, le suivant touchant du bec la queue de celui qui précède. Si la bande est nombreuse, deux files égales sont formées et se rejoignent en un angle aigu, qui s'avance la pointe la première. La compagnie émigrante apparaît ainsi à nos regards, dans les hauteurs du ciel, sous la forme d'un V. Cette disposition anguleuse, dont nous trouvons une imitation dans la proue d'un vaisseau, dans le soc d'une charrue, dans l'arête d'un coin et dans une foule d'outils destinés à pénétrer en surmontant des résistances, est la plus favorable pour s'enfoncer avec la moindre fatigue dans la masse de l'air. De plus, pour répartir entre tous les individus de la bande l'excès de fatigue qu'éprouve le chef de file en brisant le premier, de son coup d'aile, l'obstacle de l'air, chacun occupe à son tour l'extrémité antérieure de la ligne unique ou bien le sommet de l'angle. Dès que le chef de file sent faiblir son essor, il se porte en arrière et le plus proche voisin le remplace.

CHAPITRE XIX

OISEAUX DE PROIE

1. **Caractères généraux.** — Les oiseaux de proie ont la mandibule supérieure crochue, à pointe aiguë et recourbée en bas ;

leurs pattes, nommées *serres*, ont les doigts armés d'ongles robustes, recourbés, longs et creusés en dessous d'une rigole à bords tranchants. Tous vivent de proie, vivante ou morte. On les subdivise en oiseaux de proie *diurnes*, chassant de jour, et

FIG. 126. — L'Aigle fauve.

en oiseaux de proie *nocturnes* , chassant de nuit ou mieux au crépuscule. Parmi les diurnes sont les *Aigles*, les *Faucons*, les *Vautours*. Les quatre doigts de leurs serres sont dirigés trois en avant et un en arrière. Leur pose est généralement fière, leur regard dur, leur vol d'une merveilleuse puissance. Ils aiment à tournoyer, à planer presque sans mouvements d'ailes, dans les hautes régions de l'air, où notre regard ne peut les suivre. Eux cependant, de cette élévation immense distinguent tout ce qui s'agite à la surface du sol. Qu'une proie apparaisse, et à l'instant l'oiseau de rapine s'abat d'une aile sifflante, plus rapide qu'un plomb qui tombe. Signalons ici les principaux de ces bandits.

2. **Oiseaux de proie diurnes, les Aigles.** — L'*Aigle fauve*, le plus grand et le plus fort de nos aigles, est un grand oiseau brun, qui mesure à peu près un mètre de l'extrémité du bec à l'extrémité de la queue. Les ailes étendues embrassent une longueur de deux à trois mètres. Son œil farouche, abrité par un sourcil très proéminent, brille d'un feu sombre. On le trouve, mais peu répandu, dans toutes les contrés de l'Europe riches en hautes montagnes et grandes forêts.

Le nid de l'aigle se nomme *aire*. Il est plat et non pas creux comme celui des autres oiseaux. C'est une espèce de solide plancher formé d'un entrelacement de petites perches, et recouvert d'un lit de joncs et de bruyères. Il est habituellement placé sur des escarpements inaccessibles, entre deux roches dont la supérieure surplombe et forme couverture. Les œufs, au nombre de deux, plus rarement de trois, sont d'un blanc sale et mouchetés de roux. Les jeunes aiglons sont d'une telle voracité qu'à l'époque de leur éducation l'aire devient un véritable charnier, toujours encombré de lambeaux saignants. Quelque plate-forme de rocher peu éloignée sert aux parents de boucherie, d'atelier de dépècement. Là sont mis en pièces, pour les jeunes, lièvres et lapins, perdrix et canards, agneaux et chevreaux, ravis dans les plaines et transportés au vol sur les hautes cimes, demeure favorite de l'aigle.

Voulons-nous assister à la chasse de l'aigle, être témoins de sa féroce joie quand il enfonce ses ongles crochus dans la chair de la proie saisie? Écoutons ce magnifique récit, dû à la plume d'un ami passionné des oiseaux, Audubon. La scène se passe loin de nos pays, en Amérique; l'aigle est d'une autre espèce que la nôtre, n'importe, les mœurs de ces bandits sont les mêmes partout.

3. **L'Aigle à tête blanche. Récit d'Audubon.** — Cet aigle, à peu près de la même taille que le nôtre, est un oiseau de l'Amérique du nord. Il a la tête d'un blanc éclatant, ainsi que la queue et la partie supérieure du cou.

En automne, raconte Audubon, au moment où des milliers d'oiseaux fuient le nord et se rapprochent du soleil, laissez votre barque effleurer l'eau du Mississipi. Quand vous verrez deux arbres dont la cime dépasse toutes les autres cimes, s'élever en face l'un de l'autre sur les bords du fleuve, levez les yeux : l'aigle est là, perché sur le faîte d'un des arbres. Son œil étincelle dans son orbite, et paraît brûler comme la flamme; il contemple attentivement toute l'étendue des eaux. Souvent son regard s'arrête sur le sol. Il observe, il attend. Tous les bruits qui se font entendre, il les recueille, il les distingue.

Sur l'arbre opposé, l'aigle femelle reste en sentinelle; de moment en moment, son cri semble exhorter le mâle à la patience. Il y répond par un battement d'ailes, par une inclination de tout le corps, et par un glapissement qui ressemble à l'éclat de rire d'un maniaque; puis il se redresse. A son immobilité, à son silence, vous le croiriez de marbre.

Les canards de toute espèce, les poules d'eau, les outardes, fuient par bataillons serrés que le cours de l'eau emporte; proie que l'aigle dédaigne et que ce mépris sauve de la mort. Un son que le vent fait voler sur le courant arrive enfin jusqu'à l'ouïe des deux bandits; ce son a le retentissement et la raucité d'un instrument de cuivre. C'est le chant du cygne. La femelle avertit le mâle par un appel composé de deux notes. Tout le corps de l'aigle frémit; quelques coups de bec dont il frappe rapidement son plumage le préparent à son expédition. Il va partir.

Le cygne vient comme un vaisseau flottant dans l'air, le cou d'une blancheur de neige étendu en avant, l'œil étincelant d'inquiétude. Le mouvement précipité de ses deux ailes suffit à peine à soutenir la masse de son corps, et ses pattes, qui se reploient sous la queue, disparaissent à l'œil. Il approche lentement, victime dévouée. Un cri de guerre se fait entendre, l'aigle part avec la rapidité de l'étoile qui file ou de l'éclair qui resplendit.

Le cygne voit son bourreau, abaisse le cou, décrit un demi-cercle, et manœuvre dans l'agonie de sa crainte pour échapper à la mort. Une seule chance lui reste, c'est de plonger dans le courant; mais l'aigle prévoit la ruse, il force sa proie à rester dans l'air en se tenant sans relâche au-dessous d'elle et en menaçant de la frapper au ventre et sous les ailes. Cette profondeur de combinaison, que l'homme envierait à l'oiseau, ne manque jamais d'atteindre son but. Le cygne s'affaiblit, se lasse et perd tout espoir de salut; mais alors son ennemi craint encore qu'il n'aille tomber dans l'eau du fleuve. Un coup de serres de l'aigle frappe la victime sous l'aile et la précipite obliquement sur le rivage.

On ne verrait pas sans effroi le triomphe de l'aigle. Il danse sur le cadavre, il enfonce profondément ses griffes d'airain dans le cœur du cygne mourant, il bat des ailes, il hurle de joie. Les dernières convulsions de l'agonie l'enivrent. Il lève sa tête blanche vers le ciel, et ces yeux enflammés d'orgueil se colorent comme le sang. Sa femelle vient le rejoindre. Tous deux ils retournent le cygne, percent sa poitrine de leur bec, et se gorgent du sang encore chaud qui en jaillit.

4. **Les Faucons.** — De tous nos oiseaux de proie diurnes, les

FIG. 127. — Tête de Faucon. FIG. 128. — Le Faucon.

faucons sont les plus courageux et les mieux doués pour le vol, Ils ont pour caractère distinctif une dent aiguë de chaque côté de l'extrémité du bec, qui est très vigoureuse et fortement recourbée dès son origine. Leurs ailes, pointues au bout, dépassent au repos l'extrémité de la queue ou tout au moins l'atteignent. Tous chassent en planant. Dans ce groupe se classent le *Faucon ordinaire*, le *Hobereau*, l'*Émerillon*, la *Crécerelle*.

Le *Faucon ordinaire*, grand comme une poule, est reconnaissable à l'espèce de moustache ou tache noire qu'il a sur chaque joue. Il a le dos d'un noir cendré, traversé par de petites bandes plus foncées ; la gorge et la poitrine d'un blanc pur, avec des traits longitudinaux noirs ; le ventre et les cuisses d'un gris clair légèrement bleuâtre, barrés de bandes noires ; la queue alternativement rayée de blanc sale et de noir. Le bec est blanc, noir à la pointe; les yeux et les pieds sont d'un beau jaune. Au reste, le plumage du faucon commun varie avec l'âge, et ce n'est guère qu'au bout de trois ou quatre ans qu'il est conforme à la description donnée.

Les cimes les plus escarpées, les rochers les plus abrupts sont la demeure des faucons. C'est de là qu'il guette pigeons, cailles, perdrix, poulets et canards. Il s'élève et plane quelques temps dans l'air pour choisir du regard sa victime; puis il s'abat d'aplomb sur elle comme s'il tombait des nues. Le faucon est d'une audace sans égale. Il pénètre dans les colombiers des fermes, il chasse le pigeon jusque sous les yeux des passants au milieu des rues populeuses; il ravit la perdrix que le chien tient en arrêt. Sa voix est forte et éclatante. Son vol soutient une vitesse de vingt lieues à l'heure, même pour une expédition de quelques centaines de lieues; mais sa marche est gauche et sautillante, parce que ses doigts crochus, armés d'ongles férocement longs et recourbés, reposent mal sur le sol. Le faucon a eu grande renommée autrefois, il a donné son nom à la *fauconnerie*, genre de chasse où on lançait à la poursuite du gibier des oiseaux de proie dressés, parmi lesquels le faucon ordinaire occupait le premier rang. De nos jours, les Arabes du Sahara pratiquent encore avec ardeur la chasse au faucon, et l'*oiseau de race*, comme ils l'appellent, jouit auprès d'eux de la même estime que le cheval.

« On se met en route vers onze heures du matin, le faucon sur l'épaule ou sur le poing, raconte le général Daumas; on s'est approvisionné seulement de lait de chamelle, enfermé dans des peaux de bouc, de dattes, de pain et quelquefois de raisins secs. Mais la chasse ne commence qu'après une longue course, vers les trois heures de l'après midi. Les cavaliers sont nombreux. Arrivés sur le terrain de chasse, ils se disséminent et battent les broussailles, les touffes de gramens pour faire lever un lièvre qu'on s'efforce de rabattre vers celui qui tient le faucon.

Aussitôt qu'on aperçoit le gibier, on délivre l'oiseau de son capuchon et on le lâche en lui indiquant du doigt le lièvre. Pendant que son maître prononce le sacramentel *Au nom de Dieu! Dieu est le plus grand!* mots destinés à sanctifier la proie qui n'a pas été saignée, et à faire que ce soit un mets permis pour le vrai croyant, l'oiseau part, fait une pointe à perte de vue, tout en suivant le lièvre de son œil perçant, puis s'abat sur lui et le frappe, soit à la tête, soit à l'épaule, d'un coup de ses serres fermées, assez violent pour l'étourdir ou même le tuer. Les cavaliers qui l'ont vu descendre accourent de tous côtés, l'entourent et le trouvent ordinairement occupé à manger les yeux de l'animal. Pour qu'il l'abandonne, on tire du burnous une peau de lièvre qu'on jette un petit peu plus loin et sur laquelle il se précipite. »

Le *Hobereau* est moindre que le faucon; brun dessus, blanchâtre dessous, avec les cuisses et le bas du ventre roux. Sa témérité n'a d'égale que celle des faucons. Il poursuit presque sous le fusil du chasseur les alouettes et les cailles, il se jette au milieu des filets de l'oiseleur pour saisir les appeaux. Il se perche et niche sur les grands arbres.

L'*Emerillon* est le plus petit de nos oiseaux de proie diurnes; sa taille n'est guère que celle d'une grive. Il est brun sur le dos, blanchâtre au-dessous, avec des taches rembrunies. C'est encore, malgré sa faible taille, un effronté bandit. Les petits oiseaux se meurent de terreur au seul bruit d'ailes de l'émerillon rôdant autour d'un buisson. La perdrix elle-même n'est pas à l'abri de ses attaques. Il commence par en isoler une de la compagnie, puis tournant au-dessus d'elle dans une spirale descendante à ondes de plus en plus rétrécies, il l'atteint de la griffe et la culbute d'un coup violent de poitrine.

La *Crécerelle* ou *Émouchet* est un assez bel oiseau, de la taille d'un pigeon, roux et tacheté de noir. La queue, barrée de noir, a l'extrémité blanche. Le bec est bleu, les pattes sont jaunes. La crécerelle est l'oiseau de proie le plus répandu et le plus fréquent au voisinage des habitations. Elle se complaît sur les vieux châteaux, les hautes tours, les vieux clochers. On la voit voler infatigable autour de ces édifices avec un cri perçant : *pli, pli, pli,* qu'elle jette pour effrayer les moineaux établis dans les trous de muraille et les saisir au vol. Elle plume soigneusement les petits oiseaux capturés avant de les manger.

Mais elle a un autre genre de nourriture qui lui donne moins de peine : c'est la souris, qu'elle va saisir jusque dans les greniers ouverts; c'est le mulot, qu'elle épie de haut en faisant le Saint-Esprit, c'est-à-dire en se maintenant immobile au même point, la queue et les ailes gracieusement déployées. Elle n'écorche pas sa capture par mesure de propreté, comme elle plume le moineau. Le rongeur est avalé tel que, tout entier s'il est petit, par quartiers s'il est trop gros. La digestion faite, la peau et les os sont rejetés par le bec, roulés en pelote. Nous retrouverons chez les hiboux cette manière de se libérer l'estomac.

5. **Les Vautours.** — Oiseaux lâches, d'aspect sordide, se nourrissant de charogne encore plus que de proie vivante, les vautours ont les serres faibles relativement à leur taille, le bec allongé et seulement recourbé au bout. Leur tête et leur cou sont plus ou moins dénués de plumes; les ailes sont extrêmement grandes; si bien qu'en marchant, l'oiseau est obligé de les tenir à demi étendues. Quand un cadavre est trouvé, ils se gorgent de nourriture jusqu'à tomber dans une stupide somnolence. Alors le jabot distendu se gonfle sur le devant de poirine, et une humeur fétide leur suinte des narines.

Fig.129.—Tête du Condor.

Le *Gypaête barbu*, ou *Vautour des agneaux*, est le plus grand des oiseaux de proie de l'ancien monde. Il n'a pas la tête et le cou dénudés, caractère qui l'éloigne des vautours proprement dits. Il habite, mais en petit nombre, les hautes chaînes de montagnes. Il se nourrit des restes de bétail abattus, de petits mammifères, de charognes, et surtout d'os, même très gros, qu'il brise en les laissant tomber d'une grande hauteur. On l'a dit un ravisseur de moutons, de chevreaux, de chiens et même d'enfants; ces méfaits reviennent à l'aigle, dont le casseur d'os est loin d'avoir l'audace.

Le *Condor* est le vautour de la Cordilière des Andes, dans l'Amérique du sud. Sa zone de prédilection est entre 2000 et 5000 mètres d'altitude; mais le puissant oiseau peut s'élever beaucoup plus haut : on en a vu planant au-dessus du Chimboraço, par delà les nuages, et réduits par l'éloignement à un point noir. De cette élévation, évaluée à 7000 mètres environ, la plus grande où la vigueur de l'aile ait porté aucun oiseau, le condor sans doute inspectait la plaine et cherchait du regard quelques cadavres à dépecer. La taille de ce vautour est à peu près celle de notre gypaète des Alpes et des Pyrénées. Son plumage est noir avec de faibles reflets bleus, et une tache blanche sur l'aile. La base du bec et le crâne sont surmontés d'une sorte de crête, rappelant un peu celle du coq, mais non dentelée. A la gorge et aux côtés du cou pendent des plis verruqueux d'un rouge vif. Le cou est nu, de couleur de chair livide; une collerette de plumes fines et blanches l'enveloppe à la base. Établis par bandes sur les corniches des hautes cimes, les condors quittent le matin leur lieu de repos et s'élèvent en décrivant de vastes cercles pour reconnaître où gît quelque victuaille dans l'immensité de leurs domaines. L'un d'eux aperçoit-il un animal mort, il se laisse tomber et les autres le suivent. En quelques minutes, le cadâvre est entouré de condors, accourus de si loin que l'œil le plus perçant ne pouvait encore en apercevoir aucun.

Le *Percnoptère* ou *Poule des pharaons* est de la taille d'un fort corbeau. Son plumage est blanc avec les pennes des ailes noires. Une tache nue et jaune occupe la région du jabot. Ce petit vautour habite le midi de la France, mais il est surtout commun dans les pays chauds, qu'il expurge de leurs immondices et de leurs cadavres. Les Égyptiens l'avaient en haute estime à cause des services rendus à la salubrité publique; les monuments des pharaons, temples et obélisques, en reproduisent fréquemment l'effigie. Le percnoptère continue son rôle d'assainisseur qui lui avait valu la reconnaissance de l'antique Égypte; il accompagne les pélerins de la Mecque, il suit en grandes troupes les caravanes, se nourrissant d'ordures, des restes des animaux abattus et des cadavres abandonnés en route.

6. **Oiseaux de proie nocturnes.** Les chouettes et les hiboux sont connus sous le nom général d'oiseaux de proie nocturnes. Ils vivent des produits de leurs chasses, consistant surtout en petits rongeurs; ils sont parmi les oiseaux ce que le chat est parmi les mammifères : des acharnés destructeurs de ce petit gibier à poil dont la souris est pour nous l'exemple le plus familier. Le langage a depuis longtemps consacré cette analogie de mœurs par l'expression de *Chat-huant*, appliquée à quelques-uns d'entre eux. Ce sont des chats pour la manière de vivre, des chats emplumés et qui volent, des chats qui huent, c'est-à-dire jettent des cris pareils à de plaintifs hurlements. Ils sont nocturnes, en d'autres termes, ils se tiennent blottis le jour dans quelque obscure retraite, d'où ils ne sortent que le soir pour chasser au crépuscule et aux clartés de la lune.

Leurs yeux sont très grands, ronds et se présentent tous les deux de face au lieu d'être placés sur l'un et l'autre côté de la tête. Une large couronne de plumes les entoure. La nécessité de ces yeux énormes est motivée par leurs habitudes nocturnes. Ayant à trouver la nourriture au milieu d'une faible clarté, ils doivent, pour y voir distinctement, recevoir le plus de lumière qu'il soit possible, ce qui exige des yeux largement ouverts. Mais cette ampleur des organes de la vue, si favorable de nuit, leur est un grave embarras au milieu des vives clartés du jour. Ébloui, aveuglé par les rayons du soleil, l'oiseau des ténèbres se tient dans quelque cachette d'où il n'ose sortir. S'il est contraint de la quitter, il le fait avec une extrême circonspection, crainte de se heurter. Son vol hésite, son essor est court et lent Les autres oiseaux, ceux du plein jour, s'apercevant de sa gêne et de sa peureuse gaucherie, viennent à l'envi l'insulter. Le chasseur met à profit cette antipathie des petits oiseaux ; il lance en l'air une chouette vivante, dont les ailes sont rognées ou le pieds munis d'entraves, et les allouettes accourent à portée du plomb.

Les oiseaux de proie nocturnes ont les serres gantées de duvet jusqu'à la racine des ongles. Quatre doigts les composent, trois, d'habitude dirigés en avant et un en arrière ; mais par un privilège qu'on ne retrouve pas ailleurs, l'un des doigts antérieurs est mobile et peut se porter en arrière, de façon que la serre se partage alors en deux couples d'égale puissance lorsque l'oiseau veut saisir, comme dans un étau, la branche sur laquelle il perche ou la victime qui se débat (fig. 130). Un coup de bec brise la tête de l'animal capturé. Ce bec est court et très crochu. Les deux mandibules jouissent d'une grande mobilité qui leur permet, en frappant l'une contre l'autre, de faire entendre un claquement rapide, un cliquetis par lequel l'oiseau exprime sa colère ou sa frayeur. Elles se distendent au moment d'avaler, et s'ouvrent en un orifice d'excessive ampleur. Repu, l'oiseau regagne son gîte, creux de rocher, tronc d'arbre caverneux, trou de masure.

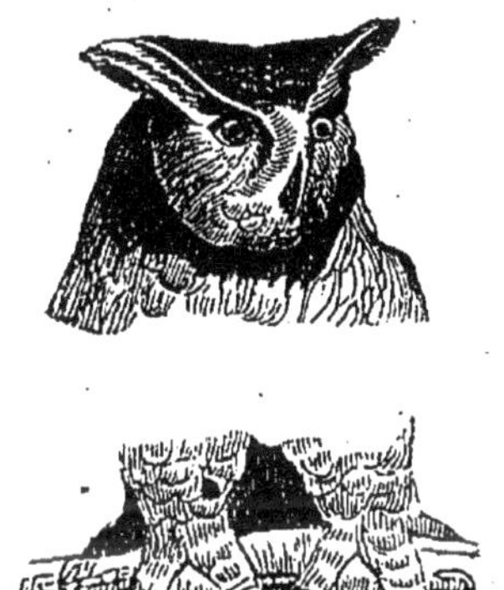
FIG. 130. — Tête et serres d'un oiseau de proie nocturne.

Maintenant l'estomac travaille. De la nourriture avalée sans triage aucun, deux parts sont faites : la part nutritive, et la part de nulle valeur. Avec le liquide dissolvant qui suinte de sa paroi, l'estomac désosse, écorche et fait la minutieuse séparation. La chair fluidifiée continue le trajet digestif pour être absorbée par les veines et se mélanger avec le sang ; une masse informe reste, composée des peaux retournées et garnies de tous leurs poils, des os aussi nets que s'ils avaient été raclés au couteau, des carapaces de scarabées vidées de leur contenu. Cette masse encombrante ne doit pas s'engager plus avant. Voici que des haut-le-corps grotesques dénotent une anxiété d'estomac, les efforts redoublent, quelque chose remonte le long du cou tendu, le bec s'ouvre, et c'est fait : une pelote roule à terre, comprenant les peaux, les os, les élytres, les poils, les plumes, enfin toutes les matières sur lesquelles la digestion n'a pas eu de prise. Tous les oiseaux de proie nocturnes ont cette abjecte manière de se libérer l'estomac : ils vomissent en boulettes le résidu de leur proie avalée entière.

Les oiseaux de proie nocturnes se divisent en deux séries Les uns ont la tête ornée de deux aigrettes de plumes : ce sont les *Hiboux;* les autres ont la tête dépourvue de cet ornement : ce sont les *Chouettes*.

7. **Le Grand-Duc.** — Le plus fort des hiboux est le *Grand-Duc*, de la taille à peu près du dindon. « On le distingue aisément, dit Buffon, à sa grosse figure, à son énorme tête, aux larges et profondes cavernes de ses oreilles, aux deux aigrettes qui surmontent sa tête et sont élevées de plus de deux pouces et demi; à son bec court, noir et crochu; à ses grands yeux fixes et transparents; à ses larges prunelles noires environnées d'un cercle de couleur orangée; à sa face entourée de poil, ou plutôt de petites plumes blanches décomposées, qui aboutissent à une circonférence d'autres petites plumes frisées; à ses ongles noirs, très forts et très crochus; à son cou très court; à son plumage d'un roux brun taché de noir et de jaune sur le dos; à ses pieds couverts d'un duvet épais et de plumes roussâtres jusqu'aux ongles; enfin à son cri effrayant : *hoûhoû*, qu'il fait entendre dans le silence de la nuit, lorsque tous les animaux se taisent. C'est alors qu'il les éveille, les inquiète, les poursuit et les enlève pour les emporter dans les cavernes qui lui servent de retraite.

Il n'habite que les rochers ou les vieilles tours abandonnées et situées sur les montagnes; il descend rarement dans les plaines et ne perche pas volontiers sur les arbres, mais sur les églises écartées et sur les vieux châteaux. Sa chasse ordinaire consiste en lapereaux, mulots et rats, dont il digère la substance charnue et vomit le poil, les os et la peau en pelotes arrondies. Le grand-duc niche dans les cavernes des roches, ou dans les trous de hautes et vieilles murailles. Son nid a près de trois pieds de diamètre. Il est composé de petites branches de bois sec entrelacées de racines souples, et garnies de feuilles en dedans. On ne trouve qu'un œuf ou deux dans ce nid, rarement trois. La couleur de ces œufs tire un peu sur celle du plumage de l'oiseau; leur grosseur excède celle des œufs de poule.

8. **Le Hibou commun.** — Appelé aussi *Moyen-Duc*, le *Hibou commun* ressemble beaucoup au grand-duc, mais il est bien plus petit. Il n'est guère plus gros qu'une corneille, tandis que

Fig. 131. — Le Grand-Duc.

l'autre a la dimension de l'oie et du dindon. La nuit, pendant la belle saison, il ne cesse de répéter d'un ton gémissant et prolongé son cri *clou, cloud*, qui s'entend de très loin. Lorsqu'il s'envole, il jette une sorte de soupir aigre, provenant sans doute de l'air expulsé des poumons par l'effort des ailes au moment de prendre l'essor. De jour, en présence de l'homme et des oiseaux, le hibou prend une contenance étonnée et bouffonne. Il fait claquer le bec, il trépigne des pieds, il tourne sa grosse tête d'un mouvement brusque en haut, en bas, de côté. S'il est attaqué par un ennemi trop fort, il se couche sur le dos et menace des griffes et du bec.

9. **Le Scops.** — Le *Scops* ou *Petit-Duc* est à peu près de la grosseur d'un merle. Son plumage est cendré, mélangé de roux, varié de petites mèches longitudinales noires et de fines lignes transversales grises. C'est le plus petit et le plus gracieux de nos oiseaux de proie nocturnes. Quand elles sont bien dressées sur le front, ses fines aigrettes lui donnent un air décidé et batailleur bien en rapport ave son ardeur pour la chasse. Sa nourriture principale consist en insectes, et quand il le peut, en petits rongeurs. Il est fréquent dans le midi de la France, où le soir, pendant la belle saison, il fait entendre, sur les platanes, son infatigable note flûtée.

FIG. 132. — Le Scops.

10. **Les Chouettes, la Hulotte.** — Les chouettes se distinguent des hiboux par l'absence d'aigrettes sur le front. La plus grande de nos pays est la *Hulotte* ou *Chat-Huant*, de la taille à peu près d'une poule. Le fond du plumage est grisâtre dans le mâle, roussâtre dans la femelle. Sur ce fond sont semées des taches longitudinales brunes, moins nombreuses sur la poitrine et le ventre de couleur blanchâtre. Les ailes sont marquées de plusieurs grandes taches blanches rondes. La tête est très grosse, bien arrondie; la face est enfoncée et comme encavée dans la plume. Les yeux, également enfoncés, sont bruns et environnés de petites plumes grises.

L'expression de hulotte dérive du mot latin *ululare*, hurler à la manière du loup; dans le terme de chat-huant se trouve notre verbe *huer*, qui traduit une idée analogue. La hulotte est, en effet, remarquable par son cri qui ressemble assez au hurlement du loup; elle *houhoule*, elle jette dans l'obscure épaisseur des bois un effroyable cri, lugubrement prolongé.

Pendant la belle saison, la hulotte habite les bois, où elle chasse de préférence les mulots et les campagnols. Si le gibier de la campagne fait défaut, elle se rapproche des habitations et pénètre dans les granges pour y faire le métier de chat et mériter le nom de chat-huant qu'on lui donne. C'est un hôte qu'il faut respecter dans nos greniers quand la faim l'engage à les visiter, car le chat lui-même n'a pas sa patience et son adresse pour guetter et saisir les souris et les rats.

11. **La Chevêche.** — La *Chouette commune* ou *Chevêche* a la grosseur du geai, mais elle est beaucoup plus courte, plus ramassée. Son plumage est brun avec des taches blanches, rondes ou ovales. Pour exprimer l'étonnement, la surprise, la crainte, elle fléchit les jambes, s'accroupit, puis se redresse brusquement en allongeant le cou et tournant la tête tantôt à droite, tantôt à gauche. On la dirait poussée par un ressort. Ce geste se répète coup sur coup à plusieurs reprises, chaque fois accompagné d'un claquement de bec. C'est la chouette qui autrefois était utilisée dans la chasse à la pipée. A la vue de l'oiseau de nuit, à son cri, les oisillons du voisinage accouraient pour harceler l'ennemi abhorré, et étaient pris aux gluaux. Dans le midi s'utilise toujours cette singulière antipathie : l'alouette est attirée sous le plomb du chasseur, encore mieux par la présence de la chouette lancée en l'air que par le scintillement du miroir. C'est aussi l'oiseau vénéré des Athéniens, l'oiseau consacré à Minerve, l'oiseau méditatif qui se retire le jour dans la solitude d'un olivier creux pour y réfléchir, ou, en termes plus exacts, pour y sommeiller.

12. **L'Effraie.** — C'est un oiseau de tournure disgracieuse, un peu plus petit que la hulotte. Comme elle habite les trous des clochers et des vieilles églises, on lui donne aussi le nom de *Chouette de clocher*. Son cri habituel au milieu du silence de la nuit est un souffle lugubre, semblable au râle d'un homme qui dormirait la bouche ouverte. Au cri effrayant associons l'obscurité de la nuit, le voisinage des églises et cimetières, et nous comprendrons comment l'innocente chouette des clochers est parvenue à inspirer l'effroi aux enfants, aux femmes, et même aux hommes trop crédules; nous nous expliquerons pourquoi elle est réputée l'oiseau funèbre, l'oiseau de la mort, qui fait entendre sa voix pour appeler au cimetière l'un des habitants de la maison qu'elle habite. Le nom d'*Effraie* fait allusion à ces folles et superstitieuses terreurs. En réalité, la chouette des clochers est, non seulement un oiseau inoffensif, mais un oiseau très utile, digne de notre intérêt, car elle fait

une guerre d'extermination aux souris et aux rats qu'elle prend dans nos greniers, aux mulots et aux campagnols qu'elle chasse dans les jardins et les champs.

Son plumage ne manque pas d'élégance. Il est roux en dessus, ondé de gris et de brun, piqueté de points blancs compris entre deux points sombres; il est blanc en dessous. Les yeux sont enfoncés et entourés d'un cercle régulier de plumes blanches et fines presque semblables à des poils; une collerette rousse sur les bords encadre la face. Le bec est blanchâtre; les serres ne sont gantées que d'un duvet blanc, très-court, à travers lequel s'aperçoit la peau rose.

L'oiseau n'a rien de la fière attitude du grand-duc et du scops; son port est gauche, embarrassé, presque honteux. Le dos voûté, les ailes pendantes, la face renfrognée, le regard triste, les jambes ongues et mal cambrées, telle est l'effraie au repos. Comme pour achever sa disgracieuse pose, l'oiseau, lorsque quelque chose l'inquiète, balance ridiculement le corps, les yeux hagards les ailes un peu soulevées.

Tout le jour, elle reste blottie dans quelque trou obscur d'où elle ne sort qu'après le coucher du soleil. Pour prendre l'essor, elle se laisse d'abord tomber du haut de son clocher comme une masse inerte et ne déploie les ailes qu'après une assez longue chute verticale. Elle vole de travers, sans aucun bruit, comme si le vent l'emportait. Elle niche dans les trous des masures, dans les cavités des arbres vermoulus, parfois dans les greniers sur quelque solive. Aucun nid n'est fait pour recevoir les œufs, qui sont déposés au point choisi sans feuilles, ni racines, ni bourre pour matelas. Les petits, avec leurs gros yeux, leur bec vorace, leur poil follet cotonneux tout ébouriffé, sont bien les plus disgracieuses créatures qu'il soit possible de voir. La mère les nourrit avec des insectes et des quartiers de souris.

CHAPITRE XX

LES ÉCHASSIERS

1. **Caractères des Échassiers.** — Tout est long dans le *Héron*, les pattes, le bec, le cou, ainsi que le dit notre grand fabuliste :

> Un jour, sur ses longs pieds, allait, je ne sais où,
> Le héron, au long bec emmanché d'un long cou.

La longueur des pattes permet à l'oiseau d'explorer le marécage sans se mouiller une plume ; la longueur du cou lui est nécessaire pour atteindre le sol sans se baisser ; la longueur du bec lui est indispensable pour fouiller les hautes touffes d'herbages où se tapit le reptile, pour sonder la vase où s'enfouit le ver. Nous avons là les caractères les plus saillants des *Échassiers*, oiseaux haut de jambes, qui semblent marcher sur des échasses. Ils ont pour la plupart les tarses longs, et en outre le bas des jambes nu, double circonstance qui leur permet d'entrer dans l'eau jusqu'à une certaine profondeur, d'y marcher sans mouillure, d'y stationner longtemps à l'afflût patient d'une proie. A ces échasses s'adjoignent un cou et un bec dont la longueur est proportionnée a celle des jambes. Les bas-fonds vaseux, les nappes d'eau, les marais sont leurs demeures habituelles. Ceux dont le bec est fort y vivent de poissons et de reptiles ; ceux dont le bec est faible y recherchent les insectes et les vers.

2. **Grues.** — Les *Grues* se reconnaissent à leur tête en partie nue, ainsi qu'au panache touffu que forment au-dessus de la queue des plumes longues, arquées et finement décomposées. La plus connue est la *Grue cendrée*, mesurant un mètre et demi environ de longueur et un peu moins en hauteur. Son plumage est d'un gris cendré, avec la gorge noire. Le croupion est orné d'une touffe de plumes crépues, en partie noires.

Cet oiseau a pour patrie le nord de l'ancien continent, depuis la Norwège jusqu'à la Sibérie orientale. Le nid est établi au milieu des marais, sur quelque îlot de gazon. Des branches sèches, des chaumes, des feuilles, des joncs, disposés sans art, composent la construction, sur laquelle reposent deux grands œufs allongés, teintés de verdâtre et mouchetés de taches brunes ou rouges. La famille élevée et assez forte pour le voyage, les grues émigrent et vont au midi, les unes se dirigent à travers

Fig. 133. — Le Héron.

la Chine pour atteindre les Indes, les autres franchissent l'Europe et la Méditerranée, pour s'arrêter en Égypte, en Abyssinie, au Sénégal. Cinq mille kilomètres environ, telle est la longueur du trajet, qui s'effectuera une seconde fois dans l'année, au retour de la belle saison. De tels voyages ont rendu de tout temps la grue célèbre, aussi bien sous le rapport de l'ordonnance de la bande émigrante que sous le rapport de la distance parcourue.

Un oiseau au vol est soutenu par l'air que battent ses ailes; il est entravé dans son élan en avant par l'air dont il faut vaincre la résistance. Pour surmonter cet obstacle avec le moins de fatigue, la grue, le héron, la cigogne et autres échassiers, embarrassés de longues pattes et d'un long cou, ramènent le cou sur la poitrine, pointent en avant leur bec aigu, et rejettent en arrière, rapprochées l'une de l'autre, leurs pattes étendues. Avec cette forme effilée, le bec faisant office de coin, ils fendent l'air ainsi qu'un vaisseau fend la vague avec sa proue tranchante. En outre, une troupe de grues en voyage se dispose en deux files qui se rejoignent sous forme d'angle, sous forme de V, comme nous l'avons déjà dit au sujet de l'oie et du canard. La pointe de cet angle est à l'avant, et l'oiseau qui l'occupe est remplacé par un autre quand son essor est lassé.

Étrangères à nos pays, les grues ne font qu'y passer, deux fois par an, en automne quand elles vont prendre leurs quartiers d'hiver en Afrique, au printemps quand elles regagnent les marécages, les *toundras* du nord. Elles s'abattent dans nos champs, où elles pâturent les céréales en herbe, ou bien dans les bas-fonds, où elles trouvent des mollusques aquatiques, de petits poissons, des têtards, des grenouilles, des reptiles. En ces moments, leur vigilance est extrême et déjoue les ruses du chasseur qui cherche à les approcher. Des sentinelles veillent de distance en distance pour jeter le cri d'alarme à la première apparence de danger.

La grue marche à pas légers, mesurés, tranquilles et empreints d'une certaine gravité majestueuse ; mais il lui arrive aussi de se livrer à des exercices récréatifs bien singuliers. Un observateur, Gerbe, en parle ainsi : « Placées en cercle est rangées sur plusieurs lignes, quelquefois confusément, elle gambadent, dansent les unes autour des autres, tournent sur elles-mêmes, s'avancent en sautant l'une vers l'autre, s'arrêtent brusquement, convulsivement, tendent le cou, le relèvent, le baissent, déploient les ailes, font des espèces de salutations, se livrent enfin à la mimique la plus burlesque qu'il soit possible d'imaginer. D'autres fois, plusieurs d'entre elles s'élancent rapidement dans une direction sans qu'on puisse dire quel est le but vers lequel elles tendent. Ces divertissements extraordinaires des grues vivant en famille sont presque toujours suivis d'autres ébats pris dans les airs. »

3. **Les Cigognes.** — Bec gros, médiocrement fendu, conique, étroit, à bords tranchants ; corps robuste, poitrine large, cou fort et de longueur moyenne ; jambes dénudées bien au-dessus des tarses, telles sont les cigognes, dont la plus célèbre est la *Cigogne blanche*. Cet échassier, un peu moindre que la grue,

a tout le plumage blanc, sauf les pennes des ailes qui sont noires. Le bec et les pieds sont rouges. Ses grandes mandibules, légères et larges, produisent, en frappant l'une contre l'autre, une espèce de claquement, de crépitation rapide et saccadée, seul bruit que cet oiseau fasse entendre; et encore ne le produit-il que dans les circonstances solennelles de la migration et de la pariade. La cigogne est l'oiseau silencieux.

Elle établit son nid sur les arbres élevés, mais de préférence sur les tours, les clochers, les toitures des habitations, où elle ne manque pas de revenir tous les printemps, après avoir passé l'hiver en Afrique. Elle est commune en Pologne, dans le nord de l'Allemagne, en Alsace, en Hollande. Dans les pays où elles ne sont pas troublées, elles se familiarisent aisément avec l'homme et nichent sur le faîte des chaumières, où il est d'habitude de leur préparer à l'avance un emplacement pour le nid. Celui-ci est formé de branches entrelacées, de broussailles, de mottes de terre, de feuilles de roseau, avec matelas d'herbes sèches, de fumier, de plumes, de chiffons; le tout, construction volumineuse mais sans art. Là, sont pondus trois ou quatre œufs, lisses et blancs. Les petits, d'abord nourris avec des larves, des sangsues, des vers, des insectes, reçoivent plus tard des aliments plus substantiels, dont le reptile fait la base.

Fig. 134. — La Cigogne.

La cigogne, en effet, est un grand chasseur de reptiles. « Avant de saisir une forte couleuvre, raconte Lenz, elle la frappe à coups de bec, de façon à l'étourdir; elle l'avale ensuite, la tête ou la queue la première, avant même qu'elle soit morte. Aussi le serpent s'entortille-t-il parfois autour du bec, ce qui l'oblige à le rejeter par un violent mouvement de tête, ou bien à le retirer avec la patte pour l'avaler de nouveau. Quand elle est pressée par la faim, il lui arrive d'avaler de petits serpents sans les avoir d'abord étourdis. Les reptiles alors s'agitent longtemps dans son œsophage, et parviennent même à s'en échapper quand elle baisse la tête pour saisir une nouvelle proie. Elle aime beaucoup les vipères; seulement, avant de les avaler, elle les assomme en les frappant vigoureusement et à coups redoublés sur la tête. Si le serpent venimeux la mord, elle souffre quelques jours, mais se remet bientôt. »

On comprend que de pareils services aient valu de tout temps à la cigogne l'estime et le respect des hommes. L'antique Égypte l'avait placée au rang de ses nombreuses divinités. Aujourd'hui, dans les régions marécageuses qu'infestent les reptiles, on accueille son retour avec joie, on lui prépare une aire pour son nid au moyen d'une vieille roue de voiture disposée horizontalement au sommet d'un mât élevé; le Hollandais, si jaloux pourtant de la propreté de sa demeure, met sur sa toiture une caisse où la cigogne nichera, non sans désagréments pour l'habitation à cause des restes apuantis des reptiles et des ordures de l'oiseau.

4. **Marabouts.** — Voisins des cigognes, les *Marabouts* se distinguent par leur bec énorme, aussi large à la base que la tête, très long et pointu, quadrangulaire à son origine et conique à l'extrémité. Au bec disgracieux s'ajoute un goître, un sac membraneux qui pend sous la gorge vers le milieu du cou sous la forme d'un gros saucisson. Ce goître fait office de jabot. Il a valu aux marabouts le nom de *Cigognes à sac*. La tête est de couleur rouge carotte une collerette touffue de plumes très décomposées entoure la base du cou. Le dessus du corps et les ailes sont d'un bleu noir; le dessous est blanc.

Les marabouts habitent l'Inde et l'Afrique, en particulier le Sénégal et l'Abyssinie. Ce sont des oiseaux voraces, qui cherchent le voisinage de l'homme pour profiter des restes de ses abattoirs et des charognes jetées à la voirie. A Calcutta et autres grandes villes de l'Inde, ils circulent gravement dans les rues, respectés des passants à cause des services hygiéniques rendus, et sachant d'ailleurs se faire respecter par leur audace et leurs redoutables coups de bec. En compagnie des vautours, ils font la police sanitaire, ils débarrassent la voirie de ses cadavres. Ils se rendent aux abattoirs, aux casernes, partout où peuvent se trouver des résidus de vivres, des déchets de boucherie. Tout leur est bon : pieds de bœuf avec leur sabot avalés en entier, ossements de gros volume, entrailles, terre imbibée de sang. Loin de l'homme, ils vivent en troupes à l'embouchure des fleuves.

Ces oiseaux ont au croupion quelques plumes amples et fines employées dans la parure sous le nom de *marabouts*. Aussi la cigogne à sac est-elle élevée en troupeaux, au Sénégal et dans l'Inde, en vue de ses précieuses plumes.

CHAPITRE XXI

PASSEREAUX

1. **Caractères généraux. Alimentation variable.** — Cet ordre, le plus nombreux de la classe des oiseaux, renferme une telle multitude d'espèces, qu'il est difficile de la délimiter par des caractères bien nets. Les oiseaux qui le composent sont généralement de petite taille et de caractère doux. Leurs doigts, dont trois dirigés en avant et un en arrière, ont les ongles faibles et peu recourbés ; leur bec est très variable de forme suivant le régime de l'oiseau.

Ainsi les uns ont une légère denture de chaque côté de la pointe de la mandibule supérieure. Leur nourriture consiste en petite proie, en insectes surtout. Là prennent place les *Pies-Grièches*, qui, par leur bec un peu crochu, leurs pattes assez bien armées et leurs mœurs, ont quelque analogie avec les oiseaux de proie. D'autres, toujours armés d'une fine dentelure au bec, ont un régime où les baies souvent interviennent ; ce sont les *Merles*, les *Grives*, les *Loriots*. D'autres encore, qualifiés de becs-fins, à cause de leur bec délicat, menu et droit comme un poinçon, se nourrissent de vermisseaux, de larves, de petits insectes, et rendent ainsi de grands services à l'agriculture. Quelques-uns, tels que le *Rossignol* et les *Fauvettes*, sont d'admirables chanteurs.

Il y en a dont le bec est large, aplati dans le sens horizontal, et profondément fendu. Tous se nourrissent d'insectes, qu'il poursuivent et engloutissent au vol. De ce nombre sont les *Hirondelles* et les *Martinets*.

Les *Corbeaux* et les *Corneilles* ont le bec fort et conique. Ces oiseaux se nourrissent de tout, notamment de proie morte. Beaucoup vivent de graines, et d'une manière d'autant plus exclusive qu'ils ont le bec plus court, plus épais, plus robuste. Parmi ces francs granivores sont le *Moineau*, le *Pinson*, le *Chardonneret*, la *Linotte*, le *Serin*, les *Bruants*.

Un bec allongé, menu, souvent arqué, est l'outil apte à saisir les insectes dans les fissures des écorces et au fond des corolles des fleurs. La *Huppe* de nos pays, les *Colibris* et les *Oiseaux-Mouches* des régions tropicales, en possèdent un de cette forme.

2. **Oiseaux utiles et oiseaux nuisibles.** — Dans nos pays,

Fig. 135. — La Fauvette.

on peut qualifier d'utiles à peu près tous les petits oiseaux de l'ordre des Passereaux. Il y en a beaucoup qui se nourrissent exclusivement de larves, de vermisseaux, d'insectes, et de cette manière nous rendent de grands services en protégeant les biens de la terre. Les plus utiles sont les divers becs-fins, les hirondelles, les martinets. Les granivores, reconnaissables à leur bec fort et conique, pillent bien un peu nos champs de céréales, picorent nos légumes, visitent nos arbres à fruits, mais ils compensent largement ces méfaits par quelques qualités. Il sarclent nos cultures en débarrassant le sol d'une foule de semences qui germeraient au détriment des végétaux cultivés; ils nourrissent leur couvée, non avec du grain, mais avec de la vermine, et font ainsi grande destruction d'insectes en la saison

FIG. 136. — Le Pinson.

des nids. Tous nos passereaux de petite taille sont donc à respecter. Il en est de même des oiseaux de proie nocturnes, acharnés chasseurs du rat, du campagnol et du mulot. Les espèces nuisibles, nous les trouverons surtout dans les oiseaux de proie diurnes, ravisseurs de volaille. Quelques passereaux dont nous allons parler sont également nuisibles.

3. **Corbeaux.** — Le plumage noir et la conformité de tournure sont cause que nous confondons d'habitude sous le nom de corbeau plusieurs espèces différentes. Le *Corbeau* proprement dit, le vrai corbeau, est ce gros oiseau tout noir, de la taille du coq, qui, de sa grosse voix enrouée, dit lentement *crau, crau, crau*. Cet oiseau ne se rassemble pas en troupes, comme le font les corneilles; il vit solitaire ou par couples sur les rocs escarpés et les arbres les plus élevés. La société ou même le voisinage de ses pareils lui est insupportable. Il chasse de son canton à grands coups de bec tout corbeau qui tenterait de s'y établir, serait-il le fils de son nid. Si l'intrus est de simple passage, il l'éconduit avec menace jusqu'aux frontières de ses domaines et ne le quitte du regard qu'après l'avoir vu se perdre dans l'éloignement. Les corneilles, amies de la société, sont traitées avec la même rigueur. Le corbeau veut être seul sur son roc pelé.

Il établit son nid sur les hautes branches d'un arbre isolé, mais de préférence dans quelque crevasse d'un rocher à pic. Il le compose au dehors de bûchettes et de racines; au dedans, de mousse, de bourre, de chiffons, de fins gramens. Les œufs, au nombre de cinq, sont mieux colorés que ne le ferait supposer le triste plumage de l'oiseau: ils sont d'un bleu vert avec des taches brunes. Ce fond bleu vert, tantôt plus franc, tantôt plus terne, se retrouve, avec les tâches brunes, dans les œufs des corneilles, des pies, des geais, des merles, des grives, des tourdes, oiseaux qui tous appartiennent à l'ordre des passereaux et ont entre eux d'étroites ressemblances d'organisation, malgré des mœurs, des dimensions et des plumages si variés. Certains merles, certains tourdes, ont des œufs d'un magnifique bleu de ciel.

Le corbeau vit de tout. Fruits, larves, insectes, grains germés, chair fraîche et chair corrompue, lui conviennent également. Il est surtout avide de charogne, qu'il sait trouver à de grandes distances, guidé par la vue et par l'odorat. Où gît une bête crevée, il ne tarde pas à paraître, disputant aux chiens l'affreuse curée. L'habitude de se gorger de cette nourriture infecte lui communique une odeur repoussante. Quand lui manque la proie morte, plus convenable à ses goûts, à ses voraces appétits, à sa lâcheté, il chasse la proie vivante, le levraut, le lapereau, les petits rongeurs nuisibles; il pille dans les nids les œufs et les oisillons nouveau-nés. Sans la moindre réclamation en sa faveur, on peut livrer le corbeau à la haine que son plumage lugubre, son regard farouche, son croassement sinistre, son odeur infecte, son immonde voracité, de tout temps lui ont value.

Très voisines du corbeau, avec lequel on les confond parfois, sont les corneilles, dont nous avons en France quatre espèces : la *Corneille noire*, la *Corneille mantelée*, le *Freux* ou *Corneille moissonneuse*, enfin le *Choucas* ou petite *Corneille de clochers*.

La *Corneille noire*, en quelques provinces *Graille*, *Graillat*, *Grolle*, *Agrolle*, a le même plumage, la même physionomie que le corbeau, mais elle est d'un quart plus petite. Pendant la belle saison, elle vit par couples dans les bois, d'où elle ne sort que pour chercher à manger. Au printemps, sa nourriture préférée consiste en œufs d'oiseaux, de perdrix surtout, qu'elle va piller dans les nids en l'absence de la mère et qu'elle sait adroitement percer pour les porter à ses petits sur la pointe du bec. Elle a, comme le corbeau, le goût de la chair corrompue et des petits oiseaux encore revêtus de leur poil follet ; elle attaque le menu gibier affaibli ou blessé; elle s'aventure dans les basses-cours pour voler un caneton inexpérimenté, un poussin écarté de sa mère. Le poisson pourri, les vers, les insectes, les fruits, les graines, suivant les temps et les lieux, lui gonflent le jabot.

En hiver, les corneilles noires se réunissent par nombreuses troupes, seules ou bien en société de freux et de corneilles mantelées. Elles errent pas à pas dans les champs, pêle-mêle avec les troupeaux, sautant parfois sur le dos des moutons pour chercher quelque vermine sous la laine; elles suivent le laboureur pour se nourrir des larves que la charrue met à découvert; elles fouillent les terres ensemencées et mangent le grain attendri et rendu sucré par la germination. Le soir venu, elles s'envolent ensemble sur les grands arbres de quelque bois voisin, où elles jacassent au coucher du soleil, se lissent les plumes et finalement s'endorment. Ces arbres sont des lieux de ralliement, où tous les soirs les corneilles se rassemblent de divers points du canton, quelquefois de plusieurs lieues à la ronde. Au lever du jour, elles se divisent par compagnies plus ou moins nombreuses et vont, qui d'ici, qui de là, chercher à manger dans les terres cultivées. Leurs rapines dans les basses-cours, leurs vols de petits oiseaux et d'œufs, leurs fouilles dans les terres ensemencées, nous feront inscrire la corneile noire parmi les oiseaux à détruire.

Il en sera de même de la *Corneille mantelée*, ainsi appelée à cause de l'espèce de manteau ou plutôt de scapulaire gris blanc qui s'étend par devant et par derrière, depuis les épaules jusqu'à la queue. Le reste du plumage est noir avec des reflets bleuâtres, comme celui du corbeau. Cette corneille nous arrive sur la fin de l'automne, se met en société des corneilles noires et des freux, et se répand dans les champs, à la recherche des grains germés et des larves. Sur les bords de la mer, où elle est bien plus fréquente que dans l'intérieur des terres, elle vit de poissons et de coquillages rejetés par les vagues ou abondonnés par les pêcheurs. La disette seule peut la contraindre à se nourrir de charogne, régal de la corneille noire et du corbeau. En mars, la corneille mantelée nous quitte pour aller nicher dans les pays du nord.

Le *Freux*, un peu plus petit que la corneille noire, a le plumage de cette dernière avec des reflets plus violets et plus cuivrés. Son bec est aussi plus droit et plus pointu. Très facilement il se fait reconnaître parmi la gent noire des corneilles et des corbeaux, par la peau du front et des entournures du bec toute dégarnie de plumes, blanche, farineuse et comme cicatrisée. Cette dénudation est la conséquence de son travail. Le freux est un fervent piocheur, et sa pioche est le bec, qu'il enfonce en terre aussi profondément qu'il peut. Par le frottement contre le sol, le front et le tour entier de la base du bec perdent leurs plumes, deviennent chauves, s'écorchent même et se couvrent de rogneuses cicatrices. Le but du freux en cette pénible besogne est d'atteindre les vers blancs et autres larves, fléau des terres cultivées.

Nous devrions avoir grande estime pour les freux s'ils se bornaient à la chasse des insectes et des vers; malheureusement ils ont un goût très prononcé pour les graines germées, friandise sucrée qui leur inspire d'ingénieux moyens de s'en procurer On dit qu'ils ont l'habitude d'enfouir des glands, et qu'ils les retrouvent longtemps après quand la germination leur a fait perdre leur saveur acerbe. Jusque-là, rien de bien blâmable, mais toute graine en germination leur convient pareillement, le blé surtout, si facile à se procurer l'hiver dans les terres nouvellement ensemencées. Comme les freux vont par troupes extrêmement nombreuses, par vols capables d'obscurcir le ciel, on comprend que de tels moisonneurs aient bientôt fait la récolte.

Jamais le freux ne touche aux bêtes mortes, si pressé qu'il soit par la faim. Il lui faut des graines et des fruits, ou bien des larves et des insectes. Suivant qu'il se livre à l'un ou à l'autre de ce genre de nourriture, le freux est pour nous un oiseau nuisible ou un oiseau utile. Aussi des avis opposés sont émis sur son compte. Les uns, ne prenant en considération que les dégâts dans les terres ensemencées, veulent qu'on leur fasse une guerre implacable, et calculent que pour un freux détruit, c'est au moins un boisseau de blé de gagné. D'autres ont principalement en vue la destruction des larves et des insectes. Ils disent que les freux méritent bien de l'agriculture, qu'ils débarrassent les prairies de leur vermine, qu'ils suivent le laboureur pour ramasser les vers blancs dans les sillons, qu'ils atteignent de leur bec pointu le hanneton se métamorphosant en terre. Pour ces motifs, très bien fondés du reste, ils déclarent le freux digne de notre protection.

Toute l'année le freux vit en société de ses pareils. Il va par troupes à la recherche du manger, il niche par troupes dans le même canton. Un seul chêne porte parfois une douzaine de nids, et les arbres voisins en portent chacun tout autant dans une assez grande étendue de terrain. C'est grand vacarme dans la cité aérienne au moment de la construction des nids, car les freux sont très criards et de plus enclins au vol entre voisins. Quand un jeune couple, sans prudence encore, abandonne un moment sa bâtisse pour aller à la recherche d'autres matériaux, les voisins pillent son nid et emportent, celui-ci une bûchette, celui-là un brin d'herbe et de mousse pour l'employer à leur propre construction. A leur retour les volés entrent dans des colères bleues et tombent à grands coups de bec sur les voleurs, si le larcin n'a pas été habilement dissimulé. Pour s'éviter pareil pillage, les couples expérimentés ne laissent jamais le nid seul : l'un reste et garde la maison pendant que l'autre va quérir des matériaux.

Le *Choucas* ou *petite Corneille des clochers*, est tout noir et de la grosseur d'un pigeon. Comme le freux, il vole en troupes et niche en société de ses pareils. Les hautes tours, les vieux châteaux, les clochers des églises gothiques, sont sa demeure de prédilection. Ses nids, composés de quelques bûchettes et d'un peu de paille, sont tantôt isolés un à un dans des trous de mur, tantôt placés les uns près des autres et comme entassés. Le choucas ne cesse de jeter, quand il vole, un cri aigre et perçant, il se nourrit d'insectes, de vers, de larves, de grains, de fruits, jamais de chair corrompue. Il rend quelques services en échenillant les arbres, mais on peut lui reprocher de faire la chasse aux œufs des petits oiseaux, nos meilleurs auxiliaires.

4. **Moineaux.** — Un bec fort, épais, à mandibules légère-

ment bombées; des pattes courtes, des ailes médiocres, impropres au long essor, caractérisent ces passereaux, grands consommateurs de céréales, qui s'établissent au voisinage de l'homme pour prélever une dîme sur ses récoltes. Le plus connu est le *Moineau domestique*, répandu dans toute la partie septentrionale de l'ancien continent. Inutile de décrire le vulgaire *Pierrot*; rappelons seulement l'ample cravate de velours noir que porte le mâle. Est-il utile? voilà la question.

« Les moineaux, dit Buffon, sont, comme les rats, attachés à nos habitations; ils ne se plaisent ni dans les bois ni dans les vastes campagnes; on a même remarqué qu'il y en a plus dans les villes que dans les villages; on n'en voit pas dans les hameaux et dans les fermes qui sont au milieu des forêts; ils suivent la société pour vivre à ses dépens; c'est sur des provisions toutes faites qu'ils prennent leur subsistance; nos granges, nos greniers, nos basses-cours, nos colombiers, tous les lieux, en un mot, où nous rassemblons ou distribuons des grains, sont les lieux qu'ils fréquentent de préférence; et comme ils sont aussi voraces que nombreux, ils ne laissent pas de faire plus de tort que leur espèce ne vaut, car leur plume ne sert à rien, leur chair n'est pas bonne à manger, leur voix blesse l'oreille, leur familiarité est incommode, leur pétulance grossière est à charge; ce sont de ces gens qu'on trouve partout et dont on n'a que faire. Et ce qui les rendra éternellement incommodes, c'est non seulement leur très nombreuse multiplication, mais encore leur défiance, leurs ruses, leur opiniâtreté à ne pas désemparer des lieux qui leur conviennent; ils sont fins, peu craintifs, difficiles à tromper, et reconnaissent aisément les pièges qu'on leurt end. »

Après ce réquisitoire, voyons ce que dit un examen plus impartial. Buffon accumule les griefs; il reproche aux moineaux jusqu'à leur chair, non bonne à manger. Que cette chair n'ait pas grand mérite, on l'accordera; mais enfin elle n'est pas sans valeur, et le chat de La Fontaine en témoigne :

Vraiment, dit maître chat,
Les moineaux ont un goût exquis et délicat.

Mais c'est la moindre des raisons que peut invoquer la défense. A l'époque des nids, le moineau est un vaillant échenilleur, car il nourrit sa couvée uniquement avec des insectes. Il rachète par là abondamment le peu de grain qu'il peut nous piller. Citons quelques faits à l'appui. Frédéric le Grand aimait beaucoup les cerises, mais les moineaux les aiment aussi ; les maraudeurs avaient donc les prémisses des vergers royaux. L'extermination des pillards fut décrétée, et leur tête mise à prix à raison de 6 centimes pièce. La chasse se fit avec une telle ardeur, qu'en peu de temps la prime pour les dépouilles des proscrits s'éleva à quelques milliers de francs. Les moineaux disparurent. Mais alors les chenilles se multiplièrent à l'excès, et les cerisiers et autres arbres fruitiers n'eurent ni fruits ni

Fig. 137. — L'Hirondelle et le Martinet.

feuilles. Il fallut laisser revenir les moineaux, les importer même d'ailleurs à grands frais et les mettre sous la protection de la loi.

Disons encore que pour détruire les insectes ravageant les vergers, l'Amérique du nord et l'Australie se sont adressées à notre moineau, qu'on a fait venir d'Europe. Ces faits sont plus éloquents que le réquisitoire du Buffon.

5. **Hirondelles**. — Des tribus entières d'auxiliaires, becs-fins, pics, loriots, grimpereaux, mésanges, roitelets, troglodytes

et bien d'autres, s'adonnent à la chasse patiente qui recherche les œufs dans les rides des écorces et les paquets de feuilles, les larves entre les écailles des bourgeons et dans la vermoulure des bois, les insectes au fond des crevasses où ils se tiennent tapis. Dans ce genre de chasse, l'oiseau n'a pas à courir sus au gibier, à rivaliser avec lui de vitesse; il lui suffit de savoir le découvrir au gîte. A cet effet, il lui faut œil perspicace et bec effilé; les ailes ne viennent qu'en seconde ligne.

Voici maintenant d'autres tribus qui se livrent à la grande chasse aérienne, qui poursuivent au vol, dans les plaines de l'air, phalènes, teignes, cousins, petits scarabées. Il leur faut un bec court mais très largement ouvert, qui happe sûrement les moucherons au passage, malgré les incertitudes d'un élan non toujours maîtrisé, un bec où la proie s'engouffre toute seule sans que l'oiseau ralentisse un instant son essor, enfin un bec visqueux à l'intérieur, et tel qu'un petit papillon ne puisse l'effleurer de l'aile sans rester pris à la glu. La gueule de la chauve-souris, cet autre ardent chasseur au vol, la gueule de la chauve-souris fendue d'une oreille à l'autre, en doit être le modèle pour l'ampleur d'ouverture. Mais il faut avant tout des ailes infatigables, rapides, que ne lasse pas la fuite désespérée d'un gibier lancé à toute vitesse, que ne surprenne pas l'essor tortueux d'une phalène aux abois. Bec démesurément fendu, ailes excessives, tel doit être en résumé l'oiseau des grandes chasses aériennes.

En tête est l'*Hirondelle*, chauve-souris du plein jour, comme la chauve-souris est l'hirondelle des premières ombres de la nuit. L'une et l'autre chassent les insectes volants : elles les poursuivent en des allées et des venues sans fin, croisées et recroisées de mille façons; elles les gobent dans leur ample gosier et passent outre sans un instant d'arrêt. Mais de combien l'hirondelle l'emporte en grâces de forme, en prestesse de vol, sur son collaborateur nocturne, la triste chauve-souris! Si la comparaison est possible pour les services rendus et la manière de chasser, sous tout autre rapport elle n'est plus permise.

« Le vol est l'état naturel de l'hirondelle et presque son état nécessaire, nous dit Guénau de Montbeillard. Elle mange en volant, elle boit en volant, se baigne en volant et quelquefois donne à manger à ses petits en volant. Elle coule dans l'air sans effort, avec aisance; elle sent que l'air est son domaine; elle en parcourt toutes les dimensions et dans tous les sens comme pour en jouir dans tous les détails, et le plaisir de cette jouissance se marque par de petits cris de gaîté. Tantôt elle donne la chasse aux insectes voltigeants, et suit avec une agilité souple leur trace oblique et tortueuse, ou bien quitte l'un pour courir à l'autre, et frappe en passant un troisième; tantôt elle rase légèrement la surface de la terre et des eaux, pour saisir ceux que la pluie ou la fraîcheur y rassemble; tantôt elle échappe elle-même à l'impétuosité de l'oiseau de proie par la flexibilité preste de ses mouvements. Toujours maîtresse de son vol dans sa plus grande vitesse, elle semble décrire au milieu des airs un dédale mobile et fugitif, dont les routes se croisent, s'entrelacent, se fuient, se rapprochent, se heurtent, se roulent, montent, descendent, se perdent et reparaissent pour se croiser, se rebrouiller encore de mille manières, et dont le plan, trop compliqué pour être représenté aux yeux par l'art du dessin, peut à peine être indiqué à l'imagination par le pinceau de la parole. »

Deux espèces d'hirondelles fréquentent nos habitations. La plus répandue est l'*Hirondelle de fenêtre*, noire dessus avec des reflets bleus, blanche dessous et au croupion. Elle construit son nid aux angles des fenêtres, sous les rebords des toits, sous les corniches des édifices. Ses matériaux sont la terre fine, principalement celle que les vers rejettent en petits monceaux dans les prairies et les jardins après l'avoir digérée. L'hirondelle l'apporte becquée par becquée, l'imbibe d'un peu de salive visqueuse pour lui communiquer la force de cohésion et la dispose par assises en une demi-boule accolée au mur et percée dans le haut d'une étroite ouverture. Des brins de paille enchassés dans l'épaisseur de la bâtisse, donnent plus de résistance à la maçonnerie de terre; enfin l'intérieur est matelassé d'une grande quantité de plumes fines. La ponte est de quatre ou cinq œufs d'un blanc pur et sans taches.

L'*Hirondelle de cheminée* a le front, la gorge et les sourcils d'un roux marron, le dessus du corps noir avec des reflets violacés, le dessous blanc. On l'appelle aussi *Hirondelle domestique* parce qu'elle recherche le voisinage de l'homme et niche même dans l'intérieur de nos habitations, de celles surtout où il y a peu de mouvement et de bruit; les appartements abandonnés et toujours ouverts, les hangars et les remises, les avant-toits, le dessous des balcons, l'intérieur des cheminées où l'on ne fait pas du feu, sont ses emplacements préférés. Le nid est construit avec de la terre gâchée, mélangée de paille et de crin, et garni intérieurement d'herbes sèches et de plumes. Sa forme est celle d'une demi-coupe, ouverte en plein en dessus. Les œufs sont au nombre de cinq. Ils sont blancs et tiquetés de petites taches brunes ou violettes.

L'hirondelle de cheminée est la plus intéressante de la tribu. Elle est le gai compagnon du laboureur, l'hôtesse de la grange, tandis que l'hirondelle de fenêtre préfère les villes et les corniches des monuments. Son gazouillement est une douce chansonnette que le père, placé sur le bord du nid, répète à tout instant à la couveuse pour charmer les longues heures de l'incubation. On la trouve dans tous les pays du monde. Elle nous arrive de ses lointains voyages vers le 1er avril, une douzaine de jours avant l'hirondelle de fenêtre, un mois avant le martinet.

6. **Oiseaux de paradis.** — Ces superbes passereaux, dont la Nouvelle-Guinée est la patrie, varient de la taille du geai à celle de l'alouette. Leur nom a pour origine une étrange erreur qui longtemps a eu cours. Les insulaires se faisaient des panaches avec la peau de ces oiseaux dont ils retranchaient les pattes et les ailes pour ne conserver que les parties les plus riches du plumage. En cet état mutilé, quelques peaux parvenaient en Europe. La magnificence de ces dépouilles, l'absence de pattes et d'ailes dont il était difficile de soupçonner la suppression, tant elle était adroitement dissimulée, enfin l'extrême rareté des pièces observées, portèrent à croire que ces oiseaux étaient des êtres à part, se soutenant dans les airs avec les seules touffes de plumes des flancs, ne perchant jamais, ne descendant jamais à terre, se suspendant tout au plus à quelques branches d'arbre avec leur longue queue pour se reposer. Leur séjour continuel était l'air, le ciel; leur nourriture ne pouvait être que la rosée du matin. On les appela donc oiseaux de paradis.

Mais l'observation scrupuleuse est venue, faisant justice de ces puériles croyances. Les oiseaux de paradis sont des oiseaux comme les autres, ayant des ailes et des pattes, celles-ci même assez grossières avec des ongles robustes. Ils ne vivent pas de rosée, il leur faut des fruits et des sauterelles. Sur chaque flanc, les plumes sont longues, effilées, très-divisées, soyeuses, et forment un magnifique panache que l'oiseau peut étaler ou serrer à son gré. Le *Paradisier apode*, le plus anciennement connu et dont le nom rappelle la vieille erreur d'oiseaux sans pieds, a ses panaches latéraux d'un orangé vif, avec des points teintés de rouge pourpre à l'extrémité des plumes; le *Paradisier rouge* les a d'un riche carmin. Le *Sifilet*, grand comme un merle, à poitrine d'un vert doré porte, sur la tête, trois au-dessus de chaque oreille, six plumes dont la longue tige nue ou filet se termine par un disque d'un vert brillant. Les dépouilles des paradisiers, préparées par les indigènes, fournissent à la parure des dames un des ornements les plus recherchés.

7. **Oiseaux-mouches.** — « De tous les êtres animés, voici les plus élégants pour la forme, et les plus brillants pour les cou-

FIG. 138. — Le Sifilet.

leurs. Les pierres précieuses et les métaux polis par notre art ne sont pas comparables à ces bijoux de la nature; elle les a placés dans l'ordre des oiseaux, au dernier degré de l'échelle de grandeur *maximè miranda in minimis*. Son chef-d'œuvre est le petit oiseau-mouche; elle l'a comblé de tous les dons qu'elle n'a fait que partager aux autres oiseaux : légèreté, rapidité, prestesse, grâce et riche parure, tout appartient à ce petit favori. L'émeraude, le rubis, la topaze brillent sur ses habits; il ne les souille jamais de la poussière de la terre, et, dans sa vie tout aérienne, on le voit à peine toucher le gazon par instants; il est toujours en l'air, volant de fleurs en fleurs; il a leur fraîcheur, comme il a leur éclat; il vit de leur nectar, et n'habite que les climats où sans cesse elles se renouvellent. »

Ainsi s'exprime Buffon sur le compte de l'oiseau-mouche, et certes l'éloge n'est pas exagéré. Pour la richesse du costume, où s'associent l'éclat des métaux polis et le feu des pierres précieuses, aucun oiseau ne peut réaliser avec lui. Il n'a pas d'égal non plus pour la prestesse des mouvements. Quand il bourdonne autour des arbustes en fleurs, tantôt immobile dans l'air, tantôt rapide comme la pensée, c'est un rayon de l'arc-en-ciel, allant et revenant d'une corolle à l'autre. Pareil vol à brusques retours, dont peuvent nous donner une idée les papillons crépusculaires, les sphinx, lorsque aux dernières lueurs de la soirée ils visitent affairés les fleurs l'une après l'autre, a pour organes des ailes excessivement longues et étroites à cause du raccourcissement rapide de leurs pennes. Les pattes, au contraire, sont très-petites et délicates. Le bec est long, effilé, apte à puiser au fond de l'étroite gorge des corolles une gouttelette d'exsudation sucrée, ou bien à y saisir de très petits insectes. On réserve le nom de *Colibri* pour les espèces à bec arqué, et celui d'*Oiseau-mouche* pour les espèces qui l'ont droit. Ces oiseaux ont pour patrie les régions intertropicales. On en connaît quelques centaines. Le plus petit, à plumage d'un gris violet, a la grosseur d'une guêpe. Au sortir de l'œuf, les jeunes ont à peine la taille de notre vulgaire mouche.

CHAPITRE XXII

GRIMPEURS

1. **Caractères.** — Les oiseaux de l'ordre des *Grimpeurs* ont les doigts répartis par couples, deux en avant et deux en arrière, disposition qu'ils utilisent pour se cramponner aux arbres

et y grimper. Dans cette division sont les *Pics*, qui explorent les troncs d'arbre vermoulus pour en extraire les larves et les insectes. La zone torride a les *Perroquets*, à bec robuste et recourbé, à langue molle qui permet à quelques-uns d'imiter la voix humaine.

2. **Pics.** — Ces oiseaux se nourrissent uniquement d'insectes et de larves, surtout des espèces qui vivent dans les bois. Pour les atteindre, il faut faire voler en pièces les écorces mortes et le bois vermoulu. L'instrument employé à ce rude travail est le bec, qui est droit, en forme de coin, carré à la base, cannelé dans sa longueur et taillé à la pointe comme un ciseau de charpentier. Ce bec sort d'un crâne épais, que n'ébranlent par les commotions du choc; il est mis en mouvement par un cou robuste et raccourci, qui réitère les chocs sans fatigue. L'excavation faite, le pic y darde une langue démesurément longue, arrondie comme un ver, visqueuse, armée d'une pointe dure et barbelée, dont il perce, dans leurs trous, les larves mises à découvert.

Pour grimper contre le tronc exploré et s'y tenir attaché au point qui lui paraît recéler des larves, le pic a les jambes courtes, puissamment musclées, que terminent des pattes à quatre doigts épais, tournés deux en avant et deux en arrière, et armés d'ongles robustes et arqués. La station contre la surface verticale d'un tronc d'arbre est non seulement favorisée par la répartition des doigts en deux couples égaux en avant et en arrière, et par la puissance des ongles qui se cramponnent aux rugosités de l'écorce, mais encore par un troisième point d'appui fourni par la queue. Les fortes plumes de la queue sont raides, un peu fléchies en dedans, usées au bout et garnies de soies raides. Quand il frappe du bec un point qui demande un travail prolongé, le pic s'établit solidement sur le trépied de la queue et des deux pattes et se maintient inébranlable dans les positions les plus incommodes. Sans se lasser, il peut en une séance dépouiller de son écorce le tronc d'un arbre mort.

Le plus répandu de nos pics est le *Pic-vert*, grand comme une tourterelle. Son plumage est d'une richesse peu commune parmi nos oiseaux. Le haut de la tête et la nuque sont d'un magnifique rouge carmin, deux moustaches de la même couleur ornent la face, le dos est vert, la poitrine et le ventre sont d'un blanc jaunâtre, le croupion est jaune, enfin les pennes des ailes sont noires et régulièrement marquées de blanc sur le bord. Le pic-vert est un passionné consommateur de fourmis. Quand il découvre une fourmilière, il s'établit tout à côté et couche sa longue et visqueuse langue en travers du petit sentier suivi par les fourmis. Les insectes s'y engluent, et l'oiseau la retire quand elle est suffisamment noircie de proie. Les larves sous les écorces des arbres vermoulus l'occupent encore davantage. Il grimpe contre le tronc toujours en montant, sondant les points malades et donnant des coups de bec qui retentissent comme le choc d'un marteau. Si quelque passant le surprend au travail, le pic ne fuit pas tout d'abord; il tourne comme l'écureuil autour du tronc et va de l'autre côté, d'où il aventure un peu le bout du bec pour voir venir. Si l'homme avance, le pic continue son circuit, se tenant toujours à l'opposite, jusqu'à ce que la crainte le gagne. Il prend alors l'essor en jetant son hourra sonore, *tiacacan, tiacacan*. Il vole par élans et par bonds, il plonge, se relève et décrit dans l'air une série d'arcades ondulées.

Fig. 139 — Le Pic-Épeiche.

Il creuse, pour l'établissement de son nid, un trou profond dans les arbres à bois tendre. Les copeaux, la poussière de bois, les éclats cariés sont rejetés au dehors avec les pieds; enfin le trou est rendu si oblique et si profond que la lumière du jour ne peut y pénétrer. Les petits sortent du nid bien avant qu'ils sachent voler. On les voit s'exercer autour du tronc natal, apprendre à grimper, circuler en spirale autour de l'arbre, s'accrocher le dos en bas. Les ébats d'une jeune famille de pics sont un des plus amusants spectacles de nos forêts.

Le *Pic-Épeiche* est de la taille d'une grive. Il a sur la nuque une large bande transversale rouge. Le dessus du corps est varié de blanc pur et de noir intense, le dessous est blanc jusqu'au bas-ventre, qui est rouge ainsi que le croupion. Sa nourriture est la même que celle du pic-vert. Il frappe contre les arbres des coups plus vifs et plus secs; si quelque chose lui porte ombrage, il se tient immobile derrière une grosse branche, le regard fixé sur l'objet qui l'inquiète.

Le *Pic varié* ressemble beaucoup à l'épeiche pour le plumage. Il est un peu moins grand. Il est orné d'une calotte rouge qui lui couvre tout le dessus et le derrière de la tête, tandis que l'épeiche n'a qu'une tache de cette couleur sur la nuque. Le pic varié et l'épeiche habitent l'un et l'autre les grands districts forestiers de la France ; ils vivent du même régime : insectes, larves perforant le bois et fourmis.

3. **Perroquets.** — La conformation des pattes, dont les doigts sont dirigés deux en avant et deux en arrière, a fait grouper les *Perroquets* à côté des pics, mais ce rapprochement est tout à fait artificiel, car les deux genres d'oiseaux n'ont aucun trait de ressemblance dans les mœurs, la manière de vivre. Les pics ont pour nourriture les insectes, et les perroquets, les fruits. Le bec des premiers est un outil propre à perforer le bois, à soulever et mettre en pièces les écorces véreuses ; le bec des seconds, volumineux et recourbé encore plus que celui des oiseaux de proie, emboîte sa mandibule inférieure dans la mandibule supérieure pour découper des matières végétales charnues ou extraire des semences de leur coque. Les perroquets font en outre usage de leur bec comme moyen de locomotion ; ils grimpent d'une branche à l'autre en s'aidant à la fois des pattes et des mandibules. Ce bec, qui, par sa courbure, rappelle à première vue celui des oiseaux de proie, a néanmoins une configuration spéciale, qu'on ne retrouve pas ailleurs dans la classe des oiseaux. Il est plus épais, plus fort, plus arrondi que celui des rapaces, avec la base de la mandibule supérieure recouverte d'une membrane molle et unie où sont percées les narines. Les pattes sont courtes, avec les doigts épais. L'oiseau en fait usage pour porter les aliments au bec et les tenir à la portée des mandibules, particularité que présentent d'ailleurs quelques oiseaux de nos pays, la mésange noire par exemple, la chouette, le scops.

La célébrité des perroquets a pour cause la richesse du plumage et surtout l'aptitude à reproduire les sons de la voix humaine. La coloration est vive, avec brusques répartitions de teintes. Le vert domine ; puis viennent le rouge, le jaune, le bleu ; enfin le blanc et le cendré. L'aptitude à imiter nos paroles est favorisée par une langue charnue, molle, arrondie au bout. Du reste, les perroquets occupent un rang élevé pour la mémoire, l'intellect en général, l'esprit d'imitation. Ils sont parmi les oiseaux ce que les singes sont parmi les mammifères.

Les perroquets sont très nombreux en espèces et répandus à profusion dans la zone torride des deux continents. Leurs ailes courtes, leur vol peu puissant, ne leur permettent pas des migrations à travers les mers ; aussi chaque grande île possède-t-elle ses espèces particulières.

Les *Aras* sont de l'Amérique méridionale. Ils ont la queue longue et étagée; les joues dénuées de plumes; le plumage à coloration vive, où dominent le rouge et le bleu. — Les *Perruches* ont pareillement la queue longue et étagée, mais leurs joues sont emplumées. La plus anciennement connue vient de l'Inde. Elle est d'un beau vert, avec collier rouge et tache noire sous la gorge. — Les *Cacatoës* ont pour patrie l'Australie, la Nouvelle-Guinée, les Moluques. Ils ont la queue courte et portent sur la tête une huppe de deux rangées de plumes se dressant ou se couchant au gré de l'oiseau. Le plumage de la plupart est blanc. — En tête des *Perroquets proprement dits*, à queue courte et sans huppe, est le *Perroquet gris*, le vulgaire *Jaco*, qui nous vient d'Afrique. Il est tout cendré avec la queue rouge. C'est le plus renommé pour son aptitude à parler.

CHAPITRE XXIII

PALMIPÈDES

1. **Caractères.** — La conformation des pattes nous montre dans le *Canard* le nageur expert, et cette aptitude est confirmée hautement par le spectacle de la mare. Qui n'a admiré les évolutions aquatiques de l'oiseau, si gauche à terre avec ses pieds délicats, et si gracieux une fois qu'il est à l'eau, son élément? Tantôt ils luttent de vitesse en blanchissant leur poitrine d'une ceinture d'écume; tantôt, pour fouiller du bec les profondeurs, ils plongent à demi et pointent au ciel leur croupion; tantôt encore, cédant au cours du ruisseau, ils se laissent paresseusement entraîner à la dérive, ou bien stationnent sur place au moyen de quelques coups de rame donnés à propos. L'eau est leur demeure de prédilection : ils y prennent leurs ébats, ils y recherchent la nourriture, ils y sommeillent.

Les doigts de la patte du canard sont au nombre de trois, et reliés entre eux par une ample et souple membrane. Avec pareille structure, la marche sur le sol raboteux est pénible; mais sur l'eau, ces pattes à large surface deviennent d'excellentes rames de natation. Si l'oiseau les rejette en arrière, elles s'ouvrent par l'effet seul de la résistance de l'eau, et de leur éventail déployé prennent appui sur le liquide pour pousser le canard en avant. Si l'oiseau les ramène à lui, sous le ventre, elles se ferment toutes seules, encore par l'effet de la résistance du liquide, agissant en sens contraire ; elles replient leur membrane et de la sorte leur retour en avant s'effectue sans choc et par conséquent sans recul.

On nomme pieds *palmés* les pieds ainsi organisés en rames au moyen d'une membrane reliant leurs doigts. Des pieds semblables se retrouvent dans tous les oiseaux éminemment nageurs, tels que le cygne, l'oie, la sarcelle. Pour ce motif, l'ordre des oiseaux conformés pour la nage est désigné par l'expression de *Palmipèdes*.

Un vêtement spécial est nécessaire à l'oiseau qui passe la majeure partie de son temps sur l'eau; il est de rigueur que ce vêtement ne se laisse traverser ni par le froid ni par l'humidité. Aussi le plumage d'un oiseau aquatique, dans les pays à climat rigoureux surtout, nous montre de bien délicates précautions. Les plumes extérieures en sont fortes, très exactement appliquées l'une sur l'autre et lustrées avec un vernis huileux que l'eau ne peut mouiller. Portons notre attention sur les canards lorsqu'ils sortent de l'eau. Après avoir prolongé leur bain des heures entières, après avoir plongé, nagé, pris leurs ébats, ils quittent le ruisseau sans humidité. Si quelque goutte d'eau s'est glissée dans leurs plumes, ils n'ont qu'à se secouer un instant pour s'en débarrasser. Comment s'y prennent-ils pour aller à l'eau sans se mouiller? Observons-les au sortir du bain. Au soleil, dans quelque recoin tranquille, les uns paresseusement couchés sur le ventre, les autres debout, ils procèdent à leur toilette avec un soin minutieux. De leur large bec, ils se lissent les plumes une à une ; ils les enduisent d'une onctuosité huileuse dont le réservoir est sur le croupion. Là, en effet, tout à la naissance de la queue, se trouve, enfoncée sous le duvet, une verrue graisseuse qui suinte constamment de l'huile. De temps en temps, le bec va presser la verrue ; il puise au réservoir huileux, puis distribue, de çà, de là, avec méthode, en tous les points du plumage, l'onctuosité recueillie. Ainsi graissé, vernisé plume par plume, le canard n'offre plus de prise à l'humidité.

Tous les oiseaux, sans exception, font usage de pareille méthode; tous ont sur le croupion la verrue huileuse où ils puisent pour lustrer leur plumage et le rendre imperméable à l'humidité; mais ce sont les oiseaux aquatiques qui sont le mieux favorisés sous ce rapport. Aux plus exposés à l'humide revient le réservoir le mieux approvisionné au vernis graisseux.

Ni la pluie, ni la bruine, la plus fine, ne sauraient pénétrer la première couverture de plumes, à tout instant vernissée de la pointe du bec; l'oiseau peut plonger au fond des eaux, nager à leur surface, y dormir bercé par le flot, et l'humidité ne le gagnera pas. Le froid ne l'atteindra pas davantage, car sous cette enveloppe s'en trouve une seconde composée de ce qu'il y a de plus efficace pour conserver la chaleur du corps. Ce vêtement intérieur des oiseaux aquatiques se nomme *édredon* et se compose d'un duvet extrêmement fin et moelleux.

Quelques palmipèdes, parmi lesquels le canard, l'oie, le cygne, ont le bec très large, aplati, rond au bout. Ils barbotent, c'est-à-dire qu'ils puisent l'eau à grandes cuillerées, à plein bec, et rejettent après le liquide dont le creux de la mandibule s'est rempli, tout en le tamisant pour retenir le peu de matière alimentaire qu'il peut contenir. A cet effet, les bords du bec sont frangés d'une rangée de minces et courtes lames qui laissent écouler l'eau lorsque l'oiseau a saisi la bouchée.

2. **Canards.** — Le *Canard sauvage*, souche de notre canard domestique, est un superbe oiseau, du moins le mâle, car la femelle est de costume moins riche, ainsi que cela se remarque du reste dans les autres espèces. La tête et le haut du cou sont d'un vert émeraude, à reflets éclatants comme ceux des métaux polis; au-dessous règne un collier blanc, qui par sa coloration mate contraste avec le feu des teintes voisines. Le pourpre bruni s'étend de la base du cou sur la poitrine, où il dégénère graduellement en gris sur les flancs et sur le ventre. Le vert changeant, mélangé de noir, colore la région de la queue, d'où s'élèvent, frisées en un crochet, quatre petites plumes. Au centre des ailes, une bande de magnifique azur est encadrée d'abord de bleu violacé, puis de blanc. Le dos, les côtés, le ventre sont mouchetés de traits noirâtres sur un fond gris. Enfin le bec est d'un vert jaunâtre, les pieds sont orangés. Tel est le canard à l'état libre, et tel il est encore fréquemment en domesticité, malgré les nombreuses variations de plumage que la servitude lui a fait subir.

Le canard sauvage a l'aile vigoureuse et l'amour passionné des voyages. Aussi le trouve-t-on à peu près partout; mais il ne séjourne longtemps nulle part, si ce n'est dans les régions les plus septentrionales, la Laponie, le Spitzberg, la Sibérie, dont il affectionne les solitudes pour nicher en paix et passer la belle saison. Deux fois dans l'année il est de passage chez nous : au printemps, lorsqu'il remonte vers le Nord; en automne, lorsqu'il revient des régions polaires et se rend en Afrique.

Bien que la ponte ait lieu généralement dans les pays du nord, toujours quelques couples de canards s'attardent chez nous et y nichent, soit fatigués d'un trop long voyage, soit égarés de la bande en émigration. Pour emplacement du nid,

FIG. 140. — Le Canard.

la mère choisit quelque touffe de joncs au milieu des marais. Elle rabat et couche les brins du centre; puis, entrelaçant à l'aide du bec ceux de la circonférence, elle parvient à tresser une sorte de grossier panier, qu'elle matelasse d'un chaud duvet, dépouille de sa poitrine et de son ventre. Plus rarement, elle s'établit sur quelque grand arbre, où elle profite du nid abandonné de la pie. Le rude édifice de bûchettes est restauré et surtout doublé abondamment de fines plumes qu'elle s'arrache elle-même. La ponte a lieu en mars et se compose d'une quinzaine d'œufs. Toutes les fois que le besoin de nourriture lui fait quitter pour quelques instants le nid, la mère a soin de recouvrir les œufs d'une épaisse couverture de duvet, afin qu'ils ne se refroidissent pas. Quand elle rentre, ce n'est jamais en ligne droite et au vol. Elle s'abat à une assez grande distance du nid, puis s'approche, méfiante, par des détours tortueux, chaque fois variés et capables de dérouter quiconque la guetterait. A part l'amour des voyages, que la domesticité, continuée depuis bien des siècles, a totalement fait oublier, les mœurs du canard domestique ne diffèrent pas de celles du canard sauvage.

Nos basses-cours nourrissent une seconde espèce de canard, bien moins fréquente que la première. C'est le *Canard de Barbarie*, appelé aussi *Canard musqué*, à cause de son odeur de musc, ou bien encore le *Canard muet*, parce qu'il ne crie point. Il est beaucoup plus grand que le canard commun. Le plumage est plus foncé, varié de noir et de vert. La tête des mâles est ornée de plaques et d'excroissances charnues d'un rouge vif.

Nous venons de voir comment les oiseaux aquatiques, ceux des pays froids surtout, ont sous le vêtement extérieur, imprégné d'huile pour résister à l'humidité et aux intempéries, un vêtement intérieur, composé d'un duvet des plus fins et très apte à défendre l'oiseau du refroidissement. Ce duvet, nous l'avons appelé édredon. Revenons-y à cause de son importance.

L'édredon le plus estimé est fourni par une espèce de canard, l'*Eider*, dont la taille est intermédiaire entre celles de l'oie et du canard domestique. L'eider vit à l'état sauvage dans les régions glacées du nord. Il est d'une couleur blanchâtre, avec la tête noire, ainsi que le ventre et la queue. La femelle, un peu plus petite, est grise, sauf quelques mailles brunes sous le corps. Sa nourriture se compose de poissons, que son aile infatigable lui permet d'aller pêcher à de grandes distances des côtes.

C'est dans quelque creux des rochers escarpés du rivage qu'il établit son nid, composé au dehors de mousses, de plantes marines desséchées, et à l'intérieur d'un épais matelas d'édredon, que la mère s'arrache elle-même sous le ventre et la poitrine. Sur cette moelleuse couchette reposent cinq ou six œufs d'un vert sombre. Après le départ de la couvée, ceux qui recherchent l'édredon, les Islandais surtout, visitent les nids abandonnés et recueillent le duvet, mais non sans danger, car les nids sont généralement situés en des points inaccessibles, sur les corniches des hautes falaises. On n'y parvient qu'en se faisant descendre avec des cordes le long des rochers abrupts.

Les couvre-pieds que nous appelons *édredons* sont de grandes enveloppes gonflées de duvet. Leur masse floconneuse, très légère malgré son volume, est la meilleure des couvertures pour conserver la chaleur. Les plus estimés se font avec le duvet de l'eider, tellement élastique et léger, qu'on peut comprimer et tenir dans les deux mains la quantité nécessaire pour le couvre-pied d'un grand lit. Mais comme ce duvet est rare et d'un grand prix, on fait habituellement usage de celui plus grossier du canard et de l'oie de nos basses-cours.

3. **Oies.** — La tête trop faible relativement au volume du

FIG. 141. — L'Oie.

corps, l'œil petit et sans expression, le bec énorme, cachant toute la face, la marche dandinante, rendue plus lourde par le bourrelet de graisse qui pendille sous le ventre et fouette les talons, le cou tantôt disgracieusemenent tendu, tantôt coudé d'une manière brusque comme s'il était brisé, le cri dépassant en raucité la note du clairon le plus rauque, le souffle de colère ou d'effroi imité du sifflement de la couleuvre surprise, tels sont les traits les plus saillants de l'oie domestique, et tels sont aussi ceux de l'oie sauvage, *Oie cendrée*, origine de celle de nos basses-cours.

L'oie sauvage néanmoins a un port plus fier, des mouvements plus rapides, plus élégants. Elle est très agile à la course, elle nage et plonge très bien, elle a le vol élevé et longtemps soutenu. Le plumage est d'un gris cendré uniforme avec des ondes blanchâtres sur le dos et des ondes brunes sur le ventre. Le bec est orangé, les pattes sont d'un rouge pâle. Sa patrie est le nord de l'Europe et de l'Asie, où elle niche dans les îlots de difficile accès, couverts de joncs et de roseaux, et disséminés dans les marécages tourbeux. Elle se nourrit principalement d'herbages. De son large bec, armé sur les bords de lamelles pareilles à des dents pointues, elle tond le gazon et pâture non moins bien que le mouton. Quand elle est de passage chez nous, elle s'abat dans les cultures, dans les champs de blé vert. Pendant la dévastation, des vedettes surveillent, immobiles, le cou tendu, l'œil et l'oreille aux aguets. Qu'un danger se montre, et à l'instant le clairon d'alarme retentit. La bande avertie cesse de paître, court d'abord, les ailes ouvertes, pour prendre son élan, puis s'envole et monte obliquement à des hauteurs où le plomb ne peut la suivre. Les mêmes précaution sont prises aux heures du repos; du reste, par surcroît de prudence, elles ne s'en rapportent pas exclusivement à la vigilance des gardes, et chacune ne sommeille, comme on dit, que d'un œil. Ainsi sont déjouées presque toujours les ruses du chasseur qui tente de les approcher.

Avant que l'Amérique nous eût donné le dindon, l'oie domestique était recherchée pour sa chair, qui ne manque pas de mérite, quoique inférieure à celle de l'oiseau du nouveau monde. L'oie à la broche était la pièce d'honneur dans les grands repas de famille. Aujourd'hui que le dindon l'a supplantée dans les solennités de table, elle est élevée principalement en vue de sa graisse, très fine, savoureuse et rivalisant de services avec le beurre. Quant à la chair, mise au second rang et regardée comme produit accessoire, elle est salée et conservée ainsi que cela se pratique pour la viande de porc. La région qui pour centre a Toulouse est la plus renommée en ce genre d'industrie agricole.

Quand on veut le pousser à son extrême limite, l'engraissement de l'oie exige, comme celui des poulardes, certaines conditions fondamentales: nourriture aussi copieuse que peut la supporter l'estomac, immobilité, repos complet et somnolence presque continuelle. Assistons à la méthode toulousaine. Les oies sont renfermées dans un endroit obscur, frais sans être humide, d'où elles ne puissent entendre les bruits de la basse-cour. Les coups de trompette de leurs compagnes libres éveilleraient en elles de fâcheux regrets, défavorables à la digestion. Trois fois par jour, l'engraisseuse, assise sur une chaise basse, les prend une à une entre ses genoux, de façon à maîtriser leurs mouvements. Elle leur ouvre de force le bec, et introduit assez avant dans le gosier le tube d'un entonnoir en fer-blanc.

L'oiseau proteste contre cette manière irrésistible de faire avaler. L'engraisseuse ne s'en soucie; tout ce qui lui importe, c'est de ne pas blesser l'oie pendant l'opération. Du reste, pour que la machine glisse mieux, elle a eu soin d'huiler un peu le bout du tube. Une poignée de maïs est versée dans l'entonnoir, et comme les grains ne descendraient pas seuls, l'oiseau contractant la partie du gosier que n'atteint pas le tube, l'engraisseuse les pousse à petits coups dans le jabot avec un refouloir de bois; elle bourre de maïs, c'est le mot, l'estomac de la patiente. De temps en temps, un peu d'eau froide vient en aide à cette pénible déglutition.

Quand le jabot est plein, ce que reconnaît la main au toucher, l'oiseau est lâché; un autre prend sa place et bon gré mal gré embouche l'entonnoir. Pendant les trente-cinq jours que dure ce genre d'alimentation, une oie consomme quarante litres de maïs, un peu plus d'un litre par jour. Loin de se rebuter, bourrée qu'elle est à coups de refouloir, l'oie s'habitue à ce régime, y prend même goût, et, sur la fin de l'opération, se présente d'elle-même et ouvre le bec pour recevoir l'entonnoir, qui ne tarde pas à lui devenir fatal.

Voici qu'en effet la poche graisseuse du ventre traîne à terre, la couleur orangée du bec pâlit, la respiration devient haletante, tout annonce une fin prochaine, la suffocation par excès de corpulence. Le couteau prévient ce dénouement. La bête, coupée par quartiers, est salée; sa graisse fondue est mise en pots ou en bouteilles, où pendant deux ans elle peut se conserver avec sa belle couleur blanche et son bon goût.

4. **Les Cygnes.** — Domestiqué depuis des siècles, le *Cygne à bec rouge* fait l'ornement de nos pièces d'eau par l'élégance de ses formes, la blancheur éclatante de son plumage, la grâce de ses mouvements quand il nage. Les ailes à demi soulevées se gonflent en voiles, dans lesquelles il prend le vent pour faciliter ses évolutions sur l'eau; ce sont aussi des armes puis-

santes dont l'oiseau frappe qui l'attaque. Il vit en liberté dans le nord de l'Europe et dans la Sibérie. Sa nourriture consiste en herbages, mollusques aquatiques, grains de toute sorte, poissons. Il niche dans les étangs, parmi les joncs et dépose dans son nid six ou huit œufs volumineux et verdâtres.

Le *Cygne à bec noir* ou *Cygne chanteur* se distingue du précédent par la coloration du bec. C'est un oiseau des zones froides, répandu dans le nord de l'Amérique aussi bien que dans le nord de l'Europe et de l'Asie. Il se montre en France

FIG. 142. — Le Cygne.

pendant les froids rigoureux. Les embellissements de la posée ont fait à cet oiseau grande réputation; pour rappeler les derniers accents d'un beau génie prêt à s'éteindre, on dit encore dans le langage imagé : c'est le chant du cygne. Qu'y a-t-il de fondé dans pareille locution? Ceux qui ont entendu le cygne à bec noir nous disent que la voix de cet oiseau se compose de sons rauques et forts, désagréables à l'oreille, mais qui à distance prennent un timbre assez harmonieux, surtout lorsqu ils sont poussés à la fois par une bande nombreuse. Ce sont des notes traînantes, les unes plus élevées, les autres plus basses, dont l'ensemble peut plaire lorsque l'éloignement en voile la raucité. La célèbre légende du chant du cygne repose donc sur un fait réel, mais singulièrement embelli par l'imagination des poètes. Le cygne mourant ne chante pas, mais il se peut que son dernier râle ait quelque chose de ce timbre argentin que l'éloignement donne à sa voix. En somme, la gracieuse fable est édifiée sur une base de bien mince valeur.

L'Australie, dont la population zoologique est si différente de la nôtre, possède un cygne qui fait avec celui de nos pièces d'eau un frappant contraste. Il est tout noir, sauf les premières pennes des ailes, pennes qui sont d'un blanc pur.

5. **Mouettes.** — Le bec large, arrondi au bout, excavé en cuiller, du canard, de l'oie et du cygne, est loin de se retrouver dans toute la série des palmipèdes; d'autres oiseaux à pieds palmés ont pour régime le poisson, la proie morte, et sont armés d'un bec pointu, à mandibule supérieure arquée vers l'extrémité. De ce nombre sont les *Mouettes*, oiseaux lâches et voraces, qui abondent sur le rivage des mers, où ils vivent de cadavres et de toute espèce de poissons proportionnés à leur taille. Douées d'ailes longues et pointues, les mouettes ont un vol puissant qui leur permet d'explorer la haute mer bien loin des côtes, soit pour fondre sur le poisson au milieu de l'écume des vagues, soit pour accompagner des jours entiers le navire en marche et se repaître des rebuts jetés à l'eau. On réserve le nom de *Goëlands* pour désigner les grandes espèces, supérieures de taille au canard. Nos côtes océaniques et méditerranéennes ont le *Goëland à manteau noir* et le *Goëland à manteau gris*. Le premier est blanc avec les ailes et le dos noirs; le second a le dos gris cendré et tout le reste du plumage blanc.

6. **Pélicans.** — Ces oiseaux ont pour trait le plus saillant un bec volumineux, long et droit, portant suspendue aux branches de la mandibule inférieure une ample poche membraneuse, une sorte de vivier où le poisson saisi est mis en réserve pendant l'opération de la pêche. Les pieds, excellemment conformés pour la natation, peuvent néanmoins ployer les doigts et saisir, ce qui donne aux pélicans une faculté bien exceptionnelle parmi les palmipèdes, la faculté de percher sur les arbres.

Le pélican ordinaire habite l'Europe orientale, la Hongrie,

mais il est plus abondant dans les régions chaudes du sud de l'Afrique et de l'Asie. Son plumage est tout blanc, avec une

Fig. 143. — Le Pélican.

légère teinte couleur de chair; sa taille est à peu près celle du cygne. La pêche se fait en commun. Réunis par troupes dans les marécages, les pélicans se disposent en ordre sur une vaste étendue ; puis, se rapprochant de plus en plus les uns des autres, fouillant du bec et piétinant, ils se dirigent vers le rivage, jusqu'à ce que les poissons, cernés de partout dans un espace étroit, offrent capture facile à la sacoche de leur mandibule fonctionnant comme la truble du pêcheur.

CHAPITRE XXIV

GALLINACÉS

1. **Caractères.** — Les *Gallinacés* ont pour type la poule domestique (*Gallina*). Ce sont des oiseaux granivores, à bec médiocre, voûté supérieurement, à tarses courts, à doigts faibles. Ils ont le port lourd, l'aile obtuse, le vol pénible. Dans cet ordre prennent rang les plus importants de nos oiseaux domestiques, *Coq*, *Dindon*, *Pintade*, auxquels s'adjoignent le *Paon* et le *Faisan*. Les espèces non domestiquées sont représentées par la *Perdrix*, la *Caille*.

2. **Coqs.** — Une crête charnue, rouge et dentelée sur la tête, des barbillons de pareille nature sous le bec, une queue verticale, à pennes disposées sur deux plans parallèles, et surmontée par quelques plumes plus longues qui se recourbent en lame de faucille, un ergot ou éperon aigu, arme de combat, implanté sur les tarses, tels sont les traits distinctifs des *Coqs*, dont plusieurs espèces vivent encore à l'état sauvage dans les Indes et dans la Malaisie, et sont le point de départ de nos races domestiques.

Le plus remarquable de ces coqs sauvages est le *Coq Bankiva*, qui, par sa forme, son plumage, ses mœurs, rappelle le mieux le coq vulgaire de nos basses-cours. Il a la crête rouge et dentelée, la queue recourbée en panache et le cou garni d'un camail de plumes tombantes d'un superbe roux doré. Pétulant, batailleur, il a les mœurs du nôtre. Il marche fièrement en tête de ses poules, à la sûreté desquelles il veille avec un soin extrême. Si des chasseurs parcourent le bois, si quelque chien rôde dans le voisinage, le vigilant oiseau a bientôt aperçu, soupçonné l'ennemi. Il vole à l'instant sur quelque haute branche, d'où il jette le cri d'alarme pour avertir les poules, qui, à la hâte, se dissimulent sous les feuilles, se blottissent dans les trous des arbres, et attendent, immobiles, que le danger soit passé.

3. **Races domestiques.** — La domestication du coq s'est faite en Asie, mais aucun souvenir n'est resté des moyens employés par l'homme pour élever et maintenir autour de sa case

FIG. 144. — Le Coq, race commune.

des oiseaux si amoureux de leur liberté. Les documents les plus anciens nous parlent déjà du coq et de la poule domestiques comme connus depuis longtemps et très répandus. Dès les temps les plus reculés de l'histoire, l'homme est donc en possession du coq, du moins en Asie, d'où l'oiseau nous est venu plus tard, déjà domestiqué. Pendant de longs siècles, amélioré par nos soins, qui lui assurent nourriture abondante et gîte abrité, le coq primitif a produit de nombreuses races très différentes entre elles de plumage et de taille. On les classe en trois groupes : les petites races, les moyennes et les grandes.

Au premier groupe appartiennent les *Poules de Bantam* ou *petites poules anglaises*, de la grosseur environ d'une perdrix. Ce sont d'élégants oiseaux à pattes courtes, qui laissent traîner à terre le bout de l'aile, aux allures vives, aux mœurs douces et

Fig. — 145. La Poule commune.

familières. Ces oiseaux sont élevés comme ornement de la basse-cour plutôt que pour leur faible produit.

La *Poule commune*, celle qui peuple la plupart des fermes, appartient aux races moyennes. Son plumage prend toutes les colorations depuis le blanc jusqu'au roux et au noir. Sa tête est petite et ornée d'une crête rouge, tantôt simple, tantôt double, coquettement rejetée sur le côté. Le coq, pour la fierté d'allure et la magnificence du plumage, n'a pas son pareil parmi les autres races. Il est le roi de la basse-cour. Plein de soin pour ses poules, il les conduit, les défend, les gourmande, les châtie. Il surveille du regard celles qui s'écartent ; il va chercher les vagabondes et les ramène avec de petits cris d'impatience, qui sont sans doute des admonestations. Un coup de bec au besoin achève de persuader les plus récalcitrantes. Mais s'il découvre des vivres, grains, insectes, vermisseaux, il convie aussitôt de sa voix les poules au régal. Lui, cependant, superbe, généreux, se tient au milieu de la foule, grattant la terre pour mettre à

FIG. 146. — Le Coq, race de Padoue.

jour les vers, et distribuer, de çà, de là, aux convives la nourriture déterrée. Si quelque poule gloutonne se fait la part trop grosse, il la rappelle aux devoirs de la communauté et la réprimande d'un coup de bec sur la tête. Quand toutes ses compagnes sont rassasiées, il se contente des restes.

Parmi les autres races moyennes qui, associées à la poule commune, apparaissent dans les basses-cours, tantôt comme ornement, tantôt comme oiseau de production, citons les suivantes: Et d'abord la *Poule de Padoue*, reconnaissable à son riche plumage et surtout à la huppe touffue qui lui coiffe la tête. Cette belle chevelure de fines plumes, si fièrement épanouie par un

FIG. 147. — Le Coq, race de Crève-Cœur.

beau temps, n'est plus une fosi, mouillée, qu'un chiffon disgracieux, pesant et empêtré qui fatigue l'oiseau et lui rend impossible la vie rustique de la basse-cour.

La *Poule de Houdan* a la huppe moins fournie et rejetée en arrière de la nuque. Parfois cette coiffure couvre tellement les yeux, que l'oiseau ne peut voir devant lui ni à côté, mais seulement à terre, ce qui le rend inquiet au moindre bruit. Le plumage est bariolé de blanc et de noir avec des reflets violets et verts. Chaque patte à cinq doigts, au lieu du nombre habituel quatre, non compris l'ergot du coq, qui est une simple pointe de corne, un éperon de combat et non un doigt. Trois sont dirigés en avant et deux en arrière.

Les *Poules de la Flèche,* si renommées pour la délicatesse de

FIG. 148. — Le Coq, race de la Flèche.

leur chair et leur aptitude à l'engraissement, n'ont pas de huppe et sont hautes de jambes, avec un plumage noir à reflets verts et violets. Les pattes sont bleuâtres et la crête se dresse en deux petites cornes rouges.

De pareilles cornes, mais plus développées encore et accompagnées d'une épaisse coiffure de plumes, ornent la tête de la race de *Crèvecœur*. La poule est d'un beau noir ; le coq, sur un

FIG. 149. — Le coq, race Cochinchinoise.

fond de la même couleur, porte une riche pèlerine dorée ou argentée.

Enfin aux grandes races appartient la *Poule Cochinchinoise*, oiseau disgracieux, de très forte taille, à plumage informe, ébouriffé, généralement d'un blanc roussâtre. Les œufs sont couleur café au lait.

4. **Dindon.** — Le *Dindon* a pour caractères le haut du cou dénué de plumes avec des nodosités charnues vivement colorées ; une mèche ou caroncule, tantôt flasque, tantôt gonflée qui, de la base de la mandibule supérieure, lui pend sur le bec, des barbillons membraneux sous la mandibule inférieure ; le

Fig. 150. — Le Dindon.

mâle porte en outre une touffe de crins au milieu de la poitrine et peut étaler la queue en roue comme le fait le paon.

Cet oiseau est une récente acquisition pour nos basses-cours. Il nous est venu, dans le xvie siècle, des forêts des États-Unis de l'Amérique du Nord, où il vivait et vit encore aujourd'hui à l'état sauvage. Ayant ailleurs décrit ses mœurs (1), nous nous borne-

1. Cours de huitième.

rons à raconter, d'après Audubon, comment on lui faisait la chasse dans ses forêts natales :

« La méthode la plus commune et la plus fructueuse pour se procurer des dindons, nous dit le célèbre observateur, est la méthode des cages établies dans la partie des bois où ces animaux se perchent d'habitude. Le piège se construit de la manière suivante : On coupe de jeunes arbres de quatre à cinq pouces de diamètre, et on les fend en pièces longues de douze à quatorze pieds. Deux de ces pièces sont couchées sur le sol, parallèlement l'une à l'autre et à une distance de dix à douze pieds ; deux autres sont pareillement placées en travers et au bout des premières, à angle droit. Ensuite on en couche de nouvelles les unes sur les autres, jusqu'à ce que la construction ait atteint une hauteur d'environ quatre pieds. On recouvre l'enceinte de semblables traverses placées à quelques pouces l'une de l'autre ; et par-dessus le tout, on met une ou deux grosses souches pour charger la toiture et la rendre plus solide.

Cela fait, on ouvre une tranchée sous l'un des côtés de la cage, dans laquelle elle vient aboutir obliquement par une pente assez abrupte ; puis on la prolonge en dehors jusqu'à une certaine distance, de façon qu'elle atteigne insensiblement le niveau du sol aux environs. Enfin, sur une partie de la tranchée, en dedans de la cage et touchant à sa paroi, on établit quelques petits bâtons formant une sorte de pont qui peut avoir un pied de large. La trappe ainsi terminée, le chasseur répand au centre du maïs en quantité ; il en met aussi dans la tranchée, et a soin d'en jeter çà et là quelques poignées au travers des bois.

» Un dindon n'a pas plutôt découvert la traînée de maïs, qu'il pousse un *gluck* retentissant, et donne avis de cette bonne aubaine à toute la bande. Au signal, chacun d'accourir. D'abord ils glanent les grains épars aux alentours ; puis ils s'engagent dans la tranchée attirés par les grains, ils la suivent l'un après l'autre et franchissent le passage au-dessous du pont. De cette manière quelquefois toute la troupe entre, mais plus ordinairement cinq ou six, car ces oiseaux sont alarmés par le moindre bruit, même par le simple craquement d'une branche, dans les temps de gelée. Ceux qui sont entrés, après s'être gorgés de grains, redressent la tête et essayent de sortir par le haut ou les côtés de la cage. Ils passent et repassent sur le pont, sans jamais songer de regarder à terre, sans avoir l'instinct de retrouver le chemin par où ils sont venus.

Un hiver, je fis le total des dindons que m'avait valus une seule cage: en deux mois seulement j'y en avais pris soixante-seize! Quand ces oiseaux abondent, on est quelquefois fatigué d'en manger, et les propriétaires des cages négligent de les visiter pendant plusieurs jours et même des semaines entières. Alors les pauvres prisonniers périssent de faim; car, quelque étrange que cela paraisse, rarement recouvrent-ils leur liberté en s'avisant de descendre dans la tranchée et de retourner sur leurs pas. »

5. **Paon.** — Le plus grand et le plus riche en plumage des gallinacés est le *Paon*, originaire de l'Inde et du Ceylan, où il vit en nombreuses troupes dans les forêts et les jungles des districts montueux. On ignore à quelle époque il a été introduit en Europe; cette époque néanmoins ne doit pas être bien lointaine, car, lors de sa campagne dans l'Inde, Alexandre le Grand voyait le paon pour la première fois et restait saisi de surprise devant l'incomparable magnificence de l'oiseau.

En un style dont la pompe ne veut pas rester inférieure à celle de l'objet décrit, Guéneau de Montbeillard trace ainsi le portrait du paon.

« Si l'empire appartenait à la beauté et non à la force, le paon serait sans contredit le roi des oiseaux; il n'en est point sur qui la nature ait versé ses trésors avec plus de profusion; la taille grande, le port imposant, la démarche fière, les proportions du corps élégantes et sveltes, tout ce qui annonce un être de distinction lui a été donné. Une aigrette mobile et légère, peinte des plus riches couleurs, orne sa tête et l'élève sans la charger; son incomparable plumage semble réunir tout ce qui flatte nos yeux dans le coloris tendre et frais des plus belles fleurs, tout ce qui les éblouit dans les reflets pétillants des pierreries. Non seulement la nature a réuni sur le plumage du paon toutes les couleurs du ciel et de la terre pour en faire le chef-d'œuvre de sa magnificence, elle les a encore mêlées, assorties, nuancées, fondues de son inimitable pinceau et en a fait un tableau unique, où elles tirent de leur mélange avec des teintes plus sombres, et de leurs oppositions entre elles, un nouveau lustre et des effets de lumière si sublimes, que notre art ne peut ni les imiter ni les décrire.

» Tel paraît à nos yeux le plumage du paon lorsqu'il se promène paisible et seul dans un beau jour de printemps; mais sa sa femelle vient tout à coup à paraître, alors toutes ses beautés se multiplient, ses yeux s'animent, son aigrette s'agite sur sa tête, les longues plumes de sa queue déploient, en se relevant, leurs richesses éblouissantes; sa tête et son cou se renversent

FIG. 151. — Le Paon.

noblement en arrière, se dessinant avec grâce sur ce fond radieux où la lumière du soleil se joue en mille manières, se perd et se reproduit sans cesse, et semble prendre un nouvel éclat, plus doux et plus moelleux, de nouvelles couleurs plus variées et plus harmonieuses; chaque mouvement de l'oiseau produit des milliers de nuances nouvelles, des gerbes de reflets ondoyants et fugitifs, sans cesse remplacés par d'autres reflets et d'autres nuances toujours diverses et toujours admirables. »

FIG. 152. — Le Faisan.

A cette pompe descriptive, faisons succéder un modeste croquis. Le paon est un superbe oiseau, ayant la tête, le cou, la poitrine d'un bleu pourpre avec reflets d'un vert doré; le dos vert, parcouru de traits cuivrés; les ailes blanches, transversalement rayées de noir; le milieu du dos d'un bleu foncé; les plumes de la queue aptes à s'étaler en roue, très longues, vertes et ornées au bout d'une splendide tache arrondie; enfin sur tête une aigrette de plumes déliées. A cette splendeur de costume sont loin de répondre les autres qualités. La voix du paon, en particulier, est un miaulement désagréable, plus pénible à l'oreille encore que celui du chat. L'oiseau en fatigue le voisinage lorsque le temps doit se mettre à la pluie. Sa chair est excellente. Autrefois il paraissait sur la table des rois; pour plus de somptuosité, on parait le rôti de ses dépouilles de plumes.

6. **Faisans.** — Le *Faisan commun* est originaire des régions avoisinant la mer Caspienne. Les antiques traditions nous parlent d'une expédition des Grecs au pays de Colchos. Les hardis aventuriers rapportèrent, dit-on, des bords du Phase, un magnifique oiseau auquel fut donné le nom de ce fleuve. Les Romains, grands mangeurs, introduisirent ce délicat gibier dans toutes leurs provinces de l'Europe méridionale.

Les faisans ont la queue très longue, étagée, avec les plumes médianes dépassant six à huit fois en longueur les plumes externes. L'espèce commune a la tête et le cou verts avec des reflets bleus métalliques; le reste du plumage est fauve doré, maillé de vert. La femelle, plus petite, est d'un gris terreux et rayée de noir ou de roux foncé. On l'élève en domesticité, pour les distractions de la chasse, dans des bois réservés. C'est une éducation assez difficultueuse, car les jeunes sont nourris principalement avec des larves de fourmis. La chasse aristocratique du faisan tend à disparaître. Lâcher des oiseaux dans les bois par centaines et en tirer après quelques-uns n'est plus en rapport avec nos mœurs. D'ailleurs le faisan est un oiseau stupide, nullement apte à procurer les bonnes émotions de la chasse. Il se laisse prendre à tous les pièges, on peut le harponner le soir avec un croc quand il est perché sur sa branche, et pour le tirer il suffit de savoir épauler un fusil. Pareil exercice est simple massacre.

CHAPITRE XXV

PIGEONS

1. **Caractères.** — Les *Pigeons,* dont les nombreuses espèces vivent dans toutes les parties du monde et dans toutes les zones, ont le bec voûté avec renflement cartilagineux à la base, les tarses courts, les doigts au nombre de quatre, l'aile puissante et à vol soutenu. Ils nichent sur les arbres ou dans les creux de rochers, et leur ponte se compose généralement de deux œufs. Leur voix est le *roucoulement.* Les petits naissent aveugles, nus, assez disgracieux. Ils sont abecqués d'une manière spéciale caractéristique des pigeons.

Chez les autres oiseaux, le jeune qui a faim ouvre le bec; et dans ce bec qui bâille tout grand, les parents introduisent la pointe du leur pour y déposer la capture telle qu'elle a été trouvée; si l'oisillon est très jeune, le père et la mère commencent par digérer à demi dans leur estomac la nourriture destinée au petit. Alors ils mettent leur bec dans le sien et lui dégorgent la purée élémentaire qu'ils ont préparée. Eh bien, les pigeons font exactement l'inverse : ce sont le père et la mère qui bâillent et ce sont les petits qui plongent leur bec au fond du gosier des parents. Ceux-ci sont pris d'une convulsion stomacale, accompagnée d'un tremblement rapide des ailes et du corps. De petits cris plaintifs dénotent que l'opération n'est peut-être pas sans douleur. Du jabot violenté par des efforts, les matières nutritives à demi digérées remontent en un jet qui passe dans le bec entr'ouvert du nourrisson.

L'aliment dégorgé est une bouillie de semences ramollies dans le jabot; mais les trois ou quatre premiers jours qui suivent l'éclosion, une nourriture toute particulière est donnée, fine et fortifiante, comme il convient à la faiblesse du petit. C'est une matière caséeuse, presque liquide, blanche, ayant les apparences du lait. Elle est fournie par les parois du jabot qui s'en gonflent et la laissent suinter en cette occasion seulement. Pour les premiers jours de l'éducation de la couvée les pigeons ont donc, dans la membrane de leur jabot, une fabrique à laitage, on dirait presque l'équivalent d'une mamelle.

2. **Le Biset.** — L'extrême ressemblance que très souvent présente le pigeon domestique avec le pigeon sauvage appelé *Biset* porte à croire que celui-ci est la souche première de la population de nos colombiers. Le biset a le plumage d'un cendré bleuâtre, avec les ailes tachetées de noir et le croupion d'un blanc pur. Le cou et le devant de la poitrine sont de couleur changeante suivant l'incidence de la lumière, et brillent d'un éclat métallique, où dominent tantôt le pourpre, tantôt le vert doré. Passionné pour les voyages et doué d'une puissance de vol en rapport avec ses goûts, le biset est répandu dans la majeure partie du monde. Néanmoins il se fait rare en France, où quelques misérables paires, toujours menacées de la serre de l'oiseau de proie ou du plomb du chasseur, nichent dans les cantons les plus déserts, sur les corniches des rochers élevés. Les contrées rocailleuses et montueuses des îles de la Méditerranée sont leur demeure de prédilection en Europe.

FIG. 153. — Le Pigeon biset.

3. **Le Ramier.** — A l'état le liberté, le *Biset* niche dans le creux des rochers; le *Ramier*, au contraire, bâtit son nid sur les arbres, au sein des forêts profondes, où il en trouve en abondance du gland et de la faîne. Le premier se pose à terre ou sur les rochers; le second perche sur la ramée des grands arbres, comme son nom l'indique. Ces traits de mœurs ne sont pas la seule différence entre les deux oiseaux. Le ramier est beaucoup plus gros. Sa poitrine est couleur lie de vin; son col, chatoyant et irisé de nuances métalliques comme celui du biset, est orné en outre de chaque côté d'une tache blanche en forme de crois-

sant. Son vol est soutenu et rapide, son roucoulement sonore, sa vue perçante. Il se nourrit de toutes sortes de semences, surtout de glands, qu'il avale entiers. Dans la belle saison, il fréquente les hautes futaies et roucoule au plus épais du feuillage. Le nid est une bâtisse de bûchettes entre-croisées, sans matelas de plumes et de bourre, et, chose plus grave, sans conditions de solidité. Aussi n'est-il pas rare que le nid tombe en ruines avant que la couvée ait pris son essor. La *Tourterelle*, appartenant elle aussi au groupe des pigeons, est pareillement un architecte fort malhabile.

Le ramier, farouche et méfiant, n'a jamais voulu accepter l'hospitalité intéressée du colombier; à la grasse vie de la servitude, il préfère la périlleuse vie des bois. Cet oiseau est le pigeon sauvage qui tombe fréquemment sous le plomb des chasseurs; dans certains défilés des Pyrénées, au moment des migrations, on le prend par centaines à la fois avec de vastes filets.

4. **Pigeons domestiques.** — Le biset, tout au contraire, est de temps immémorial sous la dépendance de l'homme, et pour l'abri du colombier, il a si bien oublié les rochers où il nichait d'abord, qu'il est aujourd'hui assez rare, du moins dans nos pays, d'en trouver quelques couples sauvages.

Pour tous nos pigeons cependant le degré de domestication est fort loin d'être le même. Les uns, captifs volontaires, plutôt que véritables prisonniers, ne sont fidèles au colombier qu'autant que le séjour leur plaît et qu'ils trouvent convenable nourriture dans les champs voisins, où ils se rendent en troupes. Si l'habitation n'est pas de leur goût, si les vivres manquent, ils vont s'établir ailleurs; les plus aventureux reviennent même parfois à la vie sauvage.

Les autres, asservis à fond, ont perdu jusqu'à la moindre velléité d'indépendance. Rarement ils quittent leur toit. Il y en a même de si casaniers, que la faim la plus pressante ne pourrait les contraindre à sortir pour essayer de trouver eux-mêmes un peu de nourriture dans les sillons du voisinage. En tout temps, il faut leur distribuer le manger, car ils sont inhabiles à s'en procurer par leurs propres recherches.

Les premiers, ceux qui vont aux champs et trouvent eux-mêmes de quoi vivre, se nomment *bisets*, en souvenir du pigeon sauvage dont ils ont gardé les mœurs et fréquemment le plumage. On les appelle aussi pigeons *fuyards*, soit à cause de leurs expéditions à longue distance du gîte, soit parce qu'il leur arrive parfois de fuir le colombier pour ne plus revenir. Ce sont les moins coûteux à élever, mais ils sont de petite taille et d'ailleurs peu productifs, car ils ne font que deux ou trois pontes par année.

Les seconds, ceux qui ne s'écartent guère de leur demeure et ne savent pas se passer de nos soins, s'appellent *pigeons de volière*. Leur entretien coûte plus cher puisqu'il faut toute l'année pourvoir à leur nourriture; mais en compensation ils sont beaucoup plus productifs, leur ponte se répétant jusqu'à dix fois dans l'année. Modifiés par l'intervention de l'homme depuis les temps les plus anciens, les pigeons de volière présentent une foule de variétés où les traits de l'oiseau primitif bien souvent ne se reconnaissent plus. Il pourrait se faire d'ailleurs que le biset n'en fût pas la souche unique. Citons quelques-unes de ces variétés.

Les pigeons *pattus* semblent chaussés d'amples guêtres, c'est-à-dire que leurs pieds sont revêtus de plumes jusqu'à l'extrémité des doigts. Les pigeons *boulans* savent avaler de l'air et se gonfler le jabot en grosse boule, de manière que la base du cou semble affectée de la difformité d'un goître. C'est leur manière à eux de faire les beaux. D'autres s'entourent le front d'une couronne de plumes, se chaussent comme les pattus et imitent dans leur roucoulement le son d'un tambour. On les nomme pigeons *tambours*. En voici d'autres qui ont les ailes pendantes, la queue relevée et ouverte en éventail, le corps dans un état de tremblement presque continuel. La queue en éventail leur vaut le nom de pigeons *paons*; leur agitation tremblotante celui de *trembleurs*. Les pigeons à *cravate* ont le cou ceint d'une cravate de plumes ébouriffées; les *nonnains* ont une huppe imitant le capuchon d'un moine; les pigeons *coquilles* se parent la nuque d'une touffe de plumes rejetée en arrière et creusée en manière de coquille. Les *culbutants* se font remarquer par leurs étranges évolutions dans les airs. Au milieu de leur vol, ils se laissent choir soudain et culbutent comme atteints d'un plomb dans l'aile; puis le vol régulier est repris et les culbutes recommencent, trois ou quatre à la file. C'est le saut périlleux du saltimbanque tournant sur lui-même. Tenons-nous-en là sans épuiser la liste des variétés, qui est assez nombreuse. Ces quelques exemples nous démontrent assez quelle diversité la vie de volière a imprimée à la forme, aux habitudes, au plumage de l'oiseau primitif.

De tout temps le pigeon a été employé comme messager. Transporté à une grande distance de son nid, à des centaines de lieues, au moment où l'éducation des jeunes réclame sa présence, le pigeon retourne au colombier. Pendant le siège de Paris, la capitale correspondait avec la province au moyen de pigeons, transportés en ballon, puis faisant retour au point de départ. Un papier gommé fixé sous l'une des plumes de la queue contenait la dépêche. Comment fait l'oiseau pour se reconnaître à de telles distances, pour retrouver son gîte au travers d'immensités qu'il n'a jamais parcourues? Le même problème se pose au sujet de l'hirondelle revenant à sa couvée quand on l'a dépaysée bien au loin. Elle fait plus : elle retrouve le nid de l'année précédente, à son retour de ses quartiers d'hiver en Afrique. Enfin des insectes, certaines abeilles qui bâtissent sur une pierre leur nid de terre, savent très promptement retrouver leurs cellules lorsqu'elles ont été transportées à plusieurs kilomètres de distance, soit en plaine, soit dans l'épaisseur des bois. Tous ces faits sont du même ordre, et plus surprenants encore pour l'insecte, qui n'a pas la puissance de vol, l'acuité de vue de l'hirondelle et du pigeon. Aucune explication rationnelle n'a pu encore en être donnée, peut-être même est-ce en dehors de toute explication humaine, comme le seraient la lumière et les couleurs si nous étions aveugles.

5. **Le pigeon migrateur.** — Cette espèce, d'un bleu ardoisé en dessus, d'un gris rougeâtre en dessous, appartient à l'Amérique du Nord. Ses voyages et les prodigieux attroupements qu'elle forme l'ont rendue célèbre. Audubon nous fait assister à ce spectacle inouï....

Les pigeons sauvages de l'Amérique du Nord, nous raconte-t-il, émigrent d'une province à l'autre pour rechercher de la nourriture. Ils ont une puissance de vol qui leur permet de parcourir une immense étendue de pays en très peu de temps. Tout en voyageant, ils inspectent, de leur vue perçante, la contrée qui s'étend au-dessous d'eux, et découvrent aisément s'il s'y trouve de la nourriture. Quand ils passent au-dessus de terrains stériles ou peu fournis en aliments, ils se maintiennent haut en l'air, volant sur un front étendu, de manière à pouvoir explorer de vastes espaces à la fois; dès qu'apparaissent de riches moissons ou des arbres chargés de graines et de fruits, ils commencent à voler bas pour découvrir en quelle partie de la contrée les attend le plus ample butin.

La multitude de ces pigeons dans nos forêts est véritablement étonnante, à ce point que moi-même, qui ai pu les observer si souvent et en tant de circonstances, j'hésite encore et me demande si ce que je vais raconter est la réalité. Et pourtant je l'ai vu, je l'ai bien vu, et cela en compagnie de personnes qui, comme moi, en restèrent frappées de stupeur.

Pendant l'automne de 1813, je me rendais de Henderson, sur les bords de l'Ohio, à Louisville, quand vinrent à passer des pigeons voyageurs en bandes si nombreuses que je n'avais jamais rien vu de pareil. Voulant compter les troupes qui pourraient passer à portée de mes regards dans l'espace d'une heure, je descendis de cheval, m'assis sur une éminence et commençai à faire une marque au crayon pour chaque bande que j'apercevais. Mais j'eus bientôt reconnu qu'une pareille entreprise était impraticable, car les oiseaux se pressaient en innombrables multitudes. Je me levai et comptai les points marqués sur mon carnet : il y en avait cent soixante-trois en vingt-et-une minutes. Je continuai ma route ; et plus j'avançais, plus je rencontrais de pigeons.

L'air en était littéralement rempli ; la lumière du jour, en plein midi, s'en trouvait obscurcie comme par une éclipse ; la fiente tombait semblable aux flocons d'une neige fondante ; le bourdonnement continu des ailes m'étourdissait et me donnait envie de dormir.

Je m'arrêtai pour dîner au confluent de la rivière Salée avec l'Ohio ; et de là, je pus voir à loisir d'immenses légions passant toujours sur un front qui s'étendait de l'ouest à l'est. Pas un seul oiseau ne se posa, car on ne voyait ni un gland ni une noix dans le voisinage. Aussi volaient-ils si haut, qu'on essayait vainement de les atteindre, même avec la plus forte carabine. Je renonce à décrire l'admirable spectacle de leurs évolutions aériennes, lorsqu'un faucon venait par hasard à fondre sur l'arrière-garde de l'une de leurs troupes. Tous à la fois, comme un torrent et avec un bruit de tonnerre, ils se précipitaient en masses compactes, se pressant l'un l'autre vers le centre. La multitude effarée plongeait en avant en lignes brisées ou onduleuses, descendait et rasait la terre avec une inconcevable rapidité, montait perpendiculairement de manière à former une colonne immense ; puis, à perte de vue, tournoyait en tordant ses lignes sans fin, qui représentaient la marche sinueuse d'un gigantesque serpent.

Au coucher du soleil, j'atteignis Louisville. Les pigeons passaient toujours en même nombre ; ils continuèrent ainsi pendant trois jours sans interruption. Tout le monde avait pris les armes ; les bords de l'Ohio étaient couverts d'hommes et de jeunes garçons fusillant sans relâche les voyageurs, qui volaient plus bas en traversant la rivière. Des multitudes furent détruites; pendant une semaine et plus, toute la population ne se nourrit que de pigeons, et pendant ce temps l'atmosphère resta profondément imprégnée de l'odeur particulière à cet oiseau.

Le calcul suivant donne un aperçu du nombre de pigeons contenus dans l'une de ces bandes et de la quantité de nourriture journellement consommée par les oiseaux qui la composent. — Supposons une colonne d'un mille (1609 mètres), ce qui est bien au-dessous de la réalité, et concevons-les, passant au-dessus de nous, sans interruption, pendant trois heures, à raison d'un mille par minute. Nous aurons ainsi un rectangle de 180 milles de long sur 1 mille de large. Supposons deux pigeons par mètre carré : le tout donnera 1 115 156 000 pigeons pour chaque troupe. Comme chaque pigeon consomme journellement une bonne demi-pinte de nourriture, la quantité nécessaire pour subvenir à cette immense multitude sera de 8 712 000 boisseaux par jour.

Aussitôt que s'annonce quelque part une abondance convenable, les pigeons se préparent à descendre et volent d'abord en larges cercles en passant en revue la contrée au-dessous d'eux. C'est pendant ces évolutions que leurs masses profondes offrent le plus bel aspect et déploient, suivant leur direction, tantôt un tapis du plus riche azur, tantôt une couche brillante d'un pourpre foncé. Alors ils passent plus bas par-dessus les bois, et par instants se perdent parmi le feuillage, pour reparaître le moment d'après et s'enlever au-dessus de la cime des arbres.

Enfin les voilà posés; mais aussitôt, comme saisis d'une terreur panique, ils reprennent le vol, avec un battement d'ailes semblable au roulement lointain du tonnerre, et ils parcourent en tous sens la forêt comme pour s'assurer qu'il n'y a nulle part de danger. La faim cependant les ramène à terre, où on les voit retourner très adroitement les feuilles sèches qui cachent les graines et les fruits tombés des arbres. Sans cesse, les derniers rangs s'élèvent et passent par-dessus le gros du corps, pour aller se poser en avant, et ainsi de suite, d'un mouvement si rapide et si continu, que la troupe semble être à la fois sur ses ailes. La quantité de terrain qu'ils visitent ainsi est immense, et la place est rendue si nette, qu'un glaneur venant après eux perdrait complètement sa peine. Ils mangent quelquefois avec une telle avidité, qu'en s'efforçant d'avaler un gros gland ou une noisette, ils restent haletants et tirent le cou, comme sur le point de s'étouffer.

C'est lorsqu'ils remplissent ainsi les bois qu'on en tue des quantités prodigieuses, sans que le nombre paraisse en dimi-nuer. Quand le soleil commence à disparaître, ils regagnent en masse, quelquefois à des centaines de milles, un point choisi pour leur juchoir nocturne. J'ai parcouru l'un de ces juchoirs, établis, comme toujours, dans la partie de la forêt où il y a le moins de taillis et les plus hautes futaies. Les pigeons y avaient fait élection de domicile depuis une quinzaine, et il pouvait être deux heures avant le coucher du soleil lorsque j'y arrivai.

On n'apercevait encore que très peu de pigeons; mais déjà un grand nombre de personnes, avec chevaux, charrettes, fusils et munitions, s'étaient installées sur la lisière de la forêt. Deux fermiers avaient amené trois cents porcs, pour les en-graisser de la chair des pigeons qui allaient être massacrés. Ça et là, on s'occupait à plumer et à saler ceux qu'on avait tués la veille et qui étaient véritablement par monceaux. La fiente, sur plusieurs pouces de profondeur, couvrait la terre. Beaucoup d'arbres, de deux pieds de diamètre, étaient rompus assez près du sol; et les branches des plus grands et des plus gros étaient brisées, sous le poids des pigeons, comme si l'ouragan eût dévasté la forêt. En un mot, tout démontrait que le nombre des oiseaux fréquentant cette partie du bois devait être immense et au delà de toute conception.

A mesure qu'approchait le moment où les pigeons devaient arriver, les chasseurs, sur le qui-vive, se préparaient à les rece-voir. Les uns s'étaient munis de marmites de fer remplies de soufre pour suffoquer les pigeons endormis; d'autres, de tor-ches et de pommes de pin à flamme brillante pour éclairer la tuerie; plusieurs n'avaient pour armes que des gaules; le reste avait des fusils. Cependant le soleil était descendu sous l'horizon, et rien ne paraissait encore. Chacun se tenait prêt, le regard dirigé vers le clair firmament, qu'on apercevait par échappées à travers le feuillage des grands arbres.

Soudain, un cri général a retenti : « Les voici! » Le bruit que les pigeons faisaient, bien qu'éloigné, me rappelait celui d'une brise de mer parmi les cordages d'un vaisseau. Quand ils passèrent au-dessus de ma tête, je sentis un courant d'air qui m'étonna. Déjà des miliers étaient abattus par les hommes armés de perches; mais il continuait d'en arriver sans relâche. On alluma des feux et ce fut alors un spectacle fantastique, merveil-leux et plein d'une magnifique épouvante. Les oiseaux se précipitaient par masses et se posaient où ils pouvaient, les uns sur les autres, en tas gros comme des barriques; puis les branches cédaient sous le poids, craquaient et tombaient, entraînant par terre et écrasant les troupes serrées qui surchageaient chaque partie des arbres. C'était une lamentable scène de tumulte et de confusion. En vain aurais-je essayé de parler ou même d'appeler les personnes les plus rapprochées de moi. C'est à grand'peine si l'on entendait les coups de fusil; je ne m'apercevais qu'on eût tiré qu'en voyant recharger les armes.

Personne n'osait s'aventurer au milieu du champ de carnage. On avait renfermé les porcs et l'on remettait au lendemain la récolte des morts et des blessés. Les pigeons arrivaient toujours; il était près de minuit, et je ne remarquais encore aucune diminution dans le nombre des arrivants. Le vacarme continua toute la nuit. Enfin, aux approches du jour le bruit s'apaisa un peu; et longtemps avant qu'on pût distinguer les objets, les pigeons commencèrent à se remettre en mouvement dans une direction opposée à celle par où ils étaient venus le soir. Au lever du soleil, tous ceux qui étaient capables de s'envoler avaient disparu.

C'était maintenant le tour des loups, dont les hurlements frappaient nos oreilles. Renards, lynx, couguars, ratons, ours, opossums et fouines, bondissant, courant, rampant, se pressaient à la curée, tandis que des aigles et des faucons se précipitaient du haut des airs pour prendre leur part d'un aussi riche butin. Alors, eux aussi, les auteurs de cette sanglante boucherie commencèrent à faire leur entrée au milieu des morts, des mourants et des blessés. Les pigeons furent entassés par monceaux. Chacun en prit ce qu'il voulut; puis on lâcha les porcs pour se repaître du reste.

A de tels attroupements il faut de vastes étendues boisées, non exploitées par l'homme, comme en présentait l'Amérique il y a plus d'un demi-siècle, du temps d'Audubon. Mais aujourd'hui dans ce pays, à mesure que la civilisation progresse, les antiques forêts disparaissent et font place à des champs cultivés. La nourriture se faisant rare, les pigeons se font rares aussi, et il est douteux qu'on puisse encore assister aux prodigieuse scènes d'autrefois.

CHAPITRE XXVI

OISEAUX IMPROPRES AU VOL

1. **Caractères.** — Les plus grands des oiseaux, les plus lourds, les plus corpulents, appartiennent à cet ordre. Comme si les forces dont la nature dispose étaient insuffisantes pour soutenir dans les airs de telles masses, les ailes restent peu développées, et le vol, cette faculté caractéristique de l'oiseau, devient impossible. Les appuis de l'aile, les points d'attache des muscles chargés de la mouvoir, éprouvent des modifications en rapport avec cette impuissance. La fourchette manque; les côtes sternales font très courte saillie; le sternum est dépourvu de bréchet, c'est-à-dire de cette lame en carène que présentent les oiseaux bons voiliers; sa forme est celle d'un bouclier uni : mais, par une sorte de balance organique, les membres postérieurs gagnent en force ce que les antérieurs ont perdu. Les pattes sont d'une vigueur exceptionnelle, les muscles de la cuisse et surtout de la jambe sont très volumineux, conditions qui font de ces oiseaux de rapides coureurs. La course est d'ailleurs favorisée par la longueur des tarses, rappelant ceux des échassiers. A la haute stature provenant de ces tarses est associé un cou allongé, que termine une tête relativement petite. Le pouce manque. Les doigts, au nombre de trois et même simplement de deux, sont tous dirigés en avant. Le plumage est ébarbé, jusqu'à prendre les apparences d'une toison de poils. Les pennes du vol, rémiges des ailes et rectrices de la queue, n'ont pas de raison d'être dans un oiseau qui ne peut voler; elles manquent.

Les oiseaux coureurs, impropres au vol, sont en petit nombre. L'Europe et l'Asie n'en possèdent pas; l'Afrique en a un, l'*Autruche*; l'Amérique en a trois, parmi lesquels le *Nandou;* l'Océanie en est le mieux fournie et possède, en particulier, le *Casoar*. Tous se nourrissent de matières végétales.

2. **L'Autruche.** — Cet oiseau habite l'Afrique centrale, notamment le Sahara. Le mâle est d'un noir de charbon avec les ailes et la queue d'un blanc superbe. A cette éclatante blancheur, les principales plumes alaires et caudales adjoignent des barbes longues, molles et divisées dont l'ensemble forme un ample et ondoyant panache. Le cou, presque entièrement nu, est rougeâtre; il en est de même des cuisses. Le bec est droit, obtus, arrondi au bout, couleur jaune de corne.

Fig. 154. — L'Autruche.

Les pieds n'ont que deux doigts, dont l'extérieur est moitié plus court que l'autre et manque d'ongle. La femelle, moins riche de costume, est d'un gris brun, avec les ailes et la queue d'un blanc sale. La hauteur de cet oiseau dépasse deux mètres et demi, et son poids atteint environ 75 kilogrammes.

Avec sa haute stature et ses enjambées qui mesurent jusqu'à trois mètres, l'autruche est un coureur avec lequel ne pourrait lutter le meilleur cheval de course, s'il fallait un peu de temps prolonger la poursuite. On assure qu'elle peut parcourir 394 mètres à l'heure; on assure encore qu'elle est capable de soutenir cette vitesse pendant 8 à 10 heures. L'oiseau pourrait donc, avant de succomber à la fatigue, franchir, dans ce court espace de temps, de 227 à 281 kilomètres. Aussi les chasseurs qui poursuivent l'autruche pour ses plumes font-ils usage des chevaux les plus rapides et encore sont-ils obligés de se relayer par intervalles. On voit à quel point l'appellation d'oiseau coureur est méritée par l'autruche. La nomenclature scientifique fait allusion à la même aptitude quand elle dénomme l'oiseau coureur des sables africains l'*Autruche chameau*.

Vorace à l'état libre, l'autruche l'est encore davantage en captivité. Tout est bon pour son robuste estomac. Un caillou qu'on lui jette, un morceau de brique, un lambeau d'étoffe attirant son attention par sa couleur, sont avalés comme le serait un morceau de pain. La dissection de l'animal montre parfois, dans son énorme jabot, l'amas le plus singulier. On a retiré de l'estomac d'une autruche 4228 grammes de matériaux inertes de toute nature. Il y avait là du linge, de l'étoupe, du sable, des morceaux de fer, des pièces de monnaie, une charnière en cuivre, des balles de plomb, des boutons, des sonnettes, deux clefs, dix-sept clous de cuivre, vingt clous de fer et bien d'autres choses encore. On raconte que dans une ménagerie, un visiteur dont la poitrine était ornée d'une brillante chaîne en or, s'étant un peu trop approché de l'autruche, vit brusquement disparaître sa chaîne et sa montre au fond du gosier de l'oiseau. La pie saisit et va cacher tout ce qu'elle trouve de brillant; l'autruche, mue par un instinct semblable, l'avale.

De tous les oiseaux, l'autruche est celui qui pond les œufs les plus volumineux. Il sont blancs, à peu près également arrondis aux deux bouts, à coquille dure et épaisse. Ils pèsent en moyenne 1442 grammes et équivalent à peu prés à deux douzaines d'œufs de poule. Le nid est sans apprêts aucun et consiste en une simple dépression dans le sable.

On chasse l'autruche pour ses plumes, surtout celles de la queue et les ailes du mâle, dont le prix est assez élevé. La chair des jeunes est tendre et savoureuse; celle des vieilles autruches est un aliment dur mais non dépourvu de mérite; les Arabes du Sahara la mangent fraîche ou desséchée au soleil. Enfin les œufs, sans valoir ceux de la poule, fournissent un mets nourrissant. Leur coquille sert à faire des coupes, des vases et des objets d'ornement.

3. **Le Nandou.** — Le *Nandou* est pour l'Amérique du sud ce que l'autruche est pour l'Afrique. Plus petit de moitié, il se distingue en outre de l'autruche par les trois doigts de ses pieds, tous armés d'ongles; par les ailes encore plus courtes; par l'absence de plumes en panache aux ailes et à la queue; par le cou vêtu de petites plumes, étroites et pointues; enfin par la coloration, qui est grisâtre tant dans le mâle que dans la femelle.

Le nandou est aussi un rapide coureur, qui franchit d'un bond des crevasses larges de plus de trois mètres, et fait, s'il

FIG. 155. — Le Casoar.

est poursuivi, des enjambées de un mètre et demi et au-delà. Ses mouvements sont alors si prestes, qu'on ne peut distinguer les pas l'un de l'autre. Il fatigue et déroute le meilleur cavalier. Laissé en paix, dans le voisinage des habitations, il devient assez confiant pour circuler au milieu des chevaux et des bœufs, et paître sans crainte de compagnie avec le troupeau. Il ne se détourne qu'au passage de l'homme et du chien. Pris jeune, facilement il devient à demi domestique. On chasse le nandou, comme l'autruche, pour sa chair et ses plumes. Sa chair est grossière et rappelle celle du cheval; celle des jeunes est estimée même des Européens. Les tiges des plumes, dépouillées de leurs barbes, sont tissées en tapis; les plumes les plus fines, les plus touffues, servent à la parure; les autres sont employées à la confection de plumeaux, de balais. Les œufs fournissent un bon aliment; un seul représente à peu près quinze œufs de poule.

4. **Le Casoar.** — Cet oiseau appartient à l'Archipel indien. Il a la tête surmontée d'une protubérance osseuse, que recouvre un tégument corné. Ce cimier a valu à l'oiseau le nom de *Casoar à casque*. Les ailes, très courtes, sont armées chacune de cinq fortes plumes, sans barbes, réduites à la tige, et figurant des baguettes arrondies et pointues, enfin de longs aiguillons de corne. L'oiseau en fait usage pour sa défense. Les tarses sont courts et épais, les doigts sont au nombre de trois. La tête et la partie supérieure du cou sont nues avec la peau teinte en bleu, et des caroncules pendantes rappelant celles du dindon. Le corps tout entier semble recouvert d'un poil grossier, car les barbes de plumes sont très courtes, raides et fort éloignées les unes des autres. Le plumage a donc l'aspect d'un vêtement de crins. Après l'autruche, le casoar est le plus grand des oiseaux.

CHAPITRE XXVII

CLASSE DES REPTILES

1. **Caractères.** — Quelques reptiles, les serpents, sont dépourvus de membres; les autres ont des membres courts, dirigés de côté, loin de l'axe du corps. Tous se traînent donc sur le ventre, et ceux qui sont doués de pattes ont encore plutôt l'air de ramper que de marcher. Cette locomotion au niveau de terre leur a valu le nom de *reptiles*, d'un mot latin signifiant ramper.

Ils n'ont au cœur que trois cavités, deux oreillettes et un ventricule. L'oreillette droite reçoit le sang veineux qui retourne des diverses parties du corps ; l'oreillette gauche reçoit le sang artériel qui vient des poumons; et le ventricule unique, en communication avec ces deux oreillettes, reçoit par conséquent à la fois du sang rouge et du sang noir. De ce ventricule partent l'aorte, qui distribue le sang aux organes, et l'artère pulmonaire qui l'envoie aux poumons.

On voit donc que le sang versé dans les artères pour la nutrition et l'oxygénation organiques, au lieu d'être complètement oxygéné ainsi que cela se passe chez les mammifères et les

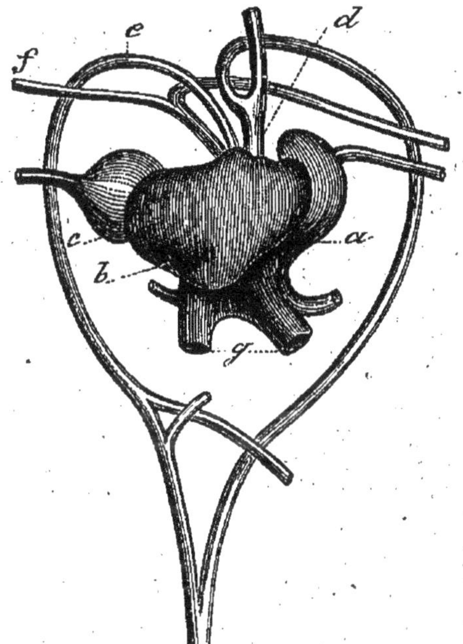

Fig. 156. — Cœur et gros vaisseaux de la tortue. — *a*, oreillette gauche; — *c*, oreillette droite; — *b*, ventricule; — *d*, aorte; — *f*, artère pulmonaire; — *g*, veines-caves.

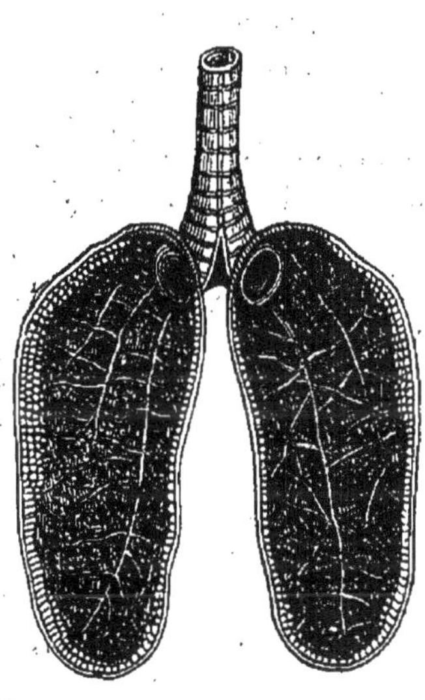

Fig. 157. — Trachée et poumons d'un lézard.

oiseaux, est un mélange de sang qui s'est imprégné d'oxygène en passant par les poumons, et de sang dépourvu de ce gaz parce qu'il recommence son circuit sans avoir traversé les organes respiratoires. Ainsi une partie du liquide nourricier ne complète pas son cours par défaut de passage à travers les poumons; pour ce motif, la circulation est dite *incomplète*. De ce sang à demi privé d'oxygène résulte un affaiblissement considérable dans la combustion vitale, ce qui se traduit par un défaut de chaleur, des allures indolentes, enfin une vie tenace mais sans activité.

Les reptiles ont la respiration pulmonaire. Leurs poumons se font remarquer par le petit nombre et l'ampleur de leurs cellules rappelant l'aspect de l'écume de savon. L'extrême multiplicité et la finesse des cellules pulmonaires chez les mammifères et les oiseaux ont pour effet d'accroître les surfaces respiratoires et de mettre ainsi le sang en rapport avec de grands volumes d'air; la grosseur et le faible nombre des mêmes cellules chez les reptiles produisent un effet inverse : les surfaces respiratoires diminuent d'étendue et l'oxygénation du sang se fait moins bien.

A l'imperfection du cœur que nous venons de signaler s'ajoute donc celle des poumons. L'animal possède ainsi une vitalité plus tenace moins sensible à l'asphyxie, mais aux dépens des qualités supérieures, qui réclament une respiration active. Semblable à nos mécanismes d'autant plus délicats qu'ils sont plus parfaits, l'organisation perd en résistance inerte ce qu'elle gagne en supériorité de vie. Dans une atmosphère où pourrait longtemps séjourner une couleuvre, avec ses grossiers poumons et son cœur incomplet, l'oiseau si actif, si chaud de sang, si bien doué, rapidement périrait.

La plupart des reptiles ont les deux poumons symétriques, celui de droite pareil à celui de gauche; mais les serpents, à cause de leur forme, présentent une exception remarquable. L'un des poumons prend un développement considérable et s'allonge en une sorte de sac qui occupe une grande partie de la longueur du corps; l'autre s'amoindrit et disparaît presque, réduit à un faible noyau de cellules. Enfin tous les reptiles sont écailleux, ils ont la peau recouverte de plaques cornées. On les divise en tortues, lézards, serpents.

2. **Tortues.** — Une partie du squelette de ces reptiles est reportée à l'extérieur, se recouvre immédiatement des lames écailleuses de la peau et constitue une solide boîte, ouverte en avant et en arrière pour le passage de la tête, des membres et de la queue. Le bouclier supérieur se nomme *carapace*. Il est formé par les vertèbres dorsales au nombre de huit, et par les côtes devenues assez larges pour se rejoindre latéralement. Le bouclier inférieur ou *plastron* a pour charpente le sternum et un cercle de plaques osseuses, qui représentent les parties cartilagineuses des côtes des mammifères ou bien encore les côtes sternales des oiseaux. Toutes ces pièces, tant de la carapace que du

plastron, sont unies entre elles par engrenage et forment un tout d'une inébranlable solidité. A l'intérieur de cette boîte sont les os des épaules et du bassin, de sorte que la tortue est, en quelque sorte, un animal retourné, ayant au dedans les omoplates, les clavicules, les os iliaques et divers muscles que les autres animaux ont au dehors.

Les tortues n'ont pas de dents; elles possèdent aux deux mâchoires une armure de corne semblable au bec des oiseaux. La plupart se nourrissent de matières végétales. Quelques-unes

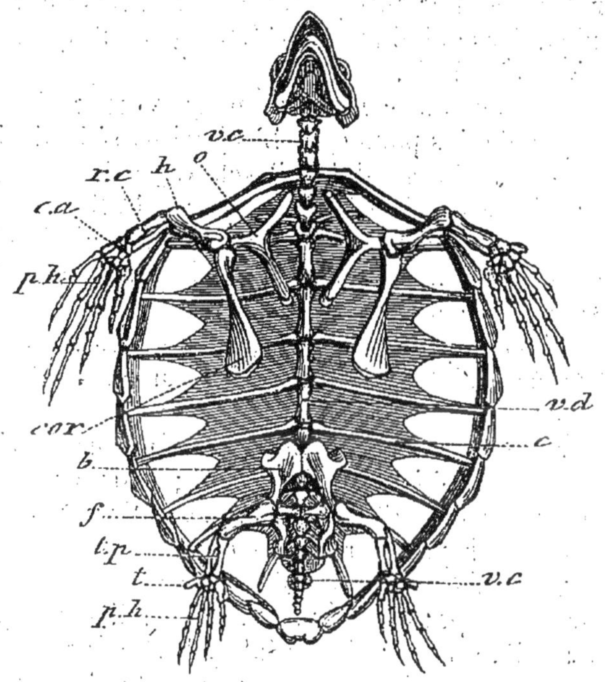

FIG. 158. — Squelette de tortue. — *vc*, vertèbres cervicales; — *o*, omoplate; — *h*, humérus; — *r*, *c*, radius et cubitus; — *ca*, carpe; — *ph*, phalanges; — *cor*, os coracoïde; — *b*, bassin; — *f*, fémur; — *t*, *p*, tibia et péroné; — *t*, tarse *ph*, phalanges; — *vd*, vertèbres dorsales; — *c*, côtes; — *vc*, vertèbres caudales.

sont terrestres et se reconnaissent à leurs pattes comme tronquées et terminées en moignon, à leur carapace très bombée et robuste. Telle est la *Tortue grecque*, fréquente sur tout le littoral de la Méditerranée. On peut la tenir dans les jardins, où elle fait la chasse aux limaces et aux insectes, alternant cette nourriture avec quelques feuilles de laitue. Aux approches de l'hiver, elle se creuse une retraite sous terre et s'y engourdit. La *Tortue éléphantine*, ainsi dénommée à cause de sa monstrueuse taille, est également terrestre. Elle habite l'Afrique australe et les îles voisines. Sa longueur atteint un mètre et demi et sa hauteur un mètre. Son poids dépasse 100 kilogrammes.

D'autres, à carapace plus aplatie, à queue plus longue, à doigts mieux distincts, armés d'ongles recourbés avec une men-

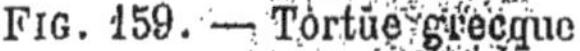

FIG. 159. — Tortue grecque.

FIG. 160. — Tête osseuse d'une tortue.

brane dans les intervalles, habitent les eaux douces. De ce nombre est la *Cistude d'Europe*, qui n'est pas rare dans la France méridionale et habite les marécages. Sa carapace est ornée de nombreux points jaunes.

D'autres enfin ont pour demeure la mer. Elles sont de forme déprimée et leurs pattes sont aplaties en rames. L'une

FIG. 161. — Caret, tortue marine.

d'elles, la *Tortue franche*, atteint le poids de sept à huit cents livres. On la trouve dans tous les pays de la zone torride, paissant en grandes troupes les algues du fond de la mer. Sa chair est un excellent manger, ainsi que ses œufs, à enveloppe molle, qu'elle dépose dans le sable de la plage, au soleil. Une autre, le *Caret*, fournit la matière dite écaille de tortue, si estimée pour les ouvrages de tabletterie.

3. **Crocodiles et Lézards.** — Les crocodiliens ont la configu-

Fig. 162. — Le Crocodile.

ration de nos lézards, avec des dimensions énormes. Excellents nageurs et plongeurs, ils passent la majeure partie de leur vie à l'eau, où leurs évolutions sont rapides ; à terre, ils progressent avec difficulté. Leur armure d'écailles est très dure, presque impénétrable aux balles. Leurs goûts carnassiers, leur puissance, leur gueule formidablement armée, en font des animaux redoutables, même pour l'homme. Le plus célèbre est le crocodile du Nil, autrefois vénéré des Égyptiens. Il peut atteindre une dizaine de mètres de longueur. Les fleuves de l'Amérique ont l'*Alligator*, plus petit et plus faible que le crocodile; les eaux du Gange ont le *Gavial*, à museau très allongé.

Les lézards de nos pays sont le gros *Lézard ocellé* du midi de la France; le *Lézard vert* et le *Lézard gris*, communs partout; enfin le *Gecko* de la Provence, reptile hideux, mais inoffensif, qui hante les endroits sombres et frais des habitations, et se cramponne aux murs et aux plafonds au moyen de ses doigts élargis et armés en dessous de fines aspérités.

Qui ne connaît le petit *Lézard gris*, ami des murailles

Fig. 163. — Le Lézard vert.

ensoleillées? Il guette les mouches en passant sa fine langue entre les lèvres, il furette d'un trou à l'autre pour happer tout insecte qui passe. C'est le protecteur des espaliers. Lorsque, dans un beau jour de printemps, le soleil éclaire vivement un gazon en pente ou une muraille qui augmente la chaleur en la réfléchissant, on le voit s'étendre sur ce mur ou sur l'herbe nouvelle avec une espèce de volupté. Il se pénètre avec délices de cette chaleur bienfaisante; il marque son plaisir par de molles ondulations de sa queue déliée; il fait briller ses yeux vifs et animés; il se précipite comme un trait pour saisir une petite proie, ou pour trouver un abri plus commode. Bien loin de s'enfuir à l'approche de l'homme, il paraît le regarder avec complaisance; mais au moindre bruit qui l'effraie, à la chute seule d'une feuille, il se déroule, tombe et demeure pendant quelques instants comme étourdi par sa chute; ou bien il s'élance, disparaît, se trouble, revient, se cache de nouveau, reparaît encore, décrit en un instant plusieurs circuits tortueux que l'œil a de la peine à suivre, se replie plusieurs fois sur lui-même et se retire enfin dans quelque asile jusqu'à ce que sa crainte se soit dissipée. Utile autant que gracieux, le petit lézard gris se nourrit de mouches, de grillons, de sauterelles, de vers de terre, de presque tous les insectes qui détruisent nos fruits et nos grains. (Lacépède.)

Le *Lézard vert*, si fréquent partout, dans les haies, sur la lisière des bois, dans les fourrés herbus, atteint trois décimètres de longueur. La peau du dos est une élégante broderie de

Fig. 164. — Le Caméléon.

perles vertes, rehaussée de points noirs et de points jaunes. Ce lézard court avec agilité, il s'élance au milieu des broussailles et des feuilles sèches avec une soudaineté qui surprend toujours et cause un premier mouvement d'effroi. Il se jette au museau des chiens qui l'attaquent et les mord avec tant d'obstination, qu'il se laisse emporter et même tuer plutôt que de desserrer les dents. Sa morsure d'ailleurs n'a rien de venimeux; elle meurtrit plus ou moins les chiens sans introduire dans la petite plaie aucune espèce de venin. En captivité, il devient très familier, très doux, et se laisse manier avec plaisir. Sa nourriture consiste surtout en insectes.

La région des oliviers du midi de la France possède un autre lézard, plus gros, plus robuste, plus lourd et plus trapu que le vulgaire lézard vert. Les Provençaux l'appellent *Rassade*, les savants le nomment *Lézard ocellé*, à cause des points noirs disposés en *ocelles*, c'est-à-dire en espèce de petits anneaux ou d'yeux, sur le fond vert bleuâtre du dos. Ce lézard habite les pentes rocailleuses exposées à toute la violence du soleil. Il se creuse un profond terrier dans les points sablonneux, d'habitude sous la corniche d'une pierre faisant saillie. Confiant dans ses fortes mâchoires, il est d'une audace qui impose. Non seulement il se jette au museau des chiens, mais encore il tient tête à l'homme et lui court sus quand il se voit traqué de trop près. Ce courage lui a valu une effrayante réputation parmi les gens

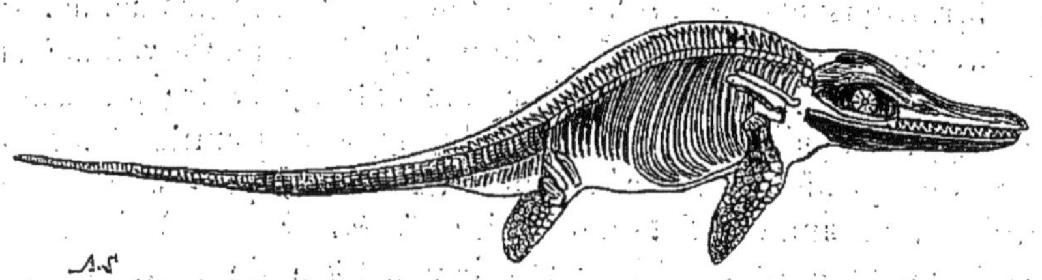

FIG. 165. — L'Ichthyosaure.

de la campagne, qui le croient venimeux. En réalité le lézard ocellé n'est nullement venimeux, il mord rudement, c'est vrai, il tenaille la peau saisie jusqu'à emporter le morceau, mais sans empoisonner la blessure; en somme il n'est pas plus à craindre

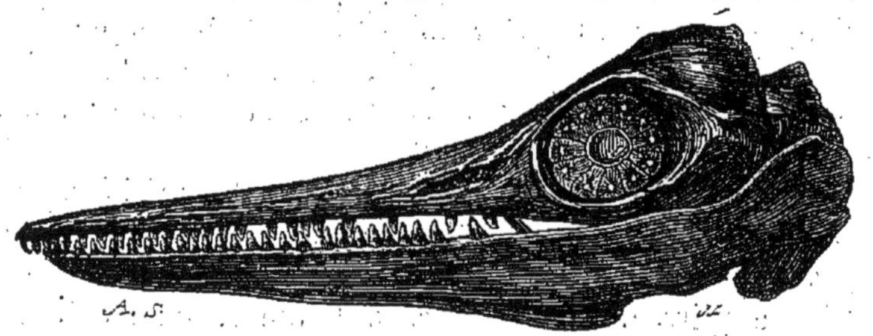

FIG. 166. — Tête d'Ichthyosaure.

que le lézard vert ordinaire. Sa nourriture consiste en scarabées, en sauterelles et en petits rats des champs.

A l'ordre des lézards se rattachent divers reptiles qui ont laissé leurs dépouilles fossiles dans les couches du sol et n'ont plus aujourd'hui de représentants. Parmi ces animaux des anciens âges, les plus remarquables sont les *Ichthyosaures*, les *Plésiosaures* et les *Ptérodactyles*.

Le nom d'ichthyosaure, signifiant poisson-lézard, fait allusion aux vertèbres de l'animal, creusées en cavité conique à chaque extrémité comme le sont les vertèbres des poissons. Doués d'une queue vigoureuse et de larges pattes natatoires, les ichtyosaures étaient de puissants nageurs et vivaient dans les mers. On en connaît sept ou huit espèces. La plus grande mesure une dizaine de mètres en longueur. La tête, qui fait presque le tiers du corps, s'avance en un museau pointu, armé de dents coniques dont le nombre s'élève jusqu'à cent quatre-vingts. Ce formidable appareil dentaire et la longueur des mâchoires devaient faire des ichthyosaures des animaux voraces terreur des mers de l'époque. Les yeux ont un volume énorme, comme on n'en trouverait pas de comparable dans aucune des espèces actuelles; leur grosseur excède celle de la tête d'un homme. Ce volume du globe oculaire devait leur donner une extraordinaire puissance de vision, capable de scruter l'obscurité des nuits et les ténèbres des profondeurs océaniques. La sclérotique est en outre cerclée d'un anneau d'osselets qui, en se contractant ou se relâchant, augmentait ou diminuait la courbure de l'œil et permettait ainsi à l'animal de voir de près comme de loin à volonté, de se faire tour à tour myope ou presbyte, pour découvrir sa proie aux plus petites distances comme aux plus grandes.

Le cou est très court, de manière que la tête est tout d'une venue avec le corps. Celui-ci porte quatre membres, dont les extrémités, composées d'une multitude de petits os aplatis, assemblés les uns à coté des autres, forment de larges palettes ou nageoires, comparables à celles de la baleine et autres cétacés.

Avec les restes d'ichthyosaures se montrent, parfois en grande abondance, des corps pierreux, du volume d'une pomme de terre, conique aux deux bouts, et parcourus à la surface par une rainure spirale. Ces fossiles ont éte reconnus pour des excréments d'ichthyosaures. Composés en majeure partie de matière minérale, c'est à dire de phosphate de chaux fourni par les ossements de la proie dévorée, ces résidus de la digestion nous sont parvenus intacts, convertis en une mase dure et compacte. On les désigne sous le nom de *coprolithe*, dont le sens est excrément-pierre.

Leur examen nous fournit les renseignements les plus curieux sur le genre de vie des ichthyosaures. Les coprolithes, en effet, contiennent tous les débris que l'estomac n'a pu digérer, comme les écailles, les dents, les osselets; et de ces débris, il est facile de déduire le genre de nourriture. Les os se rapportent principalement à des vertèbres de poissons; mais il s'en trouve aussi ayant appartenu à d'autres ichthyosaures plus jeunes ou de moindre taille. Ces monstrueux reptiles s'entre-dévoraient donc; le plus fort faisait voracement sa proie du plus faible quand venait à manquer l'habituelle nourriture, le poisson.

Enfin le sillon spiral des coprolithes nous renseigne sur un point d'organisation intime qui nous serait resté inconnu sans ces témoins excrémentiels. Nous apprenons ainsi que l'intestin des ichthyosaures était intérieurement parcouru par une membrane ou cloison spirale, figurant une vis d'Archimède. Obligés de suivre cette rampe à vis, les aliments prolongeaient ainsi leur séjour dans le canal digestif et se trouvaient en contact avec une surface d'absorption considérable malgré la brièveté de l'intestin. Au sortir de ce moule spiral, la matière expulsée conservait la forme du trajet suivi et s'enroulait sur elle-même à la manière d'une coquille turbinée. Nous retrouverons bientôt pareille structure de l'intestin dans des poissons à appétits voraces, les requins.

Fig. 167. — Coprolithe d'ichthyosaure.

Avec des dimensions moindres, sa longueur ne dépassant guère trois à quatre mètres, le plésiosaure est plus monstrueux encore de forme que l'ichthyosaure. Sur un tronc pourvu de quatre pattes aplaties en rames, et terminé par une courte queue, s'élève, semblable au corps des serpents, un cou d'une longueur démesurée, étroit et flexible en tous sens. Une petite tête le termine, armée de dents ainsi que la gueule d'un lézard. Le plésiosaure, n'étant pas organisé, comme son contemporain l'ichthyosaure, pour lutter contre les vagues de la haute mer, habitait sans doute les eaux peu profondes, dans les anses abritées. On se le figure tantôt nageant à la surface, recourbant en arrière son cou onduleux à la façon du cygne, et le dardant tout à coup sur une proie facile, les poissons qui s'approchaient de lui; tantôt caché sous l'eau, au milieu des végétaux marins, et tenant, à l'aide de son long cou, les narines à la surface pour les besoins de sa respiration aérienne.

L'une des créatures les plus bizarres trouvées dans les ruines des anciens âges est le ptérodactyle, genre de lézard organisé pour le vol. Les membres antérieurs ont un doigt extrêmement long, qui servait de support à une membrane alaire, analogue à celle de nos chauves-souris. Cette conformation est rappelée par le mot ptérodactyle, signifiant aile-doigt. La tête porte un long bec d'oiseau, mais ce bec est armé de dents de reptile. Les yeux sont d'un volume considérable et permettaient probablement à l'animal de voir pendant le crépuscule. Les quatre doigts antérieurs, qui ne s'allongent pas pour entrer dans la charpente de l'aile, ont de longues griffes semblables à l'ongle crochu du pouce des chauves-souris. C'étaient-là autant de crampons dont le ptérodactyle se servait pour ramper, grimper, se suspendre aux arbres et aux rochers. Les membres postérieurs sont

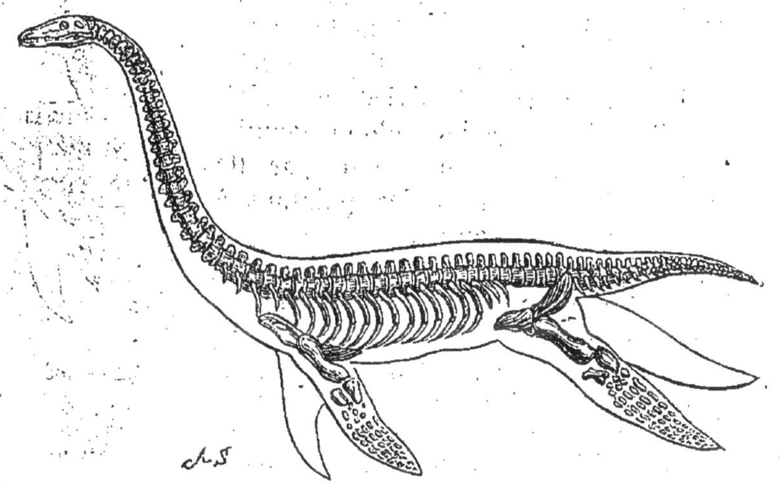

Fig. 168. — Le Plésiosaure.

longs et annoncent, par leur structure, que l'animal était apte, les ailes fermées, à se tenir debout, à progresser sur deux pattes, à percher comme le font les oiseaux. Il y en avait de la taille d'une grive; les plus gros atteignaient les dimensions de l'oie. On présume que leur nourriture consistait en insectes; on trouve, en effet, des empreintes de libellules et des élytres de scarabées dans la même roche qui recèle les restes de ces êtres bizarres.

4. **Serpents.** — Dépourvus de membres, les animaux de cet ordre méritent par excellence la dénomination de reptiles. Pour avancer, ils se meuvent en replis onduleux, dont les antérieurs prennent appui sur le sol au moyen des aspérités des écailles

et tirent à eux les replis postérieurs ; ceux-ci, à leur tour, prenant appui, permettent à l'animal de se porter en avant.

Tous les serpents se nourrissent de proie vivante. Les parties osseuses de leur bouche ont une organisation qui leur permet de s'écarter beaucoup, de manière que l'animal peut avaler, non sans effort il est vrai, une proie quatre à cinq fois plus volumineuse que ne l'est sa propre tête au repos. Des dents aiguës, dirigées en arrière, entraînent graduellement la proie dans l'œsophage.

Supposons une couleuvre venant de saisir une souris. La proie

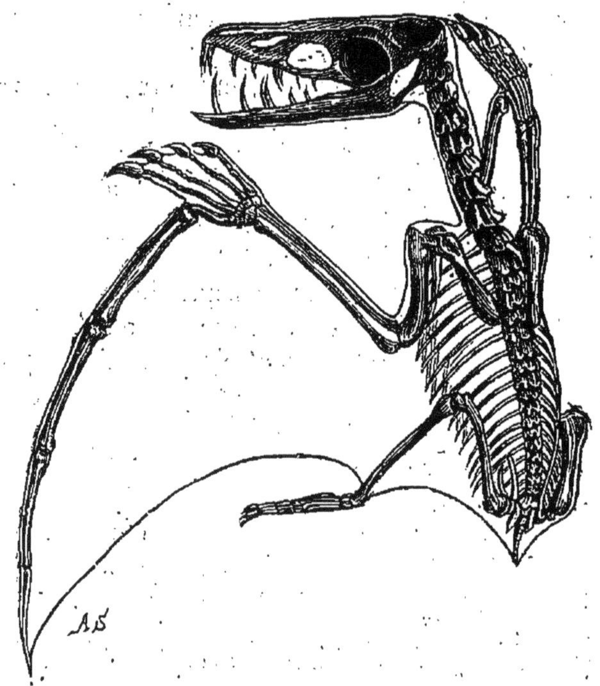

FIG. 169. — Le Ptérodactyle.

étouffée dans les replis du reptile est d'abord enduite d'une salive abondante. La déglutition commence par la tête, que la couleuvre reçoit dans sa gueule hideusement fendue. Les petites dents crochues de droite s'y implantent en la poussant dans le gosier, puis se maintiennent fixes et servent de point d'appui, tandis que les dents de gauche avancent, s'implantent, tirent et font faire à la bouchée un nouveau progrès. Ainsi, tirant et servant d'appui à tour de rôle, les dents des deux côtés des

18.

mâchoires parviennent à introduire dans le gosier une proie qui n'aurait jamais semblé pouvoir y passer. Pendant cette déglutition laborieuse, le cou est tellement distendu, que les écailles cessent de s'imbriquer l'une sur l'autre et se dressent, séparées; la tête enfin est horriblement déformée. Une fois la souris engagée avant, les écailles s'abaissent, les mâchoires se rapprochent, la tête revient à sa forme normale et l'animal s'assoupit de lassitude, les flancs rendus noueux et difformes par l'énorme bouchée. C'est à l'aide d'une semblable déglutition que des boas et des pythons, d'une dizaine de mètres de longueur, peuvent avaler, en une seule bouchée, des animaux de la taille du chien, préalablement pétris contre un tronc d'arbre dans les replis de leurs vigoureux anneaux.

On peut diviser les serpents en venimeux et non venimeux. C'est parmi ces derniers que se trouvent les serpents de plus grande taille, les *Boas* des régions chaudes et humides de l'Amérique. Certaines espèces atteignent une longueur d'une douzaine de mètres. Enroulés par la queue, sur les bords d'un fleuve, à un arbre qui leur servira de point d'appui, ils laissent flotter le corps pour saisir les quadrupèdes qui viennent boire.

Nos pays ont les *Couleuvres* dont aucune n'est armée de crochets venimeux. Leurs dents sont égales, fines, sans force, bonnes pour retenir la proie et venir en aide à la déglutition, mais insuffisantes pour produire une sérieuse blessure. Ces animaux sont d'ailleurs très craintifs; à la moindre alerte, ils se hâtent de fuir. Si la retraite leur est impossible, ils font bonne contenance pour en imposer à l'ennemi; ils se roulent en spirale, dressent la tête, la balancent, soufflent et cherchent à mordre. Il n'y a pas lieu de s'effrayer de ces menaces; une égratignure sans aucune gravité, pareille à quelques légers coups d'épingle, c'est tout ce qui peut arriver.

La plus élégante de nos couleuvres pour la coloration est la *Couleuvre à collier*, ainsi nommée à cause d'une tache d'un jaune pâle ou blanchâtre qui lui forme un demi-collier derrière la nuque. Le dessus du corps est d'un gris cendré plus ou moins foncé, marqueté de chaque côté de taches noires irrégulières; le dessous est varié de noir, de blanc et de bleuâtre. Cette couleuvre se plaît dans les lieux humides; elle fréquente les eaux dormantes, où elle nage habilement pour saisir de petits poissons, des insectes aquatiques, des têtards. Elle dépose communément ses œufs dans les couches de fumier, favorables à l'éclosion par leur chaleur naturelle. Ces œufs sont en ovale allongé, à coque flasque semblable à du parchemin mouillé. Leur grosseur est celle des œufs de pie. Ils sont agglutinés en chapelet par une humeur visqueuse.

La *Couleuvre commune* habite de préférence les lieux boisés et retirés. Elle a le dos d'une couleur verdâtre très foncée, avec un grand nombre de raies composées de taches jaunâtres de diverses figures, les unes allongées, les autres en losange, et plus grandes vers les côtés que sur le milieu du dos. Le ventre est jaunâtre.

La *Couleuvre vipérine* a quelque ressemblance avec la vipère par sa forme un peu moins élancée que celle des autres couleuvres, et surtout par la série de taches noires formant un zigzag le long de son dos gris. Malgré son nom menaçant de vipérine,

Fig. 170. — La Couleuvre à collier.

cette couleuvre n'a rien du venin de la vipère; elle est absolument inoffensive. Elle fréquente les lieux humides, le bord des mares, tandis que la vipère habite les endroits secs et rocailleux.

On rencontre communément dans les prairies, ou même dans les foins coupés, un petit serpent qui, par sa structure, s'éloigne des couleuvres. On le nomme *Orvet*. La tête est petite et sans étranglement au cou; d'autre part, la queue est obtuse, de sorte que les deux extrémités du corps ont à peu près la même forme et nous laissent un moment indécis pour dire où se trouve la tête. L'orvet est revêtu d'écailles très lisses et luisantes. Le dos est jaune argenté, et parcouru d'un bout à l'autre par trois filets noirs, qui se changent avec l'âge en séries de points et finissent même par disparaître. Le ventre est noirâtre. Quand on le tracasse, l'orvet se contracte avec force, se raidit et devient cassant presque avec la même facilité que la queue des lézards. C'est le plus inoffensif des reptiles, malgré la mauvaise réputation que l'ignorance lui a faite; il n'essaye pas même de mordre pour sa défense; il se contente de se raidir et de prendre la rigidité d'une baguette de bois. Il vit surtout de scarabées et de vers de terre.

Tous les serpents dardent entre leurs lèvres, avec une extrême vélocité, un filament noir, très flexible et fourchu. Pour beaucoup de personnes, c'est l'arme du reptile, le dard, comme on dit; mais, en réalité, ce filament n'est autre chose que la langue, langue tout à fait inoffensive, dont l'animal se sert pour happer les insectes dont il se nourrit et pour exprimer à sa

Fig. 171. — La Vipère.

manière les passions qui l'agitent en la passant rapidement entre les lèvres. Tous les serpents, sans exception, en ont une; mais, dans nos contrées, la *Vipère* seule possède le terrible appareil à venin.

Cet appareil se compose d'abord de deux *crochets* ou dents longues et aiguës placées à la mâchoire supérieure. Ces crochets sont mobiles : à la volonté de l'animal, ils se dressent pour l'attaque ou se couchent dans une rainure de la gencive et s'y tiennent inoffensifs comme un stylet dans son étui. De la sorte, le reptile ne court pas le risque de se blesser lui-même. Ils sont creux et percés vers la pointe d'une fine ouverture, par laquelle le venin se déverse dans la plaie. Enfin, à la base de chaque crochet, se trouve une petite ampoule pleine du liquide venimeux. Quand la vipère frappe de ses crochets, la poche à venin chasse une goutte de son contenu dans le canal de la dent et le terrible liquide s'infiltre dans la blessure. C'est en se mélangeant avec le sang que le venin produit ses redoutables effets.

Pour que le venin agisse en nous, il faut qu'il soit mis en

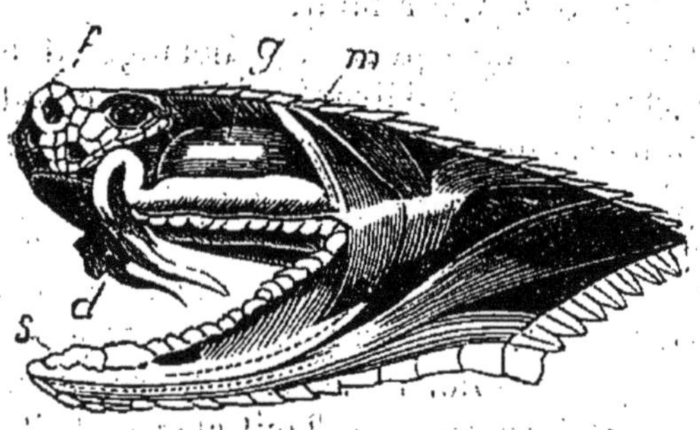

Fig. 172. — Appareil venimeux du Crotale; — g, glande à venin; — d, crochets.

contact avec notre sang par une blessure qui lui ouvre la voie; mais il ne produit absolument rien sur la peau, à moins qu'il n'y ait déjà une entaille, une égratignure qui lui permette de pénétrer dans les chairs et de se mélanger avec le sang. Le venin le plus terrible peut être manié sans péril aucun si la peau ne présente pas d'écorchure. Bien plus, on peut le mettre sur les lèvres, sur la langue, l'avaler même, sans qu'il en résulte rien de fâcheux. Il n'agit, répétons-le, qu'en se mélangeant avec le sang. C'est d'ailleurs une humeur d'innocent aspect, sans odeur, sans saveur; on dirait presque de l'eau.

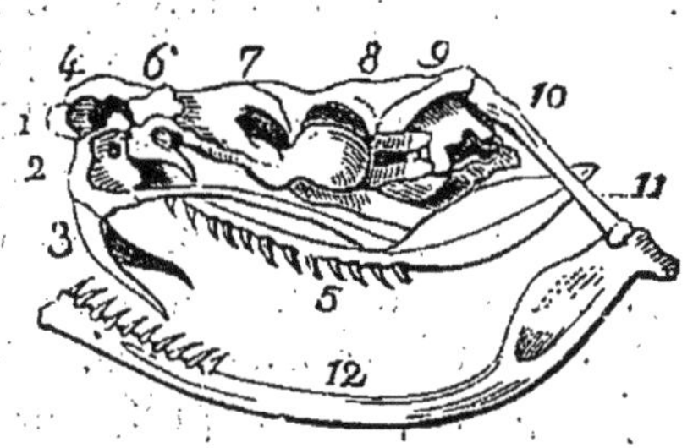

Fig. 173. — Tête osseuse du Crotale.

Supposons qu'un imprudent vienne à troubler la vipère sommeillant au soleil. Soudain, l'animal se déroule en cercles superposés, se débande avec la brusquerie d'un ressort, et de sa gueule largement ouverte vous frappe à la main. C'est l'affaire d'un clin-d'œil. Avec la même rapidité, la vipère replie sa spirale et se retire, continuant à vous menacer de sa tête placée au centre de l'enroulement. Sur la main blessée, deux petits points rouges se voient, presque insignifiants, vraies piqûres d'aiguille. Ce sont les deux blessures faites par les crochets. Voici que bientôt les points rouges s'entourent d'un cercle livide. Avec de sourdes douleurs, la main s'enfle, et de proche en proche le bras. Puis des sueurs froides et des nausées surviennent; la respiration se fait pénible, la vue se trouble, l'intelligence s'engourdit, une jaunisse générale se déclare, accompagnée de convulsions. Si l'on n'est pas secouru à temps, le dénouement peut devenir fatal.

Puisque le venin n'agit qu'en se mélangeant avec le sang, les précautions à prendre doivent avoir pour but d'empêcher ce mélange autant que possible. A cet effet, on serre, on lie même, le doigt, la main, le bras, au dessus de la partie blessée; on fait saigner la plaie en exerçant des pressions tout autour; on la suce énergiquement pour en extraire le liquide venimeux; on l'élargit un peu avec la pointe d'un canif pour rendre cette extraction plus facile. La succion est sans danger aucun si la bouche n'a pas d'écorchures. Tout cela doit être fait à l'instant même; plus on tarde, plus le mal s'aggrave. Pour plus

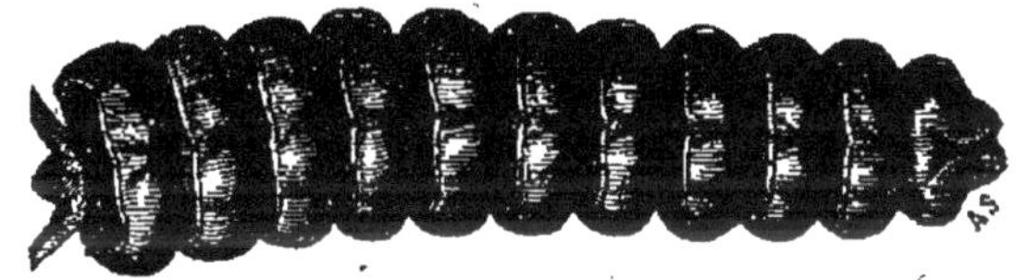

FIG. 174. — Sonnettes du Crotale.

de sûreté, lorsque c'est possible, on cautérise la plaie avec un corrosif, eau forte, nitrate d'argent, acide phénique, ou même avec une aiguille chauffée au rouge. Si ces précautions sont prises assez tôt, il est rare que la piqûre d'une vipère ait des conséquences fâcheuses.

La vipère habite de préférence les collines chaudes et rocailleuses; elle se tient sous les pierres et dans les fourrés de broussailles. Sa couleur est brune ou noirâtre. Elle a sur le dos une bande sombre en zigzag, et sur chaque flanc une rangée de taches dont chacune correspond à un des angles rentrants de la bande dorsale. Son ventre est d'un gris d'ardoise. Sa tête est un peu triangulaire, plus large que le cou, obtuse et comme tronquée en avant. La vipère est timide et peureuse; elle n'attaque l'homme que pour sa défense. Ses mouvements sont brusques, irréguliers, pesants.

Parmi les serpents venimeux étrangers, nous citerons le

Crotale de l'Amérique du nord, nommé aussi *Serpent à sonnettes* à cause des cornets écailleux qui, emboîtés lâchement les uns dans les autres, au bout de la queue, bruissent quand l'animal s'agite. Son venin détermine la mort de l'homme en deux ou trois minutes, et fait périr avec la même rapidité les bœufs et les chevaux. Les Antilles ont le *Trigonocéphale* ou *Vipère jaune*, long de deux mètres et presque aussi redoutable que le crotale. L'Afrique du nord a le *Céraste*, qui porte une petite corne sur chaque paupière. Sa morsure peut tuer en quelques heures. En Égypte se trouve l'*Haje*, dont le cou se gonfle dans la colère. C'est l'*Aspic* des anciens, celui dont parle l'histoire au sujet de la mort de Cléopâtre. L'antique Égypte l'avait en vénération et le sculptait sur le portail de ses temples, des deux côtés d'un globe. A l'Inde appartient le *Naja*, qui gonfle le cou comme l'aspic, et porte sur la nuque élargie un trait noir, dont la configuration lui a fait donner le nom de *Serpent à lunettes*.

CHAPITRE XXVIII

CLASSE DES BATRACIENS

1. **Caractères**. — Les *Batraciens* ont pour type la grenouille, dont le nom grec *Batracos* sert à désigner la classe entière. Ils ont des reptiles le cœur à trois cavités, et par conséquent la circulation incomplète. Ils en diffèrent par leur peau, qui est nue au lieu de se couvrir de plaques épidermiques d'apparence écailleuse ; ils en diffèrent surtout par les transformations qu'ils subissent avant d'arriver à la forme adulte. Les reptiles sortent de l'œuf avec la forme qu'ils doivent toujours posséder ; les batraciens en sortent avec une forme transitoire, celle de têtard.

2. **Métamorphoses**. — Dans leur premier état, les batraciens se nomment têtards, par allusion à leur grosse tête confondue avec un ventre volumineux. L'absence de membres,

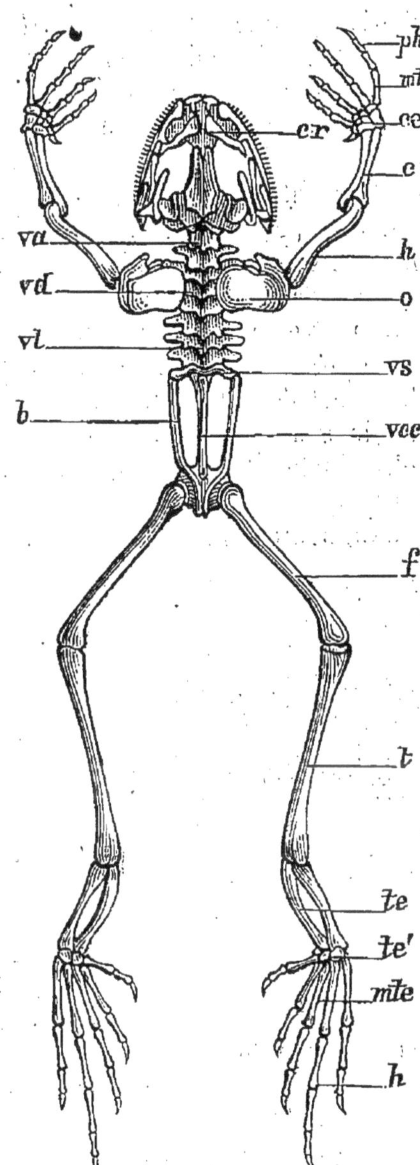

FIG. 175. — Squelette de grenouille. — *cr*, crâne ; — *va*, atlas ; — *vd*, vertèbres dorsales ; — *vl*, vertèbres lombaires ; — *vs*, sacrum ; — *vcc*, vertèbres coccygiennes ; — *o*, omoplate ; — *h*, humérus ; — *c*, cubitus et radius ; — *ce*, carpe ; — *mt*, métacarpe ; *ph*, phalanges ; — *b*, bassin ; — *f*, fémur ; *t*, tibia ; — *te*, tarse ; — *mte*, métatarse ; *h*, phalanges.

une queue aplatie verticalement, et la respiration aquatique au moyen de branchies, les rapprochent alors des poissons. Ces branchies consistent au début en panaches épanouis extérieurement des deux côtés du cou. Bientôt, dans la plupart des batraciens, notamment dans la grenouille, ces panaches se flétrissent et la respiration se fait au moyen de branchies intérieures, situées sous la peau, au-dessous du cou. Pour arriver à ces organes, l'eau pénètre dans la bouche ; elle en revient tantôt par une ouverture, tantôt par deux percées à la base du cou.

Le têtard se nourrit de matières végétales, tandis que l'animal adulte se nourrit de petite proie ; le premier est herbivore, le second est carnivore ; il faut donc au têtard un appareil digestif longuement développé, qui puisse contenir un copieux volume de nourriture peu substantielle ; il faut à la grenouille un appareil digestif de médiocre ampleur, contenant sous un petit volume des aliments plus nutritifs. On doit retrouver enfin dans le canal digestif du même animal, changeant de régime après sa métamorphose, des différences pareilles à celles que montrent généralement l'intestin de l'herbivore et l'intestin du carnivore. En effet, l'intestin du têtard est un tube très long, replié un grand nombre de fois en spirale, et occupant la presque totalité d'un ventre volumineux; celui de la grenouille, au contraire, est très court et presque étroit. Enfin le têtard, pour découper sa nourriture végétale, est doué d'une espèce de bec corné.

Un moment vient où apparaissent les membres. Les pattes postérieures se montrent les premières; plus tard, viennent les antérieures. Le bec tombe et fait place à de véritables mâchoires; la queue graduellement disparaît; elle est résorbée, c'est-à-dire que le sang, circulant dans son épaisseur, la dissout peu à peu et en emporte ailleurs les matériaux pour servir à de nouveaux

FIG. 176. — La Salamandre.

organes; les branchies se flétrissent et sont remplacées par des poumons; enfin le régime change, à la nourriture végétale est substituée la petite proie, insectes et vers. Ces modifications opérées, le batracien possède sa forme finale : à l'état de têtard, il a vécu dans l'eau; maintenant il va vivre dans l'air.

3. **Batraciens avec queue.** — Certains batraciens conservent toute leur vie la queue qu'ils possédaient à l'état de têtard. Telles sont les salamandres, dont une espèce, la *Salamandre terrestre*, est assez fréquente dans nos pays. Sa forme est un mélange de celle du crapaud et de celle du lézard. Elle est d'un noir foncé avec de grandes taches d'un jaune vif. Sa taille est d'un à deux décimètres. Elle se tient dans les trous humides, au voisinage des fontaines; elle mange des insectes et des vers de terre. Malgré son aspect repoussant, c'est un animal inoffensif. Les croyances vulgaires lui ont fait une fabuleuse réputation. On la dit incom-

bustible, capable de résister aux flammes. Ce conte provient apparemment de ce que l'animal, irrité, laisse suinter de sa peau une humeur blanchâtre, laiteuse, qui pourrait bien étouffer l'ardeur d'un charbon rapproché de la bête. Son têtard respire au moyen de fines houppes qui s'étalent dans l'eau de chaque côté du cou.

Les salamandres, à l'état adulte, ne possèdent que des poumons; mais d'autres batraciens, également pourvus d'une queue, possèdent à la fois, devenus adultes, des poumons et des branchies, qui leur permettent de respirer indifféremment et dans l'air et dans l'eau. L'un d'eux est l'*Axolotl*, des lacs du Mexique.

4. **Batraciens sans queue.** — Cette division comprend les *Grenouilles*, les *Rainettes*, les *Crapauds*. Les grenouilles ont des formes élancées et qui ne manquent pas d'une certaine élégance.

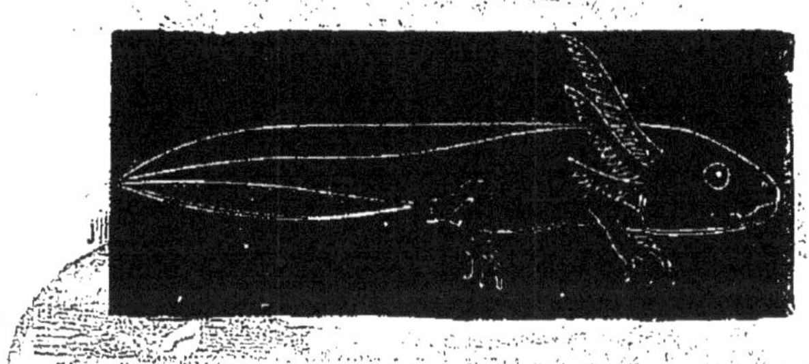

Fig. 177. — Têtard de Salamandre.

Leurs pattes postérieures sont très longues et fortes, éminemment propres au bond, principal mode de progression de ces animaux. Ramassée sur elle-même, la grenouille se détend à la manière d'un ressort, et se projette en avant par un vigoureux élan des cuisses. Les doigts de derrière sont largement palmés, c'est-à-dire réunis par une membrane comme le sont les doigts d'un oiseau nageur, du canard en particulier. Cette disposition des doigts en rame à grande surface, et d'autre part la souplesse des membres postérieurs, qui se rassemblent contre les flancs puis s'allongent en choquant l'eau, font de la grenouille un habile nageur.

Malgré leur fréquent séjour dans l'eau, la grenouille et autres batraciens dépourvus de branchies à l'état adulte, ont la respiration des animaux aériens; ils ne vont à l'eau que pour déposer leurs œufs, pour se soustraire à un danger, pour prendre un bain au temps des fortes chaleurs; mais ils ne sauraient y séjourner longtemps sans périr. Il faut qu'ils viennent par intervalles humer l'air à la surface, respirer, en mettant dehors au moins l'orifice des narines. S'ils sont de force maintenus dans l'eau, ils meurent.

La *Grenouille commune* ou *verte* est tachetée de noir sur un fond vert. Elle a trois raies jaunâtres sur le dos et le ventre de la même couleur. Elle est très fréquente sur les bords de toutes

FIG. 178. — La Grenouille.

les eaux dormantes. C'est elle qui, dans les soirées d'été, remplit les fossés de ses rauques clameurs.

La *Grenouille rousse* est tachetée de noir sur un fond roussâtre. On la reconnaît aisément à la bande noire qui, partant de l'œil, passe au dessus de l'oreille. Elle habite les lieux frais, les champs humides, les prairies. Elle va plus à terre que la précédente et coasse beaucoup moins. Toutes les deux se nourrissent de proie vivante : larves aquatiques, vers, mouches, insectes, limaçons.

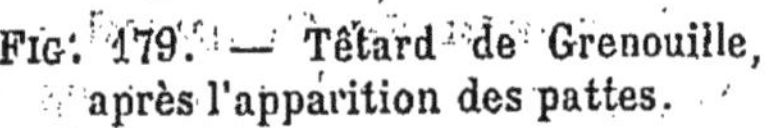

FIG. 179. — Têtard de Grenouille, après l'apparition des pattes.

Les *Rainettes* diffèrent des grenouilles par les pelotes visqueuses qui terminent leurs doigts et leur permettent de grimper sur les arbres, où elles font une chasse assidue aux insectes.

Elles se tiennent toute la belle saison dans la feuillée, et ne vont à l'eau que pour pondre. Leur voix, renforcée par une poche qui se gonfle sous la gorge, est très rauque et volumineuse. La rainette de nos pays ou *Rainette commune* est d'un beau vert tendre en dessus, et d'un blanc jaunâtre en dessous.

Le *Crapaud* est généralement pour nous la laideur vivante. Son corps mollasse est un amas informe et comme pétri au hasard; son dos aplati, sale de couleur, est parsemé de pustules livides. Les pattes trop courtes ne peuvent soulever au-dessus de la vase son ventre boursouflé, qui traîne ignoblement; sa large tête se fend en une gueule hideuse; des paupières gonflées sur-

FIG. 180. — Le Crapaud.

montent de gros yeux saillants, qui révoltent par leur bestiale fixité; si quelque danger le menace, il se gonfle et se fait sous la peau un matelas d'air, qui résiste aux coups par sa flasque élasticité.

5. **Venin du Crapaud.** — Quand on les irrite, les crapauds transpirent par les verrues dont leur peau est couverte, une humeur épaisse, visqueuse, ayant l'apparence du lait. Ce liquide est de saveur nauséabonde et brûlante, d'une amertume insupportable. En suant cette humeur, l'animal espère rebuter ses assaillants. Il y parvient en effet. Un chien excité, après avoir mordu sur un crapaud, se retire salivant et grimaçant de dégoût, sans plus vouloir jamais toucher à pareil gibier.

L'animal ne fait pas d'autre usage de son humeur, qui deviendrait très redoutable, si le crapaud pouvait l'infiltrer dans le sang de ses ennemis, comme la vipère le fait de son venin, versé dans la plaie par les crochets. Voici quelques expériences faites à ce sujet.

Une goutte de l'humeur laiteuse des crapauds est introduite avec une pointe d'acier dans les chairs d'un petit oiseau. En quelques minutes, l'oiseau chancelle comme pris d'ivresse, ferme les yeux, bâille et tombe mort. Un chien est traité de la même manière, mais avec une dose plus forte. En moins d'une heure, la bête expire. Des voyageurs assurent que certains Indiens de l'Amérique du Sud empoisonnent la pointe de leurs flèches avec l'humeur laiteuse des crapauds. Ils embrochent à un long bâton une file de ces animaux vivants, qu'ils approchent ensuite du feu pour exciter la transpiration de leurs pustules. Le lait qui en suinte est recueilli sur une large feuille. C'est dans ce liquide qu'on trempe la pointe des flèches, dont la piqûre est désormais mortelle.

L'humeur laiteuse de la salamandre terrestre a des propriétés analogues, mais moins terribles si ce n'est pour les petits oiseaux. Si le venin est inoculé sous la peau d'une fauvette, celle-ci, au bout de deux ou trois minutes, est prise d'un trouble étrange. L'oiseau chancelle, le plumage hérissé, le bec ouvert et claquetant; il se redresse de plus en plus, renverse sa tête en arrière, pousse des cris plaintifs, s'agite, tourne plusieurs fois sur lui-même et finalement succombe. Les petits mammifères, cochons d'Inde et souris, traités de la même manière, ne manifestent qu'une grande angoisse et des convulsions, sans périr.

Le crapaud est-il donc venimeux? Oui et non tout à la fois. A l'extérieur, l'humeur des crapauds est sans effet; pour agir comme venin, il faut qu'il se mélange avec le sang par la voie d'une blessure. Mais le crapaud est dépourvu de toute espèce d'arme qui puisse entamer même très légèrement les chairs; il est donc dans l'impossibilité absolue de nous nuire. Il possède une humeur venimeuse, sans avoir la faculté d'en faire usage autrement que pour s'infecter le corps en la transpirant et rebuter ses ennemis par une odeur et une saveur repoussantes. Sans aucune espèce de danger, on peut manier un crapaud, si la fantaisie nous en prend; on se lave après les mains si l'animal les a infectées de son liquide, et tout est fini. A moins que la folle idée ne nous vienne de recueillir l'humeur venimeuse sur la pointe d'un canif, pour nous piquer après jusqu'au sang avec la lame empoisonnée, on peut hautement affirmer, que le crapaud est inoffensif.

Mais ce n'est pas assez pour le recommander à notre attention. Le crapaud est encore un auxiliaire de grand mérite, un glouton avaleur de cloportes, de limaces, de scarabées, de larves et de toute vermine ; c'est par conséquent un défenseur de nos parterres et de nos jardins. Il est d'une utilité si bien reconnue, qu'en Angleterre on en fait commerce. On l'achète au marché, tant par tête ; on l'emporte chez soi ; on lui donne la liberté dans le jardin ou dans la serre. Sa charge est de veiller sur les cloportes, les limaces et autres destructeurs des plantes.

CHAPITRE XXIX

CLASSE DES POISSONS

1. **Vie et respiration aquatiques.** — L'eau renferme de l'air dissous, proportionnellement plus riche en oxygène que l'air atmosphérique et, apte ainsi, malgré sa faible quantité, à suffire aux espèces aquatiques, dont l'activité respiratoire est d'ailleurs toujours faible. Les organes chargés de mettre le sang en rapport avec cet air dissous, pour l'imprégner d'oxygène, se nomment *branchies*. Leur forme est très variable dans les diverses classes des animaux aquatiques.

Ce sont en général de fines houppes, des faisceaux de ramuscules, des franges de menues lamelles, qui ont pour objet de diviser le sang et de le mettre en rapport, par la plus grande surface possible, avec l'eau aérée. A travers la délicate membrane de ces ramifications des branchies et des vaisseaux capillaires qu'elles contiennent, le sang cède à l'eau son acide carbonique, qui se dissout dans le liquide, et reçoit en échange de l'oxygène. Cela exige que l'eau se renouvelle continuellement autour des branchies, apportant du gaz respirable, emportant les produits de la respiration, de même que l'air atmosphérique se renouvelle sans cesse dans les poumons des animaux terrestres.

Tantôt les branchies s'étalent et flottent librement dans l'eau, comme nous venons de le voir au sujet des têtards pendant les premiers jours qui suivent l'éclosion ; tantôt elles sont contenues

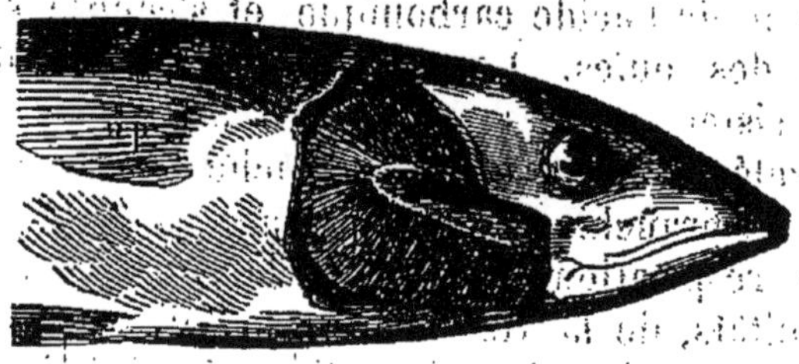

FIG. 181. — Tête de poisson, avec un opercule enlevé pour montrer les branchies.

dans une cavité du corps ; ce dernier cas est celui des poissons. De chaque côté du cou est une profonde dépression, que protège un couvercle osseux, appelé *opercule*, libre sur son contour postérieur. Ce bout libre se soulève ou s'abaisse au gré de l'animal, ouvrant et fermant tour à tour une ample fente demi-circulaire, improprement nommée *ouïe*, car l'organe de l'audition n'a rien de commun avec elle. Sous l'opercule sont les branchies, habituellement au nombre de quatre de chaque côté. Elles ont pour soutiens des arcs osseux, et se composent chacune d'une double rangée de lamelles très fines, disposées à côté les unes des autres comme le sont les dents d'un peigne. Dans chaque lamelle se distribuent en abondance des capillaires veineux, amenant le sang noir en présence de l'eau aérée ; et des capillaires artériels, conduisant le sang à l'aorte après l'oxygénation.

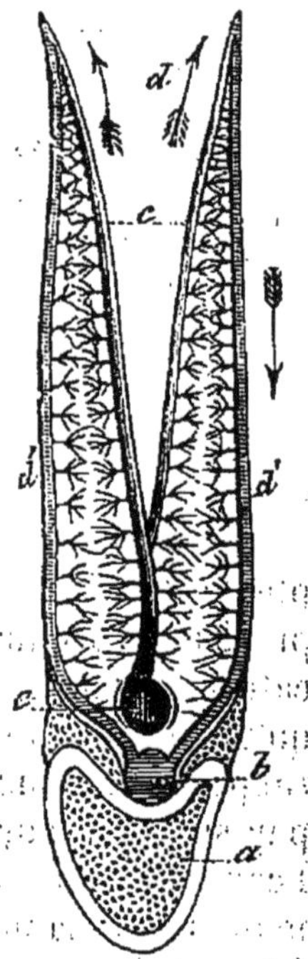

FIG. 182. — Distribution des vaisseaux sanguins dans les lamelles des branchies.

L'eau se renouvelle autour de branchies par les mouvements combinés de la bouche et des opercules. On voit, en effet, le poisson entr'ouvrir puis fermer la bouche sans discontinuer, comme pour avaler des gorgées de liquide, tandis que les opercules en même temps se soulèvent un peu et s'abaissent. Mais la déglutition n'est qu'apparente : l'eau, au lieu de s'engager dans l'œsophage, arrive de droite et de gauche dans les cavités branchiales, qui largement communiquent avec l'arrière-bouche; elle se répand autour des branchies, baigne leurs filaments, cède son oxygène, prend de l'acide carbonique et s'écoule en cet état par l'orifice des ouïes. Les mouvements respiratoires des poissons consistent ainsi à provoquer un continuel courant d'eau renouvelée, qui entre par la bouche et sort par les ouïes en baignant les branchies sur son passage.

Puisque la respiration au sein de l'eau ne diffère en rien, dans ses résultats, de la respiration au sein de l'air, et se résume, comme cette dernière, dans l'oxygénation du sang, il paraît étrange, tout d'abord, qu'un poisson périsse promptement hors de l'eau; il semble, au contraire, que l'animal, en rapport avec une plus grande abondance d'air, devrait vivre d'une vie

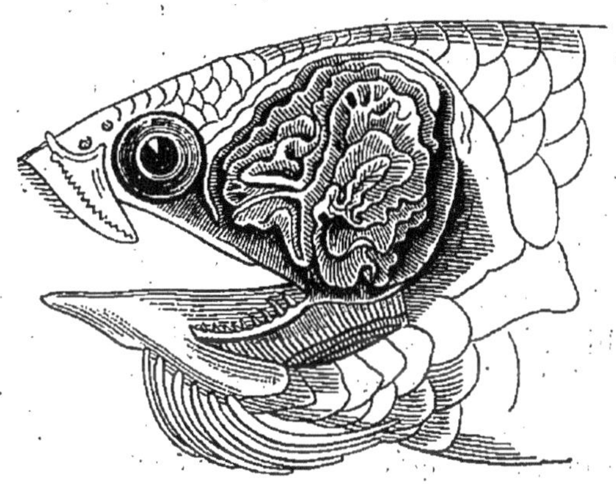

FIG. 183. — Tête d'Anabas.

plus active. Si, tiré de l'eau, le poisson meurt, ce n'est pas précisément l'air qui en est cause, mais bien la structure délicate des branchies. Ces organes, en effet, ne peuvent fonctionner qu'autant qu'ils sont largement étalés pour mettre le sang en rapport sur d'amples surfaces avec le milieu respirable. Mais par suite de leur extrême délicatesse, il leur faut l'appui de l'eau, qui les soutient, les déploie, les étale. Si cet appui manque, les lamelles branchiales s'agglutinent entre elles, s'affaissent en un amas à demi desséché, dans lequel l'air et le sang difficilement circulent. Aussi, pour prolonger la vie d'un poisson hors de l'eau, convient-il de maintenir ses branchies étalées et humectées; de la sorte la respiration se continue quelque temps au moyen de l'air humide.

Les espèces dont les ouïes sont largement fendues et se prêtent ainsi à une dessiccation rapide sont celles qui périssent le plus vite ; celles dont les ouïes sont étroites et retardent la dessiccation résistent davantage. Il y en a qui conservent sous les opercules, dans les replis des cavités branchiales, une petite provision d'eau, qui maintient humectés leurs organes respiratoires. Les poissons ainsi organisés quittent parfois d'eux-mêmes leur élément et vont à terre, dans les herbages humides, où ils respirent de l'air. Telle est l'anguille ; tel est surtout un poisson des marais du Bengale, l'*Anabas*, qui reste longtemps à terre et parvient même, dit-on, à grimper sur les arbres.

Le cœur des poissons est encore plus réduit que celui des reptiles, car il ne comprend que deux cavités, une oreillette et un ventricule, cavités occupées l'une et l'autre par du sang noir, sans jamais recevoir de sang rouge. Il correspond ainsi à la moitié droite du cœur des oiseaux, des mammifères et de l'homme lui-même; en un mot, c'est un *cœur veineux*. Pour être le cœur complet qui

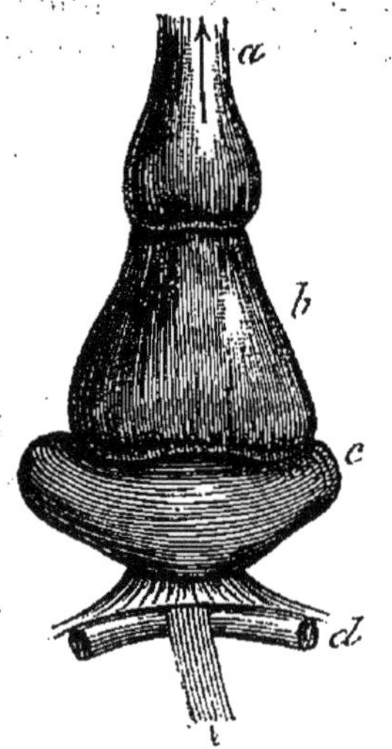

Fig. 185. — Cœur d'un poisson. — *d*, veines-caves ; — *c*, oreillette ; — *b*, ventricule ; — *a*, bulbe artériel.

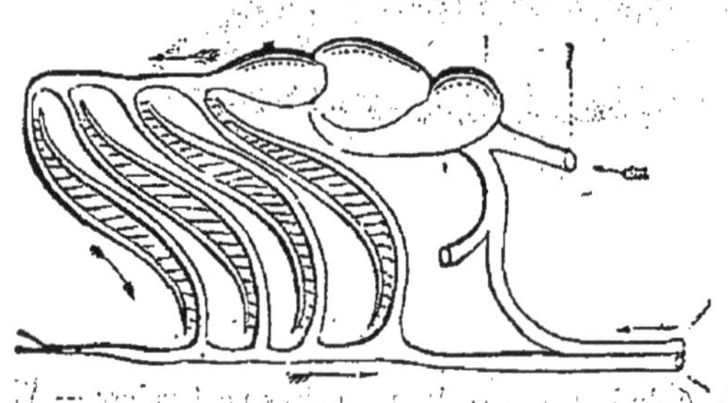

Fig. 184. — Appareil circulatoire d'un poisson.

nous a servi de point de départ, il lui manque la moitié gauche, la moitié à sang rouge, enfin le cœur artériel.

Son oreillette reçoit le sang veineux arrivant des diverses parties du corps, et le cède au ventricule, dont les contractions le chassent dans les organes respiratoires ou branchies. L'oxygénation faite, le sang sort des branchies par d'autres vaisseaux, analogues aux veines pulmonaires, et sans revenir au cœur, s'engage dans une artère, assimilable à l'aorte, qui le distribue aux organes. C'est donc le ventricule unique qui donne au sang l'impulsion nécessaire pour traverser d'abord les organes respiratoires, se distribuer après dans tout le corps et revenir enfin au cœur. Malgré la simplicité de l'organe moteur, la circulation n'en est pas moins complète : il n'y a pas de mélange entre le sang noir et le sang rouge, comme dans la circulation des reptiles et des batraciens ; et tout le sang veineux traverse les organes respiratoires et devient sang artériel avant de recommencer son parcours.

La plupart des poissons sont très voraces. Pour happer leur proie, la retenir et l'entraîner dans leur ample gosier, beaucoup d'entre eux ont plusieurs rangées de dents à chaque mâchoire. Tels sont les requins, dont le formidable appareil dentaire se compose de pièces triangulaires à côtés rectilignes ou dentelés. Chez divers poissons, presque toute la cavité de la

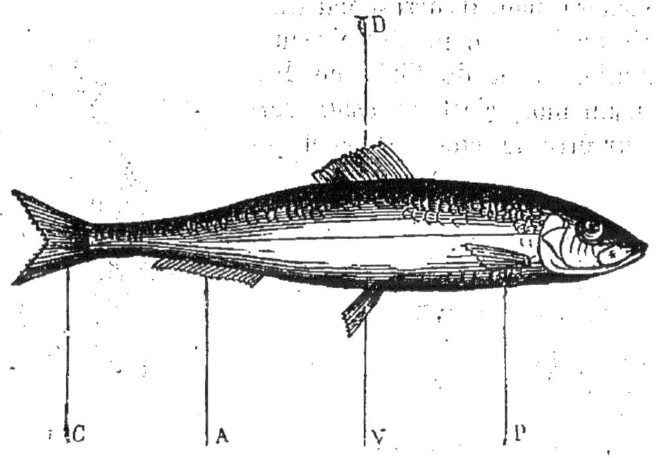

FIG. 186. — Appareil locomoteur du Hareng. — P, nageoires pectorales ; — V, nageoires ventrales ; — D, dorsale ; — A, anale ; — C, caudale.

bouche est hérissée de dents, outre celles qui sont implantées sur les mâchoires. Il y en a sur la voûte du palais, sur la langue, sur les parois de l'arrière-bouche et jusqu'à l'entrée de l'œsophage. Leur forme varie beaucoup suivant le régime ; on en trouve de très fines et serrées les unes contre les autres, de manière à imiter un rude velours ; on en voit qui ont la forme de lames tranchantes, de crochets recourbés, de tubercules arrondis.

2. **Mode de progression.** — Les poissons ont pour organes locomoteurs les nageoires, formées de rayons osseux qu'une membrane relie. Les unes sont paires ou symétriques ; les autres sont impaires. Les nageoires symétriques sont les deux

pectorales, situées derrière les ouïes, et les deux *ventrales*, placées plus ou moins en arrière, à droite et à gauche de la ligne médiane du ventre. Ces quatre nageoires représentent les membres des autres vertébrés.

Les nageoires impaires sont la *dorsale*, tantôt simple, tantôt multiple; la nageoire *anale*, et enfin la nageoire *caudale*, la plus forte et la plus importante de toutes. Les nageoires symétriques paraissent destinées au maintien de l'équilibre; les autres servent à la progression, dans laquelle la caudale a la majeure part. L'arrière du corps s'affile en un cône allongé, que revêt une puissante couche de muscles. Des chocs rapides, distribués de droite et de gauche par ce vigoureux appareil, font progresser le poisson comme progresse une barque manœuvrée à l'arrière par un seul aviron.

3. **Écailles.** — La plupart des poissons ont le corps revêtu

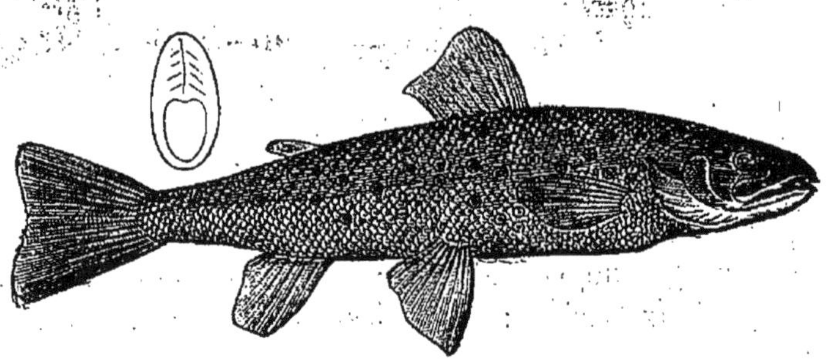

FIG. 187. — La Truite.

d'écailles, superposées à la manière des tuiles d'un toit. Ce sont de minces lames cornées, des productions de la peau, analogues aux ongles, aux poils, aux plumes, mais plus ou moins riches en matériaux calcaires. Chacune est enveloppée d'une très fine membrane, intérieurement tapissée dans bien des cas d'une substance d'un blanc d'argent. Certaines de ces écailles ont le bout libre arrondi, sans dentelures, et prennent alors le nom d'*écailles cycloïdes;* c'est ce qui a lieu pour la carpe, la truite, le hareng, la sardine. D'autres ont le bord libre découpé en dentelures plus ou moins profondes. Elles sont dites *écailles cténoïdes*. La perche, dans nos fleuves, en présente de pareilles. Les écailles peuvent consister encore en tubercules durcis, armés d'un petit aiguillon recourbé, ce qui rend la peau du poisson âpre au toucher, rugueuse. Ainsi façonnées, elles prennent le nom d'*écailles placoïdes*. Les requins et les raies en possèdent de pareilles. Enfin le poisson peut être cuirassé de plaques rhombiformes, en grande partie osseuses, recouvertes d'une couche luisante, très dure, comparable à l'émail des dents. On donne à ces plaques le nom d'écailles *ganoïdes*. Très peu de poissons actuels, deux genres au plus, en possèdent de telles aujourd'hui ; mais aux anciennes époques géologiques, ils dominaient dans les mers.

4. **Poissons osseux et poissons cartilagineux.** — Parmi les poissons, les uns ont le squelette osseux, c'est-à-dire miné-

Fig. 188. — La Carpe.

ralisé par des matériaux calcaires; les autres l'ont composé presque exclusivement de matière cartilagineuse. La classification fait usage de ce caractère important pour diviser les poissons en deux séries : les poissons *osseux* et les poissons

Fig. 189. — Le Brochet.

cartilagineux. La première série, de beaucoup la plus nombreuse, a la structure générale et l'aspect dont l'idée s'éveille habituellement en nous au mot de poisson. Là se rangent le thon, le maquereau, la morue, le hareng, la sardine, des eaux de la mer; la perche, la truite, la carpe, le brochet, des eaux douces. Dans la seconde série, dont le squelette, toujours à l'état de cartilage, n'a que très peu de matière calcaire, déposée par petits grains, se classent l'*Esturgeon*, grand poisson qui de la mer remonte dans les fleuves à certaines époques, et a la peau protégée par des plaques osseuses; le *Requin*, terreur des mers; la *Raie* et la *Torpille*, célèbre par les commotions électriques qu'elle donne; la *Lamproie*, qui par sa forme allongée, sa peau nue, visqueuse et glissante, rappelle l'anguille vulgaire. De même que l'esturgeon, la lamproie remonte, au printemps, de la mer dans les fleuves.

5. **La Morue.** — La *Morue*, telle que la répand le commerce, nous arrive méconnaissable, car pour la conserver, les pêcheurs lui enlèvent la tête, de trop peu de valeur, à cause de ses os; puis ils fendent le corps suivant la ligne du ventre, rejettent les entrailles, et étalent les deux moitiés charnues, dont l'ensemble forme une plaque de forme à peu près triangulaire. Enfin ils salent leur pêche et la dessèchent au soleil. Mais à l'état

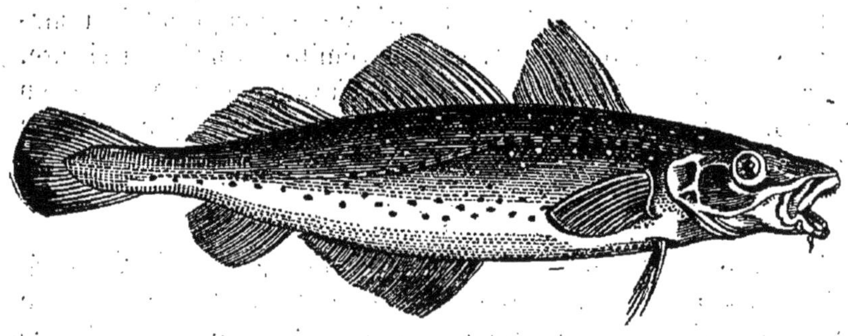

FIG. 190. — La Morue.

vivant, c'est un superbe poisson dont le poids atteint une douzaine de kilogrammes en moyenne. Le dos et les flancs sont d'un gris bleuâtre, avec de nombreuses mouchetures d'un rouge doré, semblables à celles dont la truite est ornée dans nos ruisseaux d'eau vive. Le ventre est d'un blanc d'argent. La mâchoire supérieure est proéminente; de l'inférieure pend un barbillon en forme de ver. La morue est un poisson vorace, qui fait une consommation énorme de poissons plus faibles qu'elle, et surtout de harengs. Elle est à son tour la proie d'une foule d'animaux marins; elle fournit chaque année des myriades de victimes aux pêches de l'homme, et cependant l'espèce ne paraît pas diminuer, tant sa multiplication est excessive : une morue pond neuf millions d'œufs, d'autres disent onze millions.

Le lieu principal de pêche est le banc de Terre-Neuve, où

les morues se rendent au printemps. Là se rendent aussi des flottes de navires pêcheurs, envoyées par l'Amérique du Nord, l'Angleterre, la France, la Hollande, l'Espagne, le Portugal. Les bâtiments français dépassent le nombre de deux cents avec trois mille hommes au moins d'équipage. Chacun d'eux rapporte en moyenne quarante mille poissons. A quel chiffre s'élève donc la pêche pour l'ensemble des flottes, parmi lesquelles celle de la France n'est pas la plus considérable ! Et cependant, sans qu'il y ait œuvre de diminution sensible constatée, cette extermination des morues se poursuit, chaque année, de mai en septembre, depuis plus de trois siècles, par toutes les nations qui se donnent rendez-vous sur le banc de Terre-Neuve.

La pêche se fait avec des filets près des côtes, avec des lignes en pleine mer. Le filet est une grande nappe rectangulaire, dont le bord inférieur descend verticalement, entraîné par des plombs, et dont le bord supérieur se maintient à la surface, soutenu par des lièges. Une extrémité est fixée au rivage. Un bateau prend l'autre extrémité et s'avance en pleine mer en développant le filet, puis il revient en décrivant une large courbe de manière à envelopper le poisson d'une enceinte sans issue. Les deux extrémités sont alors tirées sur le rivage par les pêcheurs, qui ramènent à eux le filet avec les morues captives.

Les lignes sont de solides cordons de chanvre dont l'extrémité porte un hameçon recouvert d'un appât, hareng salé ou même lambeaux d'entrailles des morues prises la veille. Chaque homme en surveille deux, l'une à droite, l'autre à gauche du bateau, stationnaire au point de la pleine mer jugé convenable; il ne discontinue presque pas de renouveler l'amorce, de jeter la ligne à la mer, et de la retirer bientôt après avec une morue au bout. Le soir venu, le canot se retire, plein de poissons jusqu'aux bords, car la capture pour chaque pêcheur, s'il est habile, est d'environ quatre cents morues dans un jour. Outre ces lignes, dites *lignes de marée*, il y en a d'autres, appelées *lignes de fond*, et consistant en une corde très forte à laquelle sont fixés deux à trois mille cordons armés d'hameçons avec appât. Deux petites ancres ou grappins maintiennent la ligne au fond de la mer, tandis que deux autres cordes, rattachées à des bouées de liège, servent à la retirer lorsqu'on la juge chargée d'une guirlande de morues prises.

Revenus à terre ou dans leurs navires respectifs, les pêcheurs s'occupent de la préparation des poissons. L'un, avec un large coutelas, tranche les têtes; un autre fend en long, suivant la ligne du ventre, les morues décapitées; un troisième extrait les entrailles, en ayant soin de mettre à part le foie; un quatrième les aplatit; un cinquième les frotte abondamment de sel et les empile dans des barils percés de trous, par où s'écoule la saumure. Suffisamment imprégnées de sel, les morues sont enfin suspendues et abandonnées à l'action desséchante des vents. Quant aux foies, on en remplit des barils de chêne, où ils se liquéfient par la corruption. Il surnage un liquide huileux, à odeur repoussante de poisson pourri : c'est l'huile de foie de morue, utilisée en médecine. Il reste les têtes et entrailles, qui, desséchées et réduites alors en poudre, fournissent à l'agriculture un engrais, dit *guano de poissons*.

6. **Le Hareng.** — Le *Hareng* mesure de deux à trois décimètres de longueur; il a le dos d'un bleu verdâtre et le reste du corps d'un blanc argenté. C'est un poisson social et voyageur qui, au printemps, par bancs énormes, arrive des mers polaires ou remonte des grandes profondeurs de la mer et vient déposer ses œufs en des eaux attiédies par le soleil. Ces bancs ou caravanes présentent jusqu'à trente kilomètres de longueur sur cinq ou six de largeur. Les poissons y sont pressés jusqu'à se toucher presque, à tel point qu'il suffirait de plonger un baquet dans la mer pour le retirer plein de poissons. Les mille mouvements de la colonne en marche imitent le bruit d'une pluie qui tombe à grosses gouttes. Au-dessus de la troupe émigrante planent des nuées d'oiseaux de mer, qui l'accompagnent à grands cris et vivent à ses dépens; des centaines de cétacés les suivent et en font grande destruction. Le frai, c'est ainsi qu'on appelle les œufs des poissons, le frai est si abondant, qu'il recouvre parfois la mer aussi loin que la vue peut porter; à distance les flots semblent bercer une épaisse couche de sciure de bois. L'époque de la ponte passée, les harengs disparaissent aussi brusquement qu'ils étaient venus.

La pêche aux harengs se fait avec de vastes filets tendus verticalement et formant ainsi comme une muraille qui barre le passage aux poissons. Ceux-ci arrivent, sans pouvoir reculer devant l'obstacle, poussés qu'ils sont par les rangs suivants; ils engagent la tête dans les mailles, trop étroites pour le corps, et restent pris par les fils engagés derrière les ouïes et les nageoires pectorales.

Sans retard, la pêche est soumise aux préparations qui doivent la conserver. Les harengs sont ouverts, vidés, lavés, et mis tremper dans une saumure ou forte dissolution de sel. Au bout d'une quinzaine d'heures on les retire, on les met égoutter, et finalement on les empile dans des tonneaux par lits réguliers. Le résultat de cette préparation se nomme *hareng blanc*, parce que le poisson, simplement salé et mis en tonneau, conserve sa belle couleur argentée.

Une autre préparation donne les *harengs saurs*, reconnaissables à leur teinte jaune doré et à leur odeur de fumée. Le poisson frais est d'abord salé fortement par un séjour d'une trentaine d'heures dans la saumure ; puis on l'embroche par les ouïes à de menues branches et on l'expose à la fumée dans des espèces de cheminées où l'on brûle du bois vert, donnant peu de flamme et des torrents de fumée.

7. **Le Maquereau.** — Un peu plus grand que le hareng, le *Maquereau* est reconnaissable à son dos d'un bleu foncé avec des lignes transversales ondulées et noires. Il a, tant sur le dos que sur la ligne du ventre, au voisinage de la queue, cinq petites nageoires, disposées à la file l'une de l'autre. Dans la Méditerranée, ainsi que dans l'Océan, il fournit, pendant toute la belle saison, des pêches abondantes, mais bien moins lucratives que celles du hareng.

8. **La Sardine.** — Pour la forme, la *Sardine* ressemble beaucoup au hareng, mais elle est plus petite. C'est encore un poisson qui voyage par légions innombrables et dont il se fait des pêches prodigieuses. Son arrivée s'annonce par le bouillonnement de la mer, et par la teinte de l'eau, tantôt azurée, tantôt argentée, suivant que les poissons présentent au spectateur le dos ou le ventre. C'est vers le mois de mai que les sardines arrivent en Bretagne, et un peu plus tôt dans la Méditerranée. Leur pêche, sur les côtes de Bretagne, occupe de 2000 à 2500 embarcations, montées chacune par quatre ou cinq hommes.

On se rend de grand matin à trois ou quatre lieues du rivage pour être sur les lieux de pêche au lever du soleil. La voile est alors serrée, et tandis qu'une partie de l'équipage rame lentement, l'autre laisse couler à la mer un filet à mailles étroites, proportionnées au poisson, et dont le bord supérieur est maintenu à la surface par des lièges. Cela fait, à pleines poignées le patron jette, à droite et à gauche, un appât, consistant en débris de poissons, pour attirer les sardines et les faire remonter des profondeurs. Quand il juge suffisante la foule accourue, il puise une écuelle d'eau et la répand dans la mer bruyamment et brusquement. Effrayées, les sardines s'enfuient avec précipitation sans prendre garde au filet, qui les retient engagées par les ouïes dans les mailles. On juge que le filet est suffisamment chargé quand les flotteurs de liège s'enfoncent. On le retire alors pour dégager les sardines prises et les entasser dans des paniers. Si la pêche est bonne, trente mille poissons peuvent être la prise d'un bateau en un jour.

Sur la plupart des marchés, les sardines sont vendues à l'état frais. Une partie de la pêche est salée et mise en tonneaux, exactement comme on le fait pour les harengs. Enfin on obtient d'excellentes conserves de la manière suivante. Aussitôt que le produit de la pêche arrive, on enlève aux sardines la tête et les entrailles, on met les poissons tremper dans de la saumure pendant une couple d'heures, puis on les lave à grande eau et on les étale sur des claies. Une fois essuyées, les sardines sont plongées dans de l'huile bouillante, jusqu'à demi-cuisson. On les empile alors dans des boîtes de fer-blanc que l'on achève de remplir avec de l'huile d'excellente qualité. Enfin le couvercle est scellé avec de la soudure et l'on soumet le tout pendant quelques instants à la chaleur de l'eau bouillante. Ainsi s'obtiennent les *sardines en boîtes*, qui, bien garanties du contact de l'air par l'enveloppe d'huile et de fer-blanc, se conservent de longues années sans rien perdre de leur valeur. Au contraire, les morues, les harengs, les sardines et autres poissons qui, après avoir été salés, restent exposés à l'air, rancissent tôt ou tard et deviennent immangeables. C'est la ville de Nantes qui principalement nous approvisionne de ces précieuses boîtes de sardines.

Après la sardine vient naturellement l'*Anchois*, qui nous fournit un assaisonnement à goût relevé. C'est un petit poisson de la longueur du doigt, à écailles délicates, d'un blanc argenté. La chair est des plus fines. On le pêche surtout dans la Méditerranée, et de préférence la nuit, à la clarté de réchauds où l'on fait un feu vif et clair avec du bois résineux. Les filets ne diffèrent de ceux de la pêche aux sardines que par des mailles plus étroites. La préparation des anchois se fait pour la majeure partie en Provence. On arrache la tête, plus apte que le reste à rancir, on vide le corps et on dispose les poissons dans des barillets avec du sel mélangé d'un peu d'ocre jaune.

9. **Requins.** — On en connaît plusieurs espèces, dont la plus grande, le *Requin* proprement dit, atteint jusqu'à huit et dix mètres de longueur. Sa formidable gueule est armée de six rangées de dents très dures, très aiguës, de forme triangulaire,

et crénelées sur le bord comme une lame de scie. Lorsqu'elle s'ouvre, la distance d'une mâchoire à l'autre dépasse un mètre et demi. Elle est placée en dessous de la tête, de sorte que

FIG. 191. — Le Requin.

pour saisir sa proie, le requin, après l'avoir poussée du museau se retourne à demi et se met sur le flanc. Son intestin est court et doué d'une lame en rampe spirale qui prolonge le séjour des aliments dans l'appareil digestif, malgré la brièveté de celui-ci. La peau est garnie de petits tubercules serrés et durs qui lui donnent l'âpreté d'une râpe; aussi l'emploie-t-on, sous le nom de *peau de chagrin*, pour polir le bois et l'ivoire. On en fait usage également pour couvrir des étuis, des tuyaux de lunettes et autres ouvrages.

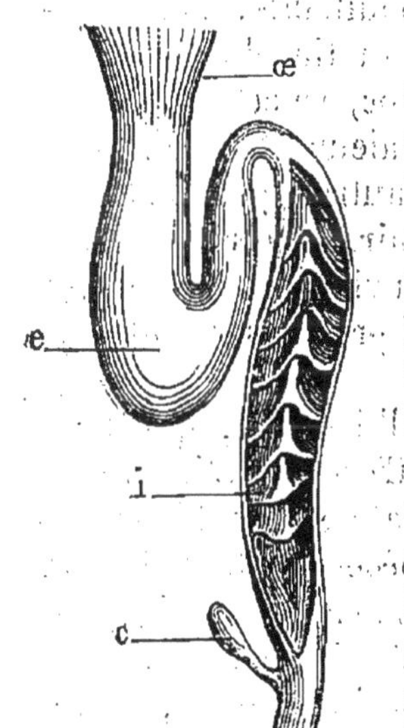

FIG. 192. — Appareil digestif du Requin. — *œ*, œsophage ; — *e*, estomac ;— *i*, intestin avec sa valvule spirale; — *c*, cæcum.

Le requin est dans les mers ce que le tigre est dans les jungles de l'Inde : un animal vorace, terrible, pour lequel l'homme est une proie. D'un seul coup de ses mâchoires, à sextuple rang de dents acérées, il ampute un membre ou tranche le corps en deux morceaux. Les navigateurs n'ont pas d'ennemi plus redoutable, car il est répandu dans toutes les mers. Il n'est pas rare de le voir rôder autour des navires en marche pour se jeter sur tout ce qui en tombe de mangeable. On le prend avec un solide hameçon amorcé de lard et suspendu à une chaîne. Une corde serait coupée par le tranchant de son râtelier. Quand la bête goulue a mordu sur l'appât et que le croc de fer a transpercé le gosier, on tire à soi jusqu'à ce que le requin soit hors de l'eau. On passe alors un nœud coulant vers l'extrémité de la queue, on serre solidement le nœud, et on achève de hisser sur le pont l'horrible bête qui, maintenue ainsi par les deux extrémités, ne peut plus nuire dans les élans furieux de son agonie. Quelques coups de hache achèvent le captif.

10. **Raies.** — Un corps très aplati dans le sens horizontal,

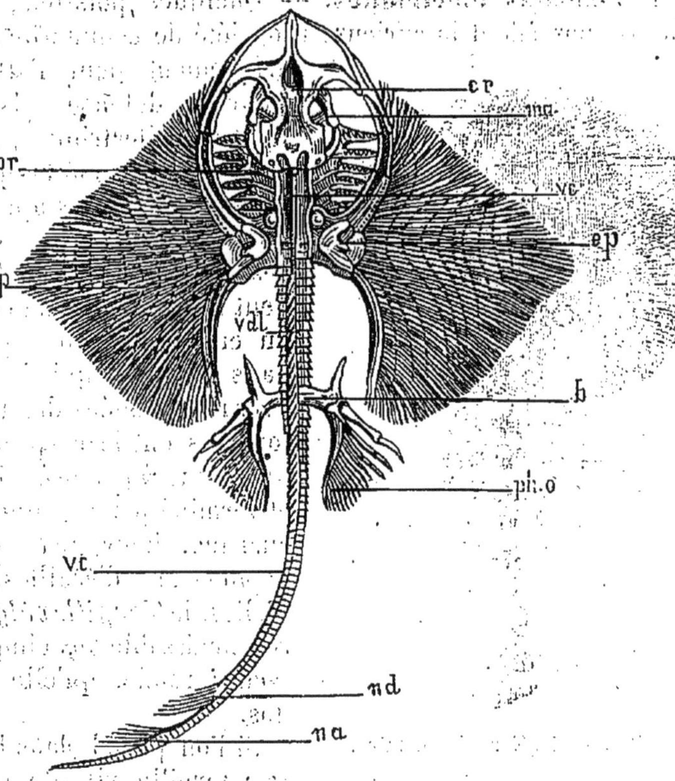

Fig. 193. — Squelette de la Raie.

bordé latéralement d'amples nageoires; un museau saillant, comprimé, au-dessous duquel, bien en arrière, s'ouvre la bouche; une queue étroite terminant cette espèce de disque; telle est la raie. La peau est âpre; et dans la *Raie bouclée*, elle présente une multitude de tubercules durs, surmontés chacun d'un aiguillon recourbé ou *boucle*, d'où est venue la dénomination du poisson. Cette espèce a le corps rhomboïdal, presque carré, et parvient jusqu'à la longueur de quatre mètres. La

Raie blanche ou *cendrée* a des dimensions plus considérables et peut atteindre le poids de 100 kilogrammes. Sa peau, quoique très âpre, est dépourvue d'aiguillons. Toutes les deux sont comestibles et apparaissent fréquemment sur nos marchés. Les raies se nourrissent de poissons, de crustacés, de mollusques, de fucus. Leurs œufs sont enveloppés d'une grande coque coriace, jaunâtre, translucide, en carré long, dont chaque angle se termine par une pointe d'où part un filament tortillé.

11. **Poissons électriques.** — Quelques poissons, en petit nombre, possèdent la curieuse propriété de commotionner électriquement pour l'attaque ou pour la défense. Ils ont des appareils électriques, reproduisant tous les effets que nous obtenons avec les appareils de nos cabinets. Le plus connu de ces poissons est la *Torpille*, dont le nom vient de la torpeur ou engourdissement provoqué dans la main qui la touche. Très rapprochées des raies, les torpilles ont le corps aplati en un disque à peu près circulaire, et terminé par une queue assez charnue. Leur peau est lisse, dépourvue d'écailles. L'une d'elles, la *Torpille vulgaire*, est reconnaissable aux cinq grandes taches rondes qu'elle a sur le dos.

Fig. 194. — La Torpille vulgaire.

Si l'on prend dans les mains une torpille vivante et vigoureuse, on ressent aussitôt une commotion insupportable, analogue à celle que produit la décharge d'une bouteille de Leyde, ou plutôt comparable à celles que provoquent les appareils voltaïques, car le poisson réitère ces décharges de manière que les commotions se succèdent avec rapidité. Ces commotions sont assez fortes pour contraindre la main à lâcher le poisson, et pour laisser après le bras engourdi pendant quelque temps. La décharge électrique de la torpille se transmet à distance par l'intermédiaire de l'eau. Lorsqu'ils lèvent leurs filets et renversent les poissons dans la barque, les pêcheurs commencent par les laver en les arrosant d'une nappe d'eau. S'il y a une torpille dans le nombre des poissons pris, ils s'en aperçoivent à l'instant par la secousse qu'éprouve le bras versant l'eau de lavage. La colonne liquide sert alors de conducteur à la décharge électrique. Cette propriété de commotionner n'appartient qu'à l'animal vivant; elle faiblit à mesure que le poisson faiblit aussi, et cesse tout à fait quand il est mort. La torpille en fait volontairement usage soit pour se défendre, soit pour tuer les petits poissons dont elle se nourrit.

L'organe électrique est double et placé sur chaque flanc à la partie antérieure du corps. Il se compose de quatre à cinq cents masses prismatiques adossées l'une à l'autre et composées chacune de cellules superposées contenant un liquide albumineux. De cette disposition générale il résulte que l'organe a l'aspect des rayons d'abeilles. Trois grosses branches nerveuses distribuent leurs innombrables ramifications dans les cellules de l'appareil.

L'Amérique du Sud a le *Gymnote*, autre poisson électrique dont la forme est celle de nos anguilles. Humboldt en parle ainsi :

« Ce n'est pas seulement aux attaques des crocodiles et des jaguars que les chevaux de l'Amérique méridionale sont exposés; ils ont aussi parmi les poissons un ennemi dangereux. Les eaux marécageuses sont remplies d'anguilles électriques qui, de leur corps gélatineux, tacheté de jaune, lancent à volonté une secousse violente. Ce sont les gymnotes, qui ont cinq à six pieds de longueur. Ils sont assez puissants pour tuer les plus grands animaux, lorsque leur appareil donne une décharge simultanée dans une direction convenable. Il fallut un jour changer une route de la steppe, parce que les gymnotes s'étaient tellement multipliés dans une petite rivière, que tous les ans beaucoup de chevaux, étourdis par les commotions électriques, se noyaient dans le trajet. Tous les autres poissons fuient le voisinage de ces redoutables anguilles. Le pêcheur à l'hameçon, placé sur le haut du rivage, en reçoit les secousses par l'intermédiaire de la ligne mouillée, qui fait l'office de conducteur. Là donc le feu électrique se dégage du sein même des eaux.

» C'est un étrange spectacle que la pêche des gymnotes. On fait courir des mulets et des chevaux dans une mare que les Indiens ceignent étroitement jusqu'à ce que ce bruit insolite excite à l'attaque les poissons courageux. On les voit alors nager comme des serpents sur l'eau, et se presser astucieusement sous le ventre des chevaux. Beaucoup de ces derniers succombent à la force des coups invisibles ; d'autres, haletants, la crinière hérissée, les yeux étincelants d'une féroce angoisse, s'enfuient devant l'orage qui gronde. Mais les Indiens, armés de longs bambous, les repoussent au milieu de la mare.

» Insensiblement l'impétuosité de cette lutte inégale se calme. Les poissons, fatigués, se dispersent comme des nuages déchargés du fluide électrique. Ils ont besoin d'un long repos et d'une nourriture abondante pour réparer la dépense de leur force galvanique. Les secousses deviennent de plus en plus faibles. Effrayés du piétinement des chevaux, ils s'approchent timidement du rivage ; là on les saisit avec des harpons, et on les tire sur la steppe au moyen de bois secs, non conducteurs de l'électricité. »

12. **Pisciculture.** — Le poisson se fait rare dans nos fleuves et nos rivières, au grand préjudice de la fortune publique et de l'alimentation. La pêche immodérée n'est pas la seule cause de ce dépeuplement des eaux ; il y en a bien d'autres, et de plus graves. Il faut des barrages à l'agriculture pour ses canaux d'irrigation, il en faut à l'industrie pour obtenir des chutes qui animeront ses moteurs. Mais certains poissons, et des plus précieux, les saumons par exemple, remontent au printemps les fleuves et les rivières pour déposer leurs œufs en des eaux peu profondes. Les barrages font obstacle à ces migrations, et ne pouvant frayer en des lieux propices, les poissons disparaissent. Il faut à la navigation des eaux libres d'herbages, qui entravent la marche des bateaux ; mais ces herbages sont la demeure d'une multitude de larves, de vermisseaux, d'insectes, nourriture des poissons. En les détruisant, on chasse le poisson, qui ne trouve plus à manger. D'autre part les mouvements tumultueux de bateaux à vapeur effraient les poissons ; les grands remous provoqués par le choc de leurs roues troublent et dispersent le frai dont l'éclosion, pour être prospère, exige la tranquillité d'une anse paisible. Il faut aux poissons des eaux pures, limpides, aérées, où les branchies puissent amplement s'imprégner d'oxygène ; mais les usines industrielles, papeteries, féculeries, distilleries, tanneries et autres, conduisent à la rivière leurs résidus, leurs puanteurs liquides. A la suite de cette infection, de cet empoisonnement des eaux, digne des temps barbares, le poisson meurt asphyxié, ou fuit ailleurs pour ne plus revenir. Le premier point à résoudre pour repeupler un cours d'eau consiste donc à faire renaître les conditions de prospérité : pureté des eaux, tranquillité, abondance de nourriture.

Ces conditions remplies, le reste est relativement très facile. Les poissons, en effet, sont d'une fécondité extrême. Sans atteindre le nombre prodigieux que nous avons cité au sujet de la morue, chaque espèce pond une quantité d'œufs très considérable; mais le frai n'est l'objet d'aucun soin de la part des poissons, il est abandonné à toutes les mauvaises chances du

FIG. 195. — L'Épinoche et son nid.

hasard. Aussi un petit nombre d'œufs arrive à bien; peut-être un sur cent, peut-être un sur mille et pas même. Les autres dépérissent sans pouvoir éclore, ou bien servent de pâture aux diverses populations aquatiques. Enfin les petits poissons, au sortir de l'œuf très débiles créatures, échappent difficilement aux dangers qui les menacent dans l'impitoyable lutte entre dévorants et dévorés.

Ici intervient avec fruit la *pisciculture* ou l'art d'élever et de multiplier les poissons. Les œufs éclosent sous la surveillance de l'homme, dans des appareils où n'existent plus les dangers accompagnant l'éclosion libre; et un seul poisson fournit ainsi très nombreuse descendance. L'*alevin*, ainsi se nomme le jeune poisson, est élevé dans les mêmes appareils, avec nourriture convenable, et à l'abri du péril. Devenu assez fort, on le *sème*, on le répand dans le cours d'eau qu'il s'agit de repeupler. S'il y trouve les conditions exigées pour son genre de vie, il ne peut manquer de prospérer; mais si les eaux sont impures, si la nourriture manque, si la tranquillité fait défaut, infailliblement il périra. Semer de l'alevin en des eaux qui ne lui conviennent pas, c'est semer du froment sur le roc nu.

CHAPITRE XXX

CLASSE DES INSECTES

1. **Caractères généraux.** — Les *Articulés*, avons-nous déjà dit, sont des animaux dont le corps est transversalement divisé en une série d'anneaux ou d'articles, plus ou moins semblables entre eux. Ils sont doués de membres, au moins au nombre de trois paires, et formés de diverses pièces articulées bout à bout. On les divise en quatre classes, savoir : les *Insectes*, les *Mille-pattes*, les *Araignées*, les *Crustacés*.

Dans tout insecte se reconnaissent trois parties, la tête, le thorax et l'abdomen. La tête porte les *antennes*, vulgairement les cornes, plus ou moins longues et de forme très variée. Sur les côtés sont les *yeux composés* ou à *réseau;* sur le haut du crâne, quelques-uns, mais non tous, ont en outre des *yeux simples* ou *stemmates*. Les pièces de la bouche sont au nombre de six. Le thorax est formé de l'assemblage de trois anneaux dont le premier est, chez divers insectes, nettement séparé des deux autres et prend le nom de *corselet*. Les trois anneaux du thorax portent chacun, à leur face inférieure, une paire de pattes; les deux derniers portent en outre des ailes à leur face dorsale. Les anneaux de l'abdomen sont ordinairement au nombre de neuf. La plupart des insectes subissent des métamorphoses : au sortir de l'œuf, ils ont une forme provisoire, qu'ils quittent tôt ou tard pour prendre la forme adulte et définitive.

2. **Disposition des pièces de la bouche.** — On nomme insectes *broyeurs* ceux dont la bouche est conformée pour broyer une nourriture solide. Tels sont les hannetons, les carabes, les sauterelles. Leurs pièces buccales sont disposées comme il suit.

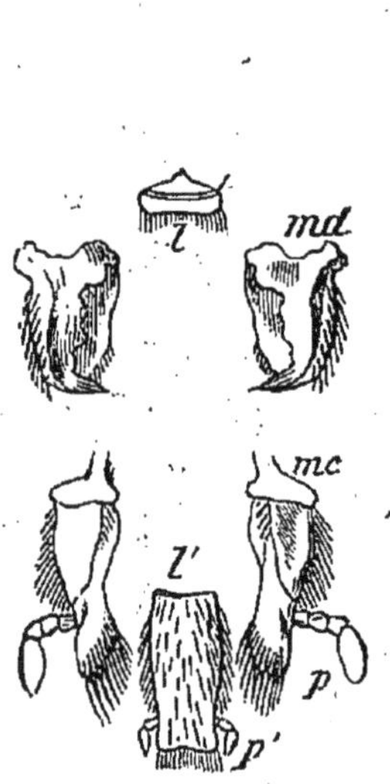

FIG. 196. — Pièces de la bouche d'un insecte masticateur. — *l*, lèvre supérieure; — *md*, mandibules; — *mc*, mâchoires; — *p*, palpes maxilaires; — *l'*, lèvre inférieure; — p', palpes labiaux.

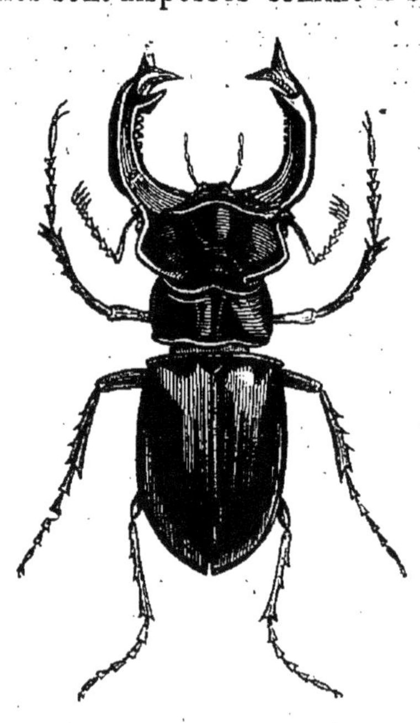

Fig. 197. — Le Cerf-volant.

En haut est la *lèvre supérieure* ou *labre*, petite lame cornée, mobile de bas en haut. Sur les côtés se trouvent deux paires d'organes masticateurs, qui se meuvent transversalement au lieu de se mouvoir de bas en haut comme les mâchoires des vertébrés. La première paire, celle qui se trouve immédiatement au-dessous du labre, porte le nom de *mandibules*. Ce sont deux crocs robustes et plus ou moins dentelés, dont l'animal fait emploi pour saisir, tailler, déchirer. Elles servent d'armes soit pour l'attaque, soit pour la défense, et d'outils pour les travaux que l'insecte exécute, aussi bien que d'organes pour dépecer la nourriture. Les mandibules du cerf-volant ont un développement considérable et constituent les deux menaçantes défenses de l'insecte.

Au-dessous des mandibules sont les *mâchoires*, armées à l'extrémité de dentelures, de tubérosités de forme variable, faisant office de dents et hérissées en outre de cils raides. En dehors et sur le côté, chaque mâchoire porte un appendice formé de petites pièces articulées et nommé *palpe maxillaire.* Les palpes sont en quelque sorte de petits bras destinés au service de la

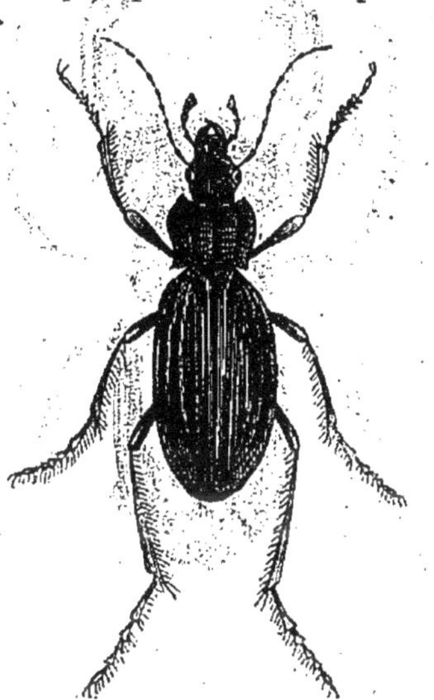

Fig. 198. — Carabe doré.

Fig. 199. — Organes buccaux de l'Abeille

bouche. Ils maintiennent la nourriture à la portée des mâchoires, la tournent et la retournent pour la soumettre commodément à la mastication. Quelques insectes, en particulier les carabes, ardents et gloutons chasseurs, ont à chaque mâchoire deux palpes au lieu d'un seul.

Enfin la bouche est close en bas par la *lèvre inférieure*, elle-même armée de deux palpes nommés *palpes labiaux.* Le rôle de ces derniers est le même que celui des palpes maxillaires.

Les mêmes pièces se retrouvent dans la bouche des divers insectes, mais avec des modifications de forme, de longueur et d'agencement appropriées à la manière de vivre. Chez les abeilles, les guêpes, les bourdons et autres insectes analogues, le labre et les mandibules se conservent tels que nous venons de les décrire. Mais alors les mandibules ne sont plus au service de l'appareil digestif, puisque ces insectes ne se nourrissent pas de matières solides, mais bien de sucs mielleux léchés au fond des fleurs ; ce sont de vrais outils de travail. C'est avec les mandibules que l'abeille pétrit la cire et la façonne en cellules hexagones ; c'est avec les mandibules que d'autres insectes du même ordre creusent le bois et le sol le plus dur en élégantes niches où les œufs sont déposés un à un, avec des provisions, tantôt en miel, tantôt en petite proie engourdie d'un coup d'aiguillon ; c'est enfin avec les mandibules que les abeilles maçonnes gâchent un mortier de terre et de sable et bâtissent leurs nids appliqués contre une pierre, un mur. Mais les autres pièces de la bouche, mâchoires, lèvre inférieure et palpes, s'allongent

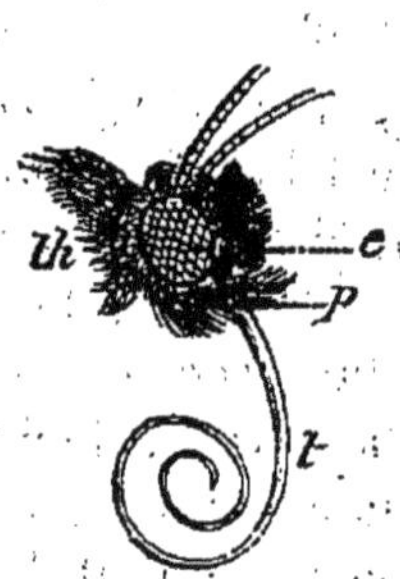

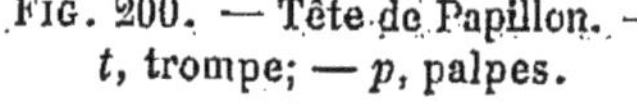

FIG. 200. — Tête de Papillon. — *t*, trompe; — *p*, palpes.

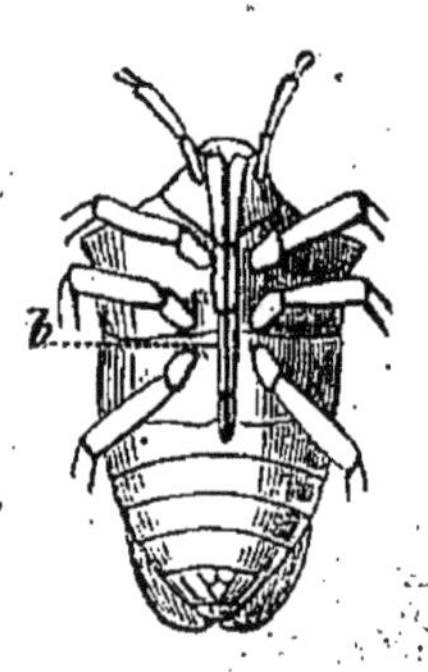

FIG. 201. — Punaise des bois, vue en dessous. — *b*, suçoir.

beaucoup et forment par leur ensemble un organe propre à recueillir le liquide sucré qui suinte au fond des corolles. La partie médiane de la lèvre inférieure, partie nommée *languette*, prend surtout un grand développement, et par sa forme allongée, sa flexibilité, ses fines aspérités, ses poils, est très apte à lécher, à cueillir un aliment fluide.

Les papillons ont la bouche armée d'une longue trompe roulée en spirale quand elle ne fonctionne pas, mais se déroulant en ligne droite pour plonger au fond des corolles tubuleuses. Elle est composée de deux filets creusés en gouttière à leur partie interne, et formant tube par leur rapprochement. Ces deux filets ne sont autre chose que les deux mâchoires, excessivement longues et modifiées dans leur forme. Deux palpes labiaux triangulaires, toujours velus et garnis d'écailles, accompagnent la base de la trompe. Une petite pièce membraneuse représente le labre, et les mandibules se réduisent à deux faibles tubercules sans emploi.

Les insectes suceurs, cigales, punaises, pucerons, ont une sorte de bec tubulaire, couché entre les pattes quand il ne sert pas, puis redressé et perpendiculairement implanté au point où l'insecte puise sa nourriture. Le bec se compose de quatre fils raides, dentelés au sommet pour pouvoir percer l'épiderme des plantes ou des animaux, et logés dans un étui protecteur ou gaine. Les quatre fils perforants représentent les mandibules et les mâchoires; la gaine est formée par la lèvre inférieure. Enfin à la partie supérieure de la gaine, une pièce conique et allongée est l'analogue du labre.

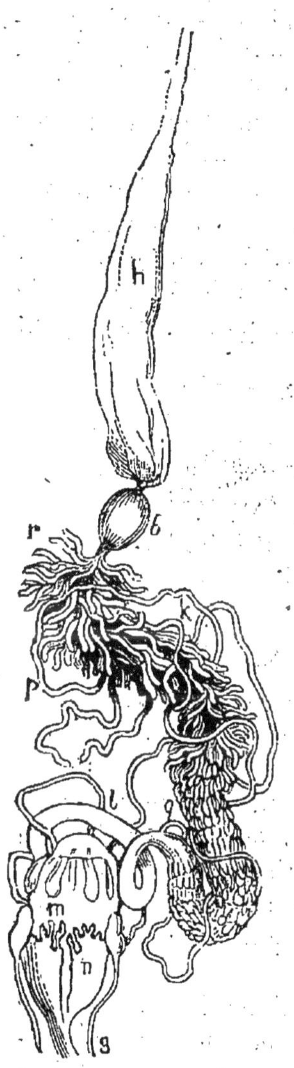

FIG. 202. — Canal digestif du Carabe.

La bouche des cousins, mouches, taons, est une trompe, tantôt molle et rétractile, tantôt cornée et allongée, formée de la lèvre inférieure, qui loge, dans une rainure, de deux à six stylets, représentant les mandibules et les mâchoires des insectes broyeurs.

3. **Appareil digestif.** — L'organisation des insectes est digne de tout notre intérêt, et bien plus remarquable que ne le ferait supposer le peu d'importance que nous accordons généralement à ces animaux. La structure de la bouche vient déjà de nous en donner un exemple. L'appareil digestif se compose, comme pour les animaux supérieurs, d'un nombre plus ou moins grand de cavités où s'accomplit le travail de la digestion, et d'organes sécréteurs, de glandes qui fournissent les liquides propres à fluidifier les aliments.

Les *glandes salivaires* ont en général la forme de tubes flottant dans la cavité du corps. Elles déversent la salive dans la bouche pour ramollir les aliments, en favoriser la mastication et plus tard la digestion.

Un *œsophage*, canal délié, conduit les aliments dans un premier estomac ou *jabot* (fig. 202 *h*), dont la fonction est à peu près la même que chez les oiseaux. Les aliments s'y emmagasinent, s'y ramollissent avant d'être soumis à l'action des poches digestives suivantes.

Un *gésier* (*b*) vient après, mais non dans toutes les espèces. Ses parois sont musculaires et par conséquent aptes à se contracter pour écraser la nourriture; sa face interne est souvent armée de *dents stomacales*, c'est-à-dire de pièces cornées et dures qui remplissent l'office des petits graviers avalés par les oiseaux.

Ramollis dans le jabot, broyés dans le gésier, les aliments pénètrent dans la poche digestive la plus importante, celle que l'on retrouve chez tous les insectes indistinctement, quelles que soient les modifications du reste de l'appareil digestif. Cet estomac où s'accomplit la digestion proprement dite, la fluidification des aliments, se nomme *ventricule chylifique* (*rq*). C'est la partie la plus ample de tout l'appareil. Sa forme est généralement celle d'un canal un peu flexueux et renflé dans sa partie moyenne. Un défilé contractile le sépare des estomacs supérieurs; un autre le sépare de l'intestin. Le premier (*r*) est l'analogue du *cardia* des animaux supérieurs, le second (*q*) est l'analogue du *pylore*.

Le pylore reçoit les *vaisseaux de Malpighi* (*p*). Ce sont des tubes, tantôt plus, tantôt moins nombreux, mais toujours très longs et très flexueux, qui remplissent simultanément deux rôles : ils sécrètent la bile, et sous ce rapport représentent le foie; ils séparent du sang les résidus urinaires et à ce point de vue représentent les reins. On les nomme vaisseaux de Malpighi en l'honneur du savant italien qui le premier les observa et les fit connaître.

A la suite du pylore vient l'*intestin grêle* (*l*), plus long chez les espèces herbivores, plus court chez les espèces carnivores. Le *rectum* (*m*) termine l'appareil digestif. Il est fréquemment accompagné de glandes (*s*) produisant un liquide spécial que l'insecte utilise pour sa défense.

Telles sont les glandes sécrétant le liquide venimeux que l'abeille et la guêpe introduisent dans la petite blessure faite par leur dard; telles sont encore les glandes de certains carabiques, les *Brachines*, qui rejettent par l'anus un liquide explosif, avec détonation et fumée.

4. **Circulation. Vaisseau dorsal.** — Le sang est absolument nécessaire à l'entretien de la vie ; aucune espèce animale ne peut en être dépourvue, si rudimentaire que soit son organisation. Le sang des vertébrés a une coloration caractéristique, le rouge ; aussi un examen superficiel ferait regarder comme dépourvus de sang les invertébrés, insectes, crustacés, mollusques, araignées, et autres de moindre importance, parce que la couleur rouge fait ici défaut. Mais cette teinte rouge n'est nullement nécessaire pour qu'un liquide nourrisse l'organisation, excite la vie et mé-

FIG. 203. — Carabe doré et Brachinepétard.

rite par cela même le nom de sang. C'est ainsi que le sang des insectes, des mollusques, des crustacés, est un fluide presque incolore, ou très légèrement teinté soit de jaune ou de rose, soit de vert ou de lilas. L'humeur un peu ambrée qui s'échappe de la piqûre faite à un ver à soie est du sang aux mêmes titres que la goutte rouge sortant de l'un de nos doigts piqués ; c'est le liquide nourricier, la chair coulante de l'insecte. Si infime que soit l'animal, on lui trouve toujours une humeur analogue, baignant l'organisme en lui donnant la vie. Tous les animaux, sans une seule exception, ont donc du sang.

Portons maintenant notre attention sur un ver à soie ou sur

toute autre chenille à peau rase. Au milieu du dos, sur toute la longueur de l'animal, nous verrons une ligne de teinte plus claire, où se reconnaît un mouvement ondulatoire qui se propage d'arrière en avant. C'est là l'organe moteur du sang, le cœur, qui prend chez les insectes le nom de *vaisseau dorsal* à cause de sa position et de sa forme allongée. Il se compose d'un canal, à parois contractiles, divisé en une série de compartiments par des valvules qui empêchent le sang de rétrograder. Son extrémité postérieure est librement ouverte; son extrémité antérieure se prolonge par quelques subdivisions peu nombreuses qui se terminent brusquement.

A cela se borne l'appareil circulatoire chez tous les insectes. Le sang entre dans le vaisseau dorsal par l'extrémité postérieure un peu évasée, il progresse par les contractions régulières de ce vaisseau, il sort par l'extrémité antérieure et se répand alors dans les lacunes du corps, pour revenir confusément en arrière et rentrer dans le canal moteur. Les contractions du vaisseau dorsal se bornent donc à maintenir le sang dans une légère agitation, mais sans lui imprimer un cours bien déterminé, puisqu'il n'y a pas de vaisseaux, artères et veines, pour en diriger la marche.

De plus, aucune disposition n'existe pour conduire le sang en un point spécial où il puisse se mettre en rapport avec l'air et s'imprégner d'oxygène. De là résulte la nécessité d'une structure à part. Puisque le sang ne peut aller au-devant de l'air dans un organe respiratoire spécial, il faut que l'air lui-même se porte au-devant du sang; afin que l'oxygénation se fasse en tout point du corps, il faut que la circulation trop imparfaite du sang soit suppléée par une sorte de circulation d'air.

5. **Respiration trachéenne.** — Revenons au ver à soie ou bien à une chenille quelconque se prêtant par sa peau nue à l'observation. Sur les deux flancs de chaque anneau du corps, excepté pour quelques anneaux des deux extrémités, nous constaterons une petite tache brune ovalaire, fendue comme une boutonnière. Ce sont là les orifices respiratoires, au nombre de dix-huit au plus, neuf de chaque côté. On les nomme *stigmates*. Dans certains cas assez rares, par exemple dans les deux gros stigmates qui se trouvent au thorax de la grande sauterelle grise, on reconnaît que les deux lèvres de ces boutonnières s'ouvrent et se ferment tour à tour d'un mouvement régulier.

Aux stigmates font suite les vaisseaux aériens, appelés *tra-*

chées. Ce sont des tubes d'une élégante structure, d'un blanc de nacre, formés à l'intérieur et à l'extérieur d'une délicate membrane, et entre les deux d'un fil extrêmement fin, roulé en spirale à tours serrés comme les ressorts de bretelles. Par son élasticité, ce fil spiral empêche les canaux aériens de s'affaisser et les maintient toujours ouverts. Le tronc de chaque trachée va se subdivisant en ramifications de plus en plus fines, qui se distribuent de çà et de là, de manière que tout point du corps, si reculé qu'il soit, en reçoit sa part. C'est ainsi que l'air est conduit en présence du sang jusque dans les moindres recoins de l'organisation.

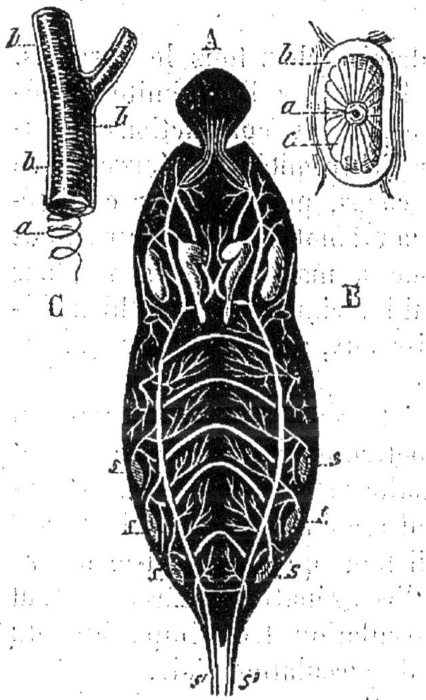

Fig. 204. — Appareil respiratoire d'un insecte. — A, l'ensemble de l'appareil; *s*, *s*, stigmates; — B, un stigmate isolé; — C, un fragment de trachée.

Nous avons reconnu chez les oiseaux des sacs aériens qui s'emplissent d'air, venu en traversant les poumons, et dont le rôle est d'alléger l'animal pour le vol. Des sacs analogues se retrouvent chez les insectes, surtout ceux qui sont doués d'ailes et en font un fréquent usage. De nombreux rameaux trachéens se renflent brusquement en vésicules, en poches plus ou moins amples, dans la paroi desquelles manque le fil spiral. Ces réservoirs à air se gonflent au moment où l'insecte va prendre sa volée. Un hanneton, par exemple, sur le point de s'élancer, ouvre à demi les ailes et exécute quelques amples palpitations de l'abdomen. Il gonfle alors ses poches trachéennes, il fait provision d'air pour s'alléger dans son vol.

Tous les insectes respirent par des trachées, sans en excepter ceux qui vivent dans l'eau ; mais alors quelques artifices particuliers viennent en aide à l'animal. Ainsi l'hydrophile remonte à la surface et quelques instants se maintient la tête en bas, l'extrémité postérieure du corps à fleur d'eau. Un peu d'air se glisse sous le rebord des élytres, et vient s'appliquer sous la poitrine et le ventre en une mince couche ayant l'aspect d'une brillante lame d'argent. Avec cette provision d'air, qui arrive aux stigmates à mesure qu'il en est besoin, l'insecte redescend au fond, où il peut séjourner jusqu'à ce qu'il soit forcé de revenir à la surface pour renouveler sa petite atmosphère épuisée.

D'autres, surtout à l'état de larves, ont les stigmates des flancs fermés, mais ils en possèdent deux ouverts à l'extrémité postérieure du corps, parfois au bout de prolongements ou tubes, qui s'allongent pour atteindre à l'atmosphère si besoin en est.

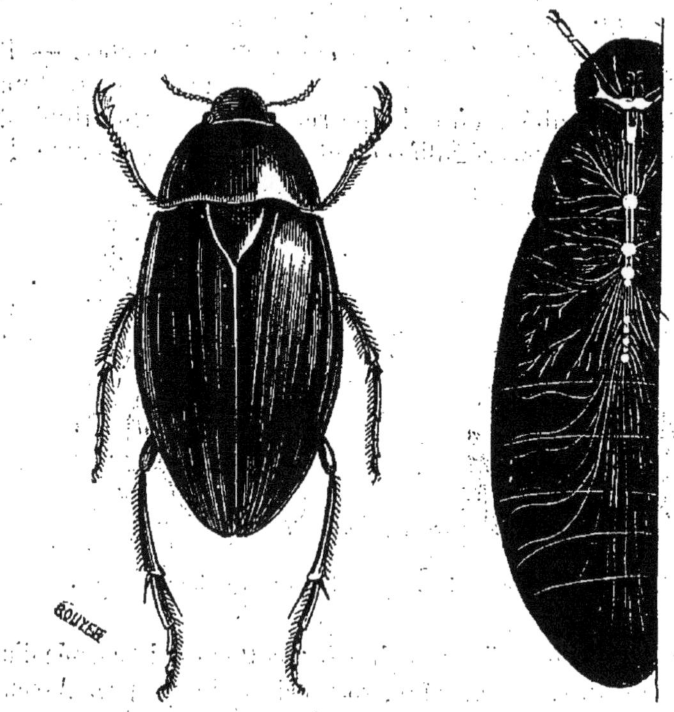

FIG. 205. — L'Hydrophile. FIG. 206. — Système nerveux d'un insecte.

L'insecte ainsi organisé vient respirer en se suspendant la tête en bas, les deux stigmates postérieurs à fleur d'eau. D'autres, encore à l'état de larves, sont faits pour demeurer au fond sans avoir besoin de remonter de temps à autre à la surface. Alors leurs orifices stigmatiques sont précédés de branchies, qui extraient de l'eau le gaz respirable et le transmettent aux trachées.

6. **Système nerveux**. — Les animaux articulés, notamment les insectes, ont pour centres nerveux une série de *ganglions*,

petites masses blanches reliées entre elles par un double cordon. Cette chaîne nerveuse repose, sans étui protecteur, à la face inférieure du corps, position inverse de celle de la moelle, qui occupe la face supérieure ou le dos chez les animaux vertébrés. En avant, elle présente un renflement plus considérable, logé dans la tête et analogue au cerveau. Ce ganglion primordial se rattache aux autres au moyen d'un collier dans lequel passe l'œsophage. Le résultat de cette disposition est d'amener le renflement nerveux de la tête au-dessus du canal digestif, tandis que les suivants sont tous situés au-dessous.

7. **Yeux composés et yeux simples des insectes.** — De chaque côté de la tête, presque tous les insectes présentent une ample calotte bombée, où la loupe reconnaît une multitude de facettes hexagonales, régulièrement assemblées comme les

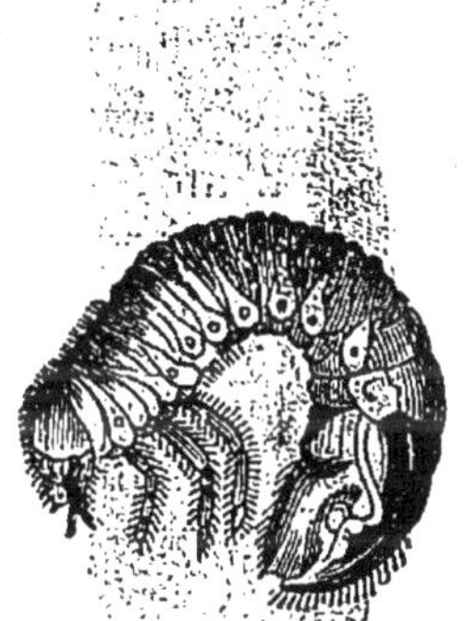

Fig. 207. — Larve du Hanneton.

Fig. 208. — Le Hanneton.

pièces d'un carrelage. Chacune de ces facettes est la cornée d'un œil, ayant sa rétine, sa choroïde, son cristallin propre. Assemblés en un faisceau commun, mais indépendants les uns des autres, ces yeux élémentaires constituent l'*œil composé* ou *à facettes*. Leur nombre est de neuf mille de l'un et de l'autre côté de la tête pour le hanneton ; il atteint jusqu'à vingt-cinq mille pour quelques espèces.

En outre des yeux composés, beaucoup d'insectes, tels que les cigales, les libellules, les abeilles, les guêpes, les bourdons, possèdent des *yeux simples* ou *stemmates*. Ceux-ci sont au nombre de trois et disposés en triangle sur le haut de la tête, où ils brillent parfois comme de petits rubis. On y distingue une cornée, une humeur vitrée, un cristallin, une rétine, une couche de pigment noir servant de choroïde. Les stemmates paraissent servir à la vision des objets rapprochés, et les yeux à facettes à la vision des objets éloignés.

8. **Métamorphoses.** — La plupart des insectes passent par divers états, si différents entre eux, qu'il serait impossible d'y reconnaître le même animal si l'observation directe n'en fournissait la preuve. Ces états sont au nombre de quatre : *l'œuf*, la *larve*, la *nymphe*, *l'insecte parfait*.

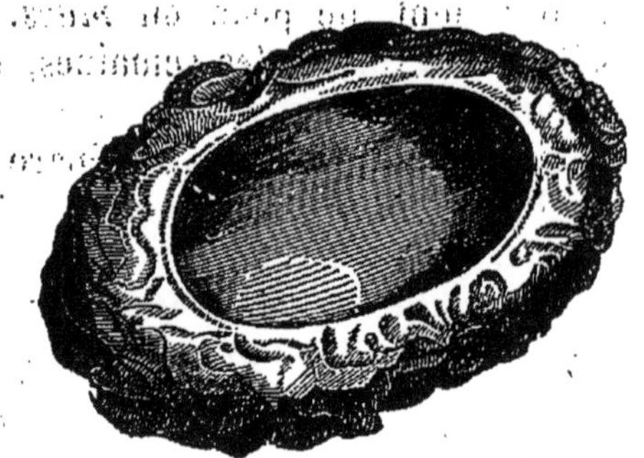

Fig. 209. — Coque de terre où s'enferme la larve du Hanneton pour la métamorphose.

Le premier état, l'œuf, n'a pas besoin d'autres explications. Disons seulement que les insectes font leur ponte, avec une admirable prévoyance en des points où les jeunes soient assurés de trouver de la nourriture, fort souvent bien différente de celle dont s'alimente la mère. Beaucoup construisent pour chacun de leurs œufs une demeure spéciale, une loge, une

Fig. 210. — Vanesse Io.

cellule, où sont déposées en même temps les provisions dont la jeune larve doit se nourrir.

A la sortie de l'œuf, l'insecte est une sorte de ver, mou allongé, tantôt sans pattes, tantôt pourvu de membres courts qui ne rappellent en rien les pattes futures. Les ailes sont toujours absentes. La bouche est presque toujours armée de mandibules et de mâchoires robustes, quel que soit le régime futur. Les yeux sont simples, ou même parfois manquent. L'insecte porte alors le nom de *larve*, ou bien celui de *chenille* s'il appartient à l'ordre des papillons. Dans cette période, l'animal mange avec voracité, et éprouve, à mesure qu'il grossit, des changements de peau ou *mues*. L'état de larve se prolonge, suivant l'espèce, des semaines, des mois, et même plusieurs années.

Finalement, la larve se prépare un abri tranquille pour y subir

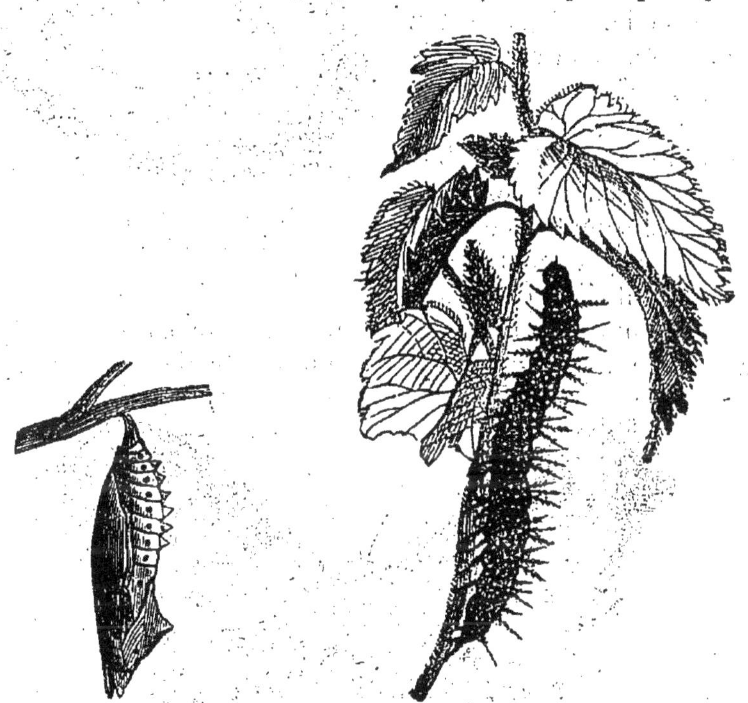

Fig. 211. — Chrysalide de la Vanesse Io.

Fig. 212. — Chenille de la Vanesse Io.

ses métamorphoses. Mille méthodes sont en œuvre pour la préparation de ce gîte. Certaines larves s'enfouissent simplement sous terre; d'autres, comme celle du hanneton, s'y construisent des niches à parois polies. Il y en a qui se façonnent un abri avec des feuilles sèches; il y en a qui savent agglutiner en boule creuse des grains de sable, du bois pourri, du terreau. Celles qui vivent dans les troncs d'arbres, bouchent en arrière, avec un tampon de sciure de bois, la galerie qu'elles se sont creusée; celles qui vivent dans le blé rongent toute la partie farineuse du grain et respectent l'enveloppe, le son, qui doit leur servir de berceau. D'autres, moins précautionnées, s'abritent dans quelque ride d'une écorce, dans quelque fente de mur et s'y fixent au moyen d'un cordon de soie qui les ceint par le travers du corps. Mais c'est surtout dans la confection d'une cellule de soie, appelée *cocon*, que se montre l'industrie des larves. Le fil de soie sort de la lèvre inférieure par un trou nommé *filière*. Dans le corps de la larve, la matière à soie est un liquide épais, visqueux, semblable à une forte dissolution de gomme. En s'écoulant par l'orifice de la filière, ce liquide visqueux s'étire en un fil, qui se colle aux fils précédents et durcit aussitôt. Quelques larves font leur cocon en soie pure, mais il y en a aussi qui associent diverses matières au peu de soie dont

FIG. 213. — Nymphe du Dermeste du lard.

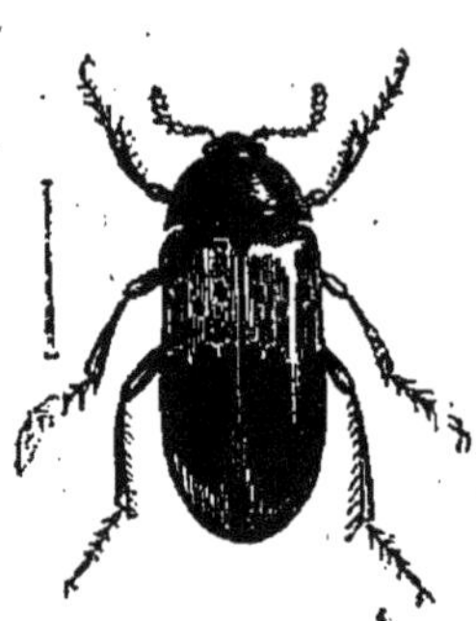

FIG. 214. — Dermeste du lard.

elles disposent. C'est ainsi que les chenilles velues mettent à profit leurs poils, qui se détachent alors sans difficulté, et les entremêlent avec des fils soyeux pour fabriquer une sorte de feutre. D'autres font entrer dans le cocon une grossière filasse formée de brins de bois; d'autres gâchent de la terre pour crépir les parois trop minces de leurs cellules.

Une fois enclose dans sa retraite, la larve se flétrit et se ride. D'abord la peau se fend sur le dos; puis, par des trémoussements répétés, le ver rejette sa dépouille. Alors apparaît la *nymphe*, sans ressemblance aucune avec la larve d'où elle provient. C'est un corps inerte, immobile, tendre, blanc ou même transparent par places comme du cristal. Les diverses parties de la tête, les ailes, les pattes, délicatement repliées sur les flancs, sont très reconnaissables; mais tout cela est d'une délicatesse extrême, en voie de formation. C'est l'insecte comme étroitement emmaillotté dans des langes, sous lesquels s'achève l'incompréhensible travail qui doit changer de fond en comble la structure première.

Les papillons à l'état de nymphe se désignent par le mot de *chrysalide*. Le futur papillon est alors un corps en forme d'amande, arrondi par un bout, pointu à l'autre, de consistance ferme et de coloration variable suivant l'espèce. On y voit certains reliefs qui déjà trahissent la forme de l'insecte futur : au gros bout, on distingue les antennes et les ailes, appliquées en écharpe.

Enfin, après un laps de temps plus ou moins considérable, variant de quelques jours à des années, la nymphe rompt ses langes, les rejette, et l'insecte est désormais en son état parfait. Après la métamorphose, l'insecte est tel qu'il doit rester jusqu'à la fin. Il ne grossit plus une fois qu'il possède la forme finale; aussi certaines espèces, le papillon du ver à soie par exemple, ne prennent aucune nourriture. Seule la larve grandit. Toute faible et petite au sortir de l'œuf, elle acquiert peu à peu une grosseur en rapport avec l'insecte futur, ce qui nécessite souvent plusieurs années. De là résulte que la larve vit bien plus longtemps que l'insecte parfait. A l'état de larve, le hanneton, pour ne citer qu'un exemple, vit trois ans sous terre, creusant des galeries et rongeant des racines; sous sa forme finale, il ne vit que deux ou trois semaines, juste le temps de pondre ses œufs.

CHAPITRE XXXI

INSECTES SUCEURS, LUMINEUX, CHANTEURS

1. **Les Pucerons.** — Parmi les insectes dont les pièces de la bouche sont disposées en un suçoir, mentionnons d'abord les *Pucerons*, si remarquables par leur multiplication excessive et les dégâts qui en résultent. Chacun a pu observer sur les rosiers

une sorte de pou d'un vert tendre, à pattes et antennes fines, à ventre rebondi, vivant en familles nombreuses, serrés les uns contre les autres, immobiles et le bec plus délié qu'un cheveu enfoncé dans l'écorce tendre. Ce sont là des pucerons. Une foule d'autres plantes en nourrissent, mais d'espèces différentes. Ceux du rosier et du chou sont verts, ceux du sureau, de la fève, du pavot, de l'ortie, du saule, du peuplier, sont noirs; ceux du chêne et du chardon sont couleur de bronze; ceux du laurier-rose et du noyer sont jaunes.

Pour s'accroître en nombre, les pucerons ont des moyens rapides qu'on ne retrouve plus chez les autres insectes. Au lieu de pondre des œufs, trop lents à se développer, ils pondent des pucerons vivants, qui tous, absolument tous, dans une quinzaine de jours ont pris leur croissance et se mettent à pondre une nouvelle génération. Cela se répétant toute la belle saison, c'est-à-dire pendant la moitié de l'année, le nombre des générations issues l'une de l'autre pendant cet intervalle de temps est au moins d'une dizaine. Admettons qu'un puceron en produise cinquante, quantité moyenne reconnue par l'observation. Chacun des cinquante pucerons issus du premier en produit cinquante autres, ce qui fait en tout deux mille cinq cents. Chacun de ces deux mille cinq cents en produit cinquante, en tout cent vingt-cinq mille. Chacun de ceux-ci en produit encore cinquante, ce qui donne dix millions deux cent cinquante mille pour la quatrième génération. Et ainsi de suite en multipliant toujours par cinquante pendant neuf fois.

Fig. 215. — Puceron.

Le résultat saisit de stupeur : il est égal, en nombre rond, à quatre-vingt-dix-sept mille milliards. Avec cette descendance annuelle d'un puceron unique, si chaque insecte venait à bien et procréait en paix ses cinquante successeurs, il y aurait de quoi couvrir des provinces entières. Mais sur le rosier le plus paisible en apparence, c'est une extermination de tous les instants. Divers petits oiseaux, divers insectes se nourrissent de pucerons. L'un d'eux est un vermisseau d'un vert tendre avec une raie blanche sur le dos. Il est effilé en avant, renflé en arrière. Quand il se ramasse sur lui-même, il prend la forme d'une larme. Il s'établit au milieu du stupide troupeau. De sa bouche pointue, il saisit un puceron, le suce et rejette la peau. Sa tête pointue s'abaisse encore, un second puceron est saisi, soulevé de la feuille et sucé. Vient le tour d'un troisième, d'un dixième, d'un vingtième. L'imbécile troupeau, dont les

FIG. 216. — L'Hémérobe. FIG. 217. — Diverses espèces de Coccinelles.

rangs s'éclaircissent, n'a pas même l'air de s'apercevoir de ce qui se passe. Le puceron happé s'agite entre les crocs du ver, les autres, comme si de rien n'était, continuent paisiblement à sucer la sève de la feuille. Après une quinzaine de jours d'un festin presque continu, après avoir brouté pour ainsi dire des troupeaux entiers de pucerons, le ver se change en une élégante mouche bariolée de jaune et de noir appelée *Syrphe*.

Voici maintenant la *Coccinelle*, la vulgaire bête à bon Dieu. Elle est ronde, rouge avec sept points noirs. Elle campe sur les plantes infestées de pucerons et fait de ces derniers grande consommation. Sa larve, couleur d'ardoise, hérissée de poils épineux et parée de taches jaunes, a les mêmes appétits.

N'oublions pas l'*Hémérobe*, élégante petite demoiselle dont les ailes semblent faites d'une fine gaze verte et dont les yeux reluisent comme des globules d'or. Sur une feuille, elle dresse une gerbe de fils blancs dont chacun porte un œuf à l'extrémité. On dirait un faisceau de très fines épingles implantées sur la feuille comme sur une pelote. Il doit en éclore des larves qui font aux pucerons une guerre acharnée. Ces larves ont le corps aplati, velu, ridé et terminé en avant par deux crochets creux qui servent à saisir et à sucer les pucerons. On en trouve qui se couvrent le dos d'un vêtement grossier composé des dépouilles des victimes sucées. On les appelle *Lions des pucerons*, titre mérité, car une seule larve d'hémérobe peut en deux ou trois jours nettoyer de ses poux un rameau de rosier.

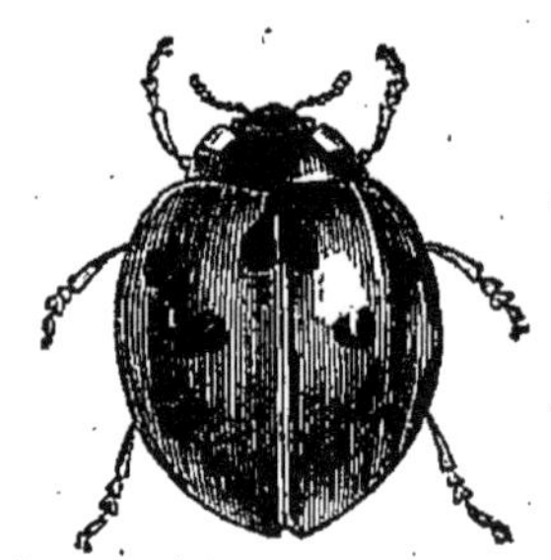
Fig. 218. — La Coccinelle à sept points.

Au milieu des pucerons circulent habituellement des fourmis. Elles ne leur font aucun mal; au contraire, elles les caressent pour en obtenir une espèce de liqueur sucrée dont elles sont très friandes. On pourrait appeler les pucerons les vaches des fourmis. Ils ont sur le dos, à la partie postérieure, deux poils courts et creux, deux tubes d'où l'on voit, avec un peu d'attention, s'échapper, de temps en temps, une toute petite gouttelette limpide. Au milieu du troupeau, sur le troupeau même quand le bétail est trop serré, les fourmis affairées vont et viennent, guettant la délicieuse gouttelette. Celle qui l'aperçoit accourt, la boit, la savoure en relevant la tête; puis elle continue sa tournée pour découvrir une nouvelle gorgée du délicieux liquide. Mais les pucerons sont avares de leur liqueur sucrée, ils ne sont pas toujours disposés à la laisser couler de leurs tubes. Alors la fourmi, comme une laitière qui se dispose à traire sa vache, prodigue au puceron ses plus engageantes caresses. Avec ses antennes, si délicates et si flexibles, elle lui tape amicalement sur le ventre, elle chatouille les tubes à lait. Presque toujours la fourmi réussit. Le puceron se laisse convaincre; une goutte se montre, aussitôt lapée.

Vers la fin de la belle saison, la dernière génération acquiert des ailes et cesse de produire des jeunes vivants pour pondre des œufs, qui passent l'hiver, tandis que les pucerons périssent. Au printemps ces œufs éclosent et le même ordre de choses recommence.

Les pucerons ne rongent pas les feuilles, ils en boivent la sève au moyen d'un suçoir pointu, court et très fin, qu'ils portent appliqué contre la poitrine quand ils ne s'en servent pas. L'insecte implante son suçoir dans la feuille, et, sans changer de place, s'abreuve des humeurs du point piqué. Lorsque ce point est épuisé, il passe à un autre, mais sans se déplacer beaucoup. Le puceron est ami de l'immobilité. Faire le tour d'un rameau gros comme le doigt, est un long voyage dont bien peu s'aventurent à courir les périls; quelques pas en avant pour faire place en arrière à leurs cinquante fils à mesure qu'ils sont pondus, c'est tout ce qu'ils osent entreprendre.

Mais les pucerons ailés de la dernière génération, ceux qui pondent des œufs aptes à renouveler au printemps la race anéantie par les froids de l'hiver, ne sont pas casaniers comme les autres; volontiers ils quittent la feuille natale, pour disséminer leurs œufs de façon qu'au printemps suivant des colonies puissent çà et là se former.

2. **Galles des arbres.** — Les pucerons, amis de l'ombre, s'établissent à la face inférieure des feuilles, qui sous leurs piqûres redoublées se recroquevillent, se frisent et souvent se renflent en boursouflures colorées de jaune ou de rougeâtre. Au dôme de la face supérieure de la feuille correspond en-dessous une cavité caverneuse, demeure des pucerons. Parfois l'ouverture de l'antre se rétrécit, se ferme presque, et la boursouflure devient une vessie, plus ou moins volumineuse, rattachée à la feuille par un court pédicule. C'est alors une galle. Chacune d'elle sert d'habitacle à une famille de pucerons qui y naissent, y vivent, y changent de peau, y multiplient. Parfois la majeure partie des feuilles d'un orme est convertie en pareilles vessies. Leur forme est très variable : il y en a de rondes, de roulées en spirale, d'allongées en forme de corne.

Outre ces galles, demeures de pucerons, où ces insectes se tiennent à l'abri du soleil et de la pluie, les arbres en présentent d'autres d'une origine différente, car elles sont produites par le dépôt des œufs dans l'épaisseur de l'écorce tendre ou des feuilles. Ainsi un tout petit insecte à quatre ailes, armé d'une fine tarière au bout de l'abdomen, et nommé *Cynips*, introduit ses œufs dans les jeunes rameaux et dans les feuilles du chêne. Autour du point où les œufs sont inoculés, la sève afflue et donne naissance à des excroissances rondes, de la grosseur d'une bille, d'abord tendres, teintées de rouge et jaune, et semblables à des fruits, puis dures et couleur de bois. Si on les ouvre, encore fraîches, on y trouve des vermisseaux, chacun dans une logette spéciale. C'est la famille du cynips, provenant des œufs introduits avec la tarière. Les petites larves y vivent et s'y métamorphosent; enfin parvenus à la forme adulte, les cynips en sortent pas des ouvertures rondes qu'ils percent dans l'épaisseur de leur berceau. Ainsi se forment les galles du chêne, employées pour la teinture en noir et la fabrication de l'encre. Un autre cynips fait sa ponte dans les tendres rameaux du rosier sauvage et provoque ainsi la formation de galles volumineuses, de la grosseur d'une pomme, couvertes d'une épaisse enveloppe de filaments enchevêtrés.

FIG. 219. — Le Phylloxera.

3. **Phylloxera.** — Cet insecte suceur est voisin des pucerons. Il vit en terre sur les racines de la vigne, et depuis une quinzaine d'années ravage nos vignobles, qu'il menace de détruire jusqu'au dernier cep. Immobile au point qu'il a choisi et le suçoir implanté verticalement dans la tendre écorce d'une radicelle, le phylloxera passe toute la belle saison à humer la sève de la plante et à pondre des œufs. Les deux occupations marchent de front, sans que l'une interrompe l'autre. De plus, tous les phylloxeras, sans exception aucune, sont aptes à la ponte. Les œufs sont jaunes, ovalaires, tout juste assez gros pour être visibles sans le secours d'une loupe, et disposés en petit amas derrière l'insecte qui les a pondus. En peu de jours l'éclosion a lieu. Les jeunes qui en proviennent prennent rang parmi leurs prédécesseurs, choisissent un point, y fixent leur suçoir, rapidement grossissent et se mettent à pondre une nouvelle lignée qui se comportera de même. Les générations s'amoncellent donc, et bientôt les radicelles sont couvertes d'un bout à l'autre d'un enduit grouillant, d'une gaîne de poux. Epuisée par ces myriades de parasites, qui lui tarissent l'afflux de la sève, la vigne languit quelque temps avec un feuillage jaune, dépérit et enfin meurt.

Nous avons vu les pucerons revêtir la forme ailée vers la fin de la saison pour aller au loin propager leur race. Les phylloxeras se comportent de même. Quand viennent les mois de juillet et d'août, quelques-uns d'entre eux acquièrent des ailes, sortent du sol, s'envolent et vont de çà de là déposer des œufs sur les écorces des vignobles voisins. Les œufs passent l'hiver pour éclore au printemps. Les insectes qui en proviennent sont dépourvus d'ailes; ils descendent en terre par les fissures du sol, s'établissent sur les racines de la vigne et deviennent le point de départ d'autant de colonies. Ainsi se dissémine le parasite, progressant d'une année à l'autre plus avant dans les vignobles.

Quant aux vieilles colonies, protégées du froid par leur séjour souterrain, elles ne périssent pas quand vient l'hiver. Après avoir pondu des œufs, sauvegarde de l'espèce, le puceron or-

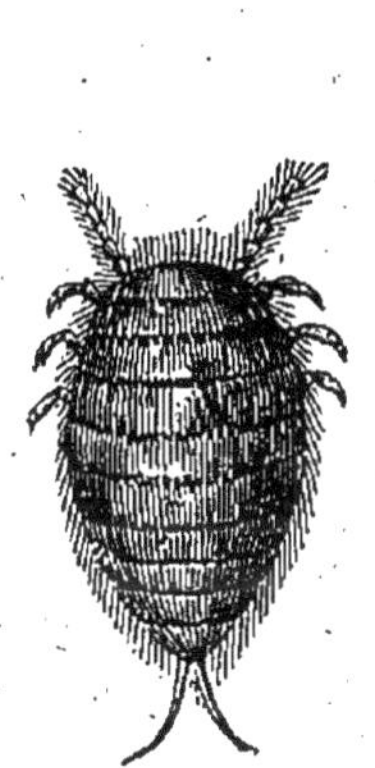

FIG. 220. — Cochenille femelle.

FIG. 221. — Cochenille mâle.

dinaire meurt aux approches de la mauvaise saison ; au contraire le phylloxera sans ailes persiste sous terre, bien que des essaims ailés aient déposé leurs œufs aux environs. Les parasites simplement s'engourdissent, en prenant une teinte plus sombre, qui passe du jaune au verdâtre bronzé ; ils suspendent leur succion et leur ponte ; mais au retour de la chaleur, ils se raniment et reprennent leurs calamiteuses fonctions. Aussi leur pullulation est telle, qu'elle a bravé jusqu'ici tous nos efforts pour y mettre un terme.

4. **Cochenille, carmin.** — Non loin du ravageur de la vigne peut se classer un insecte utile, la *Cochenille,* qui vit également par nombreuses et immobiles familles, sur sa plante nourricière. Celle-ci est une plante grasse, à rameaux aplatis en forme de palettes, échelonnés l'un sur l'autre et parsemés

de houppes de piquants. On la nomme *Nopal, Cactier raquette, Figuier de Barbarie.* — Le Mexique produit la majeure partie de la cochenille. On récolte l'insecte sur les nopals, on le tue par une courte immersion dans l'eau bouillante et on le fait sécher au soleil. La cochenille a alors l'aspect d'une petite graine ridée. Il faut environ 140 000 insectes pour faire le poids d'un kilogramme.

Il suffit de faire bouillir la cochenille avec de l'eau pour obtenir un liquide rouge qui, par le repos, laisse déposer la belle matière colorante connue sous le nom de carmin. On en fait des tablettes pour la peinture à l'aquarelle et le lavis. La laine et la soie se teignent en écarlate avec la cochenille; mais aujourd'hui cette teinture coûteuse est en majeure partie remplacée par la teinture avec des matières colorantes rouges que la chimie sait obtenir par les transformations de certaines substances contenues dans le goudron de houille.

5. **Punaise.** — L'hôte infect des lits mal tenus, l'odieuse *Punaise*, est encore un insecte suceur. Son corps aplati et sans ailes, lui permet de glisser dans les moindres fissures. Ses retraites sont les fentes des bois de lit, les tapisseries soulevées, le derrière des glaces et des tableaux, les cadres vermoulus, les plis des rideaux. Cet insecte est nocturne, il fuit le jour et ne se met en quête de nourriture que la nuit. Dès que la lumière est éteinte, les punaises accourent vers le dormeur. Pour l'atteindre plus sûrement, quelque-unes grimpent le long des murs, gagnent le plafond et de là se laissent choir sur le lit. Un point à peau fine est cherché, bientôt trouvé; le suçoir s'y implante et le parasite se gorge de sang. Ce suçoir ou rostre est couché contre la poitrine et engagé dans un léger sillon lorsque l'insecte n'en fait pas usage. Il se compose d'une gaîne à trois articles, renfermant trois soies, raides et pointues. Celles-ci sont l'outil qui perce la peau et produit l'ascension du sang dans l'œsophage de l'insecte. Glissant l'une sur l'autre, par un mouvement de va-et-vient, elles font monter le liquide visqueux. Ce n'est donc pas ici une succion véritable, dans le genre de celle que nous pouvons nous-mêmes exercer; ni la punaise ni aucun insecte n'ont la bouche conformée pour pareil acte.

6. **Insectes lumineux, Vers luisants.** — Nous avons vu des poissons avec des appareils électriques, voici maintenant des insectes avec des appareils lumineux. Nos climats ont les *Lampyres* ou *Vers luisants*, comprenant plusieurs espèces. Les deux sexes sont lumineux, mais les femelles, dépourvues d'ailes, le

sont encore plus que les mâles. Dans les chaudes soirées d'été, on voit briller sur les gazons une vive étincelle à lumière blanche. Allons à ce point et nous recueillerons un insecte de forme allongée, sans ailes, annelé de brun. C'est la femelle du Lampyre. Le mâle, à corselet rond, à élytres d'un noir d'ardoise, voltige le soir dans les habitations de la campagne, attiré par la lumière de la lampe. L'appareil lumineux est au bout du ventre et consiste en deux petits amas de matière albumineuse où se distribuent en abondance de fines trachées. La lumière est produite par une lente oxydation de cette matière; elle s'éteint dans le vide et dans les gaz irrespirables; elle est soumise

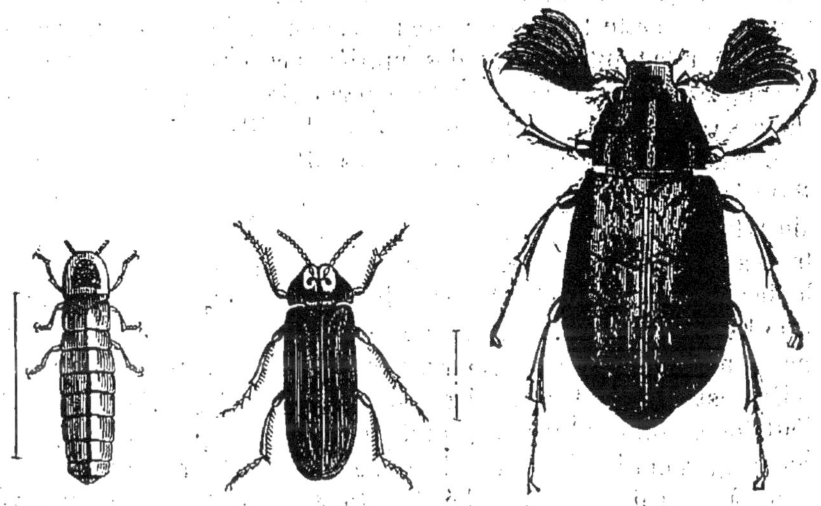

FIG. 222. — Lampyre, mâle et femelle. FIG. 223. — Hanneton des pins.

à la volonté de l'animal, qui l'avive ou l'affaiblit à son gré. Enfin le phosphore, qu'on s'attendrait à y trouver, n'entre pour rien dans sa composition.

Les régions équatoriales de l'Amérique ont les *Pyrophores*, assez grands insectes possédant trois réservoirs à matière lumineuse : deux sur le corselet, de forme arrondie et semblables à des verres de lanterne; le troisième en dessous, au point de réunion du thorax et de l'abdomen. Le soir venu, ces insectes volent d'un arbre à l'autre, en émettant une lumière verte d'assez vif éclat; de jour, ils se tiennent cachés sous les écorces et les feuilles. Leur fanal luit assez pour permettre de lire l'écriture la plus fine dans une obscurité profonde, pourvu que l'on promène l'insecte sur chaque ligne. On dit que les Indiens attachent quelques pyrophores aux pieds pour se reconnaître dans leurs marches nocturnes. Les dames du Mexique, pour leurs promenades du soir, ornent leur chevelure de ces bijoux lumineux.

7. Insectes chanteurs : la Cigale, la Sauterelle, le Grillon. — Ayant pour organe un instrument à vent, la voix ne peut se

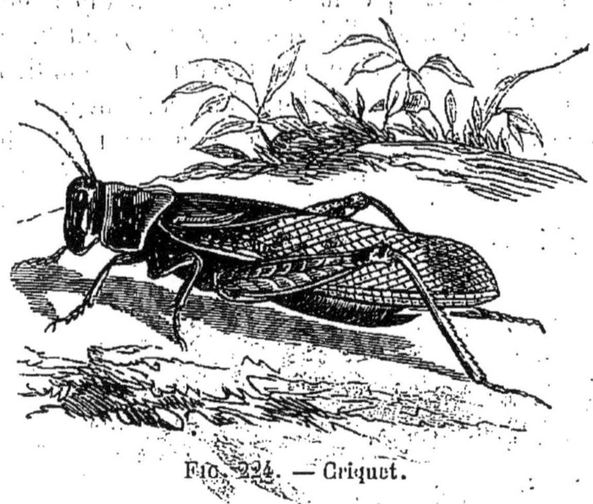

Fig. 224. — Criquet.

trouver que dans les animaux à respiration pulmonaire, dont le souffle circule dans le canal d'une trachée-artère. Néanmoins d'autres animaux, les insectes surtout, produisent des sons, mais par un mécanisme qui n'a rien de commun avec celui de la voix proprement dite. Ces sons résultent en général du frottement de

Fig. 225. — Courtilière.

certaines parties du corps entre elles, des vibrations des ailes pendant le vol, et quelquefois de l'ébranlement d'une membrane spéciale mue par des muscles.

Comme exemple des sons produits par frottement, citons le gros *Hanneton des pins* qui, par la friction du bout de l'abdomen contre le bord des élytres, fait entendre un grincement aigu.

Certains capricornes bruissent en frottant le pédoncule du second anneau du thorax contre le rebord de la cavité du corselet. Les *Grillons* et les *Courtilières* soulèvent à demi leurs ailes supérieures et les frottent vivement l'une contre l'autre dans une partie plus sèche, plus tendue et plus rugueuse que le reste. Dans certaines sauterelles, cette partie musicale des ailes supérieures est de très faible étendue. Voisines des sauterelles, les *Barbitistes* ou *Ephippigères*, à gros ventre vert et rebondi, ont sur le dos une armure en forme de selle. Sous cette armure sont abritées deux écailles rondes et concaves, à demi emboîtées l'une dans l'autre, et représentant les ailes. La friction de ces deux cymbales, de ces deux écailles l'une contre l'autre, produit le chant de l'insecte. Les *Criquets*, à ailes azurées ou roses, se

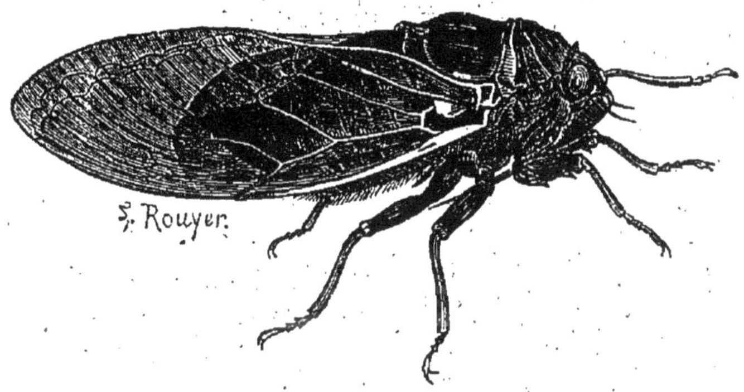

Fig. 226. — Cigale.

servent de leurs grosses cuisses postérieures en guise d'archet, c'est-à-dire les meuvent contre le rebord des élytres.

Mais l'organe sonore le plus remarquable parmi les insectes est celui de la *Cigale*. Le mâle seul en est doué, de même que le grillon mâle chante, tandis que la femelle est muette. Cet organe est double et placé à la partie inférieure, à la naissance de l'abdomen. Deux larges plaques cornées ou opercules, libres postérieurement, couvrent chacune une ample cavité où se voient en avant une membrane molle et jaunâtre, en arrière une autre membrane, mais très mince, translucide, luisante, avec reflets irisés. Cette dernière se nomme *miroir*. A droite et à gauche, sur la tranche du bord de l'abdomen, se trouve une large ouverture donnant accès à un compartiment isolé qui, sur l'une de ses faces, porte enchâssée une petite membrane sèche, relevée de fines nervures et nommée *timbale*. Les deux timbales sont les organes sonores. Par leur face interne elles donnent attache chacune à un muscle puissant. Quand il se contracte, ce muscle retire un peu à l'intérieur la timbale; quand il se relâche, la timbale reprend sa position première par sa propre élasticité. Sur une cigale morte, il suffit de tirailler doucement ce muscle pour produire des sons pareils à ceux que fait entendre l'insecte vivant. Une rapide alternative de contractions et de relâchements musculaires produit ainsi dans la timbale un va-et-vient vibratoire, d'où résulte le son. Celui-ci est renforcé par l'air contenu dans deux grandes trachées vésiculeuses qui remplissent une grande partie de l'abdomen et communiquent avec l'appareil sonore; il est en outre modifié par les résonances des miroirs et par les opercules, sortes de volets qui s'entr'ouvrent plus ou moins et rendent ainsi le son plus sourd ou plus éclatant, plus aigu ou plus grave.

La cigale est un insecte suceur. Son rostre ou bec s'allonge contre la poitrine entre les pattes; l'insecte l'implante dans l'écorce des rameaux des arbres pour en sucer la sève. La femelle a le bout de l'abdomen armé d'une tarière cachée dans un repli. Elle s'en sert pour déposer ses œufs dans les branches mortes. Les jeunes larves quittent bientôt cette retraite pour s'enfouir en terre, où elles se nourrissent aux dépens des racines. La métamorphose se fait au commencement de l'été, quand arrivent les fortes chaleurs. Pour remonter des profondeurs du sol, où elle descend jusqu'à un mètre et davantage, la larve a les deux pattes antérieures façonnées en crocs puissants, capables de percer la terre la plus dure. Un puits est donc creusé du calibre du pouce; l'insecte apparaît au jour, il grimpe sur quelque plante voisine, s'y fixe solidement, et s'ouvre, se fend sur le dos. Alors apparaît la cigale à l'état parfait, d'abord d'un vert tendre, bientôt rembrunie. L'insecte s'envole sur quelque arbre du voisinage et la dépouille aride, sans autre altération que la fente du dos, reste accrochée au support où la transformation s'est faite. Les cigales appartiennent au midi, surtout au pays des oliviers, où, pendant les jours caniculaires de juillet et d'août, elles remplissent l'air de leur aigre bruissement. Elles n'ont rien de commun avec les sauterelles, avec lesquelles qui ne les a pas vues est porté à les confondre.

CHAPITRE XXXII

PAPILLONS

1. **Caractères généraux.** — Les *Papillons* ont les pièces de la bouche disposées en une longue trompe filiforme, roulée en spirale au repos. L'insecte la déroule et la plonge au fond des fleurs pour y puiser le liquide sucré dont il se nourrit. Les ailes, au nombre de quatre, sont amples, opaques et richement colorées par une poussière écailleuse. Les métamorphoses sont complètes. La larve prend le nom de *chenille*, et l'état suivant celui de *chrysalide*. Le bombyx du mûrier, dont la chenille est le ver à soie, nous renseignera sur les traits généraux de la métamorphose de ces insectes.

2. **Histoire du Ver à soie.** — Le *Ver à soie* et le *Mûrier* qui le nourrit sont originaires de la Chine, où l'on savait déjà tisser la soie vingt-sept siècles avant notre ère. De la Chine, la culture du mûrier et l'éducation des vers pénétrèrent dans les Indes et en Perse. C'est au commencement de l'Empire qu'on vit à Rome, pour la première fois, des étoffes de soie venues de l'Orient. Le prix en était tellement excessif, qu'un décret de Tibère défendait aux hommes les vêtements faits avec cette coûteuse matière. L'insensé Héliogabale fut le premier qui, par un luxe effréné, osa se vêtir de soie pure ; jusqu'à lui, on ne s'était permis de l'employer qu'en la mélangeant avec d'autres substances. Longtemps après lui, l'empereur Aurélien fermait l'oreille aux instances de sa femme, qui désirait un habit de soie : « Les dieux me préservent, répondait-il, d'employer de ces étoffes qui s'achètent au poids de l'or. »

L'industrie de la soie fut importée en Europe vers le milieu du VIe siècle. En 555, sous le règne de Justinien, deux moines apportèrent des Indes à Constantinople des plants de mûriers, ainsi que des œufs du précieux ver cachés dans une canne creuse. Ils enseignèrent la manière de faire éclore les œufs, de nourrir les chenilles, de filer la soie ; et bientôt des manufactures s'élevèrent dans plusieurs villes de l'empire grec, notamment à Corinthe, à Thèbes, à Athènes. Cinq cents ans plus tard, la culture du mûrier devint si florissante dans la partie de la Grèce appelée Péloponèse, que ce pays échangea son antique nom pour celui de l'arbre qui faisait sa richesse et s'appela Morée, du latin *morus*, signifiant mûrier.

Au XIIe siècle, Roger II, roi de Sicile, introduisit l'industrie de la soie à Palerme, d'où elle se propagea en Calabre et dans le reste de l'Italie. Lorsque Philippe le Hardi lui eut fait la cession du Comtat Venaissin, qui devait, trente ans plus tard, devenir le siège de la papauté, Grégoire X fit planter des mûriers dans sa nouvelle province et venir des ouvriers en soie de la Sicile et de Naples. Bientôt, favorisée par la présence et les encouragements des papes, cette industrie prit un développement qui permit aux soieries d'Avignon de rivaliser avec les plus belles de l'Italie. D'Avignon, la fabrication des soieries se propagea à Nîmes et à Lyon.

En 1554, Henri II rendit un édit pour ordonner la plantation des mûriers; on dit que ce prince fut le premier qui porta des bas de soie. Henri IV prit beaucoup d'intérêt à la production de la soie dans son royaume; il fit planter des mûriers à Orléans, à Fontainebleau, à Paris même, dans le jardin des Tuileries. Mais c'est principalement sous le ministère de Colbert que cette culture reçut une forte impulsion. Ce grand ministre, qui voyait dans le commerce, l'agriculture et l'industrie, les principales sources de prospérité pour une nation, établit des pépinières royales en diverses provinces, et fit planter aux frais de l'Etat, sur les terres des particuliers, les mûriers qui en provenaient. Ce procédé généreux mais violent et portant atteinte à la propriété, déplut aux cultivateurs, qui laissaient dépérir les arbres. Colbert eut alors recours à un moyen plus efficace et moins arbitraire : il promit et paya vingt-quatre sous par pied de mûrier qui subsisterait trois ans après la plantation. L'appât de ce gain surmonta toutes les difficultés, et la Provence, le Languedoc, le Vivarais, le Dauphiné, le Lyonnais, la Touraine, la Gascogne, se couvrirent de mûriers pour les chambrées de vers à soie.

3. **Chenille, mues.** — Les œufs du ver à soie se nomment vulgairement *graines*. Ils sont de la grosseur d'une petite tête d'épingle, légèrement aplatis et d'une faible nuance lilas. Leur éclosion a lieu à la température de 15 à 20 degrés. Dans des chambres bien propres, convenablement aérées et maintenues à une douce chaleur, sont disposées des claies de roseaux, sur

lesquelles on met de la feuille de mûrier et les jeunes chenilles provenant des œufs éclos. Les chenilles mangent la ration de feuilles, renouvelée fréquemment, et changent à diverses reprises de peau, à mesure qu'elles se font grandes.

Ces changements de peau ou *mues* ont lieu à quatre reprises.

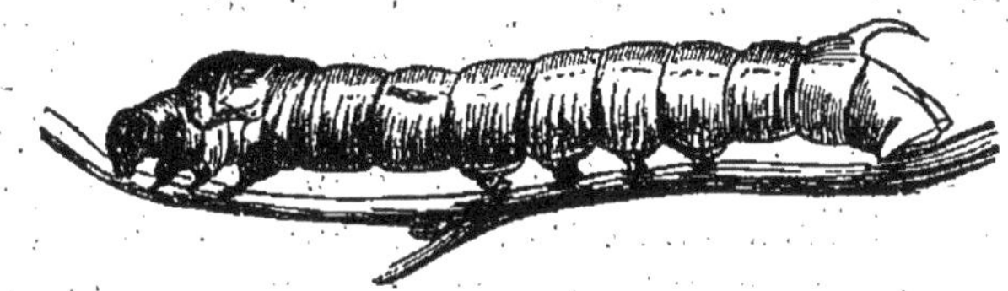

FIG. 227. — Chenille et chrysalide du Bombyx du mûrier.

Le ver se tient alors immobile, la tête élevée, dans un état de malaise qui suspend son appétit. Ces périodes difficiles du dépouillement ont été mal à propos désignées par le nom de *sommeil;* et l'on dit que les vers *dorment des trois, des quatre,* suivant qu'ils en sont à leur troisième, à leur quatrième mue. Après le dernier changement de peau, se déclare un appétit violent, nommé la *grande frèze,* qui fait consommer de 80 à 100 kilogrammes de feuilles, rien que par les vers issus d'une once de graines. C'est alors que se fait la plus rapide croissance. Le cliquetis des mâchoires, broutant à petites bouchées, ressemble au bruit d'une fine averse tombant, par un temps calme, sur le feuillage des arbres.

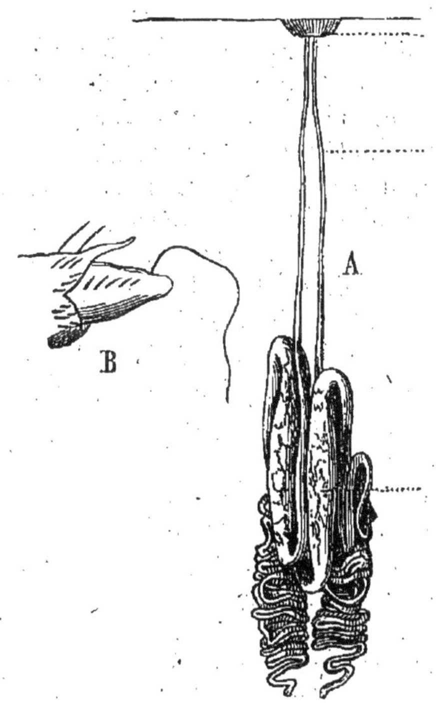

FIG. 228. — A, organes sécrétant la soie B, filière.

En quatre à cinq semaines, la chenille a acquis tout son développement. Au sortir de l'œuf, elle mesurait deux millimètres à peu près de longueur; elle en mesure maintenant quatre-vingts et au delà. On dispose alors sur les claies de la ramée de bruyère, où montent les vers à mesure que leur moment est venu de filer leur cocon. Ils s'établissent un à un entre quelques menus rameaux et fixent çà et là une multitude de fils très fins, de façon à former un réseau qui les maintient suspendus et leur sert d'échafaudage pour le grand travail du cocon.

4. **Cocon.** — Dans le corps de la chenille, la matière à soie est un liquide très épais, visqueux, contenu dans deux petits sacs, très longs et très étroits, entortillés sur eux-mêmes. Ce liquide s'écoule de la lèvre inférieure par un trou nommé *filière,* durcit aussitôt et s'étire en un fil qui se colle au travail déjà fait. Lorsque l'échafaudage de soie est prêt, le ver se fixe aux fils avec ses pattes postérieures ; il se soulève, se recourbe et porte tour à tour la tête d'un côté et d'autre, en laissant couler de sa lèvre un fil qui, par sa viscosité, adhère aussitôt

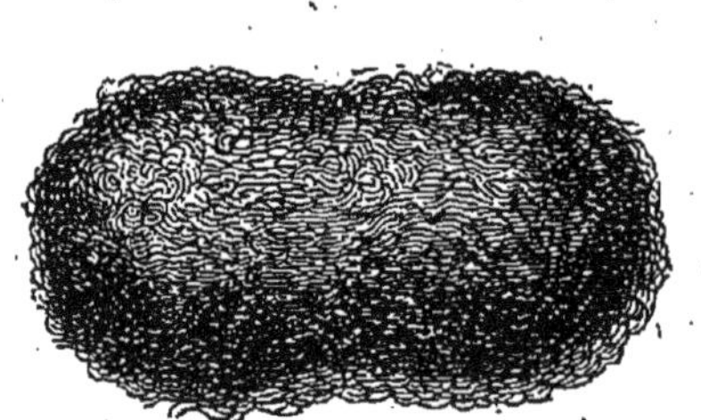

Fig. 229. — Cocon du ver à soie.

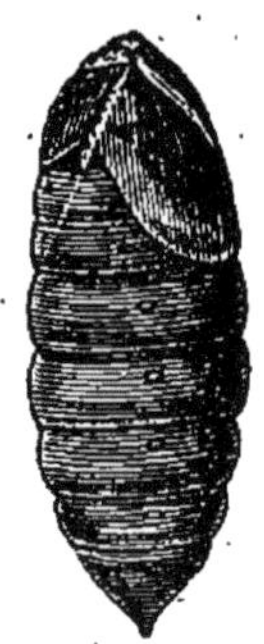

Fig. 230. — Chrysalide du ver à soie.

aux points touchés. Sans changer de position, la chenille dépose ainsi une première couche sur la partie de l'enceinte qui lui fait face. Elle se retourne alors et tapisse un autre coin de la même manière. Quand toute l'enceinte est tapissée, à la première assise en succède d'autres, cinq, six et davantage, jusqu'à ce que les réservoirs de la matière à soie se trouvent épuisés.

D'après la manière dont travaille le ver, on voit que le fil ne s'enroule pas circulairement comme celui d'une pelote, mais se distribue en une série de zigzags. Malgré ses changements brusques de direction et sa longueur, qui mesure de 300 à 350 mètres, ce fil est tout d'une venue, sans nulle interruption. La grosseur du cocon est à peu près celle d'un œuf de pigeon, et le poids de son fil utilisable est d'un décigramme et demi en moyenne.

5. **Chrysalide.** — Une fois enclose dans son cocon, la chenille se flétrit, se ride et se fend sur le dos. Il en sort la chrysalide, état intermédiaire entre la chenille et le papillon.

C'est un corps cylindrique, segmenté, couleur de cuir, arrondi par un bout, pointu à l'autre. Au gros bout se distinguent les antennes et les ailes, étroitement appliquées sur les flancs ; les anneaux montrent de chaque côté un orifice respiratoire, un stigmate.

En une vingtaine de jours, si la température est propice, la chrysalide s'ouvre, et de sa coque fendue se dégage le papillon, tout chiffonné, tout humide, pouvant à peine se tenir sur ses jambes tremblantes.

6. **Papillon.** — Finalement, l'insecte perce le cocon et apparaît au jour. Ce papillon n'a rien de gracieux. Il est blanchâtre, ventru, lourd ; il ne vole pas, comme les autres, de fleurs en fleurs, car il ne prend aucune nourriture. Aussitôt sorti du cocon, il se met à pondre ses œufs, puis il meurt.

7. **Dévidage des cocons.** — L'examen, avec des verres grossissants, montre que le fil du cocon est un tube excessivement fin, aplati, irrégulier à la surface et composé de trois couches distinctes. La couche centrale est de la soie pure ; au-dessus est un vernis inattaquable par l'eau chaude, mais soluble dans une faible lessive ; enfin la superficie est un enduit gommeux, qui agglutine fortement entre eux les zigzags du fil et forme de leur ensemble une solide paroi.

Dès que le travail des chenilles est fini, on recueille les cocons sur la ramée de bruyère, et on les expose dans une étuve à l'action de la vapeur brûlante. On tue ainsi les chrysalides. Si l'on négligeait cette précaution, le papillon percerait le cocon, qui, ne pouvant plus se dévider à cause de ses fils rompus, perdrait sa valeur.

Le dévidage se fait dans des ateliers nommées *filatures*. On met les cocons dans une bassine d'eau bouillante pour dissoudre la gomme qui agglutine les divers tours. Une ouvrière, armée d'un petit balai de bruyère, les agite dans l'eau pour trouver et saisir le bout du fil, qu'elle met sur un dévidoir en mouvement. Entraîné par la machine, le filament de soie se développe, tandis que le cocon sautille dans l'eau chaude comme un peloton de laine dont on tirerait le fil. Au centre du cocon épuisé, il reste la chrysalide morte.

Telle qu'elle sort des bassines du dévidage, la soie brute du cocon a perdu sa couche gommeuse, dissoute par l'eau bouillante ; mais elle est encore revêtue de son vernis naturel, qui lui donne sa raideur, son élasticité, sa couleur. En cet état, on la nomme soie *écrue*. Elle est tantôt jaune, tantôt blanche, suivant la couleur des cocons d'où elle provient. Pour devenir apte à recevoir la teinture, qui en rehaussera l'éclat et le prix, la soie doit d'abord être dépouillée de ce vernis au moyen d'un léger lessivage à chaud. Elle perd ainsi le quart environ de son poids et devient d'un beau blanc, quelle que soit sa couleur primitive. Après ce traitement d'épuration, elle prend le nom de soie *décreusée* ou de soie *cuite*.

8. **Maladies des Vers à soie.** — Depuis un quart de siècle environ, les chambrées de vers à soie, autrefois si prospères, sont atteintes de diverses maladies dont les conséquences sont désastreuses et entraînent, pour la France seule, une perte annuelle et moyenne d'une soixantaine de millions. Les plus redoutables de ces maladies sont contagieuses et parasitaires. On les nomme *muscardine*, *pébrine* et *flacherie*.

La *muscardine* débute par un état languissant du ver, qui cesse de manger, se tient immobile, la tête élevée comme pour un changement de peau; puis la chenille se colore en rose, avec une tache lie de vin; et dans vingt-quatre heures, elle est morte. Bientôt le cadavre se contracte, se contourne et se dessèche sans se putréfier. Il devient dur et friable; à la séparation des anneaux apparaît une fine moisissure, sous forme d'efflorescence blanche et comme farineuse. Cette maladie a pour cause un végétal infime, une moisissure (*Botrytis Bassiana*), qui se développe dans le corps du ver.

La *pébrine* est caractérisée par des taches noirâtres et roussâtres, entourées d'une auréole, qui paraissent d'abord au voisinage des stigmates. En même temps le sang de l'animal se peuple d'une infinité de *corpuscules* ovoïdes, brillants, dont le plus grand diamètre mesure de 2 à 3 millièmes de millimètre. Comme cette maladie est héréditaire, on la combat par une sélection microscopique. Les papillons sont mis dans des cellules de gaze, où ils font leur ponte isolément. On les écrase alors dans un mortier avec quelques gouttes d'eau, et l'on examine le liquide au microscope. Si ce liquide présente des corpuscules, la ponte correspondante est rejetée; s'il n'en présente pas, les œufs sont conservés pour l'éducation future.

La *flacherie* s'annonce par l'état languissant des vers, qui se meuvent à peine et cessent de manger. Puis la chenille se ramollit, devient flasque et prend une coloration noire. Enfin le corps n'est plus qu'une bouillie noirâtre et infecte. L'intestin des vers atteints de cette maladie renferme des myriades d'animalcules microscopiques, qui se meuvent dans le champ du microscope avec une grande rapidité.

9. **Papillons diurnes.** — Les chenilles des papillons diurnes ou volant pendant le jour, ne se construisent pas de cocon pour y subir leur métamorphose. Leurs chrysalides, souvent parées de belles couleurs, ornées de taches dorées ou argentées, sont fixées à des feuilles, des tiges et contre les murailles, au moyen d'une petite pelote de soie adhérant à la partie postérieure; en outre, un fil de soie, placé en travers du corps, les maintient appliquées contre le support. Parmi les papillons diurnes, à chrysalides sans cocon, citons la *Vanesse Io*, dont les ailes, sinueuses sur les bords, sont d'un rouge brun avec quatre grandes taches colorées de violet, de noir, de jaune. C'est un des plus beaux papillons de l'Europe. Sa chenille vit sur les orties. Elle est d'un noir velouté, ponctuée de blanc. Sa chrysalide est d'un brun verdâtre, avec des taches dorées.

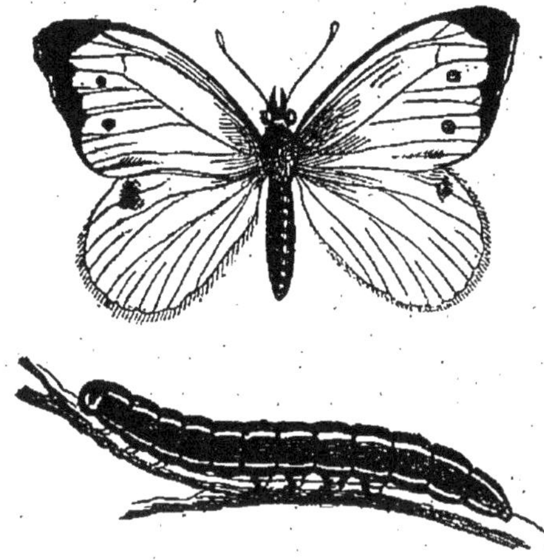

Fig. 231. — Papillon du chou et sa chenille.

10. **Petits papillons. Teignes.** — On appelle *Teignes* de petits papillons dont les chenilles se fabriquent une demeure ambulante, un fourreau qu'elles traînent après elles et qui les recouvre presque en entier. Il y en a qui vivent dans nos greniers et se construisent un logis avec des grains de blé agglutinés entre eux; d'autres s'attaquent aux étoffes, aux fourrures, aux plumes, au crin, dont elles se nourrissent en même temps qu'elles s'en font un étui pour demeure. A l'état parfait, ces destructeurs de nos étoffes, de nos habillements, de nos fourrures, sont de délicats papillons, généralement blanchâtres, qui viennent, le soir, se brûler les ailes autour de la flamme des lampes, dont l'éclat les attire.

Fig. 232. — Teignes.

Parmi les plus remarquables est la *Teigne du drap;* les ailes supérieures sont noires avec l'extrémité blanche; la tête et les ailes inférieures sont également blanches. La chenille se tient sur les étoffes de laine; elle se construit un fourreau avec les débris du tissu rongé.

La *Teigne des pelleteries* a les ailes supérieures d'un gris argenté, avec deux petits points noirs sur chacune. Sa chenille habite les fourrures, qu'elle tond poil par poil.

La *Teigne du crin* vit, à l'état de chenille, dans le crin dont on rembourre les fauteuils et autres sièges. Elle est en entier d'un fauve pâle. Tous ces papillons, et en général toutes les teignes, ont les ailes étroites, bordées d'une élégante frange de poils soyeux, et couchées en long sur le dos pendant le repos.

La plus à craindre est la teigne qui ronge le drap. Pour se mettre à couvert, sa chenille se fabrique un fourreau avec des brins de laine coupés et hachés du tranchant des mâchoires. En moissonnant ainsi les brins un à un, la teigne rase le drap et fait place nette jusqu'à la trame. Là se borne parfois le dégât; mais il lui arrive aussi d'attaquer les fils du tissu et de trouer l'étoffe de part en part, de sorte que le drap n'est plus qu'un haillon sans valeur. Les brins de laine hachés servent en partie de nourriture à la chenille, en partie de matériaux de construction pour le fourreau. Celui-ci est artistement façonné: au dehors, de brins de laine fixés entre eux au moyen d'un peu de matière soyeuse bavée par la chenille; au dedans, de soie seule, de sorte qu'une fine doublure défend la peau délicate de la teigne de tout rude contact.

L'habit de la chenille a la couleur du drap tondu; il y en a de blancs, de noirs, de bleus, de rouges, suivant la teinte de l'étoffe. Il y en a même de bariolés de diverses couleurs, quand la chenille prend des brins de laines un peu par-ci un peu par-là sur une étoffe à plusieurs teintes. C'est alors une espèce d'habit d'arlequin.

Cependant la chenille grandit, et le fourreau devient trop court et trop étroit. L'allonger est facile: il suffit d'ajouter de nouveaux brins de laine à l'extrémité. Mais comment faire pour l'élargir? Eh bien, l'industrieuse chenille s'y prend comme le ferait un tailleur : avec les mandibules pour ciseaux, elle fend son habit tout du long; et dans la fente, elle ajuste une pièce neuve. La reprise est si bien faite, si bien cousue avec de la soie, que l'habit semble n'avoir pas subi de retouche.

Pour garantir des teignes les habillements de laine on est

dans l'usage de mettre dans les armoires qui les renferment des plantes odoriférantes, du tabac, du poivre, du camphre. Mais le moyen le plus sûr et le plus efficace consiste à visiter fréquemment ces étoffes, à les secouer et les battre à l'air, à les exposer à la lumière, car toutes les teignes aiment le repos et l'obscurité. C'est surtout de mai en juin qu'il faut prendre ces précautions. Il convient aussi de détruire les petits papillons qu'on voit voltiger dans les appartements ; par eux-mêmes ces papillons ne font aucun dégât, mais ils déposeraient sur

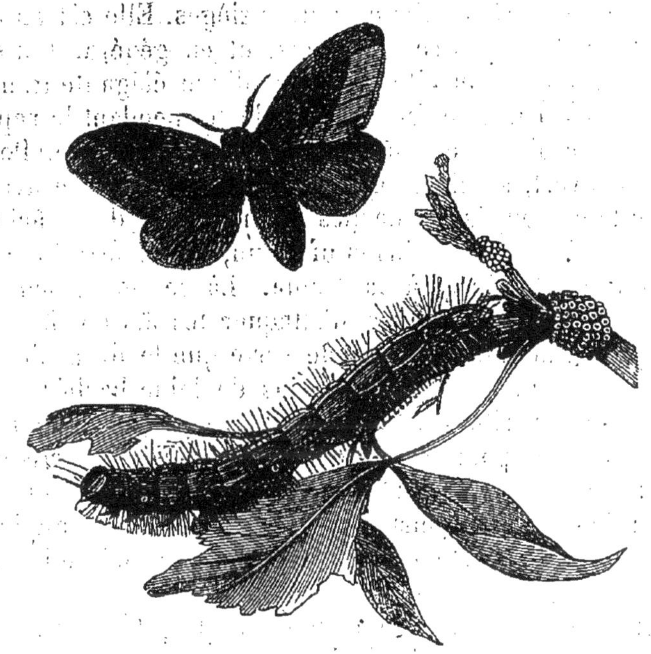

FIG. 233. — Le Bombyx livrée. Papillon, chenille, œufs groupés en bracelet.

les étoffes des œufs d'où proviendraient les redoutables chenilles qui mettent en pièces nos habits.

11. **Pyrales.** — De tous les insectes ce sont les papillons qui commettent le plus de dégâts, non à l'état parfait, car ils se bornent alors à puiser avec leur trompe la liqueur sucrée des fleurs, mais à l'état de chenilles, douées des appétits les plus variés. Nous venons d'en voir qui rongent les étoffes de laine, les plumes, le crin ; il y en a d'autres qui rongent le bois, qui broutent le feuillage, qui mangent les racines, qui s'attaquent aux fruits. Parmi ces dernières sont les chenilles des *Pyrales*.

Les pyrales sont des papillons de petite taille, parfois de

coloration très élégante. Leurs antennes sont fines; les ailes, arrondies aux épaules, s'élargissent en manière de chape, et sont rapprochées en forme de toit pendant le repos, c'est-à-dire s'inclinent de droite et de gauche. Leurs chenilles ont la peau lisse et luisante. Elles reculent vivement quand on les inquiète et se laissent tomber en amortissant la chute au moyen d'un fil qui les tient suspendues par la lèvre.

Le ver que l'on trouve dans les pommes et les poires est la chenille de la *Pyrale des pommes*, dont les ailes supérieures sont d'un gris cendré, marbrées en travers de brun et ornées à l'extrémité d'une tache rousse cerclée de rouge doré. On trouve dans les prunes et les abricots un ver qui ressemble beaucoup à celui des poires et des pommes; on en trouve un

FIG. 234. — Pyrale des pommes.

autre dans les châtaignes, un troisième dans les cosses des pois, dont il ronge les grains tendres. Le premier est la chenille d'un papillon nommé *Pyrale des prunes*; le second est la chenille de la *Pyrale brillante*; le troisième appartient à la *Pyrale des pois*.

Il y a une foule d'espèces de pyrales, et chaque espèce est représentée par des légions incalculables d'individus. Quelques pyrales s'attaquent aux fruits, nous venons d'en voir des exemples; d'autres ont des mœurs différentes. Beaucoup, quand elles sont sous forme de chenilles, tordent les feuilles des arbres, les plient dans le sens de la longueur, les roulent sur elles-mêmes en étuis ronds, en cornets, ou bien les rapprochent plusieurs ensemble avec des fils de soie pour se faire un abri et ronger en sécurité l'intérieur de leur habitation de verdure. Pour ce motif, on les nomme *Pyrales tordeuses*. Celle dont il est le plus parlé, à cause de la gravité de ses dégâts, est la *Pyrale de la vigne.*

C'est un petit papillon dont les ailes jaunes ont des reflets métalliques cuivreux et des bandes transversales brunes. Sa chenille est verdâtre, hérissée de quelques poils courts, avec la tête d'un vert foncé luisant. Au mois d'août, le papillon pond ses œufs sur les feuilles de la vigne, par petites plaques d'une vingtaine au plus. L'éclosion a lieu en septembre. A cette époque avancée de l'année, les chenilles ne prennent aucune nourriture, elles se suspendent à un fil et attendent que l'agitation de l'air les pousse contre les ceps ou les échalas. Dès qu'elles ont pris pied sur l'appui désiré, elles se réfugient dans les rides de l'écorce et les fissures du bois. C'est là qu'elles restent engourdies et passent l'hiver.

Fig. 235. — Pyrale du prunier.

Au réveil de la végétation, dès que la vigne déploie ses pre-

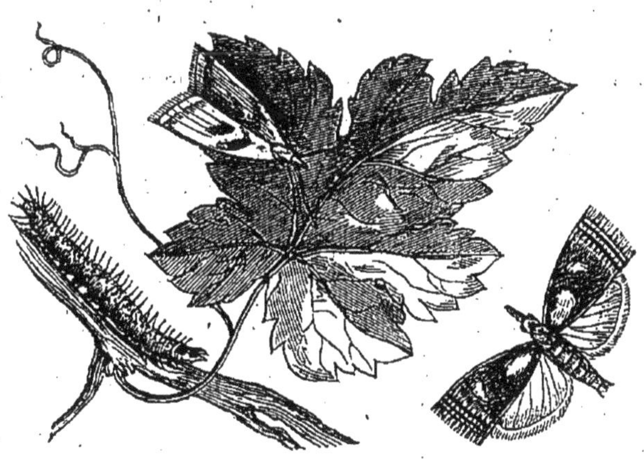

Fig. 236. — Pyrale de la vigne.

mières pousses, elles quittent leur retraite, envahissent le cep et enlacent de fils soyeux les jeunes grappes et les feuilles naissantes pour les brouter avec l'appétit que donne un jeûne de cinq à six mois. Les dégâts vont vite avec de telles affamées. En quelques semaines, quand cette chenille abonde, la plus belle vigne est mise dans un état pitoyable, et tout espoir de récolte est perdu. On se souviendra longtemps des ravages que fit la pyrale de 1835 à 1840 dans les vignobles de la Bourgogne. Sur des étendues immenses, quand venait le moment de la vendange, on ne trouvait pas une grappe à mettre dans le panier. La famélique chenille ruinait le pays. Nos temps ont une calamité plus grande. La pyrale détruisait la récolte mais laissait vivre les vignes; le phylloxera, plus terrible, détruit tout, récolte et ceps.

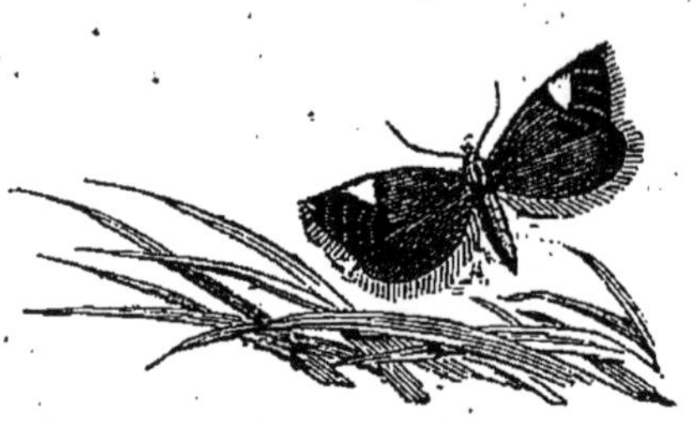

FIG. 237. — Pyrale de Holm.

Les autres pyrales tordeuses de feuilles ont moins d'importance. La chenille de la tordeuse du prunier vit d'abord aux dépens des fleurs de cet arbre; plus tard elle se construit un rouleau de feuilles qu'elle tapisse de soie. La *Tordeuse du cerisier* a des mœurs à peu près semblables. La *Tordeuse de Holm* vit sur les feuilles du poirier.

CHAPITRE XXXIII

COLÉOPTÈRES

1. **Caractères généraux.** — Les *Coléoptères* ont les organes buccaux conformés pour broyer des matières solides. Ils ont deux paires d'ailes, dont les supérieures, nommées *élytres*, ne sont pas propres au vol, mais constituent un bouclier protecteur, un étui corné, sous lequel se replient les ailes suivantes, de nature membraneuse. Le nom de *coléoptère* signifiant ailes en étui, rappelle cette disposition. Plus rarement, les ailes mem-

branenses manquent, et l'insecte, réduit à ses élytres, ne peut voler. Les métamorphoses sont complètes, c'est-à-dire que chez ces insectes la forme initiale et la forme finale ne se ressemblent pas, et que le passage de l'une à l'autre se fait par un état intermédiaire dans lequel l'insecte est immobile, inactif. Pour cet état intermédiaire, l'insecte porte le nom de *nymphe*, qui remplace le terme de chrysalide employé pour les papillons.

A cet ordre appartiennent le *Scarabée sacré*, qui roule des pilules de bouse soit pour sa nourriture soit pour y déposer ses œufs; il était, dans l'antique Égypte, un objet de vénération; le

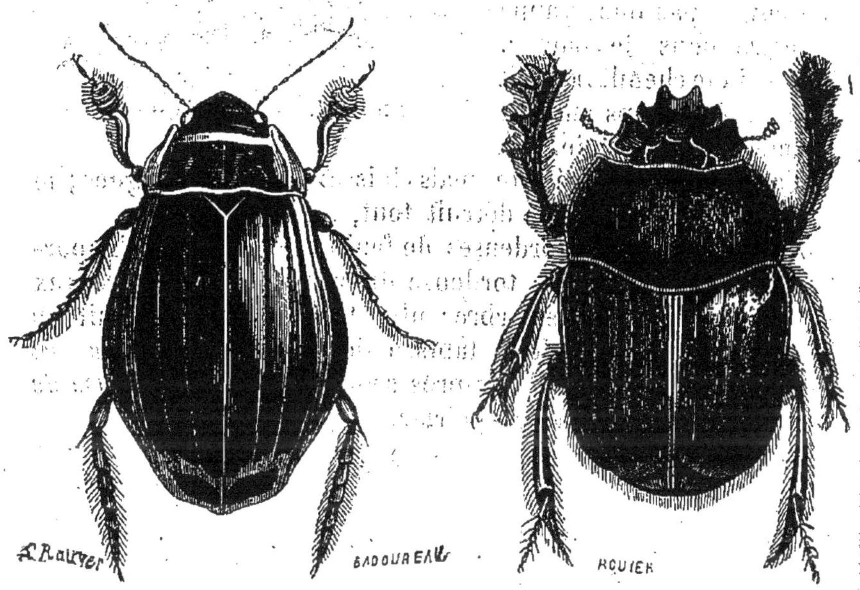

FIG. 238. — Le Dytique. FIG. 239. — Le Scarabée sacré.

Dytique, habile nageur, habitant des mares; le *Capricorne*, aux longues antennes, dont la larve vit dans le tronc des vieux chênes; le *Hanneton* qui, sous l'état de larve, est un des plus redoutables ravageurs de nos cultures; les *Carabes* qui vivent de proie et n'ont pas d'ailes sous les élytres; le *Cerf-volant*, dont les mandibules, extraordinairement développées, ont un peu l'aspect des cornes du cerf; la *Calandre*, dont la larve vit dans le blé de nos greniers.

2. **Le Hanneton.** — Le Hanneton est d'abord une larve qui trois ans vit en terre, tandis que l'insecte parfait ne vit lui-même sur les arbres que de deux à trois semaines. Cette larve est vulgairement connue sous le nom de *ver-blanc*, de *man*,

de *turc*. C'est un gros ver pansu, de démarche lourde, courbé sur lui-même, de couleur blanche avec la tête jaunâtre. Ce ver a six pattes, qui lui servent, non à courir à la surface du sol, mais à ramper sous terre; des mandibules robustes, aptes à trancher les racines des plantes. Sa tête, afin de fouiller avec plus de vigueur, a pour crâne une calotte de corne. Le ventre est distendu par la nourriture, qui apparaît en teinte noire à travers la peau; aussi la larve obèse ne peut se tenir sur ses jambes et se couche sur le flanc. Le ver-blanc vit trois ans, toujours sous terre, s'ouvrant de ça et de là des galeries et vivant de racines. Puis il se fait avec de la terre une cellule de

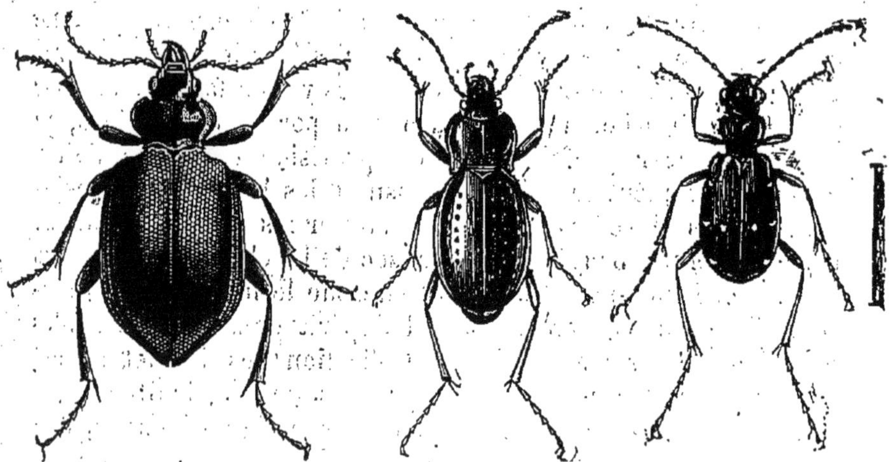

FIG. 240. — Le Calosome sycophante.

FIG. 241. — Carabe à chaînettes.

FIG. 242. — Cicindèle champêtre.

la grosseur d'un œuf de pigeon, raboteuse à l'extérieur, bien polie à l'intérieur, où il s'enferme, devient nymphe et finalement hanneton.

Tout lui est bon pour nourriture : racines des herbes et des arbres, des céréales et des fourrages, des plantes potagères et des végétaux d'ornement. L'hiver, il s'enfonce profondément dans le sol et s'engourdit; au printemps, il remonte dans les couches supérieures, s'installe aux racines et passe d'une plante à l'autre, à mesure que le mal est fait.

Le ver-blanc est pour l'agriculture un fléau redoutable; il pullule parfois jusqu'à détruire les récoltes. Bon an mal an, dans l'étendue seule de la France, les dégâts qu'il produit se chiffrent par millions. Pour un hectare de terrain, on a eu ramassé dans les sillons ouverts par la charrue jusqu'à trois cents kilogrammes de mans. La multiplication excessive tant du hanneton que des autres insectes ravageurs des biens de la terre, est une conséquence forcée de nos cultures. Les végétaux sont plus abondants; au lieu de venir à l'aventure, un pied par-ci, un pied par-là, ils couvrent de vastes champs, expressément préparés pour les recevoir. Cette abondance de vivres nécessairement favorise la prospérité des mangeurs, et les insectes pullulent en proportion de la nourriture dont ils peuvent disposer.

D'autre part, le sol remué, amendé, assoupli par la culture, est bien plus favorable à la vie souterraine des larves que le sol non travaillé, dur et compact, où l'air ne pénètre pas. Le terrible ver-blanc ne s'y trompe pas : il s'établit dans les terres ameublies par notre travail; les galeries y sont faciles à creuser pour se rapprocher de la surface à la portée des racines, ou pour s'enfoncer profondément en prévision du froid; l'air y pénètre largement comme le nécessitent les besoins de la respiration. Mais il se garde bien d'habiter les terres compactes, landes, guérets, bruyères, que le soc de la charrue n'a jamais fertilisées. Tout comme nous, il recherche le bien-être; il prospère s'il est dans l'abondance, il dépérit dans de misérables conditions, de sorte que la multiplication des hannetons est sous la dépendance directe des progrès de l'agriculture.

L'histoire nous dit qu'en des temps peu éloignés de nous, une grande partie du sol restait inculte. On ne parlait pas alors des ravages des hannetons, on ne connaissait pas ces nuées d'insectes qui dévastent une province en quelques jours; mais aussi ne mangeait pas de pain qui voulait, et de temps à autre, par insuffisance de récolte, la famine décimait la population. Le cours des idées a maintenant bien changé. Le travail de la terre, le premier de tous, a pris dans l'estime générale le rang qu'il mérite; chacun comprend que le sol est la grande fabrique d'où tout provient, qu'il doit rendre le plus possible et par tous les moyens possibles. Avec nos cultures mieux entendues, qui ne dédaignent pas la plus maigre lande, l'abondance est venue, et avec elle une foule de convives, hannetons et dévorants de toutes sortes, car tout travail en appelle un autre, et l'homme ne peut acquérir et conserver le bien-être que par une lutte incessante.

3. **La Calandre.** — La *Calandre*, ou *Charançon du blé*, est un coléoptère ravageur des greniers. Cet insecte a quatre

millimètres de longueur environ. Tout le corps est d'un brun noir. Le corselet est long, gravé de points; les élytres sont sculptées de sillons. Les ailes membraneuses manquent, par suite la calandre ne peut voler. La tête se termine par un long museau, par une espèce de fine trompe. Semblable trompe ou bec, se retrouve dans tous les *Charançons*.

Avec son museau pointu, la calandre entame légèrement un grain de blé, et dans l'entaille elle dépose un œuf, fixé au moyen d'une humeur visqueuse. Elle passe ensuite à d'autres grains qu'elle traite de la même manière, jusqu'à ce que sa provision d'œufs soit épuisée. C'est fait si délicatement, que la meilleure vue ne découvrirait rien sur les blés infestés de ces redoutables germes. Cependant la calandre sait très bien quand un grain a déjà reçu un œuf, soit d'elle-même, soit d'une autre, et jamais elle ne commet l'imprudence de lui en confier un second, car le grain est trop petit pour deux convives. A chaque grain sa larve, à chaque larve son grain, pas plus.

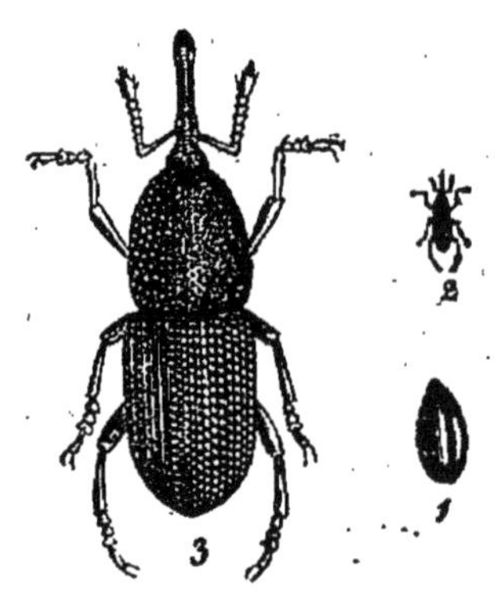

FIG. 243. — La Calandre. — 1, grain de blé logeant une calandre. — 2, insecte, grandeur naturelle. — 3, insecte grossi.

Bientôt les œufs éclosent. Le tout petit ver perce l'enveloppe du grain et s'introduit dans la partie farineuse par un trou presque invisible. Là, il est chez lui, tranquille, paisiblement livré aux douceurs du manger. Et quel repas! A lui seul un grain de blé, tout un grain de blé! Aussi devient-il gros et gras. En cinq à six semaines, la farine est achevée, mais le son reste, car l'adroite larve se garde bien de l'entamer : elle en a besoin pour lui servir de berceau pendant la métamorphose. Le grain rongé paraît donc intact, alors qu'il est creux et loge un charançon. Dans cette cellule, la larve devient nymphe, et celle-ci insecte parfait. La calandre déchire alors l'enveloppe du son et quitte sa demeure pour explorer le tas de blé, choisir les grains non rongés et leur confier ses œufs, qui doivent donner une nouvelle population de ravageurs.

Dans le courant d'une saison, un charançon produit de 8000 à 10 000 œufs, d'où proviennent autant de larves, rongeant chacune un grain. La capacité d'un litre contient en moyenne 10 000 grains de blé. Pour alimenter la famille issue d'un charançon, il faut donc à peu près un litre de froment. Supposons un millier de couples de ces insectes dans un grenier, et c'est assez pour détruire dix hectolitres de froment, de seigle, d'orge, d'avoine, car tout grain leur convient. Le moyen le plus employé pour prévenir ces ravages est de remuer fréquemment le tas de blé, de le pelleter de fond en comble. Les charançons, amis du repos, décampent au plus vite et sont recueillis avec le balai pour être écrasés.

4. **Le Cerf-volant.** — Le plus gros des coléoptères de nos pays est le *Lucane*, qu'on appelle aussi *Cerf-volant* à cause de ses deux longues mandibules branchues ayant quelque ressemblance de forme avec le bois du cerf. L'insecte en fait usage pour sa défense, il pince violemment dans ses vigoureuses tenailles le doigt maladroit qui se laisse saisir. La femelle, nommée *Biche*, a les mandibules beaucoup moins fortes. Cet insecte fréquente les bois. Sa larve, assez voisine de celle du hanneton pour la forme, mais beaucoup plus grosse, habite la souche cariée des vieux chênes.

CHAPITRE XXXIV

FOURMIS. — ABEILLES

1. **Fourmis.** — Les *Fourmis*, si intéressantes par leurs mœurs, vivent en sociétés nombreuses et se construisent sous terre des demeures considérables où les jeunes sont élevés. Trois catégories d'insectes composent ces sociétés. Les *mâles* et les *femelles*, reconnaissables à leurs grandes ailes transparentes, au nombre de quatre, enfin les neutres ou bien *ouvrières*, qui sont dépourvues d'ailes. Ces dernières construisent la demeure, prennent soin de la communauté, élèvent les larves, leur apportent et leur distribuent la nourriture. Les autres n'ont d'autre rôle que la production des œufs.

2. **Éducation des larves.** — Nous empruntons à P. Huber, le célèbre historien des fourmis, les détails qui suivent. Au

sortir de la coque de l'œuf, la fourmi est un vermisseau dont le corps, d'une transparence parfaite, ne présente qu'une tête et des anneaux, sans aucun rudiment de pattes ou d'antennes. L'insecte, à cet âge, est dans une dépendance absolue des ouvrières. Une fourmilière, captive sous un vitrage, permet de suivre tous les détails de l'éducation des larves. Celles-ci sont gardées par une troupe de fourmis qui, dressées sur les pattes et le ventre en avant, sont prêtes à repousser tout agresseur en lui lançant leur liqueur acide; d'autres débloquent les conduits obstrués par des matériaux hors de place; d'autres, dans un repos complet, paraissent endormies.

La scène s'anime dès que les rayons du soleil viennent éclairer le nid. Les fourmis se trouvant au dehors rentrent avec précipitation dans la fourmilière, frappent de leurs antennes leurs compagnes pour les avertir de l'apparition du soleil, courent de l'une à l'autre, les pressent, les heurtent et mettent tout en mouvement jusqu'à ce qu'un essaim d'ouvrières remplisse tous les passages. Si quelqu'une paraît ne pas comprendre, elle est saisie par les mandibules et entraînée au sommet de la fourmilière. Ainsi averties, les fourmis s'occupent des larves et des nymphes. Elles les portent en toute hâte au dehors, où quelque temps elles les laissent exposées à l'influence de la chaleur. Au bout d'un quart d'heure, elles les retirent et les mettent à l'abri des rayons directs du soleil, dans des loges destinées à les recevoir. Enfin le moment du repas étant venu, chaque fourmi s'approche d'une larve et lui donne à manger.

Les fourmis ne préparent pas à leurs larves des provisions de bouche, comme le font tant d'autres insectes; elles leur donnent chaque jour la nourriture convenable. Les larves reçoivent la becquée, à la façon des petits oiseaux. Quand elles ont faim, elles redressent le corps et cherchent avec la bouche les ouvrières chargées de les nourrir. La fourmi nourrice écarte ses mandibules et laisse prendre dans sa bouche même une gouttelette de liquide sucré.

Il ne suffit pas aux ouvrières de porter les larves au soleil et de leur donner la becquée, il leur faut encore les entretenir dans une extrême propreté; aussi ces insectes, qui ne le cèdent en tendresse pour les petits dont la direction leur est confiée, à aucune des femelles des grands animaux, ont-ils encore l'attention de passer à chaque instant la langue sur le corps des nourrissons pour le rendre d'une blancheur parfaite, et de leur tirailler la peau détendue et ramollie, quand la transformation s'approche.

Avant de se dépouiller de cette peau, les larves des fourmis se filent une coque de soie, cylindrique, allongée, d'un jaune pâle, très lisse et d'un tissu fort serré. C'est là que s'effectue la métamorphose. En dépouillant sa peau de larve, la fourmi passe à l'état de nymphe. En cet état, elle a la forme définitive, il ne lui manque que des forces et un peu plus de consistance. Tous ses membres sont distincts mais étroitement emmaillottés sous une fine pellicule qu'elle doit dépouiller pour devenir insecte parfait. Lorsqu'on trouble une fourmilière, on voit les ouvrières emporter à la hâte pour les mettre en lieu sûr des corps cylindriques ayant un peu l'aspect de grains de froment et fort mal à propos nommés œufs de fourmis. Ce ne sont pas là les œufs de l'insecte, en réalité beaucoup plus petits; ce sont les cocons, avec leur contenu, larve ou nymphe.

Quand vient le moment de sortir du cocon, la fourmi incluse ne sait pas se libérer elle-même en perçant avec les mandibules l'enveloppe de soie, comme le font les autres insectes; les ouvrières doivent opérer la délivrance. Assistons à cet acte délicat. Trois ou quatre montent sur une coque et s'efforcent de l'ouvrir à l'extrémité correspondant à la tête de la nymphe. Elles commencent par amincir l'étoffe en arrachant quelques filaments de soie au point où doit se pratiquer l'ouverture; puis pinçant et tordant le tissu, si difficile à rompre, elles parviennent à le trouer en plusieurs endroits très rapprochés les uns des autres. Alors les mandibules passent dans l'un des trous, font office de ciseaux et coupent une bandelette. Les fourmis occupées à ce rude travail se relèvent et se reposent tour à tour : l'une tient la bandelette coupée, une autre tiraille doucement la jeune fourmi hors de sa cellule natale.

Enfin l'insecte sort, mais incapable de marcher, de se tenir même sur ses jambes, car il est encore emmaillotté dans une dernière membrane qu'il ne sait pas dépouiller lui-même. Les ouvrières ne l'abandonnent pas dans ce nouvel embarras. Elles le délivrent de la pellicule satinée dont toutes les parties du corps sont revêtues, elles tirent délicatement les antennes de leur fourreau, délient les pattes, dégagent le corps, l'abdomen et son pédicule. La fourmi est alors en état de marcher, et surtout de prendre de la nourriture, dont elle semble avoir grand besoin; aussi la première attention de ses gardiennes est de lui donner à manger.

Les ouvrières ont la même sollicitude à l'égard des fourmis nouvellement transformées. Quelques jours encore, elles les surveillent et les suivent; elles les accompagnent en tous lieux, leur font connaître les sentiers et les labyrinthes dont l'habitation est composée. Elles rendent aux mâles et aux femelles le service difficile d'étendre leurs ailes, qui resteraient froissées sans leur secours, et s'en acquittent toujours avec assez d'adresse pour ne pas déchirer ces membres si frêles et si délicats.

3. **Relations entre les fourmis et les pucerons.** — Les fourmis n'ont pas l'art de construire des magasins et de les remplir de provisions, celles qui restent au logis attendent leur subsistance des ouvrières qui sont allées à la récolte. Celles-ci leur rapportent de petits insectes, ou le corps de ceux qu'elles ont démembré sur place ; alors chacune d'elles attaque le cadavre, qui bientôt est entièrement dépecé. Mais quand elles trouvent des fruits mûrs ou des animaux trop volumineux pour être transportés à la fourmilière, elles s'abreuvent des sucs qu'ils renferment et reviennent au nid avec l'estomac plein de ces provisions liquides. A leur retour, elles les dégorgent dans la bouche de leurs compagnes.

La fourmi qui éprouve le besoin de manger frappe de ses antennes, avec un mouvement très rapide, les antennes de la fourmi dont elle attend du secours. On les voit aussitôt s'approcher en ouvrant la bouche, et avancer la langue pour se faire passer la liqueur de l'une à l'autre. Pendant cette opération, la fourmi qui reçoit les aliments ne cesse de flatter celle qui la nourrit, en continuant à mouvoir ses antennes avec une activité singulière; elle fait aussi jouer sur les parties latérales de la tête de sa nourrice les pattes antérieures, qui sont garnies de brosses épaisses, et qui, par la délicatesse et la rapidité de leurs mouvements, ne cèdent en rien aux antennes.

L'une des principales ressources alimentaires des fourmis est le liquide sucré fourni par les pucerons, liquide qui suinte de temps à autre en gouttelettes limpides à l'extrémité de deux petits tubes placés à la partie supérieure et terminale du ventre. Suivons une fourmi en expédition au milieu d'un troupeau de pucerons. Elle va ici et là, passant sur le troupeau nullement troublé de sa venue; ayant trouvé ce qu'elle cherche, elle se fixe auprès d'un puceron. Elle le caresse avec les antennes, qui d'un mouvement très vif lui touchent alternativement le ventre. La liqueur paraît au bout des cornicules et la fourmi boit aussitôt la gouttelette. Un autre puceron est visité et caressé des antennes. Il cède son fluide nourricier. La fourmi lappe la goutte et passe immédiatement à un troisième, qu'elle amadoue comme les précédents en lui donnant quelques petits coups d'antennes sur le ventre. La liqueur apparaît à l'instant et la fourmi la recueille. Un quatrième, probablement épuisé, résiste à ses caresses; la fourmi devine qu'elle n'a rien à en espérer; elle le quitte pour un cinquième dont elle obtient nourriture. Un petit nombre de ces bouchées suffit pour rassasier une fourmi qui, satisfaite, reprend le chemin de sa demeure.

Il y a des fourmis qui ne sortent jamais de leur demeure; elles élèvent, elles parquent les pucerons à proximité de leurs couloirs pour les traire à loisir, sans quitter la fourmilière. Les pucerons sont leur trésor; la société est plus ou moins riche selon qu'elle en possède plus ou moins. C'est leur bétail, ce sont leurs vaches et leurs chèvres. Elles construisent des chalets souterrains parmi les racines des gazons, et y déposent les pucerons qu'elles vont chercher au loin, de même que nous rassemblons les animaux domestiques sous le toit de nos bergeries.

D'autres déploient une industrie plus admirable encore. Elles prennent possession des pucerons vivant sur les branches des arbustes, et, jalouses de conserver leur bétail, ne souffrent pas que des étrangères viennent leur disputer la nourriture qu'elles en attendent. Elles les chassent à coup de mandibules; elles s'agitent, font bonne garde autour du troupeau, et parcourent la branche en vigilants défenseurs. Si le danger menace trop, elles se hâtent d'emporter leur bétail et de le mettre en sûreté. Ou bien encore, avec des parcelles de terre, elles construisent autour de la branche un pavillon creux, une case à ouverture fort étroite. Dans cet appartement s'étalent quelques feuilles sur lesquelles est établi le troupeau de pucerons. Dans cette retraite paisible, les fourmis font leur récolte de liqueur sucrée, à l'abri de la pluie, du soleil, et surtout des fourmis étrangères.

Quelques fourmis trouvent leur nourriture auprès des pucerons du plantain vulgaire. Les nourriciers sont d'abord fixés sur la tige, au-dessous de l'épi de fleurs. Vers la fin d'août cette tige se dessèche. Les pucerons se retirent alors sous les larges feuilles radicales de la plante. Les fourmis les y suivent et s'enferment avec eux, en murant avec de la terre humide tous les vides qui se trouvent entre le sol et la rosace de ces feuilles; elles creusent ensuite le terrain en dessous pour se donner plus d'espace dans leurs visites aux pucerons. Enfin des galeries couvertes font communiquer cette bergerie avec la fourmilière qui peut être située assez loin.

4. **Animaux domestiques des fourmis.** — Quelques coléoptères de très petite taille vivent à l'intérieur des fourmilières et sont pour les fourmis des animaux domestiques encore plus remarquables que les pucerons. Ceux-ci ont vie indépendante et s'alimentent d'eux-mêmes; les insectes dont il nous reste à parler dépendent des fourmis, car ne sachant pas manger seuls, ils sont nourris par leurs propriétaires. En dédommagement, ils fournissent à la fourmilière une matière sucrée. De même nous fournissons le fourrage à l'imbécile brebis qui nous donne en retour sa laine et son laitage. Ces petits coléoptères sont les *Clavigères* et les *Loméchuses*. Les premiers, de deux millimètres environ de longueur, sont aveugles, à mouvements lents, avec une très petite bouche qui ne peut admettre qu'une nourriture liquide. Les poils de leurs élytres fournissent une humeur sucrée aux fourmis, qui les lèchent, les pressent doucement entre leurs mandibules. Les loméchuses sont de plus grande taille et atteignent cinq millimètres. Elles ont de chaque côté de l'abdomen un petit bouquet de poils d'où suinte une humeur sucrée. Ni les uns ni les autres ne savent manger seuls, il faut que les fourmis leur donnent la nourriture de bouche à bouche, exactement comme elles se donnent la becquée entre elles; mais immédiatement après, la fourmi nourrice se dédommage en léchant les poils sucrés du coléoptère.

5. **Les fourmis amazones.** — Nos pays ont une fourmi rougeâtre, d'assez grande taille, nommée *Fourmi rousse* ou *Amazone*, qui ne sait pas construire sa demeure, élever ses larves, se procurer de la nourriture et même manger seule; mais avec ses mandibules en croc elle est très bien armée pour la lutte et le pillage. Ce qu'elle pille, ce sont des esclaves qui lui donnent la becquée, vont aux provisions, construisent la fourmilière et font l'éducation de la famille. Une petite fourmi, de couleur noire ou cendrée, est l'objet de sa chasse aux esclaves. Par longues compagnies de quelques milliers, les rousses vont à la recherche d'un nid de cendrées, elles pénètrent dans la fourmilière malgré la résistance des habitants et dévalisent la cité souterraine. Bientôt elles repartent, chacune avec son butin entre les mandibules. Elles emportent, non des fourmis adultes, qui ne pourraient s'habituer au service de la fourmilière étrangère, et reviendraient sans tarder à leur ancien logis, mais bien des jeunes,

des nymphes, renfermées dans leur cocon. Ecloses dans la demeure des rousses, les fourmis provenant de ces coques volées, regardent la fourmilière natale comme leur propre fourmilière et s'y acquittent avec diligence des mêmes fonctions. Elles vont aux vivres, elles construisent, elles soignent les larves des amazones, elles donnent à manger aux fourmis rousses, qui, une fois en possession d'assez de serviteurs, ne sortent plus de leurs retraites.

C'est à la fin de l'été et en automne, raconte Ch. Lespès, que les expéditions des amazones ont lieu. Quand le ciel est pur, vers trois ou quatre heures du soir, nos pillards sortent de leur tanière. D'abord aucun ordre ne préside à leurs mouvements; mais quand toutes sont réunies, elles forment une colonne qui se porte vivement en avant et dans une direction différente chaque jour. Les fourmis qui composent cette troupe marchent serrées les unes contre les autres; celles qui sont au premier rang ont l'air de chercher quelque chose à terre, aussi sont-elles à tout instant dépassées par celles qui viennent derrière, et la tête de la colonne est renouvelée ainsi pendant toute l'expédition. Elles cherchent, en effet, la trace des fourmis qu'elles vont piller, et c'est l'odorat qui les guide. Elles quêtent à terre, comme les chiens qui cherchent le gibier, et quand elles trouvent, elles entraînent après elles la troupe entière.

Après une marche qui dure quelquefois une heure, la colonne arrive à une fourmilière de cendrées, qui opposent une résistance acharnée, mais sans grand succès. Bientôt toutes les amazones pénètrent dans le terrier; une minute après, à peine, elles en ressortent rapidement, et en même temps les cendrées sortent aussi en masse. La seule préoccupation, ce sont les larves et les nymphes : les amazones cherchent à les voler, les légitimes propriétaires cherchent à en sauver le plus grand nombre possible. Les cendrées savent fort bien que les amazones ne peuvent grimper. Aussi se réfugient-elles sur toutes les herbes du voisinage, en emportant leur précieux fardeau; elles sauvent ainsi quelques larves. Puis, elles suivent les voleurs, les harcèlent et réussissent encore à leur en enlever quelques-unes. Dans tout ce tumulte, il y a bien peu de coups sérieux donnés de part et d'autre; rarement une amazone, poursuivie avec acharnement, coupe en deux une fourmi cendrée.

Voilà nos voleurs qui reviennent chez eux en courant, chacun emportant une larve ou une nymphe. Mais ce n'est pas par le chemin le plus court qu'elles s'en retournent, c'est en suivant exactement tous les détours qu'elles ont suivis en venant. C'est encore l'odorat qui les guide, et point du tout la vue. Arrivées à leur nid, les amazones abandonnent leur butin à leurs esclaves, et ne s'en occupent plus. Peu de jours après, les nymphes ainsi volées éclosent, et les ouvrières qui en sortent ne paraissent conserver aucun souvenir de leur première patrie, car elles prennent immédiatement, et sans y être forcées, leur rôle de travailleurs.

La fourmi amazone ne travaille jamais; bien mieux, elle ne sait pas manger seule. Il faut que ses esclaves pourvoient à tous ses besoins, soignent ses larves et la soignent elle-même, mangent pour elle et lui donnent la becquée. J'ai voulu, après Huber, vérifier cette curieuse habitude, en me tenant, le plus possible, dans les conditions normales. Sur une petite pierre, tout près de l'entrée d'un nid, j'ai mis un fragment de sucre mouillé. Un moment après une cendrée l'a trouvé et en a bu le plus possible; puis elle est revenue à la maison. D'autres ouvrières ont paru aussitôt, et le sucre a trouvé beaucoup d'amateurs. Enfin, les amazones sont arrivées courant de tous côtés d'un air affairé, mais ne mangeant rien. Elles en sont venues bientôt à tirailler leurs esclaves par la patte et à se faire dégorger une partie du sirop, mais sans toucher elles-mêmes au sucre.

6. **Abeilles. La ruche.** — La population d'une ruche se compose d'une vingtaine de mille abeilles sans sexe, dites *ouvrières* ou *neutres*; de six à huit cents mâles, désignés communément par le nom de *faux-bourdons*; et d'une seule femelle, appelée la *reine*.

La reine, plus forte et d'un tiers plus longue que l'ouvrière, est de couleur moins grise et porte sur diverses parties du corps, l'éclat de l'or bruni. Elle ne prend aucune part aux travaux et ne sort pas de la ruche; son unique fonction est de pondre des œufs, dont le nombre s'élève à une soixantaine de mille par an. Elle est la mère commune de l'essaim, sans aucune prérogative de direction, de présidence, comme pourrait le faire entendre le nom de reine, donné mal à propos. Elle obéit plutôt qu'elle ne commande.

Les mâles sont intermédiaires, pour la grosseur, entre la reine et les ouvrières; leur couleur est plus sombre, leur vol est plus bourdonnant. Ils sont dépourvus d'aiguillon; la reine et les ouvrières seules sont douées de cette arme. Leur présence dans la ruche est temporaire; quand la fécondité des œufs est assurée, les faux-bourdons sont exterminés jusqu'au dernier par les ouvrières. A celles-ci reviennent tous les soins de la communauté. Les unes vont aux champs et récoltent des

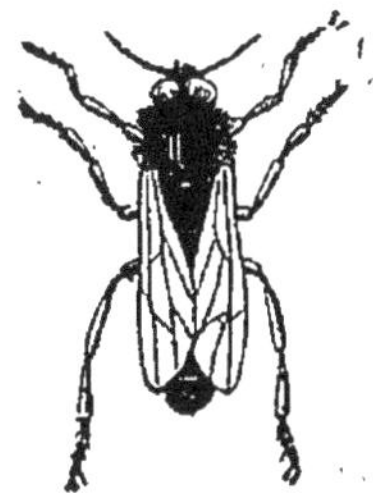

FIG. 244. — Abeille mère.

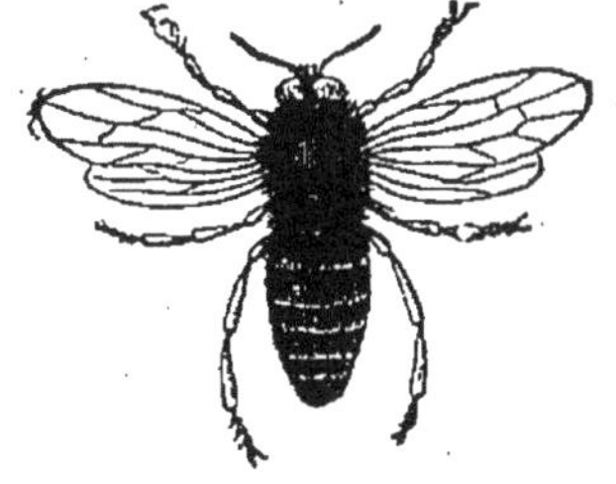

FIG. 245. — Faux-bourdon.

FIG. 246. — Abeille ouvrière.

provisions, ce sont les *pourvoyeuses;* les autres produisent de la cire et s'occupent de la construction des cellules, ce sont les *cirières;* les autres enfin s'adonnent uniquement à l'éducation des jeunes, ce sont les *nourrices.*

7. **La cire.** — Le premier soin de l'essaim est de boucher

FIG. 47. — Rucher.

toutes les fentes de la demeure, sauf une ouverture qui doit servir pour l'entrée et la sortie. Ce travail se fait avec le *propolis,* substance résineuse que les abeilles récoltent sur les végétaux, notamment sur les bourgeons visqueux du peuplier.

Alors commence la construction des *cellules* ou *alvéoles*, destinées les unes à servir de magasins pour les vivres, les autres de berceaux pour les larves. La matière employée est la *cire*, que l'abeille ne récolte pas, mais qu'elle produit elle-même par une sécrétion spéciale. Les organes qui donnent la cire occupent le dessous du ventre et sont situés entre les plis des anneaux cornés; il y en a huit. La cire s'y amasse en petites plaques, que l'insecte détache en se brossant.

Les cellules, ouvertes par un bout, fermées à l'autre, ont la forme de petites colonnes à six facettes planes, en d'autres termes, ce sont des prismes hexagonaux d'une régularité parfaite. Elles sont disposées horizontalement et très régulièrement adossées l'une à l'autre par leurs facettes. En outre, elles sont assemblées en deux couches contiguës par leurs extrémités fermées. Ces deux couches de cellules réunies par la base constituent ce qu'on nomme un *rayon* ou *gâteau*. Sur l'un des côtés de ce gâteau se trouvent toutes les entrées des cellules de la couche correspondante; de l'autre côté s'ouvrent les cellules de la seconde couche. Enfin le gâteau est suspendu verticalement dans la ruche, adhérant par la tranche supérieure à la voûte.

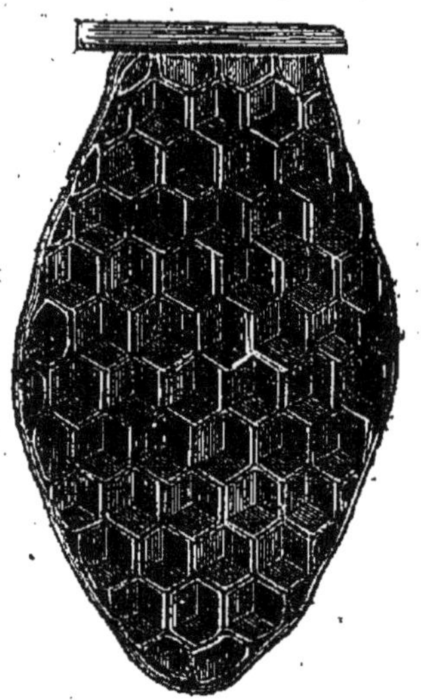

Fig. 248. — Rayon.

Comme un gâteau ne suffit pas pour une population si nombreuse, d'autres sont construits, pareils au premier, rangés parallèlement l'un à l'autre et laissant entre eux des espaces libres, qui sont les voies de service sur lesquelles donnent les ouvertures de deux couches d'alvéoles appartenant à des gâteaux voisins. Là circulent les abeilles, soit pour déposer leur récolte dans les cellules servant de magasins à miel, soit pour distribuer la nourriture aux larves, logées une à une dans d'autres cellules.

L'ouvrière qui se sent les replis à cire approvisionnés, se brosse et en extrait une lame de matière à bâtir. La petite lame de cire entre les mandibules, elle fend la presse de ses compagnes et forme en tournant un espace vide dans lequel elle peut se mouvoir librement. La foule s'écarte et l'abeille se place au milieu du chantier de construction. La cire est passée et repassée entre les mandibules, concassée en morceaux, puis étirée en ruban; de nouveau concassée et de nouveau pétrie en un seul morceau. En même temps, elle est imprégnée d'une espèce de salive qui lui donne de la flexibilité. Quand la matière est préparée à point, l'abeille l'applique parcelle à parcelle. Pour rogner l'excédent, les mandibules lui servent de ciseaux. Les antennes, dans un mouvement continuel, lui servent de sonde et de compas; elles palpent la paroi de cire pour juger de son épaisseur; elles plongent dans la cavité pour s'enquérir de la profondeur. L'ouvrage est d'abord assez massif et ne doit pas demeurer tel : les ouvrières s'occupent donc à le perfectionner, à l'amincir, à le polir, à le dresser. Les mandibules tiennent lieu de rabot et de lime. Un bon nombre d'ouvrières se succèdent dans ce travail : ce que l'une n'a qu'ébauché, une autre le finit un peu plus; une troisième le perfectionne; et quoiqu'il ait ainsi passé par tant de travailleuses, on le dirait jeté au moule.

8. **Le miel.** — Comme instruments de récolte, les ouvrières ont des *corbeilles* et des *brosses*. Les pattes postérieures ont leur troisième pièce ou jambe aplatie et creusée en dehors d'une dépression triangulaire qu'entoure une rangée de poils raides. Cette dépression est la corbeille destinée à recevoir la récolte réunie en une petite pelotte. La pièce suivante est la brosse. Chaque paire de pattes a sa brosse, mais la paire postérieure l'a plus grande, rectangulaire, lisse en dehors et garnie en dedans de poils raides, disposés en séries comme ceux de nos brosses à habits.

Pour faire sa récolte, l'abeille pénètre dans les fleurs, où son corps velu se poudre de la poussière des étamines, de pollen. Alors l'insecte se brosse et rassemble la poussière florale en petites masses, qui passent rapidement d'une paire de pattes à l'autre pour être finalement déposées dans les corbeilles, où les fixent trois ou quatre coups de palette tapés par les pattes intermédiaires. Quand la charge est complète, chaque pelote a la grosseur d'un grain de poivre un peu aplati.

L'abeille récolte en outre la liqueur sucrée qui suinte au fond des fleurs, liqueur qu'on appelle *nectar*. Elle la recueille, elle la lèche avec une sorte de langue appelée *trompe*, qui est aplatie, insensiblement plus étroite de la base au sommet, cannelée transversalement par de petits sillons très rapprochés les uns des autres, et terminée par un mamelon. Le jabot de l'insecte est le réservoir où s'amasse cette récolte fluide.

L'abeille rentre donc des champs à la ruche avec sa double provision : liqueur sucrée dans le jabot, pelotes de pollen aux corbeilles; mais tout cela n'est pas le miel encore. Le vrai miel, l'abeille le prépare dans son jabot par un commencement de digestion de la liqueur sucrée et du pollen. L'ouvrière rentrant dans la ruche, cherche une cellule vide ; elle y introduit la tête et y rejette le contenu de son estomac. Voilà le vrai miel dégorgé. Pour le pollen, elle enfonce les pattes postérieures dans une cellule où il n'y a ni miel ni larve, et avec le bout des jambes intermédiaires, elle détache les pelotes et les pousse au fond.

En répétant ses voyages, elle finit par remplir toute la cellule où le miel est dégorgé, ainsi que la cellule où le pollen est amassé. Une fois pleines, les alvéoles sont bouchées avec un couvercle de cire. C'est à ces provisions que puisent les nourrices pour élever les larves, c'est là que la population entière trouve des ressources quand les mauvais temps sont venus. Ce sont enfin des greniers d'abondance, sauvegarde de l'avenir en cas de disette. Le couvercle de cire est scrupuleusement respecté. En temps de pénurie, les scellés sont levés et chacun puise au rayon ouvert, mais avec réserve et sobriété.

9. **Éducation des larves.** — Quand les alvéoles devant servir de nids sont préparées en nombre suffisant, l'abeille mère, la reine, va de l'une à l'autre, traînant son ventre gonflé d'œufs. Les ouvrières lui font respectueux cortège. Un œuf, un seul, est pondu dans chaque cellule. En peu de jours, de trois à six, il sort de cet œuf une larve, tout petit ver blanc sans pattes, recourbé en virgule. Maintenant commence le délicat travail des nourrices. Il leur faut tous les jours et plusieurs fois par jour distribuer la nourriture aux vermisseaux, qui reçoivent la becquée. Cette nourriture est un aliment à propriétés nutritives croissantes : d'abord pâtée fluide, presque sans saveur ; puis quelque chose d'un peu plus sucré, enfin le miel pur. En six jours, les larves, appelées *couvain*, ont atteint tout leur développement. Alors, comme les larves des autres insectes, elles font leurs préparatifs pour la métamorphose. Chacune tapisse de cire l'intérieur de la cellule, que les ouvrières bouchent avec un couvercle de cire. Dans le fourreau de cire se fait la transformation. Douze jours plus tard, l'insecte s'éveille de sa profonde torpeur, se trémousse, déchire son étroit maillot et l'abeille apparaît. Le couvercle de cire est rongé tant par l'insecte inclus que par les ouvrières prêtant main

forte à la pénible délivrance. L'abeille nouveau-née dessèche ses ailes, se lustre le corps et se met au travail.

10. **Cellules royales.** — Les œufs qui doivent donner naissance à des reines sont pondus dans des cellules spéciales beaucoup plus spacieuses, beaucoup plus solides que celles où éclosent les mâles et les ouvrières. Leur forme est grossièrement celle d'un dé à coudre. Elles sont fixées au bord des gâteaux et ont l'orifice tourné en bas. On les nomme *cellules royales*. Pour ces berceaux, la cire est prodiguée. Plus de forme hexagonale parcimonieuse, plus de minces cloisons; un dé à coudre, ample et somptueusement épais. L'œuf déposé dans ces vastes alvéoles ne diffère en rien de celui que reçoivent les cellules communes; c'est son éducation qui décide s'il en proviendra une ouvrière ou bien une reine. La même larve devient une mère, une reine si elle est élevée dans une ample alvéole et alimentée d'une nourriture spéciale, dite *pâtée royale;* elle devient simple ouvrière si, contenue dans une alvéole étroite, elle ne reçoit que des aliments communs. La pâtée destinée aux larves des mères est une espèce de bouillie assaisonnée, avec un goût légèrement sucré et mélangé d'aigre.

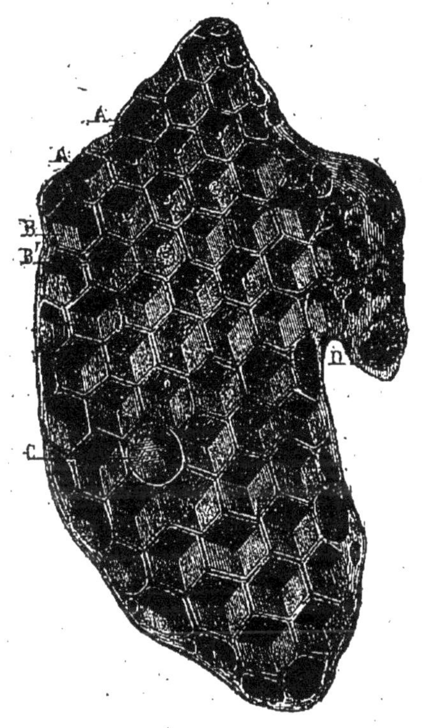

Fig. 249. — A, Rayon ; D, cellule royale.

Les ouvrières et les reines sont donc originairement même chose; les profondes différences qui se manifestent plus tard ont pour cause le régime de la larve et le plus ou moins d'espace où se fait la croissance. Dans une étroite cellule qui gêne son développement et avec une nourriture moins abondante et sans doute aussi moins substantielle, la larve est arrêtée dans son évolution et donne une ouvrière; dans une large cellule et avec des aliments copieux et de choix, elle donne une mère.

Ainsi les ouvrières sont des mères incomplètes dont l'organisation n'a pu s'achever. Et, en effet, à volonté les abeilles font une reine d'une larve destinée d'abord à devenir ouvrière. Lorsque dans une ruche, les larves de reines viennent à manquer, les ouvrières agrandissent les cellules de quelques larves communes, et donnent à celles-ci une nourriture spéciale. Cela suffit pour obtenir des mères.

11. **Essaims.** — Un moment arrive où la population est trop nombreuse. De nouvelles reines sont écloses, objet des poursuites acharnées de la vieille reine, qui les tuerait jusqu'à la dernière sans la vigilante protection des ouvrières. Pour chaque ruche il ne faut qu'une reine. La population surabondante émigre donc pour aller s'établir ailleurs. Une reine est toujours dans ses rangs. A divers signes se reconnaît le prochain départ d'un essaim. Les ouvrières se réunissent à l'entrée de la ruche en une grappe dont la forme graduellement rétrécie rappelle un peu celle d'une barbe pointue. Celles qui reviennent des champs, les corbeilles chargées de pelottes de pollen, au lieu de pénétrer dans la ruche pour y déposer leur récolte, s'arrêtent sur le seuil et se joignent au groupe déjà formé ; celles qui sortent, voyant l'attroupement, renoncent à leur expédition sur les fleurs et se joignent à la grappe des autres. Cependant à l'intérieur de la ruche règne un sourd bourdonnement. C'est le tumulte excité par la vieille reine qui court çà et là sur les gâteaux, furieuse de ne pouvoir se défaire de ses rivales. La reine sort enfin, et avec elle les ouvrières se précipitent en foule aux portes de la ruche. Le groupe qui stationnait à l'entrée les suit.

L'essaim prend son essor. C'est comme un petit nuage de fumée rousse, qui s'élève et s'abaisse, s'éparpille ou se rassemble en tourbillon compact, et d'où s'échappe un monotone bruissement d'ailes. Des éclaireurs dispersés inspectent le voisinage pour trouver un point favorable où la troupe émigrante puisse se fixer. D'habitude c'est une branche d'arbre. Les premières abeilles arrivées se cramponnent à la branche avec les crochets des pattes de devant. D'autres viennent qui se suspendent aux pattes postérieures des précédentes, et servent elles-mêmes de points de suspension à un troisième rang. A la suite, d'autres rangées prennent place, toujours les crochets engagés dans les crochets, jusqu'à ce que tout l'essaim se soit posé. L'ensemble forme une volumineuse grappe pendante dont le poids est en entier supporté par les abeilles directement cramponnées à la branche. Dans le sein de l'amas est toujours la reine, sans laquelle l'essaim ne se serait pas fixé.

Pour recueillir la grappe d'abeilles, on imprime à la branche une brusque secousse, qui fait tomber l'essaim dans une ruche tenue en dessous, l'orifice en haut. La ruche est alors retournée sur un plateau et maintenue soulevée au moyen d'une paire de cales, pour laisser aux abeilles passage plus facile. Effarouchées, beaucoup s'envolent; les autres, plus nombreuses, restent si la reine se trouve dans la ruche et grimpent aux parois de la nouvelle habitation avec un vif bruissement d'ailes. Les abeilles, dit

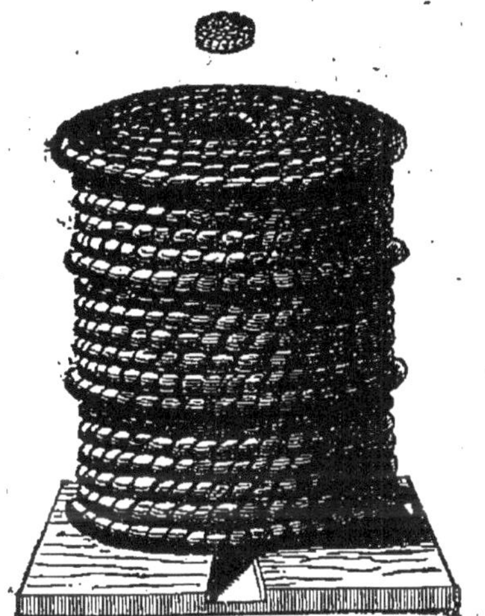

FIG. 250. — Ruches.

on alors, *battent le rappel.* Et, en effet, à ce rappel, les ouvrières en fuite reviennent et rejoignent le groupe au milieu duquel est la reine. Quand tout l'essaim est réuni, on met la ruche en place et l'on supprime les cales qui favorisaient la tumultueuse rentrée.

12. **Ruches. Récolte du miel.** — Les ruches sont construites de diverses manières, suivant les usages du pays. Il y en a de carrées, faites avec des planches, il y en a de rondes, formées d'un tronc d'arbre creux. D'autres sont tressées avec de l'osier, d'autres résultent d'un enroulement de cordes de paille. Les plus répandues ne forment qu'une seule pièce ; ce sont les plus simples, mais aussi les plus incommodes pour la récolte du miel et les soins à donner aux abeilles. On doit leur préférer les ruches *composées*. Parmi celles-ci, les unes comprennent un

étage inférieur et un chapiteau ou calotte qui s'enlève et se remet à volonté; les autres sont un assemblage de plusieurs compartiments ou *hausses*, disposés au-dessus les uns des autres, ce qui permet d'augmenter ou de diminuer la capacité suivant la population de la ruche. Toutes reposent sur un plateau, à quelque distance du sol, dont l'humidité serait contraire aux abeilles. Si les ruches sont en plein air, exposées au froid et à

FIG. 251. — Enfumoir de l'apiculteur.

la pluie, chacune doit être enveloppée d'une chemise de paille, qui, liée au sommet et vers la base, retombe en manière de capuchon et ne laisse la paroi à découvert qu'en face de l'entrée.

Le transvasement des abeilles d'une ruche dans une autre et la récolte du miel sont travail délicat à cause des piqûres qui menacent l'opérateur. La figure est garantie par un masque en fine toile métallique; les mains sont protégées par des gants noués au-dessus du poignet; le reste du corps est à l'abri sous un camail qui intercepte toute voie par où les abeilles pourraient pénétrer. Ainsi vêtu pour sa défense, l'apiculteur va aux ruches avec un *enfumoir*. C'est un cylindre métallique dans lequel brûlent de vieux chiffons de toile imprégnés d'un peu de salpêtre. Un soufflet, engagé dans l'enfumoir, fait sortir par l'autre bout de l'appareil un jet de fumée que l'on dirige aisément où l'on veut. A demi étourdies par cette fumée lancée dans la ruche, les abeilles laissent en paix l'opérateur, qui les dépouille sans danger de leur miel. L'essaim ne tarde pas à reprendre vie et à remettre en ordre la demeure, pourvu que la fumigation n'ait pas été poussée trop loin.

CHAPITRE XXXV

TERMITES — ÉPHÉMÈRES

1. **Termites.** — Ces insectes appartiennent en général aux pays chauds, en particulier à l'Afrique australe. Ils vivent en sociétés nombreuses, et par leurs mœurs rappellent les fourmis, bien que leur organisation les fasse classer dans un ordre différent, celui des Névroptères, dont font partie nos vulgaires libellules. Leur aspect, leur corps mou, leur coloration pâle, ont valu aux termites le nom vulgaire de *fourmis blanches*. Leurs sociétés sont plus compliquées encore que celles des fourmis et des abeilles. Il y a là des reines ou mères traînant un énorme abdomen bourré d'œufs; des mâles menant vie oisive; des soldats, c'est-à-dire des neutres à grosse tête et à fortes mandibules, dont la fonction est de défendre la communauté et de surveiller les travaux; des ouvrières, consistant en larves et nymphes qui, loin d'être inactives, ont à charge les travaux pénibles de l'approvisionnement et de la construction.

2. **Le Termite belliqueux.** — L'espèce la plus célèbre est le *Termite belliqueux* de l'Afrique australe. Nous empruntons à M. de Quatrefages les détails qui suivent sur les curieuses mœurs de cet insecte. Le nid est un monticule irrégulièrement conique,

à sommet arrondi en forme de dôme, portant sur ses flancs quelques éminences allongées ou tourelles, et mesurant de 5 à 6 mètres de diamètre à la base sur à peu près autant de hauteur. Ces cités de termites sont d'une solidité à toute épreuve. Pendant qu'elles sont encore en construction, et que leur dôme arrondi est encore accessible aux bœufs sauvages, on voit souvent la sentinelle de quelque troupeau debout sur le sommet. Les voyageurs montent habituellement sur les termitières pour dominer le pays; les chasseurs s'embusquent parmi les tourelles qui les hérissent pour attendre le gibier au passage. Cependant ces monticules sont creux; ce sont des dômes abritant la cité souterraine.

La paroi de ce revêtement, aussi dur que la brique, mesure de 5 à 8 décimètres d'épaisseur. De nombreuses galeries circulent dans le rempart et plongent profondément sous terre. Sous le dôme se trouve un grand espace libre, occupant la largeur entière du monticule. C'est là une chambre à air qui, par sa mauvaise conductibilité, garantit de la fraîcheur de la nuit et de la chaleur brûlante du jour les couvoirs placés en dessous.

Au niveau du sol, au centre du rez-de-chaussée, est le palais de la reine, grande cellule oblongue à fond plat, à voûte arrondie, mesurant jusqu'à 25 centimètres de longueur. Tout autour de ce sanctuaire s'étend un dédale de chambres voûtées, rondes ou ovales, donnant l'une dans l'autre et communiquant par de larges corridors. Ce sont les salles de service exclusivement réservées aux travailleurs et soldats occupés du couple royal.

La cellule royale et ses dépendances sont protégées par une voûte épaisse, dont le dessus sert de plancher à un grand espace libre ménagé au centre du monticule. Sur cette espèce d'aire s'élèvent des piliers massifs, hauts quelquefois de plus d'un mètre et qui donnent à cette vaste salle un air de nef de cathédrale. Ces piliers supportent les *couvoirs*, différant du reste de l'édifice autant par leur structure que par leur destination. Partout ailleurs l'argile est seule mise en œuvre, et c'est encore elle qui forme la carcasse de la *nourricerie;* mais ici les grandes chambres où doivent éclore les œufs et se tenir les très jeunes larves sont divisées en un grand nombre de petites cellules dont les cloisons sont entièrement construites en parcelles de bois collées avec de la gomme.

La cellule royale renferme toujours un couple unique, objet des soins les plus empressés, mais qui achète sa grandeur au prix d'une réclusion perpétuelle, car les portes et les fenêtres du palais, suffisantes pour laisser passer un ouvrier ou un soldat, sont trop étroites pour livrer passage au roi et encore plus à la reine. Celle-ci a perdu les ailes qu'elle possédait au début; son abdomen a pris un développement monstrueux et tend à s'accroître sans cesse. Dans une vieille reine, il est deux mille fois plus gros que le reste du corps et atteint 15 centimètres de longueur. Cette mère pèse autant que trente mille ouvriers, et grâce à cette obésité exagérée, les précautions prises pour prévenir sa fuite sont parfaitement inutiles, car elle ne peut faire un seul pas. Quant au roi, de dimensions bien moindres, il a pareillement perdu les ailes qu'il possédait d'abord.

Les travailleurs et les soldats paraissent faire assez peu d'attention au roi; mais ils sont fort occupés de la reine. L'espace laissé libre autour de celle-ci est constamment rempli de quelques milliers de serviteurs empressés, qui circulent autour d'elle en tournant toujours dans le même sens. Les uns lui donnent à manger, d'autres enlèvent les œufs qu'elle ne cesse de pondre; car ici, comme chez les abeilles, cette reine est avant tout la mère de ses sujets. Son abdomen monstrueux est une fabrique d'œufs en continuelle activité. Elle en pond au delà de soixante par minute, c'est-à-dire plus de quatre-vingt mille par jour.

Ces myriades d'œufs, promptement recueillis, sont portés dans les couvoirs, et il en sort bientôt autant de larves semblables aux ouvriers, mais beaucoup plus petites et d'un blanc de neige. Ces larves habitent pendant quelque temps les chambres où elles sont nées; elles y sont l'objet de soins attentifs. Puis elles subissent une première métamorphose et revêtent la forme soit d'ouvriers actifs soit de soldats. Les premiers seuls parviennent à l'état d'insectes parfaits. Vers la saison des pluies, il leur pousse des ailes, et par quelque soirée d'orage, mâles et femelles sortent par millions de leurs retraites souterraines.

Mais leur vie aérienne est de courte durée : au bout de quelques heures leurs ailes se flétrissent et se détachent. Dès le lendemain, la terre est jonchée de ces malheureux qui, désormais incapables de fuir, deviennent la proie de mille ennemis guettant avec soin cette provende annuelle. Bien peu échappent au massacre. Quelques couples recueillis par des ouvriers et protégés par des soldats que le hasard a conduits près d'eux, rentrent dans leurs galeries et deviennent les souverains de leurs sauveurs. Bientôt cloîtrés pour toujours dans leur cellule royale, ils forment le noyau d'une nouvelle termitière.

Les termites neutres conservent pendant toute leur vie les caractères et les attributions qui leur ont valu le nom de soldats. Ils comptent à peine pour un centième dans la population des termitières et constituent une classe à part. En temps ordinaire, ils vivent oisifs, montant, pour ainsi dire, la garde à l'intérieur, et surveillant les travailleurs, sur lesquels ils exercent une autorité évidente. En temps de guerre, ils payent bravement de leur personne, et meurent, s'il le faut, pour le salut commun.

Au premier coup de pioche qui met à jour une galerie, on voit accourir la sentinelle la plus voisine. L'alarme se répand et en un clin d'œil une foule de combattants couvrent la brèche, dardant en tous sens leurs grosses têtes, ouvrant et fermant avec bruit leurs tenailles. Ont-ils saisi un objet quelconque, rien ne peut leur faire lâcher prise : ils se laissent arracher les membres et le corps par morceaux sans desserrer leurs mâchoires. S'ils atteignent la main ou la jambe de leur agresseur, le sang jaillit aussitôt. Aussi les nègres, privés de vêtements, sont-ils mis en fuite, et les Européens ne sortent du combat qu'avec leurs pantalons largement tachés de sang.

Tout en soutenant la lutte, les soldats frappent de temps à autre sur le sol avec leurs pinces, et les ouvriers répondent à ce signal par une sorte de sifflement. L'attaque est-elle suspendue, les maçons se montrent en foule, apportant tous une bouchée de terre toute prête. Chacun à son tour s'approche du point à réparer, y applique sa part de mortier et se retire sans jamais gêner ou retarder ses compagnons. Pendant ce temps, les soldats rentrent, à l'exception d'un ou deux par mille travailleurs. L'un d'entre eux semble chargé de surveiller les travaux. Placé près du mur en construction, il tourne lentement la tête en tous sens, et chaque deux ou trois minutes frappe rapidement le dôme de ses pinces en produisant un bruit un peu plus fort que le balancier d'une montre. Chaque fois, on lui répond par un sifflement qui part de tous les points de l'édifice, et les ouvriers manifestent un redoublement d'activité.

3. **Ephémères.** — Ce sont, comme les termites, des insectes appartenant à l'ordre des Libellules ou Névroptères. Leur nom rappelle leur courte existence sous la forme d'insecte parfait. Sorties le soir, vers le coucher du soleil, de leurs fourreaux de nymphes, les éphémères s'envolent, s'apparient, pondent leurs œufs et meurent. Une durée de quelques heures voit leur éclosion et leur fin. Avec une vie si courte, la nourriture est inu-

tile; aussi la bouche existe à peine, toute molle, incapable de rien saisir. Les ailes sont au nombre de quatre, assez grandes et parcourues par un réseau de nervures qui leur donne l'aspect d'une très fine gaze. Quelques-uns de ces insectes ont au bout de l'abdomen trois filets allongés. Telle est l'*Éphémère commune* qui est brunâtre, tachetée de jaune, avec les ailes maculées de taches sombres. D'autres n'ont que deux filets au bout de l'abdomen. De ce nombre est l'*Éphémère à ailes blanches*, en entier d'un blanc mat, surtout les ailes, qui ne sont pas transparentes.

Si l'insecte parfait est éphémère de nom et de durée, la larve, au contraire, a l'existence assez longue. Elle vit deux ou trois ans, toujours sous l'eau, où elle se cache parmi les pierres ou bien dans des retraites qu'elle sait se creuser. Elle est très agile, nage vite et avec facilité. L'absence d'ailes à part, elle ressemble assez à l'insecte parfait.

Le trait le plus saillant des mœurs des éphémères, celui qui a valu à ces insectes quelque réputation, c'est leur apparition soudaine en légions innombrables, que la même soirée voit éclore et mourir. Vers la fin de l'été, lorsque le soleil se couche, les nymphes montent par myriades du fond des eaux, s'accrochent aux herbages de la rive et deviennent insectes parfaits, qui s'envolent et remplissent l'air d'un nuage vivant. Ce nuage voltige tournoie, tourbillonne; il en pleut de toutes parts des éphémères, qui tombent à terre et couvrent parfois le sol d'une couche de quelques centimètres d'épaisseur. S'il s'agit de l'éphémère à ailes blanches, on dirait une averse de neige, à très gros flocons. Les pêcheurs appellent cette pluie d'insectes la *manne*, parce que les poissons font régal de la multitude qui tombe dans l'eau. Cependant la ponte se fait : les œufs, accolés en grappes, descendent au fond, s'y désagrègent et se dispersent au gré du courant. La tumultueuse noce cesse en quelques heures, et le sol reste jonché d'un amoncellement de morts et de mourants.

CHAPITRE XXXVI

INSECTES A DEUX AILES

1. **La Mouche.** — De nombreux insectes n'ont qu'une paire d'ailes, membraneuses et transparentes. Les pièces de la bouche sont disposées en un suçoir tantôt mou et rétractile, tantôt rigide et allongé. Les métamorphoses sont complètes. Ces insectes se nomment *Diptères*, dénomination qui rappelle l'unique paire d'ailes. Dans cet ordre se rangent les diverses mouches, dont la *Mouche domestique* est pour nous le type familier; les *Taons*, grosses mouches qui s'abattent sur le dos des bœufs et des chevaux, pour s'y gorger de sang; les *Cousins*, avides du sang de l'homme.

La mouche domestique est au début une larve molle et sans pattes, un vermisseau pointu du côté de la tête, obtus à l'autre bout. Un double crochet rétractile est l'arme de la bouche. Cette larve vit au milieu des matières en décomposition, les ordures, les fumiers, les débris de nos cuisines. Au moment de la métamorphose, ce ver se raccornit, se contracte sur lui-même et prend de la consistance ainsi qu'une coloration brune. C'est alors un petit cylindre, assez ferme, arrondi aux deux bouts, et de la grosseur d'un grain de froment à peu près. Cet état est la *pupe*, qui correspond à la chrysalide des papillons et à la nymphe des coléoptères. Aucun cocon n'est construit pour la protéger. Le changement se fait aux points où vivait la larve, seulement celle-ci, quand vient le moment de se transformer, a soin de s'enfoncer un peu dans la poussière, dans la terre. Bientôt de la pupe sort l'insecte parfait, et plusieurs générations se succèdent pendant la belle saison. Puis les froids arrivent, les mouches périssent, mais de nombreuses pupes survivent, ensevelies dans la poussière de quelques recoins abrités. Au retour de la chaleur, ces pupes sont le point de départ de nouveaux essaims de mouches.

2. **Le Cousin.** — A l'état de larve, les *Cousins* vivent dans les eaux croupissantes et chaudes, les mares, les étangs. Ce sont alors de fluets vermisseaux, à tête arrondie, ornée d'antennes. Des aigrettes de poils sont distribuées sur les flancs. Ces larves sont très agiles et se meuvent en courbant leur corps en arc dans un sens puis dans l'autre avec une grande rapidité. Réaumur nous raconte ainsi ses curieuses métamorphoses.

La larve vient à la surface de l'eau, où elle se tient immobile, le corselet un peu relevé. Alors la peau se fend et l'on voit apparaître la tête du cousin, qui s'élève un peu au-dessus des bords de l'ouverture. Mais ce moment et ceux qui suivront,

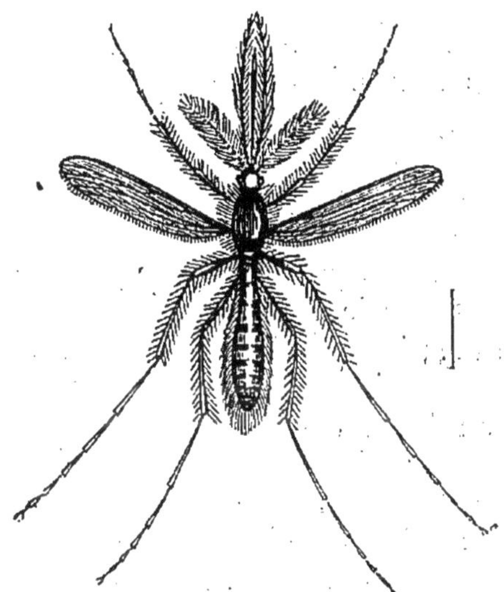

Fig. 252. — Cousin commun.

Fig. 253. — Larves du Cousin.

jusqu'à l'entière délivrance, sont bien critiques pour l'insecte, bien périlleux. Cet insecte, qui vivait tout à l'heure dans l'eau et qui serait mort rapidement au contact de l'air, a brusquement passé à un état où rien, pour lui, n'est aussi à craindre que l'eau. S'il était renversé, si le liquide seulement le touchait, le cousin serait perdu. Voici comment il se conduit dans une situation si délicate.

Dès qu'il a dégagé la tête et le corselet, le cousin les élève autant qu'il peut au-dessus des bords de l'ouverture; en même temps il tire en avant la partie postérieure du corps, ou plutôt cette partie s'y pousse en se contractant un peu et s'allongeant ensuite. Les rugosités de la dépouille fournissent des appuis. Une plus longue portion du cousin paraît donc à découvert, se redressant et s'élevant de plus en plus, de manière que les deux extrémités de la dépouille se trouvent vides. Le fourreau de la nymphe est alors pour le cousin une espèce de bateau où l'eau ne peut entrer. L'insecte en forme le mât et la voilure. L'observateur qui voit combien ce bateau enfonce, combien ses bords sont près de l'eau, oublie dans l'instant que le cousin est un insecte auquel il donnerait volontiers la mort dans un autre moment; il devient inquiet pour le sort du pilote; il le devient bien davantage si un souffle ride la surface de l'eau. Ce souffle suffit pour faire voguer le cousin avec vitesse et le porter de différents côtés. Bien qu'il ne soit qu'une espèce de mât, parce que les ailes ne sont pas déployées encore, il est cependant par rapport à son petit bateau une voilure plus grande qu'aucune de celles qu'on ose donner à un vaisseau. Aussi ne peut-on s'empêcher de craindre que le bateau ne soit couché sur le côté; c'est ce qui arrive très souvent lorsque la transformation se fait par un temps agité. Dès que le bateau est renversé, dès que le cousin est couché sur l'eau, c'en est fait de l'insecte, il n'y a plus de ressources pour lui. Mais il est plus ordinaire que l'opération finisse heureusement. Dressé suivant la verticale au milieu de son esquif, le cousin dégage les deux premières jambes, puis les suivantes et les appuie sur l'eau, terrain assez ferme pour soutenir le moucheron. Alors les ailes se déploient, se sèchent et l'insecte s'envole, abandonnant son canot sauveur.

Le suçoir dont le cousin fait usage pour nous sucer le sang est un étui contenant cinq filets rigides, à pointe acérée et aplatie. Ce qu'on voit ordinairement n'est que l'étui des pièces destinées à percer notre peau, et dans lequel ces pièces sont contenues comme les lancettes et autres instruments sont renfermés dans l'étui d'un chirurgien. Une fois posé, le cousin fait sortir du bout de sa trompe, une pointe fine, composée de cinq filets réunis; il tâte la peau à quatre ou cinq endroits avec le bout de cette pointe, dans le but probablement de choisir un vaisseau dont le sang soit à sa convenance. Quand il a fait son choix, on en est averti par la petite douleur que la piqûre cause sur-le-champ. La pointe de l'aiguillon composé s'introduit dans la peau, elle y pénètre. L'étui flexible se recourbe à mesure que l'aiguillon pénètre dans la chair; il devient un arc dont l'aiguillon forme la corde; son extrémité renflée reste toujours sur le bord du trou pour maintenir et empêcher de vaciller un instrument aussi délicat. C'est par un expédient semblable que les ouvriers qui ont à percer de très petits trous dans les corps durs, savent maintenir la pointe déliée du foret. En même temps, l'extrémité de l'étui dégorge sur la blessure où le dard est plongé, une gouttelette de liquide transparent qui envenime la plaie et provoque de vives démangeaisons. Lorsqu'il suce à son aise et sans être troublé, le cousin ne quitte le point choisi qu'après avoir rempli son estomac de tout le sang qu'il peut contenir. On lui voit l'abdomen graduellement se gonfler, se distendre et prendre une teinte groseille à mesuse que la nourriture afflue.

CHAPITRE XXXVII

CLASSE DES CRUSTACÉS

1. **Caractères généraux.** — Le nom de crustacé fait allusion à l'encroûtement calcaire de la peau. Les téguments des crustacés sont, en effet, remarquables par leur dureté pierreuse, dureté qu'ils doivent à la forte proportion de carbonate de chaux dont ils sont pénétrés. Ces animaux ont la respiration branchiale; presque tous habitent donc les eaux ; et ceux qui se tiennent à terre, comme les *Cloportes*, ont néanmoins besoin d'une certaine fraîcheur pour que leurs organes respiratoires puissent fonctionner. Chez les crustacés supérieurs, tels que l'*Écrevisse* et les *Crabes*, les branchies consistent en nombreuses houppes de petites lamelles empilées. Elle sont situées sur les deux flancs, à la naissance des pattes, sous la carapace. D'autres ont des branchies flottant librement à l'extérieur. La bouche est très compliquée et comprend, chez les crustacés masticateurs, jusqu'à six paires d'organes, dont quelques-uns sont des pattes transformées et prennent le nom de *pieds-mâchoires*. Comme pour les insectes, le système nerveux consiste en une chaîne de ganglions.

2. **L'Écrevisse. Organisation.** — La partie antérieure de l'écrevisse est protégée en dessus par un grand bouclier ou carapace, où se voit un sillon courbe et transversal, séparation de

la tête et du thorax. Cette partie, où la tête et le thorax se trouvent confondus en une seule pièce, prend le nom de *céphalothorax*. En avant sont deux paires d'antennes, dont une paire très longue et formée par l'assemblage d'une multitude d'articles. Au voisinage de la base des antennes sont les yeux, très gros, composés et à facettes comme les yeux des inscetes, portés en outre sur des tiges ou pédoncules mobiles, particularité qui ne se retrouve plus en dehors de la classe des crustacés. En dessous est la bouche, où se voient deux paires de mâchoires, une paire de mandibules, et plus à l'extérieur trois paires de pieds-mâchoires, dont le rôle, intermédiaire entre celui des pattes et

FIG. 254. — Le Crabe.

celui des mâchoires, consiste surtout à saisir la proie et à la présenter aux mâchoire et aux mandibules. Viennent après les pattes proprement dites, au nombre de cinq paires et portées par le thorax. La première paire a ses extrémités renflées en robustes pinces, à deux doigts, dont l'un est mobile. L'animal en fait usage soit pour sa défense soit pour saisir sa nourriture. A cause du volume et du poids de ses pinces, l'animal est obligé de marcher de côté ou à reculons. Des quatre paires suivantes, les deux premières sont terminées par deux petits doigts imitant, avec des dimensions très amoindries, ceux des grosses pinces; les deux dernières paires finissent par un ongle pointu.

A la suite du céphalothorax vient l'abdomen, mal à propos nommé la queue de l'écrevisse, car l'appareil digestif parcourt cette partie dans toute sa longueur et se termine à son extrémité. On y compte six pièces ou articles qui portent en dessous des appendices grêles, aplatis, servant à la natation. Ce sont là des pattes-nageoires. Au temps de la ponte, la femelle y fixe ses grappes d'œufs, qu'elle transporte avec elle. Enfin l'abdomen se termine par cinq larges lames ovalaires, qui s'épanouissent en éventail et dont l'ensemble constitue un aviron, principal organe de la natation.

Les branchies consistent en faisceaux allongés et pyramidaux de lamelles empilées; elles sont cachées sous la carapace sur l'un et l'autre flanc. L'eau qui les baigne entre par un orifice situé entre la base des pattes et le bord de la carapace; elle sort par un second orifice voisin de la bouche. Le cœur, situé

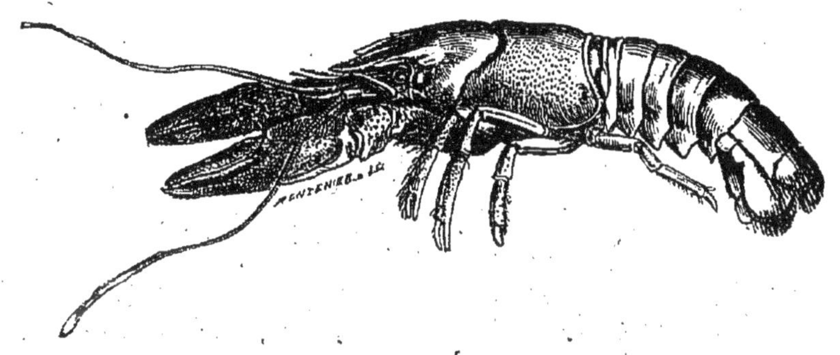

FIG. 255. — L'Écrevisse.

au milieu de la face dorsale, n'a qu'une seule cavité, correspondant au ventricule gauche; il reçoit le sang des branchies et le chasse dans les divers organes. C'est donc un cœur artériel, mais réduit à une cavité unique. La circulation veineuse n'a pas de vaisseaux propres : pour revenir aux branchies, le sang s'engage et circule dans des lacunes ou intervalles séparant les organes les uns des autres.

Pour pouvoir grossir, malgré son armure pierreuse et inextensible, l'écrevisse éprouve, au commencement de l'été, un changement de peau, une mue. Réaumur décrit ainsi cette opération délicate. — Quelques jours avant leur dépouillement, les écrevisses cessent de prendre de la nourriture. Si l'on appuie alors le doigt sur la carapace, elle plie; preuve certaine qu'elle n'est plus soutenue par les chairs. Un peu avant l'instant de la mue, l'écrevisse se frotte les pattes les unes contre les autres, se retourne sur le dos, replie et étend la queue à plusieurs reprises, agite les antennes et exécute d'autres mouvements, dans le but sans doute de détacher le vêtement qu'elle veut quitter. Elle gonfle le corps, et il se fait aussitôt, entre le premier anneau de l'abdomen et la carapace, une ouverture par où se montre la nouvelle enveloppe.

Après cette rupture, l'animal se tient quelque temps en repos; puis il s'agite encore de divers mouvements et gonfle les parties situées sous la carapace. L'extrémité postérieure de cette dernière est bientôt soulevée, tandis que l'antérieure reste attachée dans les points voisins de la bouche. Un quart d'heure dès lors suffit pour que l'écrevisse soit entièrement dépouillée : elle tire

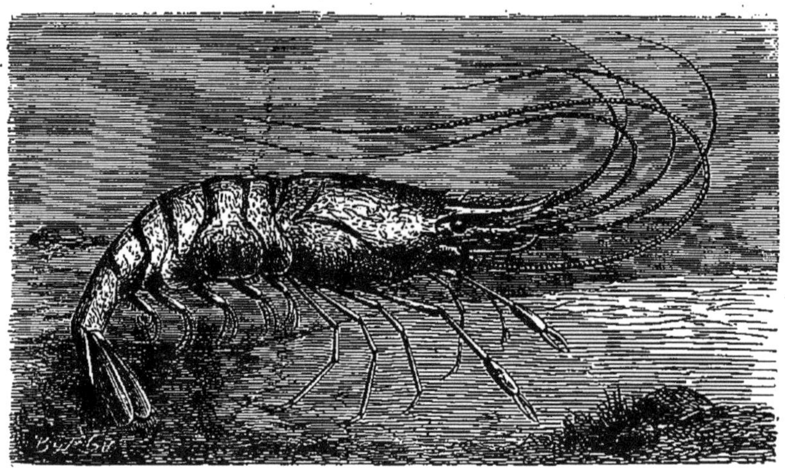

Fig. 256. — La Crevette.

la tête en arrière, dégage les yeux, les antennes, les pinces et successivement chacune des pattes. Les pinces paraissent plus difficiles à dégaîner, parce que le premier des cinq articles dont elles sont composées est beaucoup plus gros que l'avant-dernier; mais chacun de ces articles se divise en deux pièces longitudinales qui s'écartent l'une de l'autre lorsque l'animal leur fait violence. Enfin l'écrevisse sort de sa carapace. Elle n'en est pas plutôt dehors, qu'elle se donne un brusque mouvement en avant, étend la queue et se dépouille de ses anneaux.

Toute écrevisse sur le point de muer présente, aux côtés de l'estomac, deux petites masses calcaires, arrondies sur une face, aplaties sur l'autre et connues sous le nom vulgaire d'*yeux d'écrevisse*. Pendant la mue, ces masses pierreuses disparaissent.

Ce sont apparemment des matériaux de réserve, destinés à la minéralisation de la peau. Au sortir de la vieille enveloppe, l'écrevisse est toute molle, épuisée, incapable de nager et de fuir. Retirée dans quelque trou, elle attend que son test s'encroûte et se fortifie, ce qui est l'affaire de peu de jours.

3. **La Crevette.** — Au nombre des crustacés voisins de l'écrevisse sont le *Homard* et la *Langouste*, habitants de la mer. Tous les deux fournissent à nos tables un mets estimé. Le homard atteint 4 à 5 décimètres de longueur. C'est, pour la forme, une écrevisse énorme, dont les pinces ont la grosseur de nos deux mains réunies. La langouste, presque aussi forte de taille, a les

FIG. 257. — Le Maïa.

pattes antérieures de petit volume et terminées par un seul doigt crochu.

Apparaissent aussi sur nos tables, comme excellent manger, les *Crevettes* ou *Salicoques*, petits crustacés marins, à test délicat et translucide, à forme allongée, à pattes et antennes fines.

4. **Crabes.** — L'écrevisse, le homard, la langouste, la crevette, ont l'abdomen très développé et terminé par des lames qui s'étalent en nageoire; les *Crabes*, au contraire, ont l'abdomen très court et replié sous le thorax. La carapace est large, arrondie ou polygonale; les pattes sont au nombre de dix, dont les deux antérieures organisées en grosses pinces. L'un d'eux, le *Crabe tourteau* ou *Poupart* qui se pêche sur nos côtes océaniques et se vend sur nos marchés du nord, atteint près de 2 décimètres

de largeur. Les pinces ont la grosseur d'une main d'enfant. L'Océan et la Méditerranée nous fournissent le *Maïa*, de plus grande taille encore. Il a les pattes longues, les pinces rétrécies, la carapace hérissée de tubercules pointus avec bouquets de cils raides. Sa forme bizarre lui a valu le nom vulgaire d'*Araignée de mer*. Le maïa et le crabe tourteau sont l'un et l'autre comestibles.

5. **Cloportes.** — Formés de sept segments à peu près pareils, les *Cloportes* ont la faculté de se rouler en boule lorsqu'ils se croient en péril. Leurs organes respiratoires sont placés sous la queue et consistent en six paires de lamelles superposées. Ces crustacés sont terrestres. Ils habitent les lieux humides et obscurs, tels que les caves et les celliers; ils se tiennent aux pieds des murailles, sous les pierres.

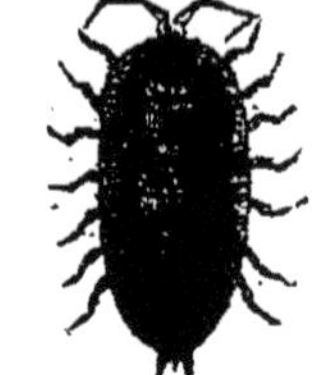

FIG. 258. — Le cloporte.

CHAPITRE XXXVIII

CLASSE DES ARACHNIDES

1. **Caractères généraux.** — Le corps des *Arachnides* se divise généralement en deux parties distinctes : le *céphalothorax*, formé de la réunion de la tête et du thorax, enfin l'*abdomen*. Sur le bord antérieur du céphalothorax sont les yeux, toujours simples et ordinairement au nombre de huit. Les antennes manquent. Les pattes sont au nombre de quatre paires. La plupart de ces animaux se nourrissent de proie vivante et sont armés d'un appareil venimeux pour se rendre maîtres de leur capture.

Les arachnides les mieux organisés respirent au moyen de poches pulmonaires, formées d'organes feuilletés et situés sous le ventre. Chacune de ces poches communique au dehors par un orifice en forme de stigmate. Les arachnides inférieurs ont la respiration trachéenne. Dans la première série sont les *Araignées* proprement dites et les *Scorpions*; dans la seconde série sont la *Mite* du fromage et le *Sarcopte* de la gale.

2. Araignées. Crochets venimeux. — L'organe venimeux des *Araignées* consiste en deux crochets situés à l'entrée de la bouche. Ces crochets sont creux, et par leur canal, une ampoule ou réservoir à venin verse, dans la piqûre, une gouttelette de son contenu. C'est donc ici un appareil fonctionnant exactement comme celui de la vipère. Mais si foudroyante que soit l'action de la morsure sur une mouche prise dans les filets de l'araignée, elle est sur l'homme à peu près insignifiante. C'est du moins ce que l'on peut affirmer au sujet de presque toutes nos espèces indigènes. Voici une expérience à l'appui. Elle est due à A. Dugès, qui, après avoir essayé sur lui-même, sans grave résultat, la piqûre de diverses araignées, essaya la *Ségestrie perfide*, vulgairement *Araignée des caves*, grosse araignée brune à mandibules d'un beau vert métallique.

« A peine appuyée sur la peau nue de mon avant-bras, raconte le courageux expérimentateur, elle en saisit un pli entre ses robustes mandibules, et y enfonça profondément ses crochets. Quelques instants, elle y resta suspendue, quoique laissée libre ; puis elle se détacha, tomba et s'enfuit, laissant à deux lignes de distance l'un de l'autre deux petits points rouges, à peine saignants et comparables à ceux que produirait une forte épingle. Dans le moment de la morsure, la sensation fut assez vive pour mériter le nom de douleur, et se prolongea pendant cinq à six minutes encore mais avec moins de force; elle était comparable à celle que produit l'ortie. Une élévation blanchâtre entoura presque sur-le-champ les deux piqûres, et le pourtour se colora de rouge. Au bout d'une heure et demie, tout avait disparu, sauf la trace des piqûres, qui persista plusieurs jours. »

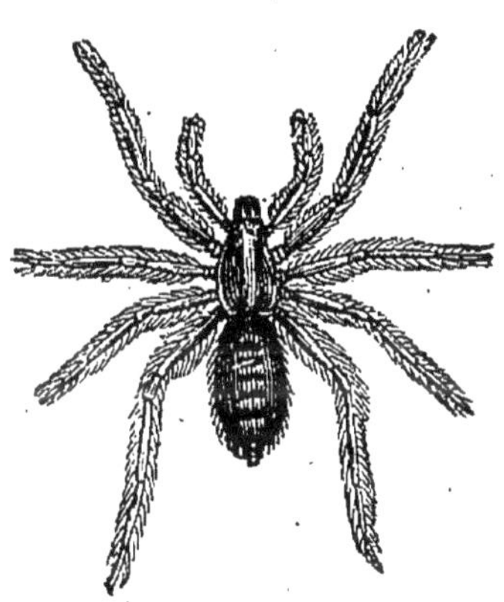

Fig. 259. — Araignée.

3 **Fil.** — Au bout de l'abdomen des araignées se voient quatre ou six mamelons, nommés *filières*, percés au sommet d'une multitude d'orifices, évalués à un millier pour l'ensemble des filières. Chacun de ces pores laisse écouler un jet de matière visqueuse, qui, au contact de l'air, durcit et devientfil. Des mille fils agglutinés en un tout commun résulte le fil définitif, employé par l'araignée à la construction de sa toile, où viennent s'em

pêtrer les insectes, les mouches. Les filières se meuvent en tous sens, au gré de l'animal. Les fils en sont tirés soit par les mouvements de ces organes, soit par la progression de l'araignée qui s'éloigne du point où ces fils sont fixés, soit enfin par la traction des pattes elles-mêmes, des pattes postérieures surtout. A cet effet, l'extrémité des pattes est armée de deux ongles crochus, dentelés en peigne, outils qui soutiennent, étirent, séparent les filaments, les posent au point voulu et les tendent au degré convenable. C'est avec les peignes des pattes postérieures que certaines araignées cardent et floconnent leur soie tantôt pour tapisser leur demeure, tantôt pour donner à leurs œufs un moelleux matelas.

Le fil de soie sert à de nombreux usages. L'araignée l'emploie pour ourdir la toile, piège où se pendront les insectes, sa nourriture; elle en confectionne le cocon, où sont renfermés les œufs; elle en construit une tenture pour son habitation; enfin elle l'utilise pour l'ascension et la descente. Si elle veut descendre, elle colle le bout du fil au point de départ et se laisse tomber d'aplomb. Le fil s'échappe des filières par le poids seul de l'araignée; et celle-ci, mollement suspendue, descend à telle profondeur qu'elle veut, avec telle lenteur qui lui convient. Pour remonter, elle grimpe le long du fil en le pliant à mesure en écheveau entre ses pattes. Pour une seconde descente, l'araignée n'a qu'à laisser dévider peu à peu son paquet de soie.

4. **Toile.** — Pour ourdir sa toile, chaque espèce d'araignée a sa manière de faire, suivant la nature du gibier qu'elle doit chasser, suivant les lieux qu'elle fréquente, suivant ses inclinations particulières, ses instincts. Bornons-nous à dire quelques mots des *Épeires*, grosses araignées bariolées de jaune, de noir et de blanc argenté. Ce sont des chasseurs de fort gibier : demoiselles vertes ou bleues qui fréquentent les cours d'eau, papillons, grosses mouches. Elles tendent leur filet verticalement entre deux arbustes, deux arbres, souvent même en travers d'un petit cours d'eau, où voltigent en abondance les libellules, proie convoitée. Comment a été construit ce piège, si remarquable de régularité; comment surtout le câble suspenseur, soutien de tout l'édifice, a-t-il été tendu d'une rive à l'autre?

L'épeire grimpe sur un arbre placé au bord de l'eau, et avec ses pattes, armées de griffettes dentelées en peignes, elle tire de ses filières un fil de longueur suffisante. Ce fil flotte du haut de l'arbre. Tôt ou tard un souffle d'air survient qui chasse le bout flottant et l'entortille dans les branchages de la rive opposée. L'épeire n'a plus qu'à tirer le fil à elle pour le tendre convenablement et en faire un pont suspendu.

Comme il doit servir de support au réseau de soie, le premier fil tendu d'une rive à l'autre exige une solidité exceptionnelle. L'épeire commence donc par en bien fixer l'un et l'autre bout; puis, allant et revenant sur le fil d'une extrémité à l'autre toujours en filant, elle le double, le triple et agglutine les brins en un câble commun.

Un second câble pareil est nécessaire, placé au-dessous du premier, dans une direction à peu près parallèle. C'est entre les deux que la toile doit être ourdie. A cet effet, de l'une des extrémités du câble déjà construit, l'épeire se laisse tomber d'aplomb, suspendu au fil qui s'échappe des filières. Elle atteint un rameau inférieur et remonte sur le pont de communication par le fil vertical qui lui a servi à descendre. L'araignée gagne alors l'autre rive tout en continuant de filer, mais sans coller au câble le nouveau brin de soie. Parvenue à l'autre bord, elle se laisse glisser sur un rameau convenablement placé, et y fixe l'extrémité du brin qu'elle a filé dans son trajet d'une rive à l'autre. Cette seconde maîtresse pièce de la charpente devient câble par l'addition de nouveaux fils. Enfin les deux câbles parallèles sont consolidés à chaque bout par divers fils qui en partent en tous sens et viennent se rattacher à la ramée. D'autres fils vont d'ici et de là d'un câble à l'autre, en laissant entre eux, tout au milieu de la construction, un grand espace libre, destiné au réseau.

Jusqu'ici l'épeire n'a construit que la charpente de son édifice, charpente grossière mais solide; maintenant le travail de fine précision commence. Il s'agit de tisser le réseau. A travers l'espace libre que les divers cordons de la charpente laissent entre eux, un premier fil est tendu. L'épeire vient se placer au milieu de ce fil, point central de la toile à construire. De ce centre, de nombreux fils doivent partir, également éloignés l'un de l'autre et rattachés à la circonférence par l'autre bout. On les nomme rayons. L'épeire colle donc un fil au centre, et remontant par le fil transversal déjà tendu, va fixer à la circonférence le bout du rayon. Cela fait, elle retourne au centre par le rayon qu'elle vient de tendre; elle y colle un second fil et immédiatement regagne la circonférence, où elle fixe le bout du second rayon à peu de distance du premier. En allant ainsi tour à tour du centre à la circonférence et de la circonférence au centre par le chemin du dernier fil qu'elle vient de tendre, l'araignée remplit l'espace circulaire de rayons régulièrement espacés.

Quand les rayons sont terminés, il reste encore à l'araignée le travail le plus délicat de tous. Il faut relier ces rayons par un fil qui, partant de la circonférence, tourne en ligne spirale autour du centre, où il se termine. L'épeire part du haut de la toile, et, dévidant son fil, elle le colle d'un rayon à l'autre parallèlement au fil extérieur. En tournant ainsi, toujours à la même distance du fil qui précède, l'araignée aboutit au centre des rayons. Le réseau est alors terminé.

Il convient maintenant de se ménager un lieu d'embuscade d'où l'épeire puisse surveiller sa toile, un appartement de repos où elle trouve abri contre la fraîcheur de la nuit et la chaleur du jour. Entre quelques feuilles rapprochées, l'araignée se construit une loge de soie, espèce d'entonnoir en tissu serré. C'est là son habitation ordinaire. Si le temps est propice, le passage du gibier abondant, le matin et le soir surtout, l'épeire quitte sa loge et vient se poster, immobile, au centre de la toile. Les huit pattes largement étalées, elle attend. La moindre secousse imprimée à la toile par un insecte empêtré, est aussitôt transmise au chasseur par les fils convergents.

Voici qu'une libellule est prise. L'épeire accourt, mais la capture est vigoureuse et l'araignée se méfie. Elle tire donc un fil de sa filière et jette prestement ce lacet autour du gibier. Un second lien suit, un troisième, un quatrième; l'épeire émet la soie par larges nappes, par écheveaux, et la libellule est étroitement emmaillotée. L'araignée roule alors entre ses pattes la victime déjà si bien garrottée et la couvre à chaque tour d'une nouvelle bandelette échappée de ses filières épanouies. Quand la capture ne peut plus remuer, le chasseur s'en approche et la mord avec ses mandibules à venin. A l'instant même la morsure empoisonnée agit, l'insecte piqué tremblote, raidit les pattes et meurt. L'épeire emporte alors au centre de la toile, pour l'y sucer à l'aise, le cadavre enveloppé de son linceul de soie. Quand il ne restera plus que la peau, l'araignée rejettera les débris qui souilleraient sa toile et pourraient d'ailleurs donner l'épouvante au gibier.

5. **Cocons pour les œufs.** — C'est également avec la soie que les araignées confectionnent les cocons où leurs œufs sont

renfermés. Celui de l'*Araignée labyrinthe* se trouve suspendu au milieu des hautes herbes. Il est composé d'une grande chambre d'un taffetas assez serré, percée de quelques ouvertures pour le passage de la mère, qui veille ordinairement sur ce trésor. Dans cette chambre est suspendue, par une douzaine de piliers, une loge plus petite, remplie d'un duvet floconneux, au centre duquel est placé une poche papyracée, qui renferme les œufs gros comme des grains de millet.

Le cocon de l'*Épeire fasciée* se rencontre fréquemment dans nos campagnes méridionales. C'est un joli ballon, de la grosseur d'un œuf de perdrix, de la forme d'une petite poire tronquée, de couleur jaune paille, coupée de bandes longitudinales noirâtres. A l'extérieur, il a presque la consistance du parchemin, et un couvercle enfoncé ferme la troncature de son extrémité supérieure. Intérieurement, on voit, au milieu de la bourre la plus délicate, une petite cuvette de soie, operculée elle-même et remplie de plusieurs centaines d'œufs ronds et d'un beau jaune orangé. Ce cocon si industrieux et si chaud permet aux œufs de passer l'hiver sans danger. (A. Dugès.)

La *Lycose porte-sac* produit un cocon aplati, qu'elle porte longtemps avec elle, attaché au bout de l'abdomen. Quand on le lui prend, elle s'arrête et tourne autour des doigts ravisseurs pour tâcher de le reprendre. « Dans la vue de mettre à l'épreuve, raconte Ch. Bonnet, l'attachement singulier de cette araignée pour ses œufs, il me vint un jour en pensée d'en jeter une dans la fosse d'un grand fourmilion. Elle se tira bientôt du précipice et remonta avec agilité au haut de la fosse. Je l'y précipitai de nouveau. Le fourmilion, plus leste cette fois que la première, saisit avec ses pinces le sac aux œufs pour l'entraîner sous le sable et en faire curée. De son côté, l'araignée s'efforçait de tirer à elle le sac et de l'enlever au ravisseur invisible qui s'en emparait. L'espèce de glu qui collait le sac au bout du ventre de l'araignée ne put tenir contre des secousses aussi violentes; le sac se sépara de son point d'attache; mais l'araignée le reprit aussitôt avec ses mandibules et redoubla d'efforts pour l'arracher au fourmilion. Ce fut en vain : le fourmilion continua à entraîner le sac sous le sable. L'infortunée mère pouvait au moins dérober sa vie à l'ennemi; elle n'avait qu'à lâcher le sac et à regagner le haut de la fosse. Mais, chose admirable! elle préféra se laisser enterrer toute vive. Comme le sable me cachait ce qui se passait, je voulus en retirer l'araignée pour m'assurer si elle tenait encore le sac aux œufs; mais je m'y pris avec trop peu de ménagement : le sac demeura au fourmilion. La tendre mère, privée de ses œufs, ne voulut pas quitter la fosse où elle venait de les perdre. J'avais beau la pousser avec une paille pour l'obliger à sortir de la fosse ; elle s'opiniâtrait à y demeurer. Il semblait que la vie lui fût devenue à charge.

6. **Instinct.** — Ce que nous venons de dire sur la construction de la toile, sur la patience du chasseur en embuscade

FIG. 260. — L'Argyronète.

au centre de son filet, sur les liens dont il garrotte la proie capturée, nous montre déjà de quels actes est capable l'instinct des araignées ; à ces exemples, ajoutons-en une paire d'autres.

L'*Argyronète* est une petite araignée brunâtre qui vit dans les eaux tranquilles. Cependant sa respiration est aérienne, ce qui nécessite des précautions spéciales pour pouvoir séjourner indéfiniment dans le milieu liquide. A cet effet, un logement de soie est construit au sein de l'eau, de forme demi-ovale, fixé aux herbages voisins par des fils, et tourné l'orifice en bas. C'est une véritable cloche à plongeur. Pour remplir ce dôme d'air respirable, l'araignée vient à la surface de l'eau et met à l'air son ventre qui, vêtu d'un fin velours de poils, entraîne avec lui une mince couche d'air. L'argyronète revient alors à sa cloche, se brosse avec les pattes et rassemble en une bulle la lame d'air de l'abdomen. Cette bulle monte dans le haut de la cloche. Les voyages se renouvellent jusqu'à ce que le dôme de soie soit plein de gaz respirable. Puis à proximité du domicile, des filets sont tendus pour prendre les petits insectes aquatiques. Tapie sous sa cloche approvisionnée d'air, l'araignée surveille ses filets, épie la proie, court au gibier pris et le transporte chez elle pour le sucer en lieu sûr. Quand son atmosphère artificielle est épuisée et remplacée par un gaz non respirable, l'araignée renverse sa cloche, qui se vide de son contenu, la remet en place, l'assujettit et la remplit de nouveau d'air pur, pris à la surface de l'eau.

La *Mygale pionnière* se construit dans la terre compacte une retraite consistant en un tube vertical dont l'entrée est munie d'une porte qui s'ouvre et se ferme à volonté. Cette porte est une rondelle de terre, entremêlée de soie qui donne à l'ouvrage une solidité plus grande. Sur un point la soie déborde et pénètre dans la paroi du tube, paroi maçonnée elle-même avec de la terre; soigneusement polie et tapissée à l'intérieur d'une étoffe de soie très fine. Ce ligament flexible, ce lien soyeux entre le couvercle et la maçonnerie de l'habitation, est la charnière qui permet à la porte de jouer dans un sens et dans l'autre sans se déranger de la disposition convenable; il remplace les gonds sur lesquels roulent les fermetures de nos appartements. Pour nos portes, une feuillure est nécessaire, un rebord qui reçoit le battant, l'arrête et l'empêche d'aller plus avant. Un peu au-dessous de l'orifice, la mygale pratique dans la paroi semblable rebord pour arrêter le couvercle de terre et le maintenir en place. Nous fermons avec des verroux, avec des serrures. L'araignée pionnière a pareillement son système de serrurerie. A la face inférieure du couvercle et à l'opposé de la charnière sont pratiqués quelques petits trous, tandis que le reste de la surface est parfaitement uni. Si elle se croit menacée dans son gîte, l'araignée met ses verroux : elle se cramponne d'une part à la tapisserie soyeuse du tube et de l'autre elle implante ses griffettes antérieures dans les trous du couvercle. Ainsi disposé, le verrou vivant tient bon et lutte avec avantage contre l'agresseur qui chercherait à forcer la demeure. La charnière de soie est élastique, de manière que la porte se ferme d'elle-même sans que l'araignée ait à s'en préoccuper. Pour sortir, quand il faut aller en chasse dans le voisinage, la mygale n'a qu'à pousser devant elle. Le couvercle cède et l'orifice est libre. Aussitôt le chasseur sorti, la charnière remet en place la porte par sa propre élasticité. La fermeture est alors si parfaite, qu'il faut armer le regard d'une loupe pour voir la fine ligne circulaire du joint. Ce couvercle rappelle donc certaines de nos portes sans loquet qui s'ouvrent étant simplement poussées, et se referment d'elles-mêmes. Ce que nous obtenons à l'aide d'un contre-poids, d'un ressort ou par d'autres moyens, la mygale l'obtient par la seule élasticité de la charnière.

A l'intérieur, le couvercle est poli, tout uni, sauf les quelques trous pour la manœuvre du verrou; à l'extérieur, au contraire, il est rugueux, inégal et ne diffère pas de la terre environnante. Le domicile est ainsi à l'abri des visites indiscrètes, car rien n'en indique l'entrée. A cet avantage s'en joint un autre, non moins utile.

La mygale revient de la chasse; elle est chargée de son gibier, qu'il faut au plus vite mettre en lieu sûr. D'ailleurs quelque danger peut la menacer. Il importe donc que le couvercle s'ouvre sans difficulté, et qu'il donne facilement prise aux griffes de l'araignée. Rien de plus logique alors que les inégalités rugueuses de sa face extérieure. La mygale y implante ses crochets antérieurs, tire un peu à elle du côté de la charnière. A l'instant l'entrée s'ouvre, le chasseur pénètre avec son gibier, et la porte abandonnée à elle-même retombe dans sa feuillure.

7. **Scorpions.** — Les *Scorpions* sont des arachnides, dont le caractère constant est d'avoir huit pattes; cependant ces animaux semblent en avoir dix. Mais les organes antérieurs, les pinces avec doigt mobile, comparables pour la forme aux pinces de l'écrevisse, du homard et du crabe, en réalité ne sont pas des pattes. Ce sont des pièces de la bouche, des palpes démesurément développées. Le céphalothorax porte en avant une ligne de huit yeux simples, pareils à ceux des araignées. Au-dessous du thorax, prennent naissance les pattes, qui sont au nombre de huit, les pinces exclues. Vient après l'abdomen, au-dessous duquel se voient les organes respiratoires sous forme de taches blanchâtres. Le corps se termine par une série noueuse d'anneaux que l'on nomme mal à propos la queue. Ce n'est pas

une queue véritable, en effet, mais bien la continuation de l'abdomen, car le canal digestif la parcourt dans sa longueur. On peut comparer cette fausse queue du scorpion à la fausse queue de l'écrevisse. L'appareil vénéneux de l'arachnide est au bout. C'est une pointe aiguë, un peu recourbée, creusée d'un canal et communiquant avec un réservoir à venin. Dans la piqûre faite s'infiltre ainsi une gouttelette de liquide venimeux, seule cause des graves effets que peut avoir une blessure par elle-même insignifiante. On voit donc que l'arme des animaux venimeux est toujours la même dans sa disposition générale. Une pointe creuse, dent, stylet, croc, dard, fait dans les chairs une fine blessure où un réservoir à venin instille une goutte de son contenu. La vipère et les araignées ont leur arme à venin dans la bouche ou à son entrée; les scorpions, les guêpes, les abeilles l'ont au bout de l'abdomen, soit libre, soit dissimulée à l'intérieur dans une gaîne rentrante.

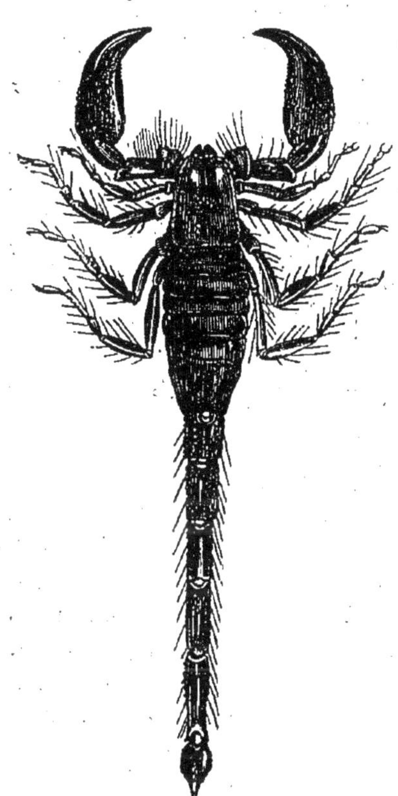

FIG. 261. — Le Scorpion.

Le midi de la France a deux espèces de scorpions. Le plus commun, le *Scorpion ordinaire*, est d'un brun verdâtre, et se tient dans les lieux frais et obscurs des habitations. Sa piqûre est sans gravité. Tout ce qui peut survenir est une inflammation de la partie offensée, avec rougeur, gonflement et douleur. Le second, le *Scorpion roussâtre*, beaucoup plus fort et d'un jaune clair, se tient sous les pierres, à l'abri d'un terrier, dans les collines chaudes et sablonneuses de la région des oliviers. Sa piqûre, d'après des observateurs qui ont eu le courage d'en faire l'expérience sur eux-mêmes, peut donner lieu à des accidents graves, parfois même funestes. Quelques grosses espèces des pays chauds font des blessures mortelles pour l'homme. En général les scorpions sont d'autant plus dangereux qu'ils sont plus grands, plus âgés et qu'ils appartiennent à des climats plus chauds.

8. **Arachnides trachéennes. — Mites du fromage. — Animal de la gale.** — Parmi les arachnides qui respirent au moyen de trachées, se classent les *Acariens*, animalcules microscopiques dispersés un peu partout. Il y en a qui vivent sous les pierres, sur les feuilles, dans les fissures des écorces, au sein des eaux; d'autres rongent nos provisions, la farine, les vieux fromages, les salaisons; d'autres sont parasites sur le corps de divers animaux.

Fig. 262. — Mite du fromage.

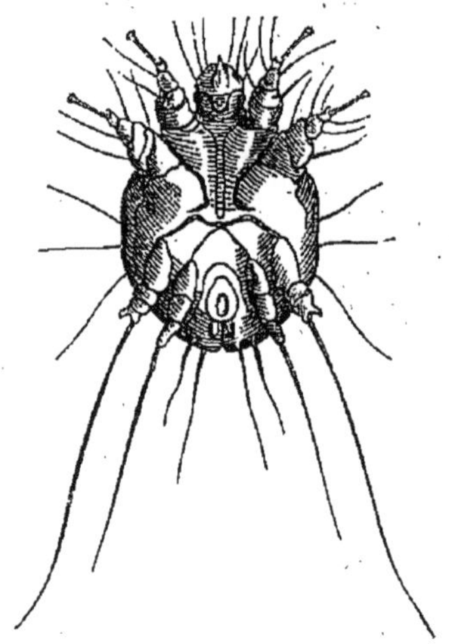

Fig. 263. — Le Sarcopte de la gale.

L'*Acare domestique* ou *Mite de fromage* fourmille dans la poussière du vieux fromage. C'est un animalcule à peine visible sans le secours d'une loupe, mou, pellucide, renflé, luisant et d'un blanc nacré, hérissé de poils rares et longs. Les *Tiques* ont le corps arrondi et plat quand elles ne sont pas repues. Elles se tiennent sur les végétaux, dans les bois, les landes, les broussailles. Six de leurs pattes étendues, elles attendent le passage des bœufs, des chevaux, des moutons, des chiens et autres animaux. Elles engagent profondément leur suçoir dans les chairs du passant et se gorgent de sang jusqu'à se ballonner en une vessie de la grosseur d'un pois et au delà. A la face inférieure du corps de certains coléoptères qui vivent dans les crottins et pour ce motif sont appelés *Bousiers*, grouille un autre acarien, le *Gamase des coléoptères*. Le *Dermanysse des oiseaux* se trouve dans les cannes creuses qui servent de perchoir dans nos cages aux petits oiseaux chanteurs, linotte, chardonneret, verdier et autres. Il sort de ses retraites la nuit pour aller sucer le sang sur les oiseaux endormis. L'*Argas de la Pipistrelle* s'établit dans la fourrure de cette chauve-souris et vit du sang de son hôte.

Mais le plus remarquable de ces acariens parasites est le *Sarcopte de la gale*, qui habite la peau de l'homme et donne lieu à une dégoûtante maladie, la gale. C'est un petit point blanc, tout juste perceptible aux yeux. Sa forme est arrondie et rappelle un peu celle de la tortue. Ses huit pattes sont hérissées de cils piquants et raides; sa bouche est armée de griffes, crocs et fines pinces. Avec ces outils, il se creuse, de çà et de là, sous l'épiderme, de longues galeries, comme une taupe le fait sous terre. Le mot *Sarcopte*, signifie qui taille les chairs; il dit, à lui seul, les insupportables démangeaisons que doit produire ce laboureur de chair humaine quand, de son bec si bien outillé, il fouille et creuse devant lui.

CHAPITRE XXXIX

MOLLUSQUES

1. **Poulpe.** — Les mollusques, animaux à peau molle et nue, tantôt abrités dans une coquille, tantôt dépourvus de cet appareil protecteur, ont pour principaux représentants les *Céphalopodes*, ainsi dénommés à cause des pieds à ventouses ou tentacules rangés en couronne au-dessus de la tête autour de la bouche. Le *Poulpe*, si commun sur toutes nos côtes méditerranéennes ou océaniques, peut, comme étant le plus généralement connu, nous servir de terme de comparaison dans ce rapide aperçu sur les céphalopodes.

Qu'on se figure un sac ovoïde, une bourse charnue de l'orifice de laquelle s'échappe une tête munie de deux gros yeux orbiculaires, pareils à ceux des oiseaux de proie nocturnes, et couronnée par huit tentacules ou longs bras s'agitant en tout sens comme des lanières de fouet, et l'on aura un croquis d'ensemble de l'étrange bête. Dans le sac sont logés les principaux organes de la vie : les branchies, dont les innombrables lamelles tamisent l'air dissous dans l'eau pour l'entretien de la respiration ; le cœur et son système de vaisseaux chariant un sang incolore; l'appareil digestif, comprenant trois estomacs, dont l'un rappelle par sa forme, sa structure et ses fonctions,

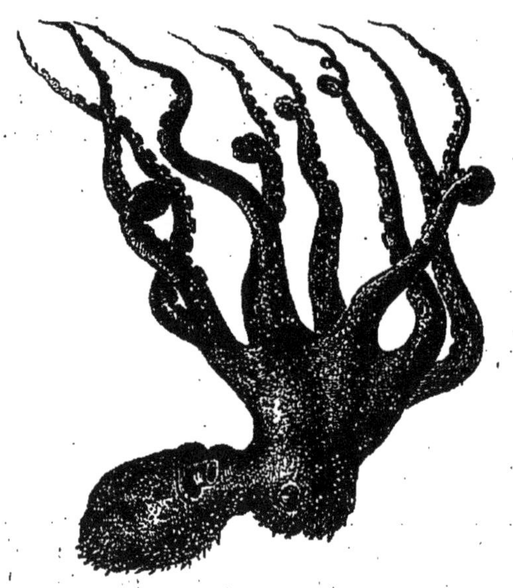

FIG. 264. — Le Poulpe.

le gésier des oiseaux. Au centre de la gerbe que forment les huit bras de l'animal est la bouche, armée de deux mandibules noires, dures et tranchantes, constituant un bec que l'on prendrait pour celui d'un perroquet. Ces mandibules acérées propres à broyer des crustacés et des coquillages, ce gésier, vigoureuse poche musculaire capable de digérer la dure carapace des crabes, font aisément soupçonner que le poulpe, bandit embusqué dans les anfractuosités des roches sous-marines, lève un tribut de proie vivante sur tout ce qui se hasarde dans le voisinage de son repaire. Examinons donc ses engins de guerre et ses moyens de ruse.

2. **Tentacules et ventouses.** — Les huit bras peuvent, par suite de leur extrême flexibilité dans tous les sens, s'enrouler autour des corps les plus glissants et les enlacer avec d'autant plus de solidité, qu'une de leurs faces est couverte, dans toute sa longueur, de deux rangées d'espèces de godets circulaires, ou bien cupules, ventouses, au nombre de deux cents et plus. Ces cupules s'appliquent, se moulent pour ainsi dire sur l'objet saisi, et y adhèrent en faisant le vide. En effet, l'orifice de ces ventouses peut être rempli par un bouton charnu s'élevant du fond du godet. Au moment où la cupule s'applique sur l'objet saisi, ce bouton remonte dans le fond comme le fait le piston d'une machine pneumatique, et raréfie ainsi l'air contenu dans le dôme creux de la ventouse. La pression atmosphérique produit alors l'adhérence entre les ventouses du poulpe et le corps entouré, de la même manière qu'elle fait adhérer l'une à l'autre les deux calottes métalliques dans la classique expérience des hémisphères de Magdebourg.

Armé de ce redoutable ensemble de près de deux mille machines aspirantes, le poulpe se cramponne au fond de son repaire au moyen de quelques-uns de ces bras, tandis que les autres s'étalent au dehors, prêts à enlacer les poissons et les crustacés que le hasard amène à leur portée.

3. **Poche à encre.** — Mais la proie ne vient pas toujours, et pour la rechercher, l'animal doit quitter son embuscade. C'est alors, si quelque danger vient à le menacer, que le poulpe met à profit deux facultés qui lui permettent soit de se dérober à l'ennemi, soit de le mettre en fuite en le terrifiant. Sa peau, d'abord blanche et tout à fait lisse, se fronce subitement, se couvre de grossières verrues, se hérisse de tubercules coniques, tandis qu'avec une inconcevable rapidité sa nuance s'assombrit et passe du blanc au brun.

Si, pour mettre en fuite l'ennemi, ces signes de violente irritation ne suffisent pas, il reste au poulpe une suprême ressource : c'est de se dérober à sa vue en s'enveloppant d'un nuage subit. A cet effet, l'animal possède, dans le sac contenant les principaux viscères, une grosse ampoule pleine d'un liquide colorant, d'un brun très foncé, éminemment soluble dans l'eau, qu'il colore, qu'il trouble fortement à minime dose. Cette ampoule communique au dehors au moyen d'un canal éjaculateur, qui s'ouvre au fond d'un entonnoir placé sous le cou du poulpe. Au moment du danger, un filet du noir liquide jaillit, se dissout aussitôt dans les eaux de la mer et forme autour du poulpe un nuage assez opaque pour lui permettre de gagner invisible quelque retraite inviolable.

4. **Natation à reculons.** — Dans cette fuite, le poulpe fait usage d'un moyen de locomotion trop remarquable pour être passé sous silence. Pour baigner les branchies, placées dans l'intérieur du sac, l'eau, au moment où ce dernier se dilate, pénètre par deux fentes latérales pratiquées entre le bas de la tête et l'origine du sac. L'eau qui vient de servir à la respiration est chassée par la contraction des parois du sac et s'écoule par l'entonnoir d'où jaillit elle-même l'encre au moment du danger. C'est donc par un mouvement alternatif de dilatation et de contraction de la bourse musculaire ou du sac du poulpe, que l'eau tour à tour pénètre jusqu'aux branchies par les fentes latérales ou est chassée au dehors par la voie de l'entonnoir.

Ce jeu hydraulique devient pour le poulpe un moyen de locomotion. En effet, l'eau violemment refoulée par la contraction du sac musculaire et ne trouvant pas dans l'entonnoir où elle s'engouffre un passage suffisant, produit, par sa réaction, un mouvement de recul, qui lance l'animal, le sac en avant, la tête avec ses huit bras rapprochés en faisceau, en arrière. Cette natation rétrograde, qui rappelle le mouvement du tourniquet hydraulique, en sens inverse de l'écoulement du liquide, se retrouve chez tous les céphalopodes. Quelques-uns, mieux organisés que le poulpe sous ce rapport, les *Calmars* par exemple, fendent les eaux avec la vélocité de la flèche, s'élancent dans les airs en ricochant à la surface de la mer, et parfois, ne pouvant maîtriser leur élan mal calculé, retombent sur le pont des navires ou s'élancent sur la grève du rivage.

L'organisation du poulpe se répète chez tous les autres céphalopodes. C'est, dans toute la classe, le même sac viscéral, de l'orifice duquel s'échappe la tête, armée d'un bec de perroquet et couronnée de huit ou dix bras où règnent de longues séries de ventouses. C'est le même entonnoir respiratoire et locomoteur, la même poche à encre, destinée à produire la nuée protectrice. Cette encre, dans quelques céphalopodes, les seiches (*Sepia*), offre un ton brun noir assez riche pour la faire rechercher par les peintres, qui l'emploient sous le même nom que porte l'animal, sous le nom de *sépia*.

5. **Chromatophores.** — Comme le fait le poulpe, les autres céphalopodes peuvent traduire les impressions qui les agitent par de brusques changements de coloration. C'est dans les espèces à peau fine, unie, satinée, dans les *Calmars* et les

Seiches, par exemple, que ces transfigurations chromatiques s'exécutent avec toute leur magnificence. Au repos, l'animal est d'un blanc satiné, presque uniforme ou semé de fines ponctuations brunes. Mais si quelque émotion l'excite, aussitôt sur toute l'étendue du corps apparaissent d'innombrables orbes, teintés d'outremer, de rose tendre ou d'orangé, orbes qui débutent par les dimensions d'un petit point, et s'élargissent subitement jusqu'à centupler leur diamètre, puis se rétrécissent, se referment avec la même soudaineté, pour s'ouvrir, se dilater encore, puis se refermer, et ainsi de suite jusqu'à ce que l'animal soit revenu de son émotion et reprenne sa livrée ordinaire.

Ces changements de coloration ont pour cause des cellules situées sous l'épiderme, cellules contractiles, aplaties, formées d'une membrane élastique des plus délicates. On leur donne le nom de *chromatophores*, parce qu'elles contiennent une ma-

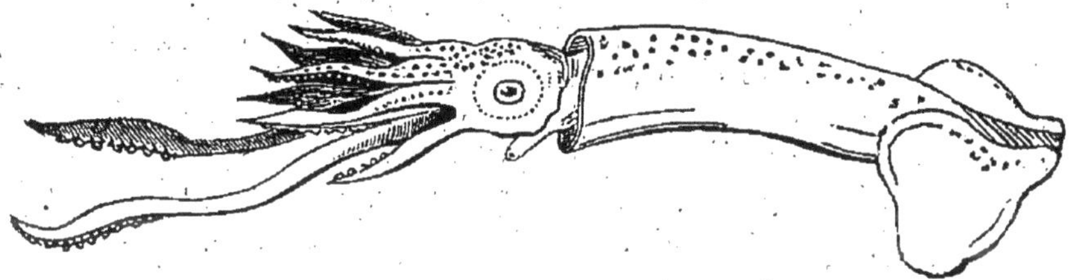

FIG. 265. — Le Calmar.

tière colorante, formée de granules de diverses couleurs, jaunes, rouges, bleus, violets. Dans une même cellule, ces granules sont d'une seule nuance, mais leur teinte varie généralement d'une cellule à l'autre. Dans l'état ordinaire, les chromatophores sont contractés et se réduisent à un petit point rond. La poussière colorée qu'ils renferment, ainsi entassée en un point presque mathématique, échappe aux regards ou ne produit qu'une subtile ponctuation brune à cause de la grande condensation de la matière colorante. Mais si les chromatophores se dilatent, la poussière colorante se dissémine dans l'espace libre qui lui est offert, et l'orbe se colore d'une nuance d'autant plus claire qu'il est plus dilaté. C'est ainsi qu'un grain de carmin, tellement foncé à l'état solide qu'il paraît brun, ne donne sa teinte caractéristique qu'autant que ses particules sont suffisamment espacées par la dissolution dans l'eau, et produit des nuances de plus en plus claires à mesure qu'augmente la quantité du dissolvant.

6. **Nageoires et bras tentaculaires.** — Les céphalopodes éminemment nageurs et qui fréquentent la haute mer, sont pourvus de quelques organes qui manquent aux poulpes, destinés à se traîner près du rivage, au milieu des rochers. Ils présentent en outre quelques modifications importantes dans leur forme générale. Ainsi le sac du poulpe est obtus, ovoïde et dépourvu d'expansions latérales en forme de nageoires; celui du calmar, au contraire, prend la forme la mieux appropriée à la rapidité de la nage, s'effile en arrière en une sorte de proue svelte pour offrir le moins de prise possible à la résistance de l'eau dans la nage à reculons, tandis que les flancs s'étalent en une mince lame natatoire qui équilibre le rapide esquif.

Les longs bras du poulpe seraient ici très embarrassants, ils entraveraient la vélocité de la locomotion. Aussi les céphalopodes nageurs se reconnaissent-ils aux courtes dimensions de leurs bras. Il est vrai que, pour saisir plus facilement leur proie et pour se tenir à l'ancre sur un récif au milieu d'une mer agitée, ils ont, outre les huit bras du poulpe, deux autres bras supplémentaires, excessivement longs, en forme de cordons déliés, qui s'épanouissent à l'extrémité en une large palette couverte de ventouses. On donne à ces deux appendices le nom de *bras tentaculaires*.

7. **Osselet interne.** — La prestesse de mouvement des céphalopodes nageurs exige, dans le corps, une certaine fermeté. Elle est obtenue au moyen d'une charpente intérieure, d'un osselet ou coquille dont les poulpes sont dépourvus. Généralement cet osselet est léger et transparent comme une mince lame de corne. Dans quelques espèces, il a la forme d'une lancette; dans d'autres, il figure une plume, c'est-à-dire qu'il se compose d'une tige rétrécie, terminée par une large lame rappelant les barbes d'une plume. C'est à pareille organisation de leur osselet qne les calmars doivent leur nom (*calamus maris*, plume de mer), d'autant plus qu'à la plume est joint l'écritoire, la poche à encre.

Dans la seiche, la coquille interne est calcaire, ovale, convexe en dessus, renflée en dessous dans sa moitié antérieure et concave dans l'autre moitié. Sa partie renflée se compose d'un empilement de lamelles, réunies transversalement par une infinité de petits piliers, dont les intervalles sont occupés par de l'air. Cette structure spongieuse donne à la coquille de la seiche une légèreté spécifique qui lui permet de flotter isolée à la surface de la mer. Elle constitue donc, pour l'animal, à la fois une charpente solide, capable de donner au corps la fermeté nécessaire, et un appareil flotteur, qui allège et soutient.

Enfin, son extrémité postérieure se termine par une légère pointe ou *rostre*, qui fait saillie à l'extrémité du sac. L'utilité de cette pointe est facile à comprendre. La seiche, comme tous les céphalopodes, nage, la tête en arrière, par l'effet du recul que produit l'expulsion de l'eau par l'entonnoir locomoteur. Dans cet élan rétrograde, des obstacles non aperçus doivent se présenter souvent lorsque l'animal s'écarte peu des côtes. Alors le rostre joue le rôle d'éperon protecteur, qui

Fig. 266. — L'Argonaute.

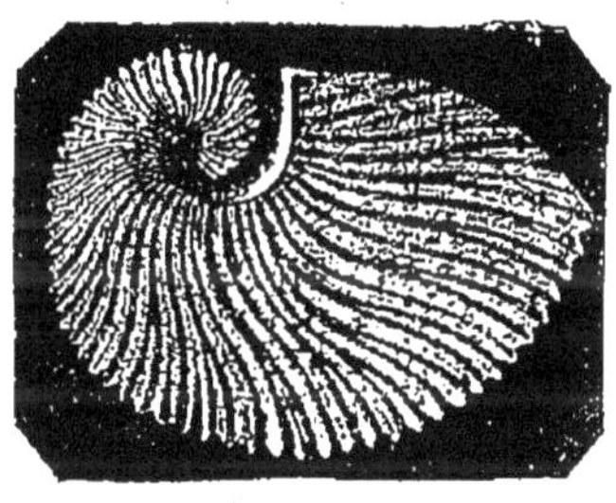

Fig. 267. — Coquille de l'Argonaute.

heurte le premier l'obstacle, résiste au choc et préserve le corps.

8. **Argonaute.**— D'autres céphalopodes ont une coquille extérieure, dans la cavité de laquelle l'animal est logé. Dans la Méditerranée vit l'*Argonaute*, à coquille très élégante, ample, blanche, presque aussi mince qu'une feuille de papier, et ornée de côtes rayonnantes. Pour s'y maintenir, l'animal l'enveloppe à demi avec une large membrane dont deux de ses tentacules sont munis. Il faut reléguer parmi les fables ce qu'on raconte de l'argonaute étalant à l'air ses membranes pour lui servir de voiles, tandis que les autres tentacules plongent dans l'eau et rament.

Les mers des Indes ont le *Nautile*, dont la coquille est divisée par des cloisons en une série de compartiments ou chambres. La dernière chambre, la plus ample et la plus rapprochée de l'ouverture, est seule occupée par l'animal; les autres sont pleines d'air. On donne le nom de coquilles *multiloculaires* ou *chambrées* aux coquilles de céphalopodes ainsi divisées en plusieurs loges par des cloisons. De l'extrémité la plus reculée du sac du nautile part un tube membraneux qui s'engage dans un orifice percé au centre de chaque cloison et traverse ainsi toutes les chambres, pour ne s'arrêter qu'au sommet de la spire de la coquille. Ce tube est le *siphon*. Il permet au nautile de se laisser couler au fond de la mer ou de venir flotter à la surface. Pour la descente, l'animal augmente le poids spécifique de la coquille en injectant dans le siphon, par suite de contractions musculaires, une partie des humeurs de son corps.

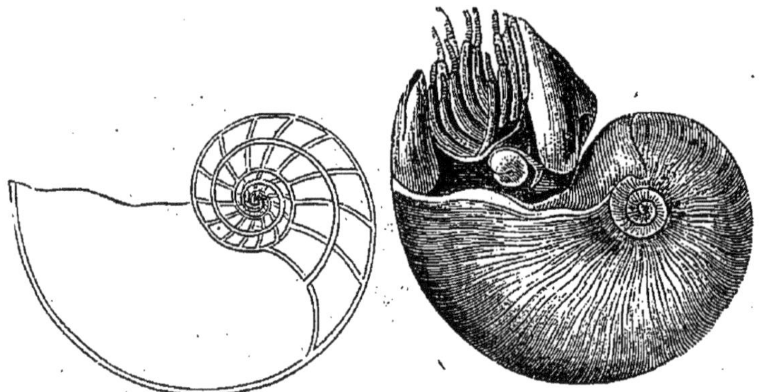

FIG. 268. — Section de la coquille du Nautile.

FIG. 269. — Nautile dans sa coquille.

Pour l'ascension, il vide le siphon en dilatant le corps ; il diminue ainsi la densité de son appareil hydraulique.

9. **L'Escargot. — La Limace.** — Considérons le vulgaire *Escargot* lorsque, sorti de sa coquille, il rampe en sécurité. Sur la tête divergent quatre *tentacules* ou cornes, dont la paire supérieure est la plus longue. Les tentacules supérieurs ont côte à côte, à leur extrémité, l'organe de la vue et l'organe de l'olfaction. L'œil est un point noir; l'organe de l'olfaction, le nez, est un bouton pâle contigu au point noir. Les quatre tentacules sont rétractiles et rentrent en eux-mêmes à la manière de la peau d'un doigt de gant. Si une lumière trop vive l'offusque, si une odeur lui déplaît, l'animal fait disparaître œil et nez dans l'épaisseur de la tête. La bouche a une petite mâ-

choire supérieure, formée d'une lamelle de corne denticulée. Au-dessous est un long plan charnu, sur lequel l'animal rampe. Cet organe de locomotion se nomme *pied*. Divers autres mollusques, soit terrestres, soit aquatiques, ont le mode de reptation de l'escargot, ils progressent au moyen d'un plan charnu, d'un pied, placé à la face inférieure. Leur ensemble forme la classe des *Gastéropodes*.

Au côté gauche de l'escargot, sous le rebord de la coquille, se voit un orifice rond, tantôt largement béant, tantôt fermé. C'est l'orifice respiratoire. Il donne accès dans une vaste poche, occupant la majeure partie du dos de l'animal. Cette poche est l'organe de la respiration, le poumon. Pour bien juger de sa structure, il faut casser avec précaution la coquille et mettre la

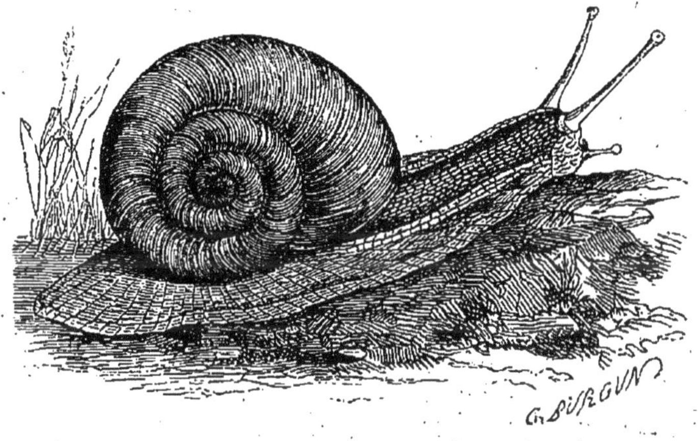

Fig. 270. — Hélice des vignes.

bête à nu sans l'endommager. On reconnaît alors que la paroi supérieure de cette cavité se compose d'une fine membrane dans laquelle on voit se distribuer un réseau de vaisseaux pleins d'un sang incolore.

Sur le flanc gauche, à l'extrémité postérieure de la poche respiratoire, on constate en outre, grâce à la transparence des tissus, des pulsations qui se reproduisent régulièrement par intervalles rapprochés. L'organe, siège de ces pulsations, est le cœur, en rapport avec les vaisseaux dont nous venons de parler. Il se compose, comme celui des poissons, de deux cavités seulement, une oreillette et un ventricule, avec cette différence qu'il reçoit le sang des organes de la respiration au lieu de l'y envoyer. C'est donc un cœur artériel, correspondant à la moitié gauche d'un cœur complet. Il reçoit le sang qui vient d'éprouver l'oxygénation, et le lance, par une aorte, dans les divers organes. Supposons théoriquement réunis le cœur veineux d'un poisson et le cœur artériel de l'escargot; de leur ensemble résultera, pour la structure et les fonctions, le cœur double des mammifères et des oiseaux.

Les mollusques, les colimaçons en particulier, éprouvent dans leur appareil circulatoire, une réduction dont les crustacés nous ont déjà fourni un exemple : des artères existent pour distribuer le sang venu de l'organe respiratoire, mais les veines manquent ou sont fort incomplètes pour le retour du sang à l'appareil respiratoire. Ce retour s'effectue pour les intervalles ou lacunes séparant les organes les uns des autres.

Pour l'escargot, le circuit du sang s'achève dans la mem-

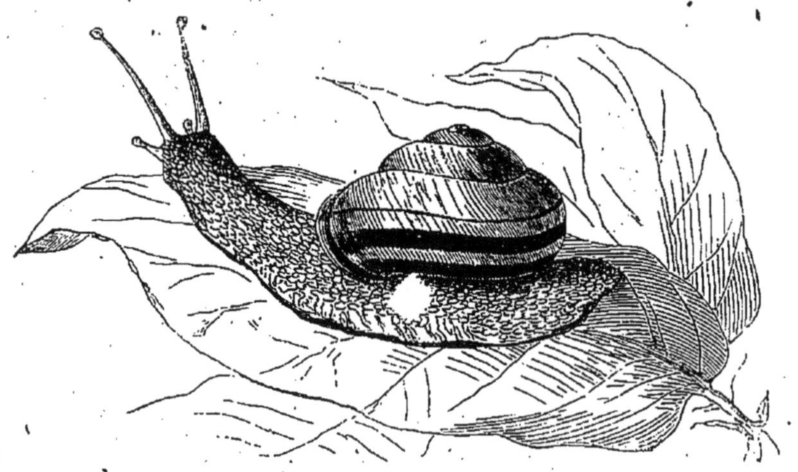

Fig. 271. — Hélice némorale.

brane qui fait plafond à la poche respiratoire. Le sang veineux se distribue dans son épaisseur au moyen des nombreuses ramifications d'un vaisseau principal analogue à l'artère pulmonaire ; il éprouve l'action de l'air dont la poche respiratoire se gonfle, et se dirige après vers le cœur. Le poumon est donc ici d'une structure très simple : il se réduit à une seule et ample cellule, qui communique librement au dehors lorsque l'animal ouvre l'orifice situé sous le bord de la coquille; de plus cette unique cellule pulmonaire ne respire, ne fait l'échange gazeux avec l'air que par sa paroi supérieure, épanouie en une délicate membrane.

Les mollusques terrestres, tels que l'escargot et les limaces, ont tous la respiration pulmonaire que nous venons de décrire. Ce sont les moins nombreux. Quelques-uns à vie aquatique respirent néanmoins par un poumon, tels sont dans les eaux douces dormantes les *Limnées* et les *Planorbes* ; mais alors ces animaux sont obligés de se tenir à la surface de l'eau ou du moins d'y venir par intervalles. Les autres mollusques aquatiques, en bien plus grand nombre, ont la respiration branchiale. Les branchies, composées de lamelles parallèlement rangées, occupent une cavité analogue au sac respiratoire de l'escargot dans les espèces dont la coquille est d'une seule pièce et roulée en spirale ; elles forment quatre feuillets disposés par paires

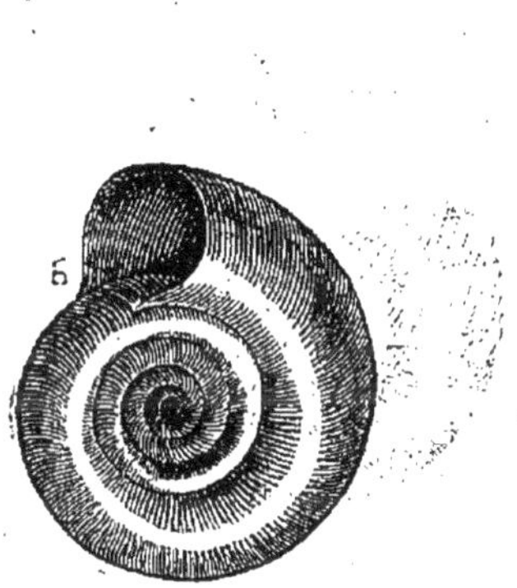

Fig. 272. — Planorbe.

Fig. 273. — Limnée.

à droite et à gauche dans les espèces dont la coquille est de deux pièces ou valves.

Si l'escargot est rentré dans sa coquille, nous verrons déborder un peu, tout autour de l'orifice, un bourrelet charnu où le regard attentif peut reconnaître de fines ponctuations blanches. Ce bourrelet est l'organe qui transpire, qui sécrète les matériaux de la coquille ; ses ponctuations blanches sont de petits amas de calcaire. Ainsi la coquille est un produit de l'animal ; elle ne s'accroît que par le bord, au contact de l'organe qui en sécrète les matériaux ; ses parties vieilles restent ce qu'elles étaient dans le jeune âge ; et le mollusque, à mesure qu'il grandit, se fait le large nécessaire en augmentant les tours de sa spire et leur donnant une ampleur toujours croissante.

Quelques gastéropodes, et telle est la *Paludine*, fréquente dans nos fossés, portent, adhérant au pied, une lame cornée; d'autres, vivant dans la mer, à la place de cette lame de corne, ont un couvercle pierreux. Cette lame, ce couvercle s'adapte exactement à l'ouverture de la coquille et la bouche quand l'animal est rentré dans son abri. On lui donne le nom d'*opercule*.

D'autres fois, comme pour l'escargot, l'opercule manque; mais aux époques de torpeur et d'engourdissement, pendant les froids de l'hiver et les longues chaleurs de l'été, le mollusque, enclos dans sa coquille, sécrète une mince clôture de calcaire et de bave durcie, qui le met à l'abri des dangers de l'extérieur. Cette clôture est temporaire; elle tombe quand l'animal entre de nouveau en activité; elle est refaite quand revient

FIG. 274. — Limace.

l'état de torpeur. On la nomme *épiphragme*, et ne se trouve que chez les gastéropodes terrestres, non tous, mais ceux qui sont dépourvus d'opercule. Ainsi le *Cyclostome*, élégante petite coquille turriculée qui abonde dans les haies, possède un opercule de corne avec encroûtement de calcaire. Exactement enclos chez lui au moyen de ce volet permanent, le mollusque n'a pas besoin d'autre clôture; l'escargot, au contraire, privé de pareil organe, se fabrique, quand besoin en est, la cloison de l'épiphragme.

L'organisation de la *Limace* est, dans ses traits généraux, la même que celle de l'escargot. La différence la plus nette entre les deux mollusques consiste en ce que l'un est pourvu d'une coquille et l'autre non. Le défaut de coquille dans la limace n'est cependant pas absolu. Sur le dos et dans l'épaisseur de la peau, on lui trouve une petite lame pierreuse. C'est là une coquille intérieure, comparable à l'osselet de la seiche. Suivant l'espèce, ce bouclier intérieur est tantôt assez consistant, tantôt réduit à quelques granulations calcaires.

10. **L'Huître et la Moule.** — D'autres mollusques, tous aquatiques, ont la coquille formée de deux pièces ou *valves*, qui s'ouvrent par l'élasticité d'un bourrelet corné ou fibreux, nommé *ligament*, situé à la charnière, au bord de jonction. Le ligament a pour antagonistes un ou deux muscles en forme de colonnes charnues, qui vont transversalement d'une valve à l'autre, où ils sont fixés. Si ces muscles se contractent, les valves se rapprochent et la coquille se ferme malgré la résistance du ligament ; s'ils se relâchent, le ligament agit seul et par son ressort fait ouvrir la coquille. On voit que, pour ouvrir un coquillage comestible, une huître par exemple, c'est à l'adresse plutôt qu'à la violence qu'il faut recourir. Avec des efforts non méthodiques, le succès est incertain et pénible pour forcer un coffret aussi bien clos ; mais introduisons entre les deux valves une lame effilée, coupons en travers les colonnes charnues, les muscles, cause de toute la résistance, et la coquille aussitôt bâillera par l'élasticité de son ligament. Dans l'huître, il n'y a qu'un muscle à tronquer, et il occupe une position centrale.

Fig. 275. — Haliotide.

La coquille ouverte nous montrera une enveloppe générale repliée en deux ; et entre ces deux lobes, les organes respiratoires, composés de quatre feuillets branchiaux ou lamelles finement divisées en dents de peigne. Au centre des branchies est une masse musculaire, généralement en forme de langue, qui sert à l'animal pour ramper sur la vase et prend le nom de *pied*. A une extrémité du corps se trouve, non une tête, l'animal n'en a pas, mais une bouche entourée de quatre petits feuillets triangulaires ou tentacules. Cette bouche n'a jamais de dents et ne peut prendre que les molécules nutritives apportées par l'eau. Les mollusques dont nous venons de décrire les traits généraux forment la classe des *Acéphales* ou des mollusques sans tête distincte. L'*Huître* et la *Moule* en sont des exemples familiers à tous.

La plupart des coquillages provenant des acéphales sont d'une élégante régularité. Les deux valves sont égales, tantôt unies, tantôt ornées de plis transversaux, de côtes longitudinales. La coquille de l'huître, au contraire, est disgracieuse de forme, et surtout irrégulière. L'une des valves, dite *valve inférieure*, est affectée plus que l'autre de raboteuses inégalités. Cela provient de ce que cette valve adhère aux corps sous-marins. Fixée, soudée pour toujours au même point, l'huître se moule sur l'objet qui lui donne appui, caillou, rocher ou coquillage mort; et des inégalité de cette base si variable résultent les inégalités de ses propres écailles.

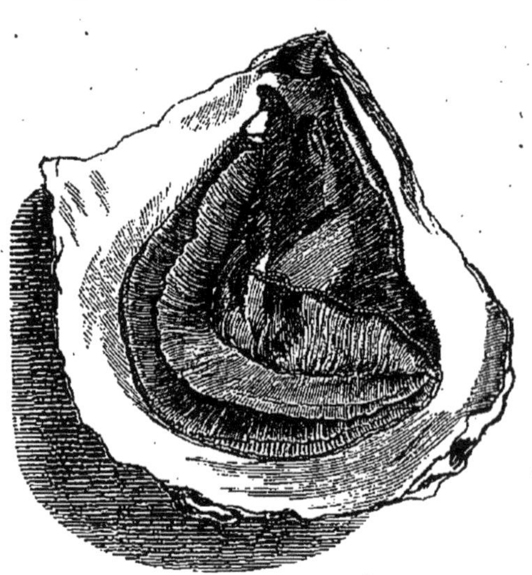

Fig. 276. - Huître.

La moule, quoique sédentaire, a ses deux valves pareilles et régulières; il est vrai qu'elle se fixe aux corps sous-marins d'une autre façon. De son pied part un bouquet de filaments cornés qui s'agglutinent aux objets voisins par leur extrémité libre et maintiennent le mollusque ancré un même point. Ce faisceau de filaments se nomme *byssus*. Quelques grands coquillages, les *Pinnes*, vulgairement *Jambonneaux* à cause de leur forme, ont pour byssus un gros paquet de filaments soyeux, souples et longs, qui se prêtent à la conversion en tissus. Mais la plupart des acéphales sont libres de toute adhérence. Il y en a qui, ouvrant et fermant tour à tour leurs valves avec rapidité, se déplacent dans l'eau; il y en a qui se retirent dans une cellule qu'ils ont creusée par corrosion dans le roc; il y en a, et ce sont les plus nombreux, qui vivent enfoncés dans le sable, dans la vase, n'amenant au dehors qu'un ou deux tubes respiratoires destinés au renouvellement de l'eau autour des branchies.

11. **Ostréiculture.** — L'huître produit un nombre très considérable d'œufs, dont l'éclosion se fait dans les branchies. Ces œufs et les jeunes qui en proviennent forment un amas d'apparence laiteuse à laquelle on donne le nom de *naissain*. Les myriades d'animalcules qui s'en échappent, d'abord libres dans les eaux, ne tardent pas à se fixer soit sur la coquille maternelle, soit à la surface des rochers voisins, et à s'y développer en huîtres, aptes à être pêchées au bout de trois ans environ. Recueillir les huîtres adultes pourvues de naissain, les mettre en lieux convenables où les jeunes puissent grandir à l'abri des habituels dangers, fournir à ces nourrissons des collecteurs, fascines, tuiles, fragments de poterie, valves de coquillages où ils se fixeront, telle est la méthode générale de l'ostréiculture sur nos côtes océaniques. Ainsi s'établissent des *bancs* artificiels, où la multiplication de l'huître est surveillée, protégée contre les chances de destruction, régularisée dans son abondance et enfin soumise à une exploitation réglée. Pour amener les huîtres à la perfection, on les *parque*, c'est-à-dire qu'on les met dans des bassins peu profonds qui, à Marennes, prennent le nom de *claires*. Dans ces réservoirs, l'huître grossit et *verdit*. Une matière verte se développe, pénètre dans les branchies, les colore, les gorge, les obstrue. Gêné dans sa respiration, le mollusque s'infiltre, se dilate maladif; mais il devient plus savoureux et plus tendre.

12. **Huître perlière.** — Cette coquille est de forme arrondie, rugueuse et d'un noir verdâtre à l'extérieur, du plus beau poli et à couleurs douces et changeantes à l'intérieur. Son diamètre peut atteindre un décimètre et demi. Elle adhère au fond de la mer par un gros byssus de couleur brune. La couche intérieure, sciée en lames, en tablettes, est la *nacre*, que nous employons à la fine ornementation. Les *perles* sont des corps globuleux formés de la même matière nacrée. Celles qui joignent une grosseur considérable à une belle teinte blanche, atteignent des prix exorbitants. La perle que Cléopâtre fit, dit-on, dissoudre dans du vinaigre et avala pour surpasser Antoine en folies de table, valait, d'après les auteurs, 1 500 000 francs.

Les perles sont composées de la même matière, la nacre, qui revêt l'intérieur de la coquille; ce sont des produits accidentels ayant pour cause un objet étranger dont le contact gêne, irrite la délicate organisation du mollusque. Qu'un tout petit grain de sable, par exemple, pénètre à l'intérieur de la coquille, et autour de ce corpuscule étranger, la matière à nacre s'amassera par couches concentriques et serrées. Le résultat final sera une perle plus ou moins régulière, sans adhérence avec la coquille. Le grain de sable étant de la sorte enseveli dans un globule de nacre, le mollusque est délivré de l'âpre contact qui le tourmentait.

La pêche des huîtres perlières se fait dans la mer des Indes, dans le golfe du Bengale, à Ceylan. Les pêcheurs sont dans une barque. A tour de rôle, ils descendent dans la mer à l'aide d'une corde à laquelle est liée une grosse pierre qui les entraîne rapidement au fond. L'homme qui va plonger saisit la corde à pierre de la main droite et des orteils du pied droit; de la main gauche, il se bouche les narines; au pied gauche est attaché

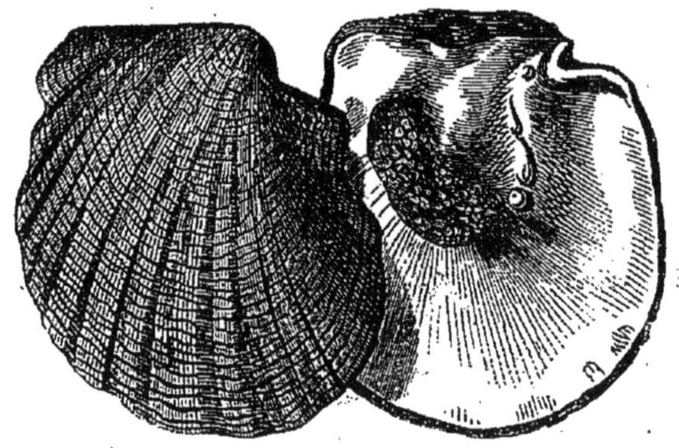

FIG. 277. — Huître perlière.

un filet en forme de sac. La pierre est lancée à la mer. L'homme descend comme un plomb. A la hâte, il remplit son filet de coquilles, puis il tire la corde pour donner le signal de l'ascension. A demi suffoqué, le plongeur arrive à la surface avec sa pêche. Les efforts qu'il a faits pour suspendre la respiration lui font rendre parfois par le nez et par la bouche de l'eau teintée de sang. Le plongeur le mieux exercé ne peut guère séjourner sous l'eau au delà d'une demi-minute.

Les huîtres recueillies sont apportées au rivage et étalées sur des nattes de sparterie jusqu'à putréfaction complète des animaux, ce qui a lieu au bout d'une dizaine de jours. Cette pourriture est jetée dans des réservoirs remplis d'eau de mer. Les coquilles sont lavées et entassées dans des tonneaux. Un travail ultérieur enlèvera la couche extérieure des valves pour ne conserver que la plaque de nacre. Quant aux perles, produit principal de la pêche, elles sont cherchées avec des soins minutieux dans l'amas des mollusques corrompus.

Un petit poisson de nos rivières, l'*Ablette*, a les écailles d'un superbe blanc d'argent, dont l'éclat rivalise avec celui des perles. Les écailles du ventre, plus richement colorées que les autres, sont détachées à l'aide d'un couteau, lavées et triturées dans de l'eau, qui leur enlève leur matière colorante et la laisse déposer par le repos. Cette matière, dissoute dans de l'ammoniaque, porte le nom d'*essence d'Orient*. Mélangée avec un peu de cire ou de colle de poisson, on l'applique à l'intérieur de globules creux de verre, qui prennent ainsi l'éclat des perles naturelles. L'imitation est si parfaite, qu'il faut un examen très attentif pour distinguer une perle artificielle d'une perle véritable.

13. **Le Taret.** — Ce mollusque a une coquille à deux valves

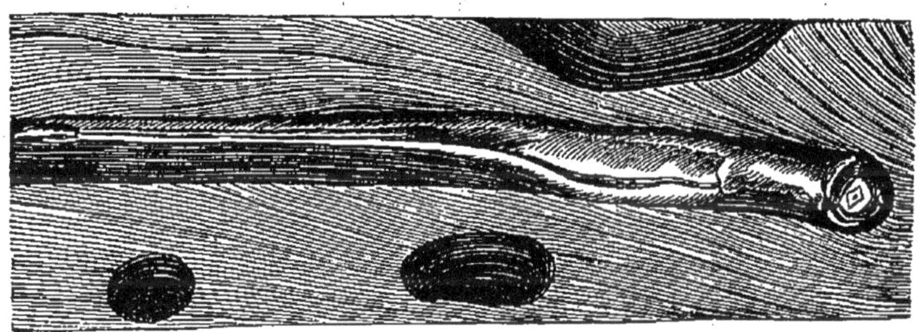

Fig. 278. — Taret.

très courte, largement bâillante en avant et en arrière et disposée par conséquent en une sorte d'anneau. L'animal est beaucoup plus grand que son habitacle; il s'allonge en une sorte de ver mesurant de deux à trois décimètres, tandis que la coquille n'a guère que cinq ou six millimètres de longueur. Les tarets vivent en nombreuses familles dans les pièces de bois submergées. Ils les perforent en tous sens de canaux tortueux, de la grosseur d'un canon de plume, et tapissés, à mesure que l'animal avance, d'un enduit calcaire, qui donne à la galerie une surface lisse pour la commodité de son habitant. Ces mollusques sont les destructeurs des bois plongés sous les eaux de la mer, de même que les larves de certains insectes sont les destructeurs des bois laissés à l'air libre. En quelques semaines, sous l'attaque des tarets, les madriers les plus solides, les planches les plus épaisses, les poutres de sapin, tombent en vermoulure. Ces animaux sont donc très redoutés des navigateurs. On a des exemples de navires qui soudainement ont coulé à fond en pleine mer, sans annonce aucune de péril prochain : les tarets sourdement en avaient ruiné la charpente. C'est pour se prémunir contre leurs ravages qu'on double à l'extérieur de feuilles de cuivre la partie submergée d'un navire en bois. Les digues n'ont pas d'ennemi plus redoutable. La Hollande, si bien nommée les Pays-Bas, parce que le niveau du sol y est généralement inférieur à celui de la mer, est défendue contre l'invasion des eaux par de puissantes digues où le bois entre pour une bonne part. Au commencement du dernier siècle, elle faillit périr submergée parce que les tarets avaient ruiné ses travaux de défense.

CHAPITRE XL

VERS

1. **Ver de terre.** — Considérés en général, les *Vers* ont, comme les articulés, le corps divisé transversalement en une série d'anneaux, mais ils manquent de pieds formés de pièces articulées bout à bout, et leurs organes de locomotion, quand ils en possèdent, se bornent à des rangées de soies. Tel est le cas du *Lombric*, vulgairement *Ver de terre*.

Le lombric vit dans la terre humide. A la surface de son corps se voient de nombreuses et fines stries transversales qui sont les lignes de démarcation des divers anneaux. Vers l'extrémité antérieure, un certain nombre de segments se renflent et forment comme une large ceinture. Huit soies très courtes et âpres, non visibles sans le secours d'une loupe, et disposées quatre de chaque côté, se dressent sur chacun des segments. Ce sont là des organes de locomotion avec lesquels l'animal prend appui pour se déplacer sur le sol ou pour s'avancer dans ses galeries souterraines. Ces cils forment huit rangées longitudinales, dont quatre latérales et quatre inférieures. Le système nerveux consiste en une longue chaîne de ganglions, très petits et serrés les uns contre les autres. Le sang est rouge, particularité fort remarquable chez les animaux inférieurs, dont le sang est incolore dans l'immense majorité des cas. Il circule dans des vaisseaux. Il n'y a pas d'organe spécial pour la respiration : toute la surface de la peau, nue et fine, en tient place, c'est-à-dire que le sang vient s'oxygéner en se rapprochant de la surface du corps. A travers la faible épaisseur de la peau, le sang exhale du gaz carbonique et s'imprègne d'oxygène, tout comme il le fait à travers la paroi des cellules pulmonaires chez les animaux supérieurs. Ici toute la surface du corps devient donc poumon.

FIG. 279. — Le Ver de terre.

Cette respiration, la plus rudimentaire de toutes, est qualifiée de *cutanée*, du mot latin *cutis*, peau.

L'appareil digestif débute par un gésier de trituration fortement musculeux; le reste est un canal uniforme qui s'étend en ligne droite d'un bout à l'autre du corps. Le ver de terre est en quelque sorte un tronçon d'intestin qui marche. Sa nourriture consiste en terre végétale, riche en humus. Après digestion, cette terre est amoncelée en cordons noueux au-dessus de l'orifice de la galerie habitée par le ver.

2. **Sangsue.** — La *Sangsue* vit dans les eaux douces des mares. Les deux extrémités de son corps sont façonnées en ventouses qui servent à la locomotion. Avec l'appui de la ventouse postérieure fixée, l'extrémité antérieure avance ; puis elle se fixe,

et le reste du corps progresse en se courbant en arc. La ventouse antérieure sert en outre à la succion du sang dont l'animal se nourrit. La bouche est armée de trois mâchoires, de trois lamelles dures finement denticulées sur le bord. En se rapprochant, ces trois petites mâchoires ouvrent dans la peau trois blessures linéaires convergeant au même point. La portion stomacale et la portion intestinale de l'appareil digestif se con-

Fig. 280. — La Sangsue.

Fig. 281. — Appareil digestif de la Sangsue.

fondent en un sac qui porte, de chaque côté, une série de renflements où s'accumule le sang sucé.

3. **Vers intestinaux. Ascaride.** — On désigne sous le nom d'*Helminthes* les vers qui vivent en parasites à l'intérieur d'autres animaux. Quelques-uns, l'*Ascaride* et le *Ténia* par exemple, s'établissent dans l'intestin, et pour ce motif prennent le nom de *vers intestinaux;* mais d'autres se logent dans des organes bien différents, en particulier dans les muscles, et tel est le cas de la *Trichine.*

L'*Ascaride* est, parmi les parasites intestinaux de l'homme, le plus connu et le plus fréquent. Les enfants surtout y sont sujets. Il mesure de 1 à 3 décimètres de longueur, sur une largeur variant de 2 à 10 millimètres. Il est cylindrique, légèrement rétréci aux deux bouts, à peau luisante, épaisse, élastique, d'un blanc de lait. C'est dans l'intestin grêle qu'il demeure habituellement, il s'y nourrit des matériaux élaborés par la digestion; parfois il remonte dans l'estomac, il parvient même dans l'œsophage et jusque dans les fosses nasales. Sans danger tant qu'il est en petit nombre, ce parasite peut devenir la cause de graves accidents quand il pullule outre mesure.

4. **Ténia.** — Le porc est sujet à une maladie, la *ladrerie*, qui rend sa chair malsaine et même dangereuse. Lorsque l'animal en est atteint, sa chair et son lard sont farcis d'une multitude de grains blancs et ronds, depuis la grosseur d'une tête d'épingle jusqu'à celle d'un pois et au delà. Leur nombre est parfois si grand, que le moindre morceau de lard en présente quelques-uns.

Pour reconnaître si un porc est ladre, on ne peut songer à examiner la chair tant que la bête est vivante. Que fait-on alors? On palpe les parties molles accessibles à la main, les parois de la bouche, le dessous de la langue principalement, eu de prédilection pour les grains blancs et durs de la ladrerie Si l'on sent sous les doigts de tels grains, le porc est ladre et perd beaucoup de son prix; si l'on ne sent rien de pareil, l'animal est sain et possède toute sa valeur. Cet examen se fait dans les marchés par le *langueyeur*, qui renverse le porc sur le flanc, lui passe un bâton entre les mâchoires pour maintenir la gueule ouverte, et lui palpe les parties molles au-dessous de la langue.

Chacun des grains de la ladrerie est une loge, une cellule où vit, de la substance du porc, un ver nommé *Hydatide*. Figurons-nous une petite vessie pleine d'un liquide clair comme de l'eau; sur cette vessie, un cou très court et ridé; enfin à l'extrémité de ce cou, une tête ronde, portant sur les côtés quatre suçoirs, quatre bouches, et au bout trente-deux crochets rangés en couronne sur un double rang. Voilà l'hydatide. Chacune est renfermée dans une sorte de petite bourse, dans une loge à demi transparente et ferme, dont la substance est empruntée à la chair même du porc. Habituellement, le ver est en entier caché dans son réduit; d'autres fois, par un orifice de la bourse, il allonge le cou et sort un peu la tête, sans doute pour s'alimenter des humeurs du voisinage au moyen de ses quatre suçoirs. Quant à l'espèce de vessie qui termine le ver, jamais elle ne sort de la cellule dont elle remplit exactement la cavité. L'animal ne change donc jamais de place. La cellule varie de grosseur suivant le degré de développement du ver, car à mesure que celui-ci grandit, sa demeure devient aussi plus ample. La forme générale de ces loges est celle d'un petit œuf dont la plus grande dimension peut atteindre deux centimètres, et la moindre de cinq à six milimètres.

Or le ver qui, pour domicile, a les cellules ou granulations blanches de la chair du porc ladre, est un animal à métamorphoses. Il doit changer de forme, et pour cela, il lui faut changer de logis. Les insectes nous ont déjà habitués à ces changements de domicile quand vient le moment de la transformation. Pour devenir mouche, le ver de la cerise doit quitter ce fruit et s'enfouir en terre; pour devenir charançon long bec, le ver de la noisette perce la coque et descend dans le sol. De même les parasites du porc ladre doivent changer de demeure pour atteindre leur forme finale.

FIG. 282. — Le Ver solitaire, sa tête et ses crochets.

Or c'est dans l'homme que se fait la métamorphose des hydatides. Un jour ou l'autre, le porc est sacrifié pour notre nourriture. Ses quatre membres deviennent des jambons; sa chair est convertie en saucissons et en saucisses, son lard fournit de riches provisions. Toutes ces dépouilles sont abondamment salées, desséchées avec soin, quelquefois fumées; rien n'est négligé pour en assurer longtemps la conservation. Or, au milieu de ces traitements par le sel, la dessication, la fumée, les hydatides se conservent en vie; ou du moins, si quelques-unes périssent, beaucoup même, il en reste toujours de survivantes, car elles sont innombrables. Voilà donc nos vivres infestés d'une vermine qui, à la première bouchée, va nous envahir. Nous mangeons un peu de saucisse, une bouchée de jambon, et c'est fait. L'ennemi est chez nous, chez lui; il va grandir, se développer, se transformer et grandement compromettre la santé de son hôte.

Protégé peut-être par sa coque résistante, il franchit l'estomac sans être attaqué par les sucs digestifs; il arrive dans l'intestin et s'y fixe. A son arrivée, c'était un ver très court et ridé, terminé d'un côté par une petite tête ronde, de l'autre par une volumineuse vessie; en peu de temps ce sera une espèce de ruban qui peut atteindre jusqu'à l'énorme longueur de quatre ou cinq mètres. Le langage habituel donne à ces parasites le nom de *Ver solitaire*, nom impropre, car ils sont généralement plusieurs ensemble. Leur véritable nom est *Ténia*, qui signifie ruban ou bandelette.

Figurons-nous donc une bandelette d'un blanc mat, une sorte de ruban de longueur variable, qui peut aller jusqu'à cinq mètres; imaginons ce ruban presque aussi menu qu'un crin vers la tête de l'animal, puis s'élargissant petit à petit et atteignant la dimension d'un centimètre; représentons-nous la longueur entière du ver divisée en tronçons ou articles, les uns carrés, les autres oblongs, placés bout à bout comme les grains d'un chapelet ou mieux comme des semences de citrouille enfilées à la suite les unes des autres, et nous aurons une idée suffisante du ténia.

Le nombre de ces articles est parfois d'un millier. En outre, il s'en forme toujours de nouveaux, car le ténia a la singulière prérogative d'en produire indéfiniment à la file les uns des autres. Tous sont pleins d'œufs, détestable semence qui donne d'abord au porc la ladrerie et puis à l'homme le ver solitaire. Ceux qui terminent l'animal, les plus vieux et les plus mûrs, se détachent de temps à autre en fragments de chapelet et sont expulsés. Le porc qui se repaîtra de l'ordure où il se trouve, deviendra ladre par le fait des œufs contenus dans ces articles, car chacun d'eux est le germe d'une hydatide, larve du ténia. Ces œufs éclosent dans l'intestin de l'animal; et aussitôt éclos, les jeunes vers, s'ouvrant de çà et de là un passage avec leur couronne de crochets, iront se loger, à leur convenance, qui dans la chair, qui dans le lard, pour s'y entourer d'une coque résistante, d'une cellule formée aux dépens de la substance du porc, et attendre, dans ce gîte, le moment favorable de leur émigration dans l'homme.

Ces pertes fréquentes en chapelets d'articles ne troublent en rien la vigueur du ténia; d'autres articles lui poussent, et son effrayante longueur se maintient. Perdrait-il la presque totalité de son ruban, c'est pour lui accident nul; pourvu que la tête reste, solidement fixée avec ses crochets, de nouveaux articles se forment et le ver reprend sa longueur. Tant qu'on n'est pas débarrassé de la tête, rien n'est donc fait pour la délivrance. Inutile de décrire les angoisses d'une personne en proie à ce redoutable parasite, si difficile à déloger.

La précaution pour se garantir du ténia est bien simple; puisque ce ver nous est communiqué par le porc ladre, méfions-nous du porc atteint de ladrerie. Cette chair se reconnaît aux granulations blanches dont elle est remplie, et dont chacune est la demeure d'une hydatide, première forme du ténia. Les préparations crues, telles que le jambon et le saucisson, sont seules à redouter, parce que la salaison et la dessication laissent en vie ces vers, si non tous, du moins quelques-uns. Mais la chair parfaitement cuite, bouillie ou rôtie, est sans danger aucun, serait-elle infestée d'une multitude de ces granulations, parce que la chaleur, à un suffisant degré, le degré de l'ébullition de l'eau, tue sans retour les vers inclus.

La règle de conduite est alors évidente. Si un porc est ladre, ce n'est pas un motif de le rejeter en plein; sa chair, quoique de qualité inférieure, sa graisse et son lard peuvent très bien être utilisés; mais il faut alors veiller très scrupuleusement à ne jamais faire usage de cette nourriture sans une parfaite cuisson à une chaleur assez élevée pour détruire tout germe dangereux. Mais nous ignorons habituellement l'origine de la charcuterie qui paraît sur nos tables. Que faire dans ces conditions-là? Veiller à ce que toute préparation de viande de porc soit parfaitement cuite.

Quant au porc lui-même, on le préserve de la ladrerie par la propreté, en l'empêchant surtout de se repaître d'ordures. Tout porc qui vagabonde et fait ventre des immondices le long des murs, peut rencontrer sous son groin des articles de ténia, les avaler avec la sale pâture et s'infester ainsi d'hydatides.

5. **Trichine.** — C'est encore un parasite qui nous est transmis par la viande de porc. Heureusement jusqu'ici nos pays en ont été exempts; mais les viandes importées de l'étranger ne sont pas toujours irréprochables sous ce rapport. Les *Trichines* ont la forme de très menus filaments blancs, d'un millimètre au plus de longueur sur une épaisseur de trois centièmes de millimètre. Le mot trichine, emprunté au grec, signifie cheveu, et fait allusion à l'extrême exiguité de l'animalcule. Le ver est roulé sur lui-même en spirale et forme deux ou trois tours. Il vit uniquement dans les muscles, n'importe la région du corps, et s'y entoure, aux dépens de son hôte, d'une petite cellule sous forme d'un

grain ovalaire, et d'un blanc opaque, mesurant de trois à quatre dixièmes de millimètre suivant sa plus grande dimension.

Depuis une vingtaine d'années, l'hygiène publique s'est émue des dangers auxquels nous exposent les trichines. En 1860, est soignée à l'hôpital de Dresde, une jeune femme dont la médecine reste un moment impuissante à déterminer la maladie. Une fièvre aiguë, des douleurs lancinantes et atroces ressenties dans tous les muscles sont les traits les plus saillants de l'étrange affection qui tient l'art en suspens. La malade succombe. A l'autopsie tout se révèle. Les muscles sont grisâtres, pointillés de blanc. Ils tombent pour ainsi dire en poudre comme du bois carié, tant la désorganisation est profonde. Dans cette chair friable, vermoulue, le microscope découvre des trichines, et en si grand nombre que le champ très restreint de l'instrument en contient par vingtaines. Quel ne devait pas être l'épouvantable supplice de la victime ainsi dépecée vivante, atome par atome ! Qu'avait-elle donc fait pour être ainsi ravagée? Elle avait mangé de la chair de porc crue.

En 1862, un jeune homme est admis à la clinique médicale d'Heidelberg. Fièvre aiguë, vertiges ; aux moindres mouvements, douleurs intolérables aux mollets, aux reins, au dos, à la nuque, au bras. Les muscles sont raides, élastiques comme du caoutchouc. Les membres sont violemment contractés. Si l'on essaie de les redresser, le patient jette de hauts cris de douleur. Cette fois, la cause du mal est soupçonnée. Un petit grappin d'acier est plongé dans le mollet. Il vient un petit morceau de chair, gros à peine comme un grain de chènevis. Il y a là cependant jusqu'à sept trichines enroulées. L'art averti triomphe de l'affection. Deux mois plus tard, le jeune homme, doué d'ailleurs d'une constitution robuste, quitte l'hôpital parfaitement guéri. Qu'avait-il fait lui aussi pour être en proie aux trichines ? Il s'alimentait volontiers de hachis de porc cru.

La *trichinose*, ainsi s'appelle cette affreuse maladie, a pour cause l'usage dans l'alimentation de la viande crue de porc elle-même infestée de trichines. La viande seule, la chair musculaire est à redouter, car les trichines ne s'établissent pas ailleurs. L'aspect extérieur du porc vivant, non plus que celui de sa chair lorsqu'il est abattu, ne peuvent faire soupçonner la présence des trichines. Le microscope est nécessaire pour décider. Les précautions à prendre sont les mêmes qu'au sujet du ténia : il faut veiller à ce que la viande de porc soit bien cuite dans toutes ses parties, car la chaleur de la cuisson tue les trichines aussi bien que les hydatides.

CHAPITRE XLI

RAYONNÉS

1. **Oursins.** — La disposition rayonnante des organes autour d'un axe ou d'un point central a fait donner aux animaux dont nous allons traiter le nom d'*Animaux rayonnés*. Ce n'est plus ici la symétrie binaire des vertébrés, des articulés et des vers; c'est la symétrie de la fleur, dont les diverses parties, sépales, pétales, étamines et pièces du pistil, s'irradient autour de l'axe floral. La ressemblance entre la symétrie de l'animal rayonné et la symétrie de la fleur est parfois si complète, que plusieurs de ces animaux ont été qualifiés de *Zoophytes*, animaux-plantes.

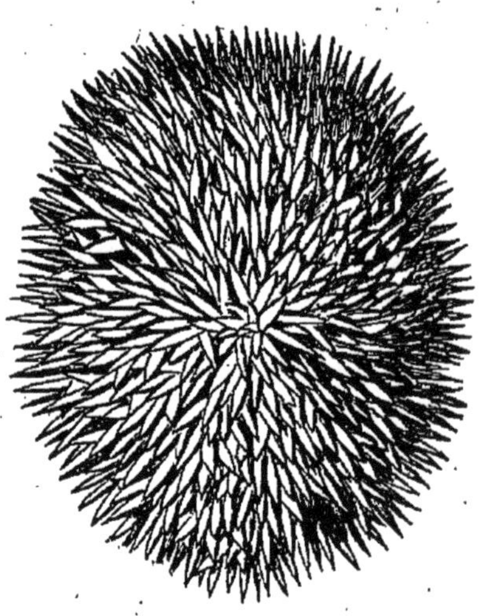

FIG. 283. — Oursin.

En tête des rayonnés sont les *Oursins*, de forme en général globuleuse, et hérissés de nombreux piquants qui leur ont valu la dénomination vulgaire de *Hérissons de mer*, *Châtaignes de mer*. Ils ont pour enveloppe un test calcaire, composé d'une multitude de pièces disposées avec une élégante symétrie. Dans l'*Oursin comestible*, on compte jusqu'à dix mille de ces pièces. Ce test est couvert de séries régulières de tubercules, sur lesquels sont articulés, au nombre de trois mille pour l'oursin comestible, des piquants calcaires mobiles sur leur base. Dix rangées d'innombrables pores très petits, d'autres fois huit seulement, percent le test de part en part, et se groupent deux à deux de manière à circonscrire une étendue dont le contour rappelle celui d'un pétale ou d'une feuille. Ces bandes perforées sont les *ambulacres*. Par leurs trous sortent les *tentacules*, filaments très déliés, tubuleux, très extensibles, et terminés par une petite ampoule. Ces filaments sont à la fois, pour l'oursin, des organes respiratoires et des organes de locomotion. La bouche est à la partie inférieure. Elle comprend, enchâssées dans une charpente calcaire très compliquée, cinq longues dents à couronne tranchante, capables d'entamer les matières les plus dures, et assemblées en un groupe circulaire. Comme les incisives du rat, de la souris, du lapin et autres rongeurs, incisives dont elles possèdent d'ailleurs la forme, ces dents croissent indéfiniment par la base à mesure qu'elles s'usent par leur couronne, et se maintiennent ainsi toujours bien aiguisées. Quelques espèces nous fournissent un comestible estimé, consistant en cinq grappes d'œufs qui s'étendent d'un pôle à l'autre à l'intérieur du test et sont de couleur orangée.

Fig. 284. — Étoile de mer.

2. Étoiles de mer. — Les *Astéries*, ou *Étoiles de mer*, ont pareillement une charpente composée d'une multitude de pièces calcaires et munie souvent de petites épines mobiles. Onze mille osselets et au delà peuvent entrer dans cet édifice. Le corps se partage en cinq branches rayonnantes, aplaties et courtes dans les unes, rondes et longues dans d'autres, qui ressemblent alors à un groupe de cinq queues de lézard réunies par leur base autour d'un point commun. La bouche est encore en dessous, au centre de l'étoile. Il en part cinq gouttières qui se prolongent chacune à la face inférieure du bras correspondant. Dans ces gouttières sont disposés les organes de la locomotion, consistant en une double ou même quadruple rangée de cylindres charnus, tubuleux, que termine une vésicule globuleuse. Leur rôle est le même que celui des tentacules des oursins. Certaines astéries ont leurs cinq bras subdivisés en une foule de ramifications de plus en plus fines, dont le nombre, dans quelques espèces, dépense quatre-vingt mille. Le tout forme un filet touffu qui saisit et enlace la proie, nourriture de l'astérie. D'autres, les *Pentacrines* ou *Têtes de méduse*, sont fixées aux roches sous-marines par un long pédicule formé d'une pile d'osselets articulés. A l'extrémité de cette tige flexible en tous sens, l'animal épanouit et balance sa rosace de bras ramifiés.

3. **Les Méduses.** — La mer nourrit une population dans laquelle la vie semble s'étudier à faire le moins de frais possibles en matériaux, tout en disposant d'un assez grand volume et de

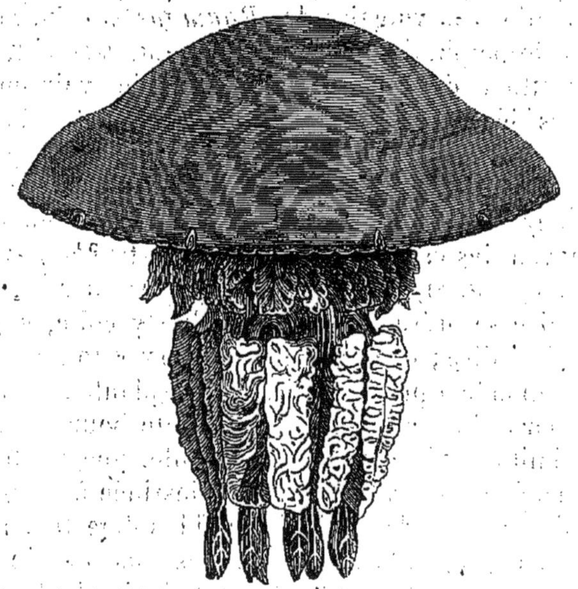

Fig. 285. — Méduse.

ce que les formes peuvent avoir de plus gracieux. Cette population est celle des *Méduses*, dont les plus grosses, sous un poids de cinq à six kilogrammes, ont à peine une dizaine de grammes de matière animale. Gonflés par l'eau, convertis en une volumineuse gelée, ces maigres matériaux constituent des êtres que le soleil évapore et réduit presque à rien lorsqu'un coup de mer les a jetés sur la plage. Les méduses sont en général d'une exquise élégance. La forme la plus commune est celle d'un dôme très convexe ou surbaissé, tantôt aussi limpide que le cristal le plus pur, tantôt opalescent comme de l'eau troublée par quelques gouttes de lait. La teinte est parfois uniforme, parfois aussi de fins rubans méridiens, de teinte orange, carmin, azur, rayonnent du sommet de la coupole. On dirait une calotte des peuples orientaux, œuvre de l'art le plus patient et le plus raffiné. Du pourtour de la demi-sphère vivante, descendent des filaments d'opale, des crêpes bouffantes, des franges d'écum plus blanches que neige; puis, tout au milieu du dôme, ce sont des torsades de cristal, des falbalas nuageux, au centre desquels s'ouvre la bouche.

Les méduses vivent librement dans la mer. Suspendues entre deux eaux, elles se gonflent et se dégonflent, palpitent en quelque sorte à la manière de la poitrine humaine, ce qui leur a valu la dénomination vulgaire de *Poumons marins;* et par ce mouvement de palpitation, elles progressent, reculent, montent, descendent. Rien de plus gracieux que de voir mollement défiler leurs légions dans les eaux tranquilles d'une anse abritée.

A l'issue de l'œuf, la méduse est un corpuscule en forme de poire, un noyau de gelée, un point qui se trémousse dans l'eau au moyen des cils vibratiles dont il est hérissé, tournoie, vagabonde, voyage. Si, dans les anfractuosités du roc, un emplacement propice se présente, l'animalcule s'y colle, y prend racine pour ainsi dire; et le voilà établi pour toute sa vie. La bestiole vagabonde a pris la fixité de la plante; et comme la plante, d'abord elle se développe, puis elle bourgeonne.

A l'extrémité supérieure du corpuscule, une boutonnière se fait, s'épanouit et devient la bouche, destinée à la fois à l'entrée des aliments et à la sortie des résidus digestifs. La bouche s'excave en entonnoir ; sur ses bords des nodosités se montrent, s'allongent en tentacules, et finalement l'animalcule a la forme d'une urne antique posée sur son pied et couronnée à l'orifice par un cercle de fines lanières flexibles en tous sens. L'organisation est alors absolument celle de l'*Hydre*, dont nous parlerons tout à l'heure; c'est le même sac digestif fixé par la base, ouvert au sommet d'un orifice à double fonction, et couronné par une rangée circulaire de tentacules, qui saisissent la proie et la portent à la bouche. Aussi donne-t-on à l'animal issu de l'œuf le nom de *Polype hydraire*.

Là s'arrête le développement de l'animal sous le rapport de la conservation de l'individu; mais la conservation de l'espèce exige davantage. A l'entrée de l'urne, un bourgeon se forme, s'étale en disque, puis s'excave en un godet. Un autre lui succède et le refoule en avant. D'autres viennent encore et bientôt l'urne est surmontée d'une pile de godets, dont le plus vieux est au sommet, le plus jeune à la base.

Or les godets superposés s'excavent de plus en plus, s'isolent mieux l'un de l'autre, se frangent sur les bords, et finalement le plus élevé ou le plus vieux se trémousse, s'arrache de la pile et nage libre dans les eaux. Les autres suivent à tour de rôle. Sa famille émancipée, le polype hydraire reste seul fixé au roc et ne tarde pas à périr.

Quant aux rondelles en godets, ce sont de jeunes méduses, dont l'évolution s'achève désormais sans le concours de la souche qui les a bourgeonnées. Elles grandissent, elles parachèvent leur organisation, et un jour leur dôme d'opale et de cristal se trouve gonflé d'œufs. Dans leurs pérégrinations, elles les disséminent çà et là. De ces œufs éclosent, non des méduses, mais des animalcules à cils vibratiles, qui deviennent des polypes hydraires, souches d'autres générations de méduses. Le polype bourgeonne la méduse ; et la méduse, par ses œufs, régénère le polype.

Le contact de certaines méduses produit une douleur brûlante comparable à celle que provoquent les feuilles de l'ortie ; aussi désigne-t-on cette sensation douloureuse par le nom d'*urtication* (*urtica*, ortie).

Les organes *urticants* des méduses sont des coques très petites disséminées à la surface de leurs corps. Dans chacune de ces coques est roulé sur lui-même, pendant le repos, un filament très menu, barbelé de plusieurs pointes en forme de dard, creusé d'un fin canal et porté par une glande qui sécrète un liquide à propriétés irritantes. C'est au moyen de ces milliers de grapins empoisonnés, sortant de leurs bourses au moment du danger, que la méduse se défend. Qui la touche a la peau endolorie et rubéfiée comme par l'effet d'un vésicatoire.

4. **L'Hydre.** — Au milieu des petites feuilles rondes, appelées *lentilles aquatiques*, qui flottent serrées l'une contre l'autre et forment un tapis à la surface des eaux dormantes, vit, dans nos fossés, l'*Hydre* des naturalistes, délicat animalcule, en entier composé d'une sorte de gelée verte et mesurant au plus une couple de centimètres de longueur. C'est un petit sac allongé, collé par une extrémité à quelque plante aquatique et terminé à l'autre bout par des bras flexibles en tous sens. Les bras ou tentacules sont disposés en cercle autour d'un orifice en communication avec l'intérieur du sac, c'est-à-dire avec la cavité où se fait la digestion des aliments. Cet orifice a deux emplois qui,

dans l'immense majorité des animaux, s'excluent l'un l'autre, sont incompatibles : il avale la proie saisie par les tentacules, il rejette les résidus non employés par la nutrition. Pour se procurer la nourriture, l'hydre étale ses bras dans l'eau. Si quelque menu gibier vient à passer, le bras voisin se replie aussitôt, enlace la proie et la porte à la bouche.

Dans un verre d'eau garni de lentilles aquatiques, mettons une hydre de belle taille. Au bout de quelques semaines, de quelques mois peut-être suivant la saison, nous verrons deux, trois, quatre petites verrues se montrer vers la partie inférieure

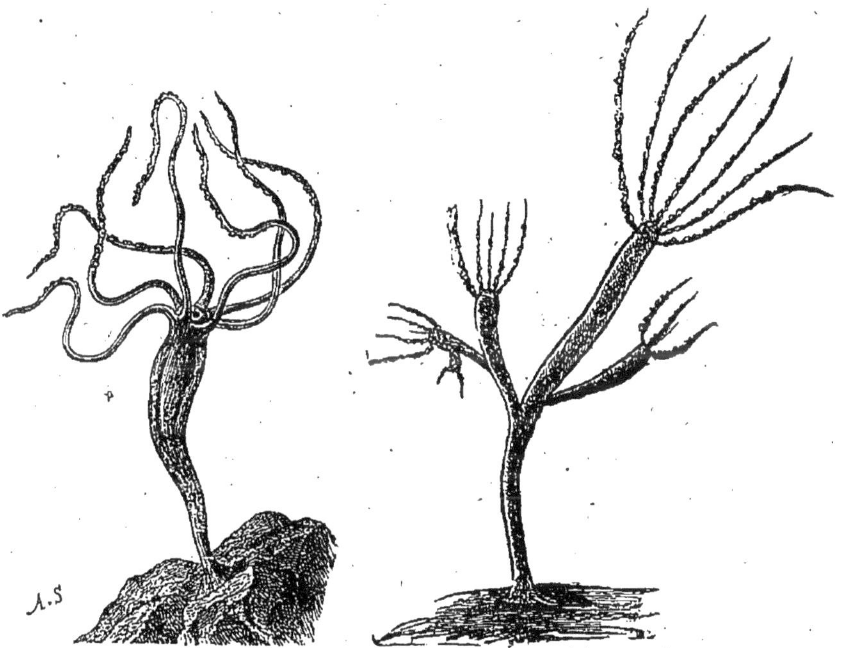

FIG. 286. — L'Hydre. FIG. 287. — L'Hydre et ses bourgeons.

du sac de l'animal. Ces verrues grossissent, se gonflent, se couronnent de huit mamelons de jour en jour plus saillants ; enfin elles s'ouvrent à la manière d'un bouton qui s'épanouit. Or ce sont là de petites hydres, avec leur poche digestive et leurs huit bras ; de petites hydres implantées sur la mère de la même façon que les rameaux sont implantés sur les branches. En réalité animal puisqu'elle se meut et qu'elle est sensible à la douleur, qu'elle chasse, saisit une proie et la dévore, l'hydre se comporte ici à la manière du végétal : elle bourgeonne des êtres semblables à elle, elle pousse de petites hydres comme la tige d'une plante pousse des rameaux.

Le sac à digestion de l'hydre souche communique avec les cavités des jeunes, les estomacs des nourrissons débouchent dans l'estomac de la mère, qui seule chasse, mange et digère. Les fluides nutritifs, élaborés à point, s'infiltrent de la mère dans les nourrissons, tant que ceux-ci sont incapables de se suffire à eux-mêmes; mais un jour vient où le détroit de communication d'estomac à estomac se ferme; puis un étranglement se fait au point de jonction de l'animal rameau avec l'animal souche et les jeunes hydres, arrivées à maturité, se détachent

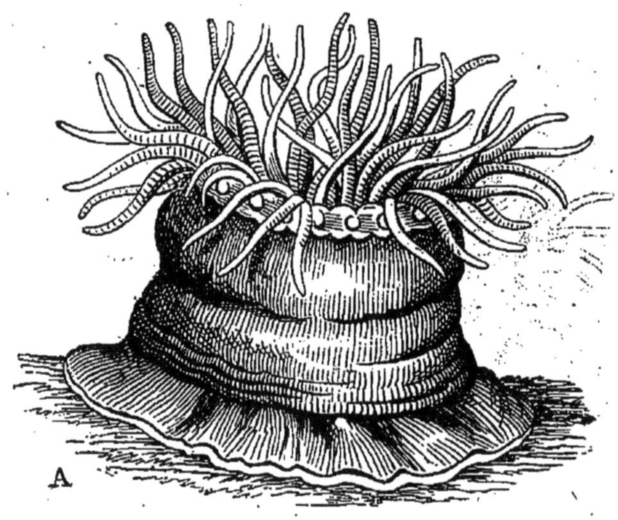

FIG. 288. — Anémone de mer.

pour aller vivre ailleurs d'une vie indépendante et bourgeonner à leur tour une nouvelle lignée.

Ne quittons pas l'hydre sans mentionner les faits qui lui ont valu sa célébrité. Ce polype se multiplie de ses tronçons. Si l'animalcule est coupé, haché par morceaux, chaque fragment reproduit ce qui lui manque et devient une hydre complète, pareille à la première. Fractionnée à son tour, l'hydre de cette génération par hachis donne nouvelle descendance. Tailler en pièces le vivace polype, c'est le multiplier. Pareillement la plante se propage dans nos cultures au moyen de fragments détachés ou de boutures. Chose plus curieuse : l'animalcule peut être retourné à l'envers, comme un doigt de gant, de manière que la poche digestive devienne la peau, et que la peau prenne la place du sac à digestion. Ce renversement complet des organes et de leurs fonctions est sans inconvénient pour l'hydre, qui continue à chasser et à digérer comme auparavant. Ce qui était au dehors, en contact avec l'eau aérée, est maintenant à l'intérieur et fonctionne comme estomac pour fluidifier les aliments ; ce qui était à l'intérieur et digérait, maintenant est en dehors et respire. Mise à l'envers, puis remise à l'endroit, l'hydre échange, aussi souvent que le veut l'expérimentateur, l'estomac pour la peau, la peau pour l'estomac.

5. **Les Anémones de mer.** — La structure des polypes d'eau douce ou de l'hydre se retrouve dans les *Anémones de mer*, mais avec des dimensions plus grandes, des couleurs plus vives et des formes plus élégantes. L'animal consiste en un sac, un cornet charnu, fixé par la base dans quelque fissure de rocher et couronné à l'ouverture par une ample collerette de tentacules très nombreux. La forme de ces appendices varie beaucoup suivant l'espèce. Il y en a d'aplatis en lames comme les pétales d'une fleur ; il y en a de finement frangés, de festonnés sur les bords. D'autres sont des rayons diminuant en pointe, d'autres sont de gros et longs fils semblables à des vers. Presque toujours des couleurs vives et tendres, le rouge le rose, l'orangé, le nankin, le lilas, l'azuré, en teintes isolées ou associées, ornent la collerette tentaculaire. Lorsque l'animal, que rien ne trouble, étale dans les eaux sa rosace, on le prendrait pour une fleur épanouie, pour le capitule radié d'une marguerite ou d'une paquerette, pour l'ample et somptueuse corolle de l'anémone dont il porte le nom. Mais qu'on vienne à toucher cette apparente fleur, et à l'instant elle s'anime, elle se contracte, elle rassemble et ferme ses pétales crispés. La tranquillité revenue, la fleur sous-marine s'épanouit de nouveau.

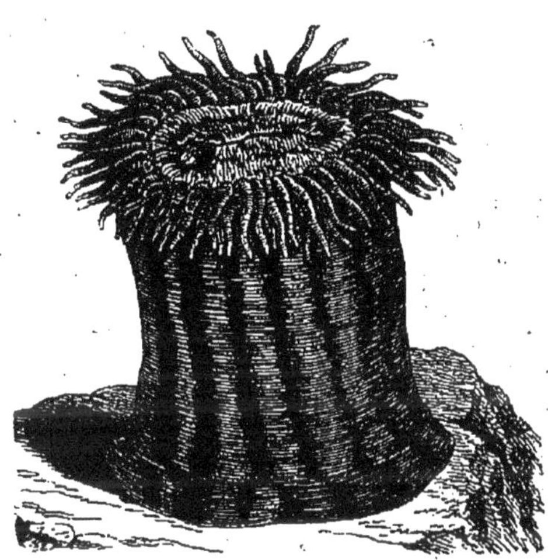
Fig. 289. — Anémone de mer.

Ces tentacules sont des organes de chasse, comme les bras de l'hydre. Qu'une proie vienne à passer à portée, crustacé, mollusque, petit poisson, et la vorace anémone referme à l'instant son filet sur l'animal captif. Au centre de la couronne tentaculaire est la bouche, à laquelle fait suite l'appareil digestif. La proie y disparaît. La digestion faite, les résidus sont rejetés, vomis, par la même voie. Outre son filet à nombreuses lanières, l'anémone de mer est armée d'appareils urticants comparables à ceux de la méduse et capables de tuer la proie par le simple contact. Ils consistent en innombrables capsules disséminées sur toute la peau et contenant chacune un fil entortillé, avec séries spirales de petites barbes. Ces capsules éclatent, s'ouvrent en lançant leur fil, qu'accompagne l'émission d'un liquide venimeux. Aussi suffit-il de toucher certaines anémones de mer pour avoir la main rouge et douloureuse pendant quelque temps.

La vitalité résistante de l'hydre, son aptitude à refaire dans un tronçon la partie retranchée, reparaissent dans les anémones de mer. Supposons un de ces polypes coupé en travers par le milieu de la colonnette où est creusé le sac digestif. La partie adhérente, la partie inférieure se refait une bouche avec sa couronne de tentacules; la partie libre organise pareillement la blessure en une bouche entourée de tentacules, et le tronçon chasse et mange par les deux bouts. Puis un étranglement se forme vers le milieu, s'approfondit de plus en plus et finit par scinder en deux le tronçon, changé en deux anémones complètes, qui vont se fixer sur quelque rocher voisin.

6. **Polypiers et leurs animaux. — Le Corail.** — La mer nourrit une infinité d'animalcules agglomérés entre eux, ayant pour support commun un édifice pierreux qui est leur propre travail. Ces animalcules sont encore des *Polypes*, comparables à l'hydre d'eau douce et aux anémones de mer. Leur forme générale est toujours celle d'un petit sac à l'orifice duquel s'étalent huit tentacules figurant une délicate fleur épanouie. L'habitation pierreuse, le support commun où ils vivent, chacun dans une loge particulière ou cellule, se nomme *polypier* ou *madrépore*, ou bien encore *corail*, bien que ce dernier nom s'applique d'une façon spéciale à un polypier, le *Corail* vulgaire, employé en bijouterie à cause de sa belle couleur rouge.

Les polypes, comme l'hydre, se propagent par bourgeonnement. Ils se multiplient aussi par des œufs qui, entraînés à distance, deviennent le point de départ de nouvelles colonies. Arrivés à maturité, les polypes bourgeonnés ne se séparent pas pour aller s'établir ailleurs; ils continuent à vivre en famille, indissolublement unis entre eux. C'est ainsi que, sans limites arrêtées, les générations successives s'échelonnent sur le même point. Quant au domicile commun, au polypier, il résulte du travail de tous ses habitants, qui sécrètent du calcaire comme l'escargot sécrète les matériaux de sa coquille. Chaque nouveau polype fournit son contingent de matière pierreuse, et l'édifice grandit, se ramifie de plus en plus.

Les polypes sont très nombreux en espèces, et les polypiers

Fig. 290. — Le Corail. Fig. 291. — Un polype du Corail.

qu'ils construisent affectent des formes très variées. Généralement ces polypiers sont d'un blanc pur, couleur naturelle du calcaire ou carbonate de chaux dont ils sont composés. Rien de plus gracieux que leurs formes. Ici, ce sont des arbustes de pierre aussi élégamment ramifiés que des arbustes véritables; là des tubes parallèles groupés comme des tuyaux d'orgue, des amas de cellules pareils à des rayons d'abeilles. Ailleurs le polypier s'arrondit en tête de chou-fleur, en champignon, dont la surface, hérissée de lamelles régulièrement assemblées, dessine une foule d'étoiles, un réseau de mailles géométriques, un labyrinthe de plis et de sillons; ailleurs encore, il s'aplatit en une grande lame pierreuse, aussi mince qu'une feuille, aussi découpée qu'une dentelle. Sur tous s'épanouissent des milliers de polypes, qui étalent leurs tentacules en délicates rosettes, et, au moindre danger, les rentrent brusquement dans leur cellule.

Le corail proprement dit est ramifié comme un petit buisson. A sa surface est une écorce molle, pénétrée d'un suc laiteux et toute criblée de cellules dont chacune est la loge d'un polype. Celui-ci, sur un mamelon rose, parfois renflé en urne, étale huit tentacules aplatis, frangés sur les bords, dont l'ensemble figure une fleurette blanche. Au-dessous de l'écorce vivante est l'axe pierreux, formé d'un calcaire dur, comparable au marbre; il est d'un rouge vif et peut prendre un très beau poli. La pêche du corail se fait dans la Méditerranée, aux environs de Bône et de la Calle, sur les côtes de la Sicile, à l'entrée de la mer Adriatique, dans le détroit de Bonifacio. Le filet consiste en une croix de bois horizontale, dont chaque branche porte un réseau façonné en poche. Une pierre attachée à l'appareil l'entraîne au fond. Tandis que les rameurs font avancer l'embarcation lentement, le filet est promené parmi les roches sous-marines. Ses quatre réseaux accrochent et retiennent divers polypiers parmi lesquels se trouve le corail.

7. **Iles madréporiques.** — Les polypes, ces frêles ouvriers, dressent des constructions bien au-dessus des forces humaines. Dans les mers chaudes des tropiques, sur tous les points favorables où leurs colonies entrent en travail, ils entassent étage sur étage, polypier sur polypier, avec une lente persévérance plus puissante que la force, jusqu'à ce que le niveau des flots mette un terme à leurs bâtisses. Mais alors le travail, arrêté dans le sens de la hauteur, se poursuit dans le sens horizontal; le sommet de l'amas de madrépores devient un écueil; l'écueil, un îlot; l'îlot, une île; et l'Océan compte une terre de plus.

Une île madréporique est donc le plateau terminal d'une agglomération de polypiers, dont la base a ses racines sur quelque montagne sous-marine. Ce n'est d'abord qu'une étendue stérile; mais, tôt ou tard, les courants de la mer et les vents y apportent des graines, et la végétation finit par ombrager sa surface, éblouissante de blancheur. Quelques insectes, quelques lézards venus avec les bois flottants, la peuplent d'ordinaire les premiers; puis les oiseaux de la mer y construisent leurs nids, les oiseaux terrestres égarés y viennent chercher refuge. Enfin, quand le sol est devenu fertile, l'homme apparaît et y bâtit sa hutte.

Les îles de coraux dépassent à peine le niveau des eaux. Elles consistent généralement en bandes de terre circulaires ou ovales, entourant un lac peu profond en communication avec la mer. Leur aspect est aussi remarquable par sa singularité que par sa beauté. Figurons-nous une ceinture de terre couverte de cocotiers, dont la sombre verdure se détache vigoureusement

Fig. 292. — Vue d'une île madréporique.

sur le bleu limpide du ciel. Au centre de cette zone boisée dorment les eaux limpides d'un lac salé, où les polypes continuent leurs constructions; en dehors s'étend une plage d'un blanc pur, uniquement formée d'un sable de coraux broyés. L'île est cerclée d'un anneau de récifs, où l'Océan, toujours houleux, brise ses flots en tourbillons d'écume. Dans son assaut brutal, la vague menace de l'engloutir; l'île, si basse, si exposée, résiste cependant grâce à l'intervention des polypes, qui prennent part à la lutte, et constamment sont à l'œuvre pour réparer l'édifice compromis, et l'entourer, atome par atome, d'un rempart de récifs, toujours démoli, toujours reconstruit. Avec leur corps mou et gélatineux, ils tiennent tête, eux chétifs, aux fureurs de l'Océan; avec leur patiente architecture, ils domptent la puissance mécanique des vagues, que ne pourraient maîtriser des barrières de granit.

Parmi les archipels de petites îles disséminées dans l'océan Pacifique ou ailleurs, beaucoup sont en entier d'origine madréporique, et ceux dont l'origine est différente sont au moins entourés d'une ceinture de coraux. Le seul archipel des Maldives, dans la mer des Indes, comprend douze mille écueils,

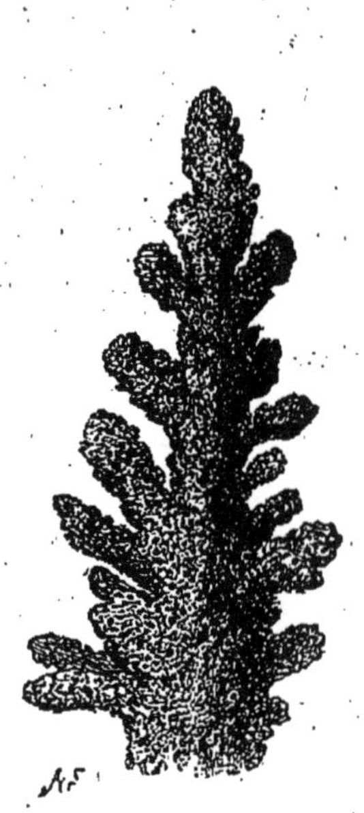

Fig. 293. — Oculine. Fig. 294. — Madrépore.

Polypiers des récifs de coraux.

îlots ou îles, travail des polypes. Male, la plus grande de ces îles, a deux lieues de circuit. Un banc de coraux, situé sur la côte orientale de l'Australie, couvre une superficie de 88 000 kilomètres carrés. La cinquième partie du monde, l'Océanie, est, pour une bonne part, l'œuvre des polypes.

Les terres d'origine madréporique affectent, venons-nous de voir, la forme d'un croissant ou d'un anneau, dont le centre est occupé par une lagune. Cet anneau et ce croissant tantôt se composent d'une bande de terre continue, et tantôt d'une série d'îlots, plus ou moins nombreux, plus ou moins étendus, et reliés entre eux par des récifs également madréporiques. On donne le nom d'*Attolls* à ces amas circulaires de coraux.

D'autre part, les polypes, pour vivre, ont besoin du libre accès de la lumière ; ils ne construisent qu'au voisinage de la surface

FIG. 295. — Porite. FIG. 296. — Méandrine.
Polypiers des récifs de coraux.

des eaux. Malgré cet impérieux besoin de la lumière, si rapidement éteinte dans les couches de la mer, la sonde révèle d'anciennes constructions madréporiques à des profondeurs de quelques centaines et même de quelques milliers de mètres. Jamais, dans pareils abîmes, ces coraux n'ont été bâtis ; c'est un travail fait à la lumière de la surface.

FIG. 297. — Caryophyllie, polypier des récifs de coraux.

Pour expliquer la forme circulaire des attolls, si singulière et si constante ; pour se rendre compte des madrépores observés à des profondeurs où les polypes ne sauraient vivre, on admet l'interprétation suivante. Imaginons une île rocheuse, sommet émergé de quelque montagne sous-marine. Tout autour, à fleur d'eau, les polypes bâtissent un récif annulaire, continu ou discontinu, suivant la conformation du terrain qui leur donne appui. Supposons, en outre, que le sol sous-marin servant de base à la montagne, s'affaisse peu à peu, avec une extrême lenteur. L'écueil madréporique plongera davantage sous les eaux; ses parties inférieures seront abandonnées comme trop

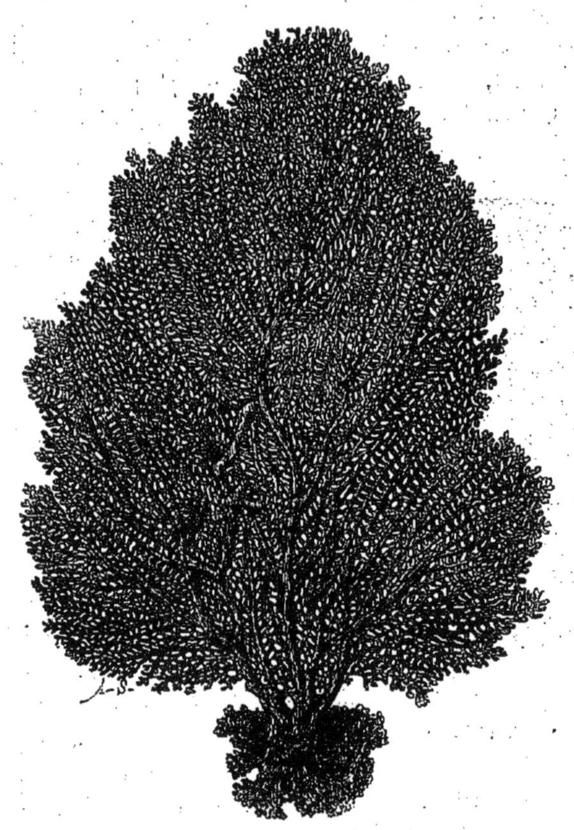

FIG. 298. — L'Éventail de Neptune (polypier).

profondes; ses parties supérieures continueront à être habitées et serviront de base à de nouvelles constructions.

Avec les progrès continuels de l'affaissement du sol sous-marin, l'amas madréporique descendra toujours plus profondément, tandis que les polypes remonteront d'autant et se maintiendront en travail à la surface. Enfin la pointe rocheuse centrale, dernier vestige de la montagne, disparaît sous les eaux, laissant à sa place une lagune qu'entoure le croissant ou l'anneau de madrépores.

Les attolls nous enseignent donc qu'en certains points au fond des mers, sur des étendues immenses, se poursuit, depuis une série inconnue de siècles, un affaissement graduel, qui ensevelit sous les eaux les derniers sommets de quelque vaste continent disparu. Les innombrables îles et archipels de l'Océanie sont les lambeaux, les témoins encore émergés de cette antique terre.

8. **Les Éponges.** — Aux derniers échelons de l'animalité sont les *spongiaires*, masses informes, immobiles, où se retrouvent à peine les caractères les plus obscurs de la vie animale. C'est un amas d'animalcules gélatineux, une mucosité criblée d'ouvertures, de canaux irréguliers sans cesse traversés par des courants d'eau. Pour soutenir cette masse sans consistance, une charpente solide se forme, composée de filaments cornés, unis entre eux au hasard, dans toutes les directions. Ce tissu est entremêlé de *spicules*, corps durs, calcaires ou siliceux, effilés en navettes. L'ensemble constitue ce que l'on désigne par le mot d'éponge. Comme les polypiers, les éponges sont fixées aux roches sous-marines. Il y en a qui figurent des arbustes, des éventails; d'autres des cornets, des vases, des urnes; d'autres des tubes, des globes; d'autres enfin n'ont pas de configuration déterminée. Toutes sont percées d'une multitude de canaux tortueux. Dans ces cavités, à l'état frais, est la matière vivante, l'amas des animalcules figurant une sorte de gelée.

FIG. 299. — Éponge.

La propriété qu'une structure très poreuse leur donne de s'imbiber aisément d'eau, fait employer les éponges dans les usages domestiques. La préparation consiste en des lavages qui entraînent toute la gelée animale et laissent la charpente cornée et flexible. L'éponge commune est abondante dans la Méditerranée. Elle est pêchée principalement par les Grecs et les Syriens. Un trident à branches tranchantes et recourbées, traînant après lui une poche en filet, est l'habituel instrument de cette pêche.

9. **Infusoires.** — Toutes les fois que l'on met infuser dans de l'eau, en présence de l'air, une matière d'origine végétale ou animale, il se développe bientôt dans ce liquide, surtout à la température de l'été, une multitude infinie d'animalcules, d'une petitesse extrême, visibles seulement au microscope et nommés *infusoires* par allusion à la méthode qui permet de se les procurer à volonté. Du reste ces animalcules pullulent, sans notre intervention, dans toute eau stagnante où se décomposent des matières organiques, comme les eaux des mares et des fossés. Les mers, à toutes les profondeurs et sous tous les climats, en nourrissent des populations infinies. Les plus volumineux atteignent à peine un millimètre; les autres se mesurent

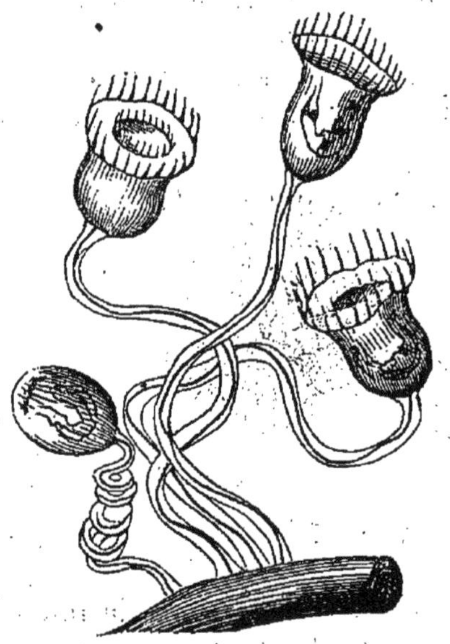

Fig. 300. — Vorticelle.

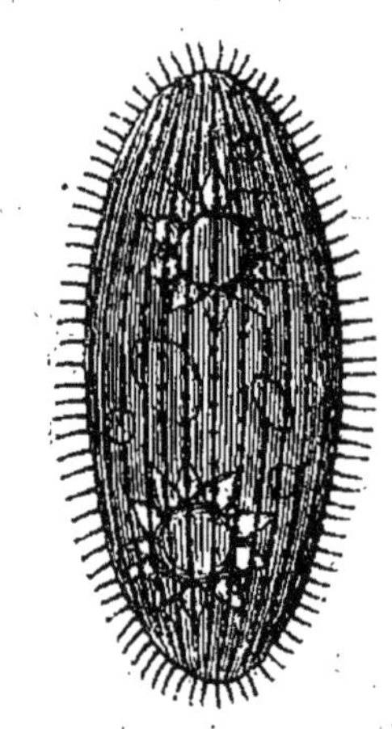

Fig. 301. — Paramécie.

par millièmes de millimètre. L'un d'eux, la *Monade*, atome qui s'agite, n'a qu'une fraction, un tiers à peu près, d'un millième de millimètre. C'est donc par millions et millions que la plupart de ces êtres trouveraient place dans une petite goutte d'eau.

Parmi les plus fréquents de nos mares et de nos infusions sont les *Vorticelles*, en forme de calice, que borde une couronne de cils vibratiles et que supporte un long pédicule fixé par la base, roulé en spirale dans le repos, puis se débandant avec brusquerie quand l'infusoire veut saisir une particule nutritive passant à sa portée ; les *Paramécies*, qui nagent mollement au moyen des nombreux cils dont leur corps ovalaire est hérissé ; les *Volvoces*, qui se réunissent en globes et se déplacent en tournoyant.

Comment ces animalcules apparaissent-ils si promptement et en aussi grand nombre dans une infusion, dans un peu d'eau abandonnée dans un verre avec quelques fragments de matières végétales ? Les délicates recherches de notre époque ont mis hors de doute qu'ils y arrivent par la voie de l'air, indispenble à leur apparition dans un liquide. Leurs germes, poussière infiniment petite, flottent partout dans l'atmosphère, comme y flotte toute autre poussière assez fine. S'ils tombent dans un milieu favorable, ils s'y développent ; et de rapides générations ont bientôt peuplé le liquide qui les a reçus.

10. **Phosphorescences de la mer.** — La mer est riche en espèces phosphorescentes. Des méduses, des mollusques, des

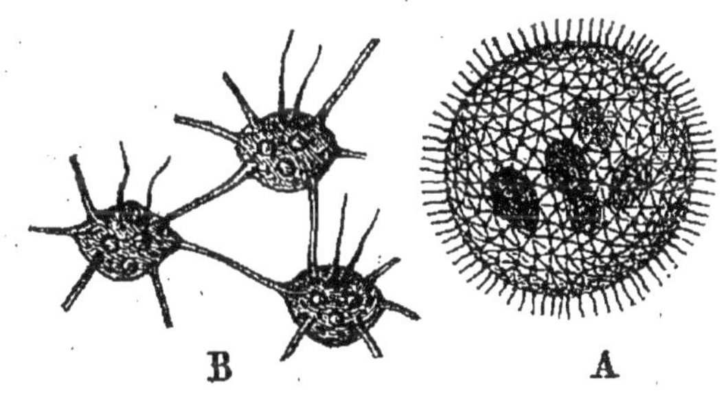

Fig. 302. — Volvoce.

vers, des crustacés, des poissons même, émettent de la lumière comme le fait notre vulgaire ver luisant. En outre, des infusoires, dont les légions sont sans nombre, peuvent rendre la mer lumineuse sur d'immenses étendues. Alors le vaisseau qui fend les vagues semble s'ouvrir un sillon dans du soufre embrasé ; chaque coup de rame fait jaillir des eaux des gerbes d'étincelles ; l'écume des flots ruisselle en perles lumineuses ; chaque lame qui déferle sur le rivage s'y étale en écharpe de feu ; le moindre écueil se ceint d'une auréole phosphorescente. Parmi les infusoires donnant lieu à ces magnificences de la mer se trouvent les *Noctiluques*, petits points glaireux, transparents et terminés par un filament mobile. Cinq de ces animalcules placés bout à bout mesureraient un millimètre.

Le merveilleux spectacle de la mer lumineuse n'acquiert toute sa magnificence que dans les régions les plus chaudes; il n'est pas cependant tout à fait inconnu dans nos contrées, même dans le nord de la France. M. de Quatrefages nous raconte ceci, au sujet du port de Boulogne :

« L'eau tranquille était toujours parfaitement obscure, mais le moindre ébranlement amenait la phosphorescence. Un grain de sable jeté sur cette surface sombre faisait naître une tache lumineuse, et les ondulations du liquide étaient autant de cercles lumineux. Une pierre de la grosseur du poing produisait les mêmes résultats ; et, de plus, chaque éclaboussure formait une étincelle pareille à celle que jette le fer rouge battu sur l'enclume. L'entrée d'un bateau à vapeur, rallumant sous les palettes de ses roues la phosphorescence en repos, était un spectacle admirable. Mais une fois le calme revenu à la surface de l'eau, tout rentrait dans l'obscurité excepté le rivage, toujours bordé d'une ceinture phosphorescente résultant des ondulations de la mer.

» Les vagues, en arrivant vers la plage, prenaient l'aspect de flots d'argent fondu, semés d'un nombre infini de petites étincelles et couronnés d'une flamme bleuâtre. En se brisant sur le sable presque horizontal de la rive, elles couvraient un espace assez étendu. Tout cet espace présentait alors une teinte uniforme, blanche et luisante, sur laquelle se détachaient des myriades d'étincelles d'un blanc vif ou colorées de vert et de bleu. Puis l'eau se retirait et le sol devenait obscur ; mais au moindre ébranlement, il devenait si lumineux, qu'il semblait s'embraser sous les pas de l'observateur. Tout l'espace entourant le pied posé sur le gravier humide prenait l'aspect des charbons ardents.

» Un bâton rapidement promené dans l'eau laissait après lui un sillon de lumière blanche. Les mains plongées dans la mer en ressortaient aussi lumineuses que si on les eût frottées avec du phosphore. De l'eau prise au hasard et versée d'une certaine hauteur ressemblait, à s'y méprendre, à un filet d'argent fondu. »

D'après le savant observateur, la phosphorescence de la mer était ici uniquement produite par les noctiloques, animalcules dont une goutte d'eau contiendrait des centaines. Combien faut-il de noctiloques pour communiquer leur phosphorescence à des nappes d'eau si étendues, pour saturer de lumière des parages entiers de l'océan? Après la merveille des flots embrasés, une autre merveille se présente donc : c'est l'incompréhensible puissance qui, en quelques jours, engendre ces animalcules par myriades de légions.

FIN

TABLE DES MATIÈRES

FIN DE LA TABLE DES MATIÈRES

PARIS. — IMPRIMERIE ÉMILE MARTINET, RUE MIGNON, 2.

A la même librairie

OUVRAGES A L'USAGE DE LA CLASSE DE CINQUIÈME

LANGUE FRANÇAISE

RECUEIL DE MORCEAUX CHOISIS, par MM. MARGUERIN et L. C. MICHEL, 2e partie. In-12, cart. . . . 1 5

RECUEIL NOUVEAU DE MORCEAUX CHOISIS, EXTRAITS DES CLASSIQUES FRANÇAIS (prose et poésie), classe de 5e, par MM. ETIENNE et RIGAULT. In-12, cart. . . . 1 50

BOILEAU. Œuvres poétiques avec des notes, par M. J. TRAVERS. 1 vol. in-12, cartonné . . . 1 50

BUFFON. Morceaux choisis avec des notes, par M. HÉMARDINQUER. 1 vol. in-12, cartonné . . . 1 50

Télémaque, avec des notes de M. COLINCAMP. 1 vol. in-12, cart. . . . 1 80

DICTIONNAIRE DES SYNONYMES, par M. SARDOU. 1 vol. in-12, br. . . . 3 50

Cinq cents devoirs écrits ou oraux : exercices d'orthographe, de langage, d'invention, de dérivation, d'étymologie, de lexicologie ; exercices sur les synonymes et les homonymes ; exercices préparatoires de style, par WIRTH. 1 vol. in-12, cart. . . . 1 25

RACINE. *Esther*. In-18, cart. . . . » 40

LANGUE LATINE

COURS COMPLET DE LANGUE LATINE (théorie et exercices), par MM. GUÉRARD directeur des études au collège Sainte-Barbe, et MONCOURT, docteur ès lettres, ancien professeur au lycée Henri IV.

— **Grammaire latine**, d'après LHOMOND, comprenant les parties du discours, des notions d'analyse, la syntaxe et la méthode. Nouv. édit. entièrement refondue.

— *Livre de l'élève*, 1 vol. in-12, cart. . . . 2 20

EXERCICES LATINS (thèmes et versions), par MM. GUÉRARD et MONCOURT, Nouvelle édition refondue :

Classe de 5e. 1 vol. in-12, cart. . . . 2 »

Prosodie latine, par LECHEVALLIER, revue par un agrégé des lettres. 1 vol. in-12, cart. . . . » 60

SELECTÆ E PROFANIS SCRIPTORIBUS HISTORIÆ, par M. PESSONNEAUX. In-12, cart. . . . 1 75

CORNELII NEPOTIS VITÆ, par M. BEAUJEAN. In-12, cart. . . . » 90

OVIDII NASONIS SELECTÆ FABULÆ EX LIBRIS METAMORPHOSEON, par VÉRIEN. 1 vol. in-12, cart. . . . 1 »

OVIDE. Choix de métamorphoses, par LEMAIRE. 1 vol. in-12, cart. . . . 1 40

— **Choix de métamorphoses**. 1 vol. in-18, sans notes, cart. . . . » 80

OVIDE. Morceaux choisis avec des notes, par M. ROQUES. 1 vol. in-12, cart. . . . » »

PHÈDRE. Fables avec des notes, par M. VÉRIEN. 1 vol. in-12, cart. . . . » 70

— *Le même ouvrage* avec des notes, par M. W. RINN. 1 vol. in-12, cart. . . . » 80

LANGUES VIVANTES

Les éléments de la syntaxe allemande enseignés par la pratique. Versions, dialogues et thèmes (classe de 5e), par M. PEY. In-12, cart. . . . 1 75

Exercices du 2e degré, par ADLER-MESNARD. In-12, cart. . . . 2 »

— **Corrigé desdits**, par J. N. CHARLES. In-12, cart. . . . 3 »

NOUVEAU DICTIONNAIRE manuel des langues française et allemande, par R. DANIEL. In-18, perc. . . . 3 75

VERSIONS ANGLAISES (classe de 5e) par M. MONTUCCI. In-12, cart. . . . » 90

THÈMES ANGLAIS pour les classes de 6e et de 5e, par LE MÊME. In-12, cart. . . . » 70

LES JOURS DE CLASSE DE TOM BROWN. 1 vol. in-12 . . . » »

WALTER SCOTT. Extraits des contes d'un grand-père, par M. BIARD. 1 vol. in-12, cart. . . . 1 75

— **Morceaux choisis**, par M. BIARD. 1 vol. in-12, cart. . . . 1 75

VOYAGES DU CAPITAINE COOK, édition anglaise. 1 vol. in-8, percaline anglaise. . . . 1 50

Petit Dictionnaire anglais-français et français-anglais, par M. ELWALL. 1 vol. gr. in-18, cart. . . . 5 »

Nouveau Dictionnaire français-anglais et anglais-français, par LE MÊME. 1 vol. in-8, cart. toile . . . 10 »

HISTOIRE ET GÉOGRAPHIE

Histoire de la Grèce ancienne, comprenant l'*Histoire grecque abrégée* et des *récits d'histoire grecque* extraits des historiens, poètes et orateurs de l'antiquité avec des vignettes de monuments et de costumes, par MM. DAUBAN et GRÉGOIRE, 1 vol. in-12, cart. . . . 4 50

Histoire grecque, nouvelle édition par MM. DAUBAN et GRÉGOIRE. 1 vol. in-12 cart. . . . 2 25

Géographie physique et politique de l'Afrique de l'Asie, de l'Océanie et de l'Amérique, par CH. PÉRIGOT, 1 vol. in-12, cartonné . . . 1 50

Atlas de la Géographie politique de l'Afrique, de l'Asie, de l'Océanie et de l'Amérique, et de la géographie historique de la Grèce. 1 vol. gr. in-18 jésus . . . 2 50

PARIS. — IMPRIMERIE ÉMILE MARTINET RUE MIGNON, 2

www.ingramcontent.com/pod-product-compliance
Ingram Content Group UK Ltd.
Pitfield, Milton Keynes, MK11 3LW, UK
UKHW020312200726
13857UKWH00001B/155